轴承钢热处理应用技术

主　编　王锡樵

参　编　左永平　邹　磊　侯　奎

顾开选　郭　嘉　王俊杰

王　涛　孙清汝

机械工业出版社

本书系统地介绍了轴承钢及其热处理技术，主要内容包括：轴承钢的基础知识、GCr15 轴承钢的特性及应用、相关高碳铬轴承钢钢种的特性和应用、轴承钢制件的热处理、轴承钢的淬火冷却介质应用及淬火槽的设计思路。本书在介绍了轴承钢性能及冶金质量控制的基础上，重点介绍了轴承钢的热处理技术，如轴承钢的预备热处理、轴承套圈的马氏体分级淬火和贝氏体等温淬火、轴承套圈的热处理畸变与对策、高碳铬轴承钢的深冷处理、轴承钢的感应热处理与真空热处理等。本书内容系统性强，将基础理论知识和丰富的实践经验相结合，对轴承钢应用与热处理生产均有较高的参考价值。

本书可供热处理工程技术人员和工人参考，也可供相关专业的在校师生与科研人员参考。

图书在版编目（CIP）数据

轴承钢热处理应用技术 / 王锡樵主编 .—北京：机械工业出版社，2022.12（2023.12 重印）

ISBN 978-7-111-71999-1

Ⅰ.①轴…　Ⅱ.①王…　Ⅲ.①轴承钢 – 热处理　Ⅳ.① TG162.71

中国版本图书馆 CIP 数据核字（2022）第 212053 号

机械工业出版社（北京市百万庄大街 22 号　邮政编码 100037）
策划编辑：陈保华　　　　责任编辑：陈保华　杜丽君
责任校对：张晓蓉　张　征　封面设计：马精明
责任印制：郜　敏
北京富资园科技发展有限公司印刷
2023 年 12 月第 1 版第 3 次印刷
169mm×239mm・23 印张・473 千字
标准书号：ISBN 978-7-111-71999-1
定价：99.00 元

电话服务　　　　　　　　　网络服务
客服电话：010-88361066　机　工　官　网：www.cmpbook.com
　　　　　010-88379833　机　工　官　博：weibo.com/cmp1952
　　　　　010-68326294　金　　书　　网：www.golden-book.com
封底无防伪标均为盗版　机工教育服务网：www.cmpedu.com

序
ORDER

轴承钢（高碳铬钢）是制造重要基础零部件——滚动轴承套圈和滚动体的专用钢种，也是制作冷轧辊、冷作模具等的常用钢。世界各国轴承用钢的化学成分、冶金质量、技术条件和性能要求基本相同，但制造出的高端轴承的质量颇有差异，其原因至今尚未完全洞悉；一般认为主要与制件的显微组织形态、淬火马氏体碳含量、残留奥氏体特性及其含量，以及淬火、回火后的硬度有关。轴承获得最佳使用性能（主要是接触疲劳寿命）的组织状态和数值标准、影响因素和控制方法都与其热处理有密切关系，需要深入研讨。

近年来由于对工业用轴承钢制件的热处理不够重视，有关这方面的创新研究很少，致使其制件质量提高不多。本书作者多年来从事轴承钢制件的热处理生产和研究工作，对此方面颇有心得，特编写成该书以飨读者，难能可贵。该书可为轴承钢及低合金工具钢制件的热处理工作者提供参考，为提高相关制件的使用质量提供理论和技术依据。

前 言

PREFACE

自1905年欧洲开发的高碳铬轴承钢（碳和铬的质量分数分别为1.0%和1.5%）问世以来，至今已有一个多世纪了。在这期间，由于它的化学成分配比合理，力学性能优秀，价格在合金钢中又比较低廉，所以高碳铬轴承钢的占比在轴承钢中达到80%以上，得到世界各国的普遍重视和应用。

据《世界金属导报》2018年12期介绍：2017年，我国主要优特钢企业兴澄特种钢铁有限公司（以下简称兴澄特钢）、新冶特钢有限责任公司（以下简称新冶特钢）和本钢集团有限公司特钢厂（以下简称本钢特钢）轴承钢的粗钢总产量为301.46万t，占我国轴承钢总产量的51%；兴澄特钢的轴承钢年产量为100万t，其中高端轴承钢产量为60余万t，已经连续八年名列世界轴承钢产销量第一位。目前兴澄特钢在轴承钢产量上占我国轴承钢总产量的30%以上，有很大一部分用于出口，其轴承钢冶金质量和接触疲劳性能总体处于世界先进水平；从实体轴承对比试验来看，其力学性能等指标是某国外著名品牌公司的2.5倍。

轴承钢冶金质量的提高是轴承制造的基石，要达到轴承制造强国还须从产品质量管理着手，将产品设计、机械加工、热处理、智能精密制造、精密检测、密封、润滑、装配与安装等紧密结合。

本书主要从热处理角度来分析如何提高轴承钢制件热处理的内在质量，希望达到“搞好热处理，零件一顶儿”的目的。从热处理原理、工艺、装备、可控气氛、淬火冷却介质及冷处理应用等方面来阐述，希望通过先进的热处理手段，使高碳铬轴承钢制件的疲劳寿命和耐磨性有所提高，达到高端轴承钢的使用寿命目标。

20多年来，作者到过许多生产第一线，发现熟悉轴承钢制件热处理技术方面的人员不多了，精通热处理技术的人员则更少，企业内的老师傅、老工程技术人员、质量检验人员及车间管理人员陆续退休，热处理专业的毕业生到基层后的流失现象比较严重，甚至出现断层的可能。这些原因导致在热处理的新产品、新技术、新材料、新设备的开发方面碰到了一定的困难，妨碍了技术的进步，限制了产品质量的提高。基层的热处理工作者和管理者迫切期望能得到一本有关轴承钢热处理方面的、通俗易懂的专业参考书籍。为此，作者从轴承钢的热处理原理、性能、工艺等方面着手编写了这本书供大家学习和借鉴，希望能对读者有所帮助。

本书由王锡樵主编，左永平、邹磊、侯奎、顾开选、郭嘉、王俊杰、王涛、孙清汝参加编写。其中，第 1 章～第 3 章由王锡樵编写；第 4 章中的 4.3 节由左永平编写，4.5.1 节由王涛编写，4.6 节由邹磊和侯奎编写，4.7 节由顾开选、郭嘉、王俊杰编写，第 4 章其他节由王锡樵编写；第 5 章中的 5.1 节～ 5.3 节由王涛和孙清汝编写，第 5 章其他节由王锡樵编写。陈坤参与了本书的整理工作。王锡樵负责全书审校工作。

在本书的编写过程中得到了刘云旭先生的指导、聂晓霖研究员级高工和王俊杰教授的支持和帮助，此外还得到了上海交通大学顾剑锋教授、洛阳轴研科技股份有限公司雷建中教授级高工、中国宝武钢铁集团有限公司上海五钢公司薄鑫涛教授级高工、上海轨道交通集团任颂赞教授级高工、浙江五洲新春集团股份有限公司王明舟总师、上海良纺纺机专件有限公司蔡志强高工的帮助，在此表示衷心感谢。

在编写过程中学习、吸收、借鉴了大量的国内外热加工领域内专家、教授的专著、论文，如钟顺思、王顺昌、[日] 濑户浩藏、范崇惠、刘耀中、任颂赞、张滢、马春生、李志超、王滨生、门香兰、屠恒悦、朱培瑜、许大维、王运迪、程震武、翟长生、陈乃录、刘斌等，还有朱志刚、龚健、刘美冬、袁福东提供的资料为作者编著本书提供了条件，在此一并表示感谢。

由于作者水平有限，若有不当之处，恳请读者提出宝贵意见，不胜感谢。

作　者

目录
CONTENTS

第 3 章　相关高碳铬轴承钢钢种的特性和应用

第 1 章　轴承钢的基础知识

Chapter 1

据 [日] 濑户浩藏编写的 2003 年版《轴承钢——在 20 世纪诞生并飞速发展的轴承钢》一书中介绍：1901 年高碳铬钢和碳的质量分数为 1% 的碳素钢都在使用了；到了 1905 年，德国开发了碳的质量分数为 1% 和铬的质量分数为 1% 或 1.6% 的钢材，即与现在所用成分相同的钢材“诞生”了，所以说高碳铬轴承钢“诞生”于 1905 年。在我国的合金结构钢中，钢号冠以字母“G”，表示滚动轴承钢类型，高碳铬轴承钢钢号的碳含量不标出来，铬含量以千分之几表示，如 GCr15 钢。因为轴承钢的种类很多，为了便于国际交流，促进轴承技术交流和发展，1976 年国际标准化组织（ISO）将一些通用的轴承钢号纳入国际标准。

ISO 将轴承钢分为：全淬透型轴承钢、表面硬化型轴承钢、不锈轴承钢、高温轴承钢，共 4 类 17 个钢号。有的国家增加一个类别为特殊用途的轴承钢。

我国已纳入标准的轴承钢分类与 ISO 分类相似，分为高碳铬轴承钢（即全淬透型轴承钢）、渗碳轴承钢（即表面硬化型轴承钢）、不锈耐腐蚀轴承钢和高温轴承钢 4 大类。目前我国现已颁布了 9 个主要轴承钢国家标准和 1 个高碳铬轴承钢淬火冷却介质行业标准：GB/T 18254—2016《高碳铬轴承钢》、GB/T 34891—2017《滚动轴承　高碳铬轴承钢零件　热处理技术条件》、GB/T 38885—2020《超高洁净高碳铬轴承钢通用技术条件》、GB/T 3203—2016《渗碳轴承钢》、GB/T 33161—2016《汽车轴承用渗碳钢》、GB/T 38936—2020《高温渗碳轴承钢》、GB/T 3086—2019《高碳铬不锈轴承钢》、GB/T 38884—2020《高温不锈轴承钢》、GB/T 38886—2020《高温轴承钢》和 JB/T 13347—2017《滚动轴承　高碳铬轴承钢零件热处理淬火冷却介质 技术条件》等。近六七十年以来，我国在轴承钢钢种及其轴承用材料的研究方面取得了较大的进展，如无铬轴承钢、中碳轴承钢、特殊用途轴承钢、金属陶瓷、耐腐蚀及耐高温轴承钢等方面。

在世界各国轴承钢的总产量中，高碳铬轴承钢占有率非常高。GB/T 18254—2016 将轴承钢的等级分类为：优质钢、高级优质钢（A）和特级优质钢（E）三类。其中优质钢（普通轴承钢）的市场占有率在 80% 以上，为此本书对普通（优质）高碳铬轴承钢制件的热处理技术进行了重点探讨。

1.1 主要轴承钢生产国家的钢号、化学成分及概况

1. 主要轴承钢生产国家的钢号及其化学成分

ISO及各主要生产国家高碳铬轴承钢钢号及化学成分对照见表1-1，钢中残余元素含量见表1-2。

表1-1 ISO及各主要生产国家高碳铬轴承钢钢号及化学成分对照

组织或国家	标准号	钢号	化学成分（质量分数，%）				
			C	Si	Mn	Cr	Mo
ISO	ISO 683-17: 2014[E]（2020）	100Cr6	0.93～1.05	0.15～0.35	0.25～0.45	1.35～1.60	0.10
		100CrMnSi4-4	0.93～1.05	0.45～0.75	0.90～1.20	0.90～1.20	0.10
		100CrMnSi6-4	0.93～1.05	0.45～0.75	1.00～1.20	1.40～1.65	0.10
		100CrMo7	0.93～1.05	0.15～0.45	0.25～0.45	1.65～1.95	0.15～0.30
		100CrMnMoSi8-4-6	0.93～1.05	0.40～0.60	0.80～1.10	1.80～2.05	0.50～0.60
瑞典	B10101 SKFD33（1988）	SKF3	0.95～1.10	0.15～0.35	0.25～0.45	1.35～1.65	≤0.10
	B10102 SKFD33（1981）	SKF831	0.92～1.02	0.50～0.70	0.95～1.25	0.90～1.15	≤0.10
		SKF832	0.87～0.97	0.60～0.90	1.40～1.70	1.40～1.70	≤0.10
美国	ASTM A295/A295M—2014（2020）	52100	0.93～1.05	0.15～0.35	0.25～0.45	1.35～1.60	≤0.10
		51100	0.98～1.10	0.15～0.35	0.25～0.45	0.90～1.15	≤0.10
		50100	0.98～1.10	0.15～0.35	0.25～0.45	0.40～0.60	≤0.10
		5195	0.90～1.03	0.15～0.35	0.75～1.00	0.70～0.90	≤0.10
		UNSK					
		19526A	0.89～1.01	0.15～0.35	0.50～0.80	0.40～0.60	0.08～0.15
		1070M	0.65～0.75	0.15～0.35	0.80～1.10	≤0.20	≤0.10
		5160	0.56～0.64	0.15～0.35	0.75～1.00	0.70～0.90	≤0.10

（续）

组织或国家	标准号	钢　　号	化学成分（质量分数，%）				
			C	Si	Mn	Cr	Mo
日本	JIS G4805：2019	SUJ1	0.95 ～ 1.10	0.15 ～ 0.35	≤0.50	0.90 ～ 1.20	≤0.08
		SUJ2	0.95 ～ 1.10	0.15 ～ 0.35	≤0.50	1.30 ～ 1.60	≤0.08
		SUJ3	0.95 ～ 1.10	0.40 ～ 0.70	0.90 ～ 1.15	0.90 ～ 1.20	≤0.08
		SUJ4	0.95 ～ 1.10	0.15 ～ 0.35	≤0.50	1.30 ～ 1.60	0.10 ～ 0.25
		SUJ5	0.95 ～ 1.10	0.40 ～ 0.70	0.90 ～ 1.15	0.90 ～ 1.20	0.10 ～ 0.25
德国	DIN 17230：1980	100Cr2	0.90 ～ 1.05	0.15 ～ 0.35	0.25 ～ 0.45	0.40 ～ 0.60	
		100Cr6	0.90 ～ 1.05	0.15 ～ 0.35	0.25 ～ 0.45	1.35 ～ 1.65	
		100CrMn6	0.90 ～ 1.05	0.50 ～ 0.70	1.00 ～ 1.20	1.40 ～ 1.65	
		100CrMo7	0.90 ～ 1.05	0.20 ～ 0.40	0.25 ～ 0.45	1.65 ～ 1.95	0.15 ～ 0.25
		100CrMo73	0.90 ～ 1.05	0.20 ～ 0.40	0.60 ～ 0.80	1.65 ～ 1.95	0.20 ～ 0.35
		100CrMnMo8	0.90 ～ 1.05	0.40 ～ 0.60	0.80 ～ 1.10	1.80 ～ 2.05	0.50 ～ 0.60
中国	GB/T 18254—2016	G8Cr15	0.75 ～ 0.85	0.15 ～ 0.35	0.20 ～ 0.40	1.30 ～ 1.65	≤0.10
		GCr15	0.95 ～ 1.05	0.15 ～ 0.35	0.25 ～ 0.45	1.40 ～ 1.65	≤0.10
		GCr15SiMn	0.95 ～ 1.05	0.45 ～ 0.75	0.95 ～ 1.25	1.40 ～ 1.65	≤0.10
		GCr15SiMo	0.95 ～ 1.05	0.65 ～ 0.85	0.20 ～ 0.40	1.40 ～ 1.70	0.30 ～ 0.40
		GCr18Mo	0.95 ～ 1.05	0.20 ～ 0.40	0.25 ～ 0.40	1.65 ～ 1.95	0.15 ～ 0.25

2. 主要轴承生产国家概况

我国是轴承制造大国，却不是轴承制造强国，要建设轴承制造强国，国家政策的支持是极其重要的。在 2000 年发布的《当前国家重点鼓励发展的产业、产品和技术目录》中，轿车轴承、机车车辆轴承、精密轴承、高速轴承列为重点鼓励发展对象，在《国家中长期科学和技术发展规划纲要（2006—2020 年）》《国务院关于加快振兴装备制造业的若干意见》，以及工业和信息化部的

表 1-2 钢中残余元素含量

a）国外钢中残余元素含量

组织或国家	标准号	钢号	化学成分（质量分数，%）									
			P	S	Ni	Cu	As	Sn	Ti	Sb	Pb	O
ISO	ISO 683-17：2014 [E]	100Cr6	≤0.025	≤0.015	—	≤0.30	—	—	—	—	（Al≤0.050）	≤0.0015
		100CrMnSi4-4	≤0.025	≤0.015	—	≤0.30	—	—	—	—	—	≤0.0015
		100CrMnSi6-4	≤0.025	≤0.015	—	≤0.30	—	—	—	—	—	≤0.0015
		100CrMo7	≤0.025	≤0.015	—	≤0.30	—	—	—	—	—	≤0.0015
		100CrMnMoSi8-4-6	≤0.025	≤0.015	—	≤0.30	—	—	—	—	—	≤0.0015
瑞典	B10101 SKFD33（1988）	SKF3	≤0.025	≤0.025	≤0.20	≤0.30	≤0.04	≤0.03	≤0.003	≤0.005	≤0.002	$\leqslant 15*10^{-6}$
	B10102 SKFD33（1981）	SKF831	≤0.025	≤0.025	≤0.20	≤0.30	≤0.04	≤0.03	≤0.005	≤0.005	≤0.002	$\leqslant 20*10^{-6}$
		SKF832	≤0.025	≤0.025	≤0.20	≤0.30	≤0.04	≤0.03	≤0.005	≤0.005	≤0.002	$\leqslant 20*10^{-6}$
美国	ASTM A295/A295M—2014（2020）	52100	≤0.025	≤0.015	≤0.25	≤0.35	—	—	—	—	—	—
		51100	≤0.025	≤0.025	≤0.25	≤0.35	—	—	—	—	—	—
		50100	≤0.025	≤0.025	≤0.25	≤0.35	—	—	—	—	—	—
		5195	≤0.025	≤0.025	≤0.25	≤0.35	—	—	—	—	—	—
		UNSK	≤0.025	≤0.025	≤0.25	≤0.35	—	—	—	—	—	—
		19526A	≤0.025	≤0.025	≤0.25	≤0.35	—	—	—	—	—	—
		1070M	≤0.025	≤0.025	≤0.25	≤0.35	—	—	—	—	—	—
		5160	≤0.025	≤0.025	≤0.25	≤0.35	—	—	—	—	—	—

日本	JIS G 4805：2019	SUJ1	≤0.025	≤0.025	≤0.25	—	—	—	—	—	—	—
		SUJ2	≤0.025	≤0.025	≤0.25	—	—	—	—	—	—	—
		SUJ3	≤0.025	≤0.025	≤0.25	—	—	—	—	—	—	—
		SUJ4	≤0.025	≤0.025	≤0.25	—	—	—	—	—	—	—
		SUJ5	≤0.025	≤0.025	≤0.25	—	—	—	—	—	—	—
德国	DIN 17230：1980	100Cr2	≤0.030	≤0.025	≤0.30	≤0.30	—	—	—	—	—	—
		100Cr6	≤0.030	≤0.025	≤0.30	≤0.30	—	—	—	—	—	—
		100CrMn6	≤0.030	≤0.025	≤0.30	≤0.30	—	—	—	—	—	—
		100CrMo7	≤0.030	≤0.025	≤0.30	≤0.30	—	—	—	—	—	—
		100CrMo73	≤0.030	≤0.025	≤0.30	≤0.30	—	—	—	—	—	—
		100CrMnMo8	≤0.030	≤0.025	≤0.30	≤0.30	—	—	—	—	—	—

b） 我国钢中残余元素含量（GB/T 18254—2016）

冶金质量	化学成分（质量分数，%）									
	Ni	Cu	P	S	Ca	O[①]	Ti[②]	Al	As	As+Sn+Sb	Pb
	≤										
优质钢	0.25	0.25	0.025	0.020	—	0.0012	0.0050	0.050	0.04	0.075	0.002
高级优质钢（A）	0.25	0.25	0.020	0.020	0.0010	0.0009	0.0030	0.050	0.04	0.075	0.002
特级优质钢（E）	0.25	0.25	0.015	0.015	0.0010	0.0006	0.0015	0.050	0.04	0.075	0.002

注：1. 52100 为 A295/A295M—2014（2020）中新增牌号。

2. ISO683-17：2014 中 Ti 元素需经供需双方协商同意后才允许添加。

①氧含量在钢坯或钢材上测定。

②牌号 GCr15SiMn、GCr15SiMo、GCr18Mo 允许在三个等级基础上增加 0.0005%。

《机械基础件、基础制造工艺和基础材料产业“十二五”发展规划》中，基础件也包括轴承在内；在2010年10月《国务院关于加快培育和发展战略性新兴产业的决定》中轴承也被涵盖于“高端制造装备”之中。有了国家层面的大力支持，在技术上应向国外先进技术水平看齐，首先在轴承钢的材质上要求达到国际标准，使钢材的化学成分稳定，并且达到一致性，使钢的洁净度高而稳定，钢中的非金属夹杂物含量、种类及气体含量要少；碳化物的形状、大小和均匀化程度要好。其次是加工性能、制造精度、热处理工艺及质量水平、装配、润滑和安装等使用性能的提高，使整套轴承的使用寿命长而稳定，并具有性价比高的特点。

我国正在向着轴承制造强国努力奋斗，特别是在高级精密机床、精密仪器仪表、精密滚珠丝杠、高速轨道交通、风电、航天与航空发动机、盾构机、中高档乘用车、商务车、重载车、各种类型的精密机械、纺织机械及大型特种装备等轴承的制造和轴承制造强国还有一定的差距。具体表现在高速客车和高速铁路客车最为关键的部件之一的专用配套轮对轴承，大部分还需要从德国、日本、瑞典等国家进口。近年来随着冶金质量的提高，洛阳轴研科技股份有限公司和洛阳轴承有限公司从产品设计、制造、装配、润滑和密封等方面做了很大的改进和提高，解决了这个瓶颈问题，现在已经可以部分替代进口轴承，为此节约了大量的外汇支出。

在汽车变速器轴承的使用寿命上的差距：国外变速器轴承的使用寿命最低50万km，而我国在20万km左右，且可靠性、稳定性差；国外风电轴承的使用寿命要求达到20年，我国还有一定的差距。但是在“863”计划《大功率风电机组用轴承钢关键技术开发》中成功地开发了两种高端纳米贝氏体轴承用钢——G23Cr2NiMo钢和G23Cr2Ni2SiMoAl钢，用于制造大功率风电机组的主轴轴承，其6MW主轴轴承套圈外径达到ϕ3200mm；GCr15SiMo钢已适用于制造5MW风电机组上的偏航、变桨轴承和主轴轴承的滚动体，且我国已在15MW风电轴承研发上取得成功。国外对于增速器轴承和主轴轴承采用碳氮共渗处理，使轴承件表面得到较多的残留奥氏体（体积分数30%～50%）和大量细小的碳化物、碳氮化合物，大大提高轴承在污染润滑工况下的使用寿命。我国在碳氮共渗等表面强化技术上也达到了先进水平。高级精密机床主轴轴承高速性能指标Dn值（轴承直径与转速的乘积），国外可以达到4×10^6r/min，而我国的$Dn\leqslant2.5\times10^6$r/min；纺机转杯轴承（弹力丝假捻器轴承）的Dn值，国外已达到12×10^4r/min，而我国的$Dn\leqslant8\times10^4$r/min；气流纺轴承的Dn值，国外已达3×10^4r/min，而我国的$Dn\leqslant20000$r/min。我国这些轴承的使用寿命比国外轴承的使用寿命低1/4～1/3，其主要是轴承钢的冶金质量、热处理工艺及装备、机械加工精度、装配、润滑和密封等原因所致。

轴承钢按照发展过程，随着轴承的使用温度的不断提高，可以分为4个阶段（代），目前国外采用的轴承钢从 20 世纪中期至今已经发展到第 4 代了。其中：第 1 代使用温度 150℃的轴承钢，如 52100、SKF3、100Cr6、GCr15、SUJ2、ШX 15 等；第 2 代使用温度小于 350℃的轴承钢，如 M50 和 M50NiL（轴承的内外套圈）；第 3 代使用表面硬化型轴承钢——耐高温、耐腐蚀钢，它应用于宇航齿轮传动机构和涡轮螺旋桨主轴轴承等零部件，属于高强度耐腐蚀轴承钢，轴承使用温度在 500℃左右，其代表性钢种 CSS-42L 是美国拉特罗布特殊钢公司（Latrobe Specialty Steel Company）研制生产的表面硬化型轴承齿轮钢，属于第 3 代轴承齿轮钢材料，应用于宇航齿轮机构和涡轮螺旋桨主轴轴承等零部件。近年来我国也开始了第 3 代轴承齿轮材料的研究工作，研制的新型高温不锈渗碳轴承钢（G13Cr14Co12Mo5Ni2）经热处理后的力学性能都是非常高的。

还有一种能在 350℃左右工作的第 3 代轴承钢是 G30Cr15MoN 高氮不锈轴承 X30（Cronidur30），其化学成分（质量分数）为 C0.3%，Cr15%，Mo1%，N0.4%。由于 N 的固溶强化，形成细小弥散的 Cr_2（C，N）碳氮化合物和 $M_{23}C_6$ 碳化物的双强化机理，使高氮轴承钢具有高的硬度、高的耐蚀性和优异的接触疲劳性能。

在航空发动机技术上，一直走在前面的美国，在军用发动机轴承的推动比方面，近 50 多年以来，从第 1 代的 2 ～ 3 级提高 7 ～ 8 级，第 2 代为 10 ～ 12 级，现在研发的第 3 代 15 ～ 20 级。第 4 代轴承钢具有耐超高温及轻质化等特点，如 60NiTi 和 GCr15Al 等钢种目前处于研发阶段。

我国现在正在研发和使用第 3 代轴承钢用于航空发动机轴承，为了推动我国的高功重比、长寿命和高可靠性航空发动机的成功研制，目前正在系统性地对航空发动机用的耐高温、耐腐蚀轴承进行深入的研究。不论是第几代轴承钢，要想生产出高品质的轴承钢，就必须提高钢的洁净度和碳化物的均匀性。

所谓钢的洁净度主要是指材料中的夹杂物含量、类型及气体含量。而碳化物的形状大小和分布均匀化程度是决定轴承钢质量的另外一个重要标准。轴承钢在制造过程中，首先要在冶金、铸造、控制轧制、控制冷却上提高技术水平，重点要解决钢的洁净度问题和控制碳化物液析、碳化物带状、碳化物网状、非金属夹杂物的质量。

20 世纪 90 年代至今，美国、德国、日本等轴承钢制造强国已经完成了对轴承钢质量控制的化学冶金的研究，普通级（B 级）钢的洁净度：氧的质量分数稳定控制在（4 ～ 6）$\times10^{-6}$，钛的质量分数控制在（8 ～ 12）$\times10^{-6}$。

我国要求轴承钢的洁净度：氧和钛的质量分数分别小于 6×10^{-6} 和 15×10^{-6} 的水平。随着科技的进步，这些指标还会进一步的提高。

在组织细化与均匀性方面，通过合金化设计与控轧、控冷工艺的应用，进一步提高夹杂物与碳化物的均匀性，降低平均尺寸与最大颗粒尺寸，使碳化物的平均尺寸小于1μm的目标；进一步提高基体组织的晶粒度，使轴承钢的晶粒进一步细化。

在减少低倍组织缺陷方面，需要进一步降低轴承钢的中心疏松、中心缩孔、成分偏析，提高低倍组织的均匀性。通过新型合金化设计、非金属夹杂物的控制、对热轧工艺优化与热处理工艺调整，可提高轴承钢的韧性，从而提高轴承钢的可靠性。为此提出生产新型合金化洁净钢的目标。

洁净钢（clean steel）的概念是1962年Kieshng在给英国钢铁学会起草的报告中首次提出的。所谓洁净钢，通常指非金属夹杂物（主要是各类氧化物、硫化物和氮化物等）含量少的钢。也有人认为，洁净钢是指钢中S、P、H、O、N含量极低的钢。多用途钢中的总氧含量TO表示钢的洁净度，总氧含量包括自由氧和固定氧（杂质物所含的氧），降低钢液的总氧含量可以说是生产洁净钢的根本保证。不能把洁净钢与纯净钢混为一谈，洁净钢不是纯净钢，绝对纯净的钢是不存在的，钢材也不是越纯越好的。洁净钢生产概念的提出，不是为了制造样品，而是为了能够高效率、连续地生产出可以稳定地满足用户加工和使用要求的优质商品钢材。对于GCr15钢，控制杂质元素的质量分数即控制钢的洁净度，GCr15钢中各元素的质量分数w（%）：w（S）0.005～0.010，w（P）≤0.012，w（N）≤0.007，w（H）≤2，w（TO）≤0.0008，夹杂物控制B、D类和TiN。

雷建中认为轴承的接触疲劳破坏是在2～5GPa疲劳应力下表面和次表面的破坏行为，该应力已经达到或远远超过材料的疲劳强度（正常材料的疲劳强度一般不超过2GPa）。目前人们对于这种超高应力下的材料组织演化、加工硬化及其破坏行为的研究还比较少，这阻碍了人们对轴承钢疲劳破坏机制的更深层认识。因此，应该开展轴承钢在超高疲劳应力（高达2～5GPa的接触疲劳强度）下的组织演化行为、材料的加工硬化行为及疲劳破坏机制等基础理论研究，弄清楚控制轴承钢疲劳破坏的主要与次要原因及其解决措施，为传统轴承钢的改进和新型轴承材料的创新研发奠定理论基础。

1.2 轴承钢中非金属夹杂物及碳化物的控制

高碳铬轴承钢（以下简称轴承钢）的质量控制应该确保钢的洁净度，即氧的质量分数小于（4～6）$\times10^{-6}$，钛的质量分数小于（8～12）$\times10^{-6}$。而对于非金属夹杂物、碳化物液析、碳化物带状、碳化物网状方面也需要从严控制。

1.2.1 非金属夹杂物的控制

钢中的有害元素（除特殊钢种以外）是指O、H、N、S、P（包括本钢种不希望的元素），钢中非金属夹杂物元素主要是指钢液凝固后存在于钢中的氧化物、硫化物和氮化物等。有害元素的数量和分布以及夹杂物的数量尺寸形状分布会直接影响钢的加工和使用性能，因此它是钢洁净度的标志。

钢中非金属夹杂物的分类：

1）按来源可分为外来夹杂物或内生夹杂物。

2）按化学成分可分为氧化物夹杂、硫化物夹杂和氮化物夹杂。

3）按夹杂物尺寸大小可分为超显微夹杂物（≤1μm）、显微夹杂物（1～100μm）和宏观夹杂物（100μm）。

4）根据 GB/T 10561—2005，钢夹杂物按成分和形态可以分为 A、B、C、D、DS 五类。

1. 夹杂物对疲劳寿命的影响

当材料承受一定的重复或者交变应力时，经过多次循环后发生破裂的现象称为疲劳。材料因疲劳而破坏的过程：首先发生局部的应力集中，然后生成疲劳裂纹且裂纹逐渐发展，最后当裂纹发展到一定程度时，材料就因疲劳而破坏了。

夹杂物对疲劳寿命的影响可以分为三种：发生在夹杂物周围的疲劳裂纹、夹杂物本身断裂导致的裂纹和夹杂物基体边界剥离引起的疲劳裂纹，一般来说这三种情况最为常见。

夹杂物对疲劳寿命产生影响的原因：

1）夹杂物在钢的热变形加工温度下的塑性影响。如果夹杂物在钢的热加工温度下无塑性，则在金属基相对于上述夹杂物所发生的塑性流动时，这些不变形的夹杂物能够把金属基体划伤，并与金属基体脱离。刚玉、尖晶石和钙的铝酸盐在加工温度时无塑性，有些硅酸盐具有一定的塑性，而硫化物则具有较好的塑性。

2）基体与夹杂物的变形影响。轴承在室温中交变应力的作用下运转时，如果发生了变形而夹杂物却不变形，这就为基体与夹杂物脱离和裂纹的形成创造了条件。

3）线胀系数差值的影响。当钢由高温冷却时，如果金属基体和夹杂物的线胀系数相差很大，那么在夹杂物附近就会产生附加应力。线胀系数小于金属基体的夹杂物，在冷却过程中收缩程度较小，由于它的支撑作用，在周围基体上产生附加的拉应力，促进了疲劳裂纹的发生和发展。淬火时，刚玉和尖晶石型的夹杂物往往会出现上述情况。与此相反，硫化物的线胀系数比金属基体大，故冷却时会产生界面孔洞，但无残余应力。

4）夹杂物大小和分布对于疲劳寿命的影响。关于裂纹的扩展机理，最初先在主裂纹形成前的区域内形成孔洞，而后在二次拉应力作用下，孔洞迅速增大，之后两者汇合后，按塑性机理，也会形成显微裂纹，最后剩余部分聚集起来，使这一断裂表面呈凹坑状与主裂纹区相连接。这种断裂情况称之为凹坑和缺口区交替断裂机理，裂纹扩展的宏观速度 $\frac{d(2L)}{dN}$ 的计算公式为

$$\frac{\mathrm{d}(2L)}{\mathrm{d}N}=\frac{(\mathrm{AK})^n}{M}$$

式中，L 为裂纹长度之半（mm）；N 为周期数；AK 为与施加应力变化范围相对应的应力强度系数变化范围；n 为变量指数，其变化范围是 1.4 ～ 7.7，与淬火与回火温度有关；M 为钢的常数。

裂纹扩展的宏观速度（mm）周期是应力强度系数变化范围的函数。

2. 减少钢中非金属夹杂物的措施

从冶炼技术着手，减少原材料中的非金属夹杂物的含量，选用优质铁液、合适的冷料和造渣料，强化合金管理。保持设备系统运转正常，降低初炼钢液的氧含量，减少二次氧化，促进钢中非金属夹杂物上浮，防止卷渣。卷渣是指浮渣在外力作用下重新进入钢液，不能上浮的部分将留在钢中，成为非金属夹杂物。

3. 轴承钢冶炼的关键技术

保证轴承钢的冶金质量必须严格控制化学成分及化学成分的均匀性，特别是提高洁净度，降低氧含量和残余元素含量，严格控制低倍组织和高倍组织、碳化物均匀性、表面脱碳层和内部疏松、偏析、显微孔隙等，不允许存在裂纹、毛刺、折叠、结疤、氧化皮、缩孔、气泡、白点和过烧等表面和内部缺陷。轴承钢在冶炼工艺上，其关键技术是在优化化学成分的基础上努力提高产品的洁净度和均匀性。

钢中的非金属夹杂包括脆性体夹杂物（氧化物、氮化物、脆性硅酸盐、氮化钛等）、塑性夹杂物（硫化物、塑性硅酸盐等）、球状夹杂物（球状不变形夹杂物）。它们对于滚动轴承的使用寿命影响很大，这些夹杂物的影响程度：氮化物＜硅酸盐＜氧化物。氧化物及球状不变形夹杂物对轴承的接触疲劳寿命影响是大的，氧化物夹杂物的数量增多、尺寸增大，将导致疲劳寿命显著下降。球状不变形夹杂物尺寸变大，疲劳寿命也会明显下降。研究表明，当夹杂物尺寸在 6 ～ 8μm 以下时，一般对轴承钢的接触疲劳寿命影响不大。对疲劳寿命有不良影响的氧化物（即夹杂物）的总量是由钢中氧含量决定的。

由于非金属夹杂物的定量分析较困难，一般采取研究疲劳寿命和氧含量的关系来探讨此问题，并致力于减少钢中的氧含量。氧含量的减少可以明显提高轴承钢的疲劳寿命。瑞典 SKF 公司和日本山阳特殊制钢株式会社（以下简称山阳公司）对轴承钢中的氧含量与疲劳寿命之间的关系，做了大量的试验研究工作，得出了明确的结论：Lund.T 认为疲劳寿命与氧含量的关系为 L_{10}（相对寿命）$=372[\mathrm{O}]^{-1.6}$，即二次精炼钢氧含量降低到 10×10^{-6} 的疲劳寿命是大气下熔炼钢（氧含量 40×10^{-6}）的 10 倍；日本上杉年一认为氧含量降低到 5×10^{-6} 其疲劳寿命是非精炼钢的 30 倍。我国大冶特殊钢股份有限公司前些年也做了各种试验：将钢中氧含量分别降低到 20×10^{-6}、15×10^{-6}、8×10^{-6} 时，其疲劳寿命分别是电弧炉大气下熔炼钢（氧含量为 30×10^{-6}）的 1.5、2.0 和 3.0 倍。

轴承钢中的氧含量与疲劳寿命之间的关系，国内外试验的结果大体相同。但是应该指出，氧含量与疲劳寿命之间的关系不是绝对的，因为钢中氧含量的高低，实际上只能代表钢中氧化物夹杂数量的大小，而不能代表硫化物和氮化物的高低，更不能代表夹杂物的尺寸和分布。

通常轴承制件的失效往往是由许多夹杂物中的一个大型夹杂物引起的。这些夹杂物分为：A 类（硫化物类）、B 类（氧化铝类）、C 类（硅酸盐类）、D 类（球状氧化物类）和 DS 类（单颗粒球状类）。从这个意义上说，夹杂物的尺寸和分布对疲劳寿命影响最大。因此不同冶炼方法生产的轴承钢即使氧含量相同，其疲劳寿命也不一样。冶炼和浇注过程中用真空脱气、真空感应搅拌、电渣重熔和真空自耗熔炼等技术都可以得到洁净度较高的轴承钢，即非金属夹杂物的含量少的钢，其技术指标应达到 GB/T 18254—2016 中的规定，在此基础上进一步完善制定了 GB/T 38885—2020《超高洁净高碳铬轴承钢通用技术条件》，这个标准已接近先进国家轴承钢标准。

4. 轴承钢材料的洁净度和均匀性的影响

轴承钢材料的洁净度和均匀性影响轴承的疲劳强度、弹性极限、屈服强度、韧性、高的耐磨性和均匀的硬度，并使轴承具有一定的耐蚀性。

轴承材料的洁净度是指材料中夹杂物的含量、夹杂物的类型、气体含量、有害元素的种类及其含量，而均匀性是指材料的化学成分、内部组织，包括基体组织，特别是析出相碳化物颗粒度及其间距、夹杂物颗粒和分布等均匀程度。

（1）轴承钢中夹杂物的影响　材料中的夹杂物一部分来自炼钢炉中的耐火材料及炉渣，另一部分来自未能完全排出的早期脱氧产物、凝固结晶过程中溶解氧析出的脱氧产物（后者完全没有条件排除），以及冶炼过程中未能去掉有害杂质元素（包括气体）以及它们形成的夹杂物，如硫化物、氮化物等。

轴承钢在压力加工过程中或热处理加热时，由于金属和夹杂物的线胀系数不同，在夹杂物和金属中产生方向相反的微观应力。英国 D.Brook Sbank 根据弹性理论的原理，假设金属基体被夹杂物质点分隔成若干碎块，这些碎块用半径相同的若干个球代替，形成镶嵌结构。在夹杂物与金属基体结合处产生的微观应力称为镶嵌应力，形成初始裂纹，初始裂纹则是金属进一步疲劳破坏的疲劳源。不同类型的夹杂物，其线胀系数不相同，因而对于轴承疲劳破坏的危害程度也就不相同。根据“镶嵌理论”测定钢中各种类型夹杂物的线胀系数，并对镶嵌应力进行计算，结果是危害最大的是膨胀系数小的夹杂物（如氧化铝和尖晶石）。它们造成的应力最大，因而大大降低了钢的接触疲劳强度。GCr15 钢的线胀系数为 $12.5\times10^{-6}℃^{-1}$（0 ～ 800℃），轴承钢中各种的夹杂物线胀系数（0 ～ 800℃平均值）见表 1-3。

表 1-3 轴承钢中各种夹杂物的线胀系数（0～800℃平均值）

夹杂物类型	成 分	线胀系数 /10^{-6}℃$^{-1}$	泊松比
金属基体	—	12.5	0.29
硫化物	MnS	18.1	0.3
	CaS	14.7	—
铝酸钙盐	CaO (Al_2O_3)$_6$	8.8	—
	CaO (Al_2O_3)$_2$	5	0.23
	CaO (Al_2O_3)	6.6	—
	12CaO • 7 (Al_2O_3)	7.6	—
	CaO_3 (Al_2O_3)	10.1	—
尖晶石	MgO • Al_2O_3	8.4	—
	MnO • Al_2O_3	—	0.26
	FeO • Al_2O_3	—	—
刚玉	Al_2O_3	8	0.25
	Cr_2O_3	7.9	—
硅酸盐	(Al_2O_3)$_2$ •(SiO_2)$_2$	5	0.24
	$(MnO)_2$ •(Al_2O_3)$_2$ •(SiO_2)$_2$	2	—
氮化物	TiN	9.4	0.192
氧化物	MnO	14.1	0.306
	MgO	13.5	0.17
	CaO	13.5	0.21
	FeO	14.2	—
	Fe_2O_3	12.3	—
	Fe_3O_4	15.3	0.26

从表 1-3 中可以看出，大部分单质氧化物夹杂（MnO、MgO、CaO、FeO、Fe_2O_3、Fe_3O_4 等）、硫化物（MnS、GaS）的线胀系数比金属基体的线胀系数稍大一些；而钙铝酸盐、尖晶石、刚玉、硅酸盐、氮化物等的线胀系数则比金属基体的线胀系数小得多。为此可知，同类型的夹杂物对轴承钢疲劳寿命影响是不同的，即 $\alpha_1<\alpha_2$ 时，夹杂物对疲劳寿命是有害的。故要求提高钢的洁净性，降低夹杂物含量的同时，还要改善夹杂物的性质和形态。

夹杂物破坏了钢的连续性，在轧制、锻造、冲压、使用过程中的交变负荷作用下，非金属夹杂物处容易产生应力集中。

各类非金属夹杂物对轴承钢的疲劳寿命的影响如图 1-1 所示。由此可见，线胀系数较大的 MnS（18.1×10^{-6}℃$^{-1}$）和 CaS（14.7×10^{-6}℃$^{-1}$）有害系数较小；Al_2O_3 和 TiN 的有害系数较大；线胀系数小的 Al_2O_3–CaO 球状夹杂物有害系数最大，严重降低接触疲劳强度。尺寸≥13μm 的球状不变形夹杂物对轴承钢性能的影响更为严重，这种夹杂物虽然数量少，但是尺寸大，危害性强。

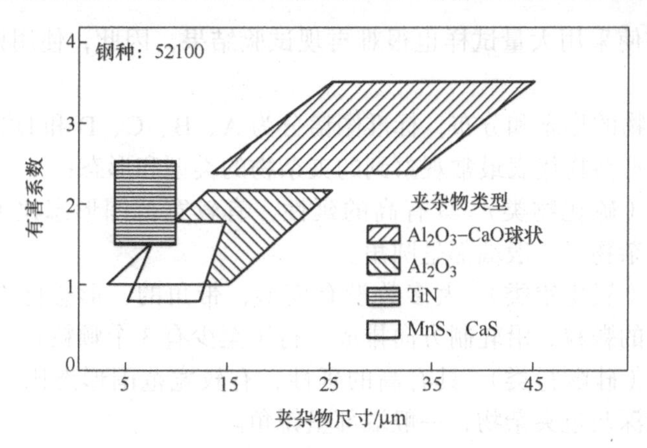

图 1-1　各类非金属夹杂物对轴承钢疲劳寿命的影响

（2）轴承钢的均匀性　轴承钢的均匀性是指化学成分的均匀性及碳化物的均匀性。

化学成分的均匀性主要指钢中合金元素，特别是 C、S、P 的宏观和微观偏析程度。碳化物均匀性主要指碳化物颗粒大小、间距、形态分布等。

影响均匀性的因素很多，如易偏析元素的含量、钢坯（锭）结构、坯型（锭重）、浇注温度（过热度）、浇注速度、铸坯冷却强度、是否采用相应的工艺措施（中包加热、电磁搅拌、轻压下）等。钢锭、钢坯在热加工前的加热工艺、钢材热加工终止温度及随后的冷却方法、球化退火工艺也会影响碳化物的均匀性。

高碳铬轴承钢经淬火回火处理后的残留碳化物的体积分数约为 7%，残留碳化物的颗粒大小会直接或间接影响轴承寿命。在马氏体基体组织中碳的质量分数为 0.4% ～ 0.5%，碳化物平均颗粒越小则疲劳寿命越高。碳化物颗粒对疲劳寿命的影响具体数字见表 1-4。

表 1-4　碳化物颗粒对疲劳寿命的影响

碳化物平均直径 /μm	疲劳寿命	
	$L_{10}/10^6$ 次	$L_{50}/10^6$ 次
0.785	0.49	6.0
0.655	0.86	8.0
0.09	4.0	13

5. 非金属夹杂物含量的测定标准评级图显微检验法

薄鑫涛指出轴承钢中的非金属夹杂物含量的测量可用 GB/T 10561—2005《钢中非金属夹杂物含量的测定标准评级图显微检验法》进行，该标准规定了用标准图谱评定压缩比大于或等于 3 的轧制或锻制钢材中的非金属夹杂物的显微评定方法。这种方法广泛用于对给定用途适应性的评估。但是，由于受试验人员的影响，即使采用大量试样也很难再现试验结果，因此，使用该方法时应十分慎重。

根据夹杂物的形态和分布，标准图谱分为 A、B、C、D 和 DS 五大类。

这五大类夹杂物代表最常观察到的夹杂物的类型和形态：

（1）A 类（硫化物类） 具有高的延性，有较宽范围形态比（长度 / 宽度）的单个灰色夹杂物，一般端部呈圆角。

（2）B 类（氧化铝类） 大多数没有变形，带角的，形态比小（一般 <3），黑色或带蓝色的颗粒，沿轧制方向排成一行（至少有 3 个颗粒）。

（3）C 类（硅酸盐类） 具有高的延性，有较宽范围形态比（一般≥3）的单个呈黑色或深灰色夹杂物，一般端部呈锐角。

（4）D 类（球状氧化物类） 不变形，带角或圆形的，形态比较小（一般 <3），黑色或带蓝色的，无规则分布的颗粒。

（5）DS 类（单颗粒球状类） 圆形或近似圆形，直径≥13μm 的单颗粒夹杂物。

具体的评定方法可以按该标准级别图进行操作，不再赘述。

1.2.2 轴承钢碳化物（液析、带状和网状）的控制

控制碳化物的组织特征、数量、形貌、大小和分布的均匀程度，对改善轴承钢的性能有重要意义。碳化物不均匀性有碳化物液析、碳化物带状和碳化物网状三种主要形式，如图 1-2 所示。

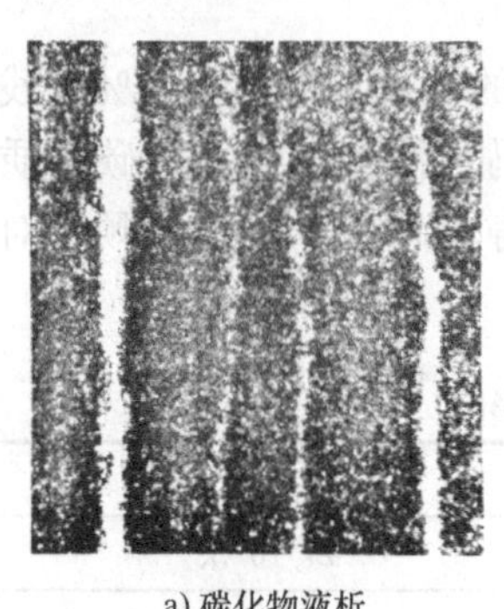

a) 碳化物液析（纵向试样）

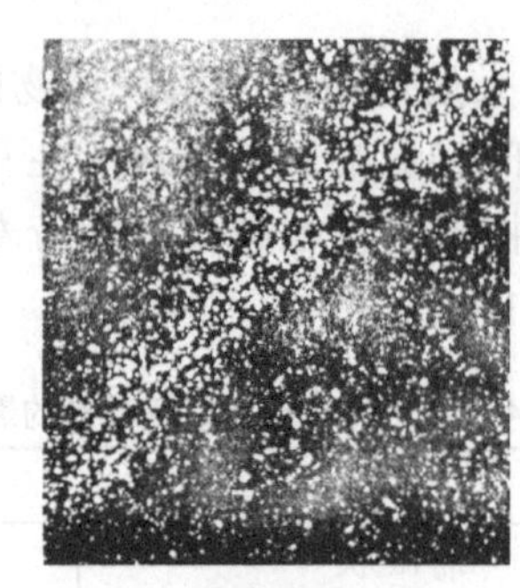

b) 碳化物带状（横向试样）

c) 碳化物网状（横向试样）

图 1-2 轴承钢碳化物形式

1. 碳化物液析

碳化物液析是钢锭在凝固时产生的严重的树枝偏析，由于产生的亚稳共晶莱氏体，经压力加工破碎成不规则的小块状碳化物，并沿着延伸方向呈链状或条状分布，如图 1-2a 所示。它是轴承钢碳化物不均匀性中最有危害的一种。液体中碳及合金元素富集并产生亚稳定莱氏体共晶，从而形成了碳化物液析。它是由液态偏析而引起的，从钢液中直接形成的碳化物。碳化物液析对钢材组织

的不均匀和性能有明显的不良影响，其主要表现是：碳化物液析颗粒大、硬度高、脆性大（相当于脆性夹杂物），若在轴承钢表面出现碳化物液析，则会易引起剥落，加速轴承的磨损；若大块状碳化物液析在晶界内存在，则它将成为疲劳裂纹的根源，增加淬火开裂的倾向；在热轧时因钢中的奥氏体将产生塑性变形，形成位错，在位错线处又因碳的扩散而熔断为小块，则沿轧制方向呈条状分布。

为防止碳化物液析的出现，可采取以下措施：控制钢中的铬和碳的含量在中下限，钢中加入少量的钒及降低钛含量（液析碳化物中存在 TiN）可以减少产生碳化物液析的程度；改进浇注工艺和选择合理的铸型。如采用扁断面钢锭与浇注后急冷，都可以减少偏析。对于连铸坯因为冷却速度比较大，故碳化液析较少发生；在热锻和热轧工序中，加大压缩比或延伸率，也可以细化碳化物液析。

轴承钢中含有碳、铬、硅及锰等元素。只有碳在形成树枝状偏析的倾向比较大，硅、铬、锰的倾向比较小的时候会形成液析。铬是形成碳化物的元素，它不仅在奥氏体中的扩散系数比较小，而且还会降低碳及其他元素在奥氏体中的扩散系数，所以轴承钢最终形成的偏析比较大。

值得注意的是，最后决定钢锭中树枝偏析程度的两个因素是：凝固过程和凝固速度。凝固过程中液相、固相中扩散完成的程度都与凝固速度有密切关系，凝固速度是在钢锭的浇注过程中可以控制的因素，所以在实际生产中要充分引起重视。

工业生产中钢锭难免出现树枝状偏析，只是凝固条件不同，树枝状偏析程度不同而已。要降低钢中的树枝偏析程度，还需要在热压力加工过程中对钢锭、钢坯进行扩散退火，使偏离平衡状态下的、凝固所产生树枝状偏析元素的平衡再分配，以降低偏析程度。

要消除碳化物液析比较容易，只要将钢中的树枝状偏析降低到不能形成共晶莱氏体的程度就可以了。

若钢锭或钢坯存在着碳化物液析，只能用扩散退火来消除碳化物液析。GCr15 钢的扩散退火工艺是 1100℃×3h。控制碳化物液析级别可按 GB/T 18254—2016 规定执行。

2. 碳化物带状

碳化物带状是由钢锭在凝固时形成的树枝偏析而引起的，如图 1-2b 所示。在各枝晶之间，同时也在晶体二次轴之间富集碳和铬，从而引起成分和组织的不均匀性。钢锭经热轧后，这些高碳富铬的区域沿轧制方向被拉长，结果在钢材中形成了碳化物带状。碳化物带状和碳化物液析在形成方式上有本质上的不同。细小颗粒的碳化物带状是从奥氏体中析出的二次碳化物（$(Fe, Cr)_3C$），而液析是从钢液中直接析出的共晶碳化物。两者都是由偏析形成的，当偏析程度小时，只出现碳化物带状；当偏析程度大时，则首先从钢液中直接析出莱氏体共晶，随后又在这一部分出现二次碳化物析出，形成碳化物带状。轴承钢中出现严重的碳化物带状，会降低接触疲劳寿命等力学性能。对组织而言，退火时很难得到均匀的球状珠光体，淬火后的硬度不均匀，产品易发生畸变和开裂，使磨削加工困难，降低接触疲劳寿命。当碳化物带状由 0.5 级变成 1.5 ～ 2.0 级时，其接触疲劳寿命将降低 1/3。有碳化物带状的钢坯，在以后的热变形过程中，若碳化物带状组织改善或消除不了，只能对钢坯进行扩散退火以降低碳化物带状级别，其处理方法同消除碳化物液析的方法是一样的。

（1）降低碳化物带状不均匀性的措施

1）结晶过程中降低树枝状偏析程度。钢锭形状的影响是指锭型模具影响钢锭的凝固结晶速度，它不仅会影响钢中的树枝偏析程度，还会影响晶粒尺寸，从而影响到钢锭加热时扩散退火的效果。从图 1-3 可以知道，凝固速度与树枝状偏析程度的关系。

图 1-3 中，曲线左枝表示凝固速度比较大的情况。这时固相里几乎没有扩散作用了，所以随着凝固速度的提高，液相里的扩散作用受到抑制，即抑制了树枝状偏析的发展。在这种情况下，凝固速度越大 [lg（1/v）值越小]，树枝状偏析程度越小。在极端情况下，即发生凝固速度极大的瞬息凝固，将获得均匀的固溶体，没有树枝状偏析。

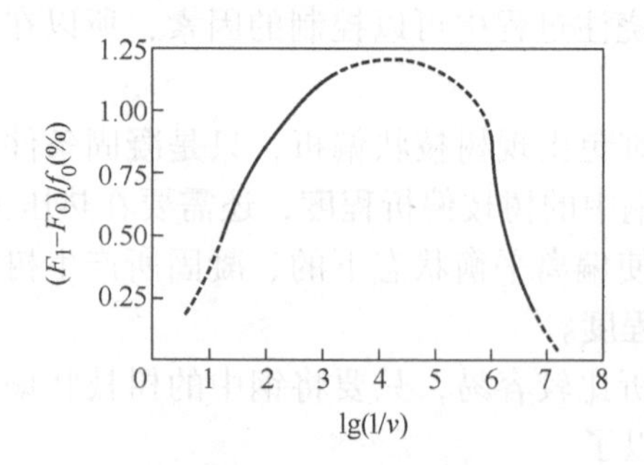

图 1-3 凝固速度与树枝状偏析程度的关系

v—凝固速度（cm/s） $\frac{F_1-F_0}{f_0}$—枝晶偏析程度（%）（F_1、F_0、f_0 分别为枝间、枝干和原始浓度）

图 1-3 中，曲线右枝表示凝固速度比较小的情况。这时液相里的扩散作用能充分地完成，而固相里的扩散作用受到一定程度的限制，所以随着凝固速度的降低，固相里的扩散作用得到加强，使连续不断生成的、成分不同的结晶层趋于均匀，即减少了树枝状偏析的程度。在这种情况下，凝固速度越小 [lg(1/v) 值越大]，树枝状偏析程度也就越小。在极端情况下，即无限缓慢地凝固，将获得理想的均匀的固溶体，没有树枝状偏析。

N.H.ГОЛИКОВ 指出：大钢锭的轴心区域与表面距离超过 200mm 时，凝固过程液相里的扩散是充分的，而固相里的扩散会受到一定的限制，所以轴心区的树枝状偏析程度与凝固速度的关系受到图 1-3 曲线右枝规律的制约。也就是说，边长之半超过 200mm 的大钢锭，凝固速度越慢树枝状偏析程度越小。

从几种不同锭型碳化物带状合格率比较（表 1-5）得知：在其他条件相同的条件下，即 3t 方锭（圆尾）、3t 方锭（尖尾）、1.5t 方锭、0.6t 方锭四种方锭，随着模重 / 锭重比值的增加，钢材的碳化物带状合格率下降。尤其是两种 3t 方锭，其形状相差无几，仅是模重 / 锭重的比值由 1.0 增加到 1.28，碳化物带状的合格率就从 97.5%（圆尾）降低到 84.3%（尖尾），即下降了 13.2%。

表 1-5　不同锭型碳化物带状合格率比较

锭型名称		3t 方锭（圆尾）	3t 方锭（尖尾）	1.5t 方锭	0.6t 方锭	2t 扁锭
锭重 /kg		3050	3130	1450	585	1600
断面尺寸 / mm	上部	550×550	550×550	450×450	330×330	670×330
	尾部	450×450	450×450	320×320	260×260	520×210
锭身长度 /mm		1435	1545	1220	815	1300
模重 / 锭重		1.0	1.28	1.5	1.73	1.7
碳化物带状合格率（%）	ϕ16 ～ ϕ105mm，GCr15 退火	97.5	84.3	79.7	68.2	91.6
	ϕ16 ～ ϕ105mm，GCr15SiMn	100	—	90.8	—	91.6

这四种方锭，前三种的边长之半都超过 200mm，这样大的钢锭轴心区在凝固过程中，液相里的扩散是充分的，而固相中扩散受到一定程度的限制。所以随着模重 / 锭重比值的增加，钢锭浇注的凝固冷却速度加大，凝固后的钢锭中的树枝状偏析程度增加。

0.6t 方锭的边长之半为 130 ～ 165mm，其轴心区的凝固速度（v）为 1×10^{-4} ～ 1×10^{-5}cm/s 即 lg（$1/v$）=4 ～ 5。在图 1-3 曲线上正处于极大值附近，所以 0.6t 方锭的碳化物带状合格率最低。

2t 扁锭的散热面积大，轴心区域表面距离小，再加上模重 / 锭重比值达到 1.7，其冷却速度达到 1×10^{-4}cm/s 以上，即在钢锭的凝固过程中，不仅固相中的扩散受到限制，而且液相中的扩散也可能受到限制，使树枝状偏析程度与凝固速度的关系处于图 1-3 曲线的左枝，钢锭中树枝状偏析程度将低于极大值。2t 扁锭型钢材的碳化物合格率虽不及 3t 方锭（圆尾），但比其他三种方锭都高。

根据理论分析和生产数据的统计结果可以认为：用大方锭生产高碳铬轴承钢时，应该选用凝固速度慢的锭型，也就是说，应该采用“矮胖”“薄壁”的钢锭模。扁锭应加快凝固速度，采用锭重小、扁度大、模壁厚的钢锭模。不过用扁钢锭经初轧机或开坯机生产圆钢用的方坯，操作十分不便，在大批量生产时尽量避免采用。

2）钢锭、钢坯加热过程中降低树枝状（带状）偏析。可采用扩散退火工艺降低树枝状（带状）偏析。

① 一般扩散退火的温度应设定高一些，如 1220℃时的扩散效果是 1050℃

时的 249 %。因此，为了提高扩散效果，温度应该尽量高一些。当然，这个温度要保证钢锭不产生显微裂纹和过烧组织。

② 扩散时间（即钢锭在高温下的保温时间）越长，扩散效果越好。但是，延长保温度时间则会消耗更多的燃料，占用更多的生产时间，是不经济的做法，不建议采用。而应根据初轧坯及钢材料的使用要求决定钢锭的保温时间。

③ 扩散单元尺寸（即钢锭中树枝晶尺寸）对扩散效果也有很大的影响的。扩散单元尺寸 R、H 越小，偏析元素扩散的路程越短，扩散效果越好。在扩散温度、时间相同的情况下，钢坯断面尺寸越小，扩散效果越好。

（2）轧制延伸和轧后冷却对碳化物带状组织的影响　在轧制过程中，随着轧件的延伸，钢中碳化物带状被拉细，带状组织的评级也会降低。

在实际生产中，对于某一规格钢材而言，由于所用的原材料（钢锭、钢坯）尺寸已经确定，延伸系数无法改变的，但是可以利用这个规律，合理地设计工艺制度。例如：将原始组织中偏析较大的坯料（钢锭中树枝状偏析最严重的部位或扩散退火不充分的钢坯）改制生产小规格钢材，以求得大小规格钢材的带状级别都能达到合格标准；在生产大规格的钢材时强化扩散退火等。

钢中的化学成分偏析带，只有在冷却之后才能发现碳化物带状不均匀性。因此，轧后冷却制度必然会对碳化物带状组织的表现形式有很大的影响。

用 125 方初轧坯生产 Φ45mm 圆钢时，轧后冷却制度对于碳化物带状组织的影响试验结果说明：在钢锭、钢坯加热制度相同（这时可以认为钢中化学成分偏析程度基本上相同）及延伸系数相同的情况下，由于轧后的冷却方法不同，退火后的钢材碳化物带状级别有很大的差别。轧后水冷的 6 批钢材，退火后的钢材带状平均级别为 2.58 级，轧后喷雾冷却的为 2.66 级，轧后空冷的为 3.08 级，轧后堆冷的为 3.33 级。

从各种冷却方法所得到的碳化物带状组织发现：轧后水冷的钢材中，过剩碳化物绝大部分都固溶在基体中，以致在退火前，在高浓度带可以看到大块白色的残留奥氏体，只有少量碳化物弥散地分布在基体上（图 1-4a、b）。这样的轧后组织在球化退火过程中，由于球化核心小而分散，球状碳化物自然就会细小、分散（图 1-4c、d），因此级别较低。轧后堆冷的钢材中，过剩碳化物可以充分地析出（图 1-5a、b）。这样的轧后组织在球化退火的保温阶段，较细小的碳化物质点可能溶解，而较大的碳化物以“吞并”细小质点的方式长大，并在降温阶段作为核心继续聚集长大，在高浓度带中得到粗大的、聚集在一起的碳化物颗粒的带状组织（图 1-5c、d），级别较高。

500mm 轧机生产 ϕ55 ～ ϕ100mm 圆钢时，为了降低碳化物带状不均匀性，曾采用轧后淬水冷却工艺制度。球化退火后的轴承钢材碳化物带状级别比轧后缓冷者低。在 430mm 或 300mm 小型轧机上进行的轴承钢控制轧制表明，轧后水冷钢材的带状级别比低温终轧空冷钢材低。在同一级别内，水冷钢材的碳化物质点明显细小而均匀。

a) 热轧状态(100×)　　b) 热轧状态(500×，白色块是残留奥氏体)

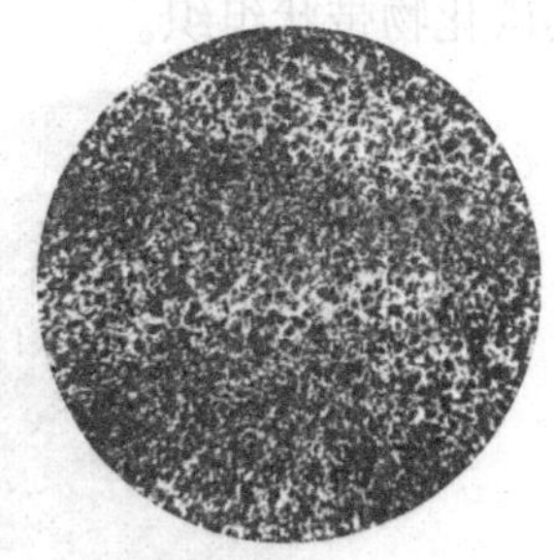

c) 退火状态(100×)　　d) 退火状态(500×)

图 1-4　GCr15 钢 ϕ45mm 轧后淬水的钢材中碳化物带状组织

注：图 a、c 为纵向试片，图 b、d 为横向试片。

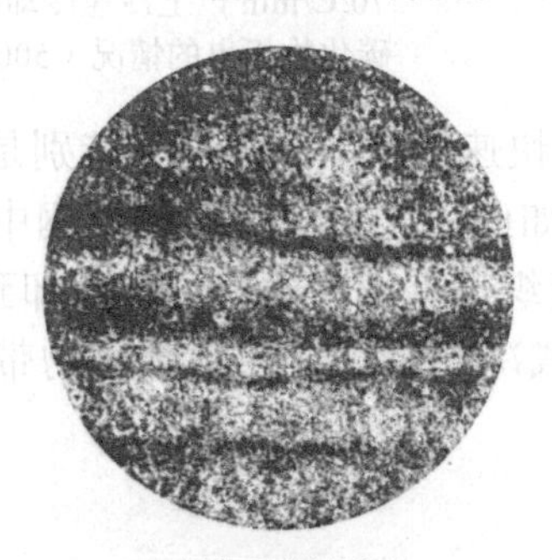

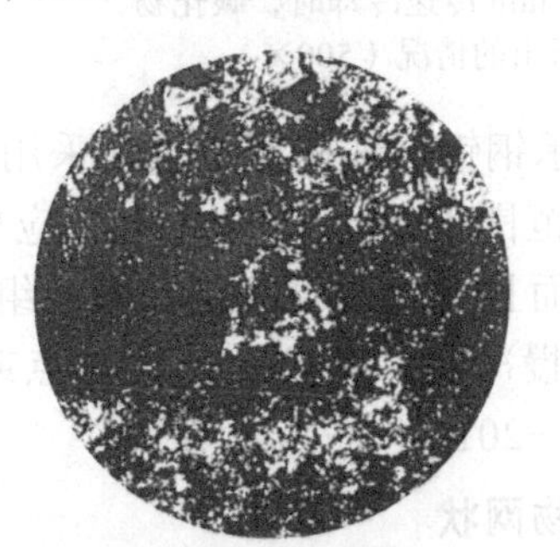

a) 热轧状态(100×)　　b) 热轧状态(500×)

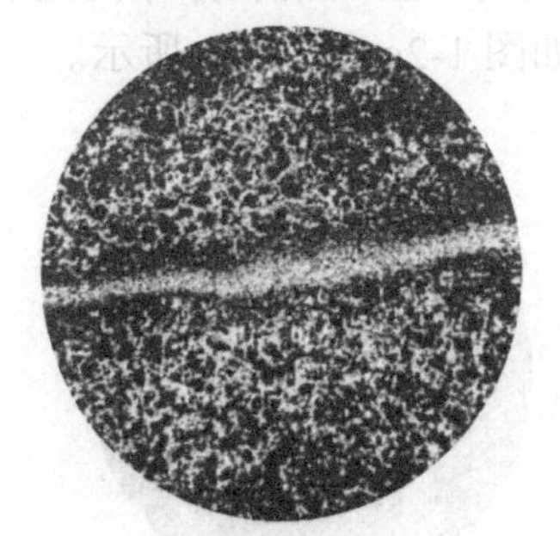

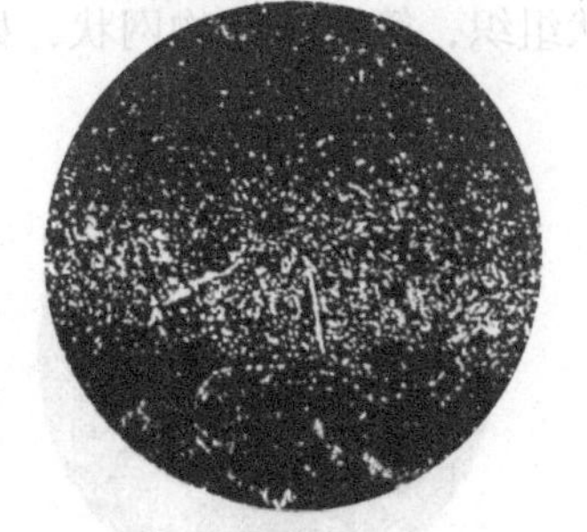

c) 退火状态(100×)　　d) 退火状态(500×)

图 1-5　GCr15 钢 ϕ45mm 轧后堆冷的钢材中碳化物带状组织

注：图 a、c 为纵向试片，图 b、d 为横向试片。

实验室研究同样证明，加大冷却速度能够改善碳化物带状组织。将 GCr15 钢材加热 1180℃，保温 1h 后冷却到 950℃，然后用不同冷却速度冷却到 650℃，再水冷到室温。观察在 650 ～ 950℃范围内，经不同冷却速度冷却的试料，碳化物析出的情况：以 2 ～ 5℃/min 冷却的试料，偏析带中有较大颗粒沿晶界分布的条状、棱角状碳化物析出（图 1-6）；以 10℃/min 冷却的试料，偏析带中析出的碳化物一部分呈较大的颗粒；冷速达到以 20 ～ 50℃/min 冷却的试料，偏析严重的条带中仍有密集的细小的碳化物析出；70℃/min 以上冷却时，对细小碳化物的析出才有一定的抑制作用（图 1-7）。缓慢冷却的试料再经球化退火，碳化物质点聚集长大，形成严重的碳化物带状组织。

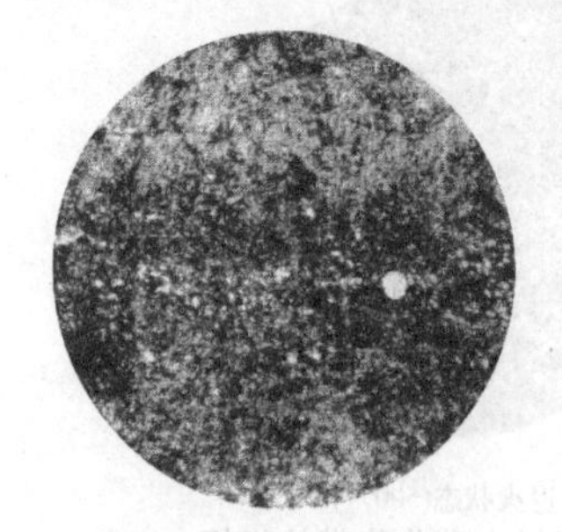

图 1-6　在 650 ～ 950℃范围内，以 2 ～ 5℃/min 冷速冷却时，碳化物析出的情况（500×）

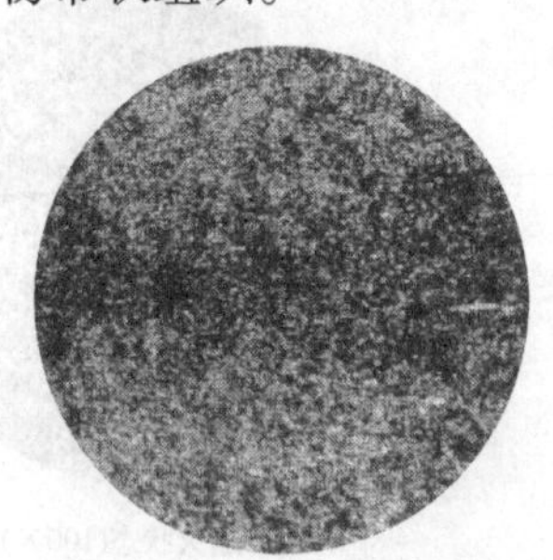

图 1-7　在 650 ～ 950℃范围，以 70℃/min 以上冷速冷却时，碳化物析出的情况（500×）

因此轴承钢钢材轧后要尽量地采用快速冷却工艺制度，特别是在二次碳化物析出温度范围（650 ～ 900℃）更应如此。这不仅可以降低钢中碳化物网状不均匀性，而且对于改善碳化物带状组织也有很大的好处。冷却到 650℃以下时通常要缓慢冷却，以防止产生白点或冷却裂纹。控制碳化物带状级别参见 GB/T 18254—2016。

3. 碳化物网状

在过共析钢中沿奥氏体晶粒间界析出的、呈网络状分布的过剩碳化物，称为碳化物网状组织，简称碳化物网状，如图 1-2c 和图 1-8 所示。

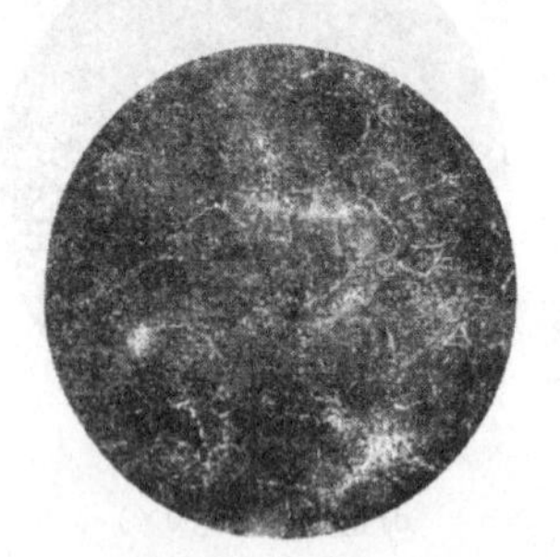

a) 横向试片

b) 纵向试片

图 1-8　碳化物网状组织（200×）

（1）碳化物网状组织形成的原因　碳化物网状组织形成的原因是轴承钢是过共析钢，在轧后冷却过程中，沿着奥氏体晶界析出过剩的二次碳化物。在球化退火过程中，沿奥氏体晶界分布的、二次碳化物网络在一些地方会“熔断”，另一些地方会以“吞并”邻近小质点的方式聚集、长大，经最终热处理（淬火 + 回火）之后，呈现出碳化物网状组织。

（2）轴承钢碳化物网状组织对疲劳寿命的影响　轴承钢中存在着碳化物网状组织时，会增加钢的脆性、降低轴承制件的疲劳寿命。碳化物网状组织对轴承钢的力学性能及反复冲击载荷下寿命的影响见表 1-6 及图 1-9。因此在使用状态下的轴承钢组织中不允许有严重的碳化物网状组织存在。对于只需要切削加工成形的制件，它不再进行热压力加工或热处理工序，钢材中的网状组织会保留到制件中去，所以冶炼厂对退火状态出厂供冷切削加工用的轴承钢钢材，需要严格限制碳化物网状级别，必须达到 GB/T 18254—2016 规定的出厂标准。

表 1-6　碳化物网状组织对轴承钢力学性能的影响

显微组织	力学性能试验结果					
	静载荷试验				冲击载荷试验	
	试样数	硬度 HBW	抗拉强度 /MPa	断面收缩率（%）	试样数	冲击吸收能量 /J
无碳化物网状组织	4	228	808	54.1	11	>235
有碳化物网状组织	4	241	846	44.9	13	199

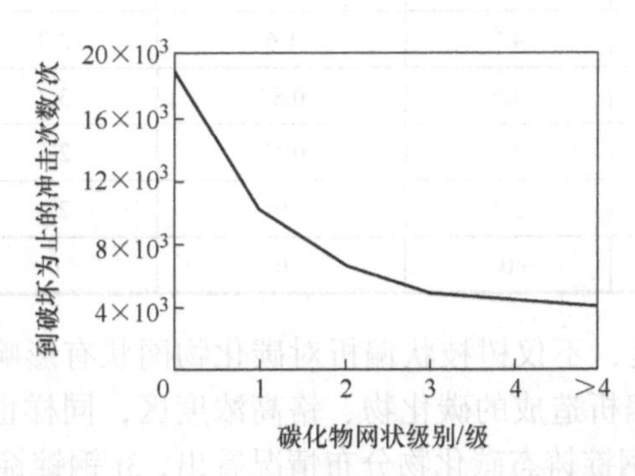

图 1-9　在反复冲击载荷下，碳化物网状级别与轴承套圈寿命的关系

（3）化学成分对碳化物网状组织的影响　碳化物网状组织是过剩二次碳化物，因此钢中含有碳及碳化物形成元素的浓度越高，过剩的二次碳化物数量越多，碳化物网状组织也就越严重。

轴承钢中碳含量 w（C）由 0.95% 提高到 1.06% 和铬含量 w（Cr）由 1.35% 提高到 1.58%，当其他成分不变时，碳化物网状级别相应地由 1.10 级提高到 1.63 级和由 1.63 级提高到 1.67 级，即碳或铬含量平均每提高 0.01%，相应地碳化物网状级别提高 0.048 级和 0.022 级，也就是说碳对于碳化物网状的影响两倍于铬。硫和磷对碳化物网状的影响没有规律性，而硅和锰对于碳化物网状的破坏及消除起着有利的影响。

因此，在冶炼轴承钢时，严格地将碳、铬控制在标准含量的下限，对于降低碳化物网状级别是很重要的。

（4）偏析对碳化物网状组织的影响　由于偏析的结果，高浓度带必然有更多的过剩碳化物，从而使碳化物网状更加严重。在检查碳化物网状试片上，往往可以看到在碳化物堆积区（横向试片）或碳化物条带（纵向试片）中碳化物网状的级别都比较高。

由于树枝状偏析的结果使钢中各部分的化学成分不均匀，因而造成钢中各部分析出的碳化物的温度不一致，不是一个点，而是一个范围。高碳偏析区在较高的温度下就可以析出碳化物，因此其显微组织呈现出最大级别的碳化物网状。用不同温度下淬水的方法，比较经扩散退火与未经扩散退火的钢锭轧成的钢中的网状级别，见表 1-7。由表 1-7 可以看出，采用扩散退火的方法可降低钢中偏析带上碳化物网状的最高级别。

表 1-7　比较经扩散退火与未经扩散退火的钢锭轧成的钢中的网状级别

试样水冷温度 /℃	碳化物网状的平均级别			
	未经扩散退火		经扩散退火	
	偏析带上	偏析带之间	偏析带上	偏析带之间
820	5.2	2.4	4.5	4.5
840	4.7	1.6	3.7	2.6
860	4.0	0.87	3.2	2.2
880	3.2	0.57	2.6	0
900	2.7	0	2.2	0.3
920	0	0	0	0

还需要说明的是，不仅树枝状偏析对碳化物网状有影响，而且区域偏析对它也有影响。区域偏析造成的碳化物、铬高浓度区，同样也会形成严重的碳化物网状组织。从 3t 钢锭铸态碳化物分布情况看出，3t 钢锭锭身上部（靠帽口端）碳化物数量多而且密集，但是尺寸比较小，说明这里的树枝状偏析较小而且区域偏析较大。用这个部位的坯料生产出来钢材，碳化物带状级别比锭身中部低，但碳化物网状的级别比锭身中部高。

在轧钢生产过程中，区域偏析是无法通过扩散退火来改善的。通常钢厂在消除网状的原则是终轧（锻）温度高要求快冷，如果慢冷则要求终锻（轧）温度低，下面讨论终锻（轧）温度及冷却的情况。

1）钢材终轧温度的影响。钢材的终轧温度对于轴承钢的碳化物组织的影响十分明显。在500mm轧机上，用130方初轧坯生产ϕ60mm圆钢，钢坯的轧热制度相同，但钢材的终轧温度不同。轧后缓冷至室温再进行球化退火。不同终轧温度下钢材的轧后组织及碳化物网状情况如图1-10、图1-11所示。由图1-10、图1-11可以看出，降低终轧温度，可细化轧后钢的晶粒。

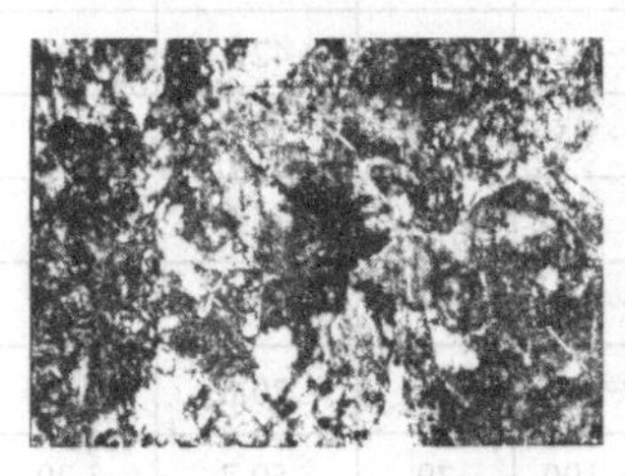

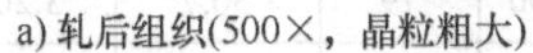
a) 轧后组织(500×，晶粒粗大)

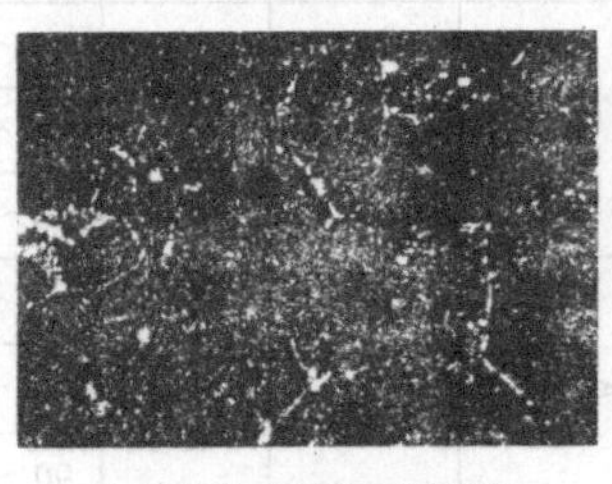
b) 退火前碳化物网状组织(500×，5级)

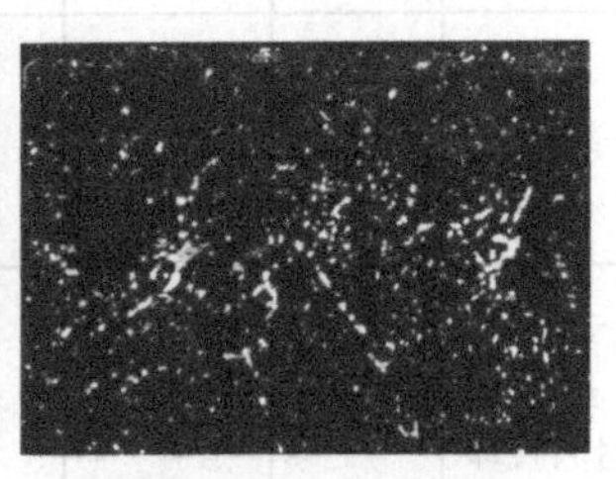
c) 退火后碳化物网状组织(500×，3.5级)

图1-10　GCr15钢（ϕ60mm）900℃终轧后的组织和退火前、后的碳化物网状组织

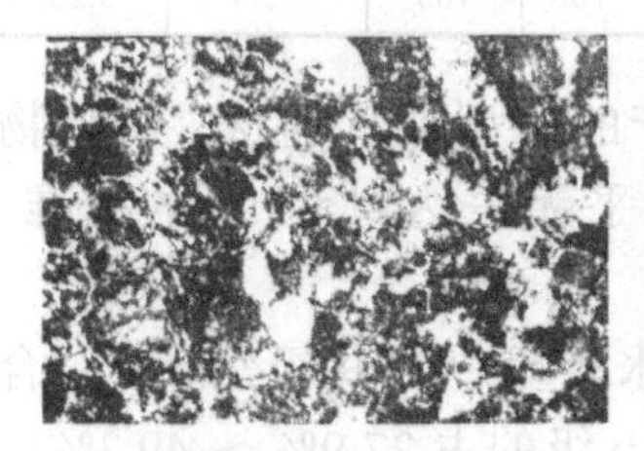
a) 轧后组织(500×，晶粒细小)

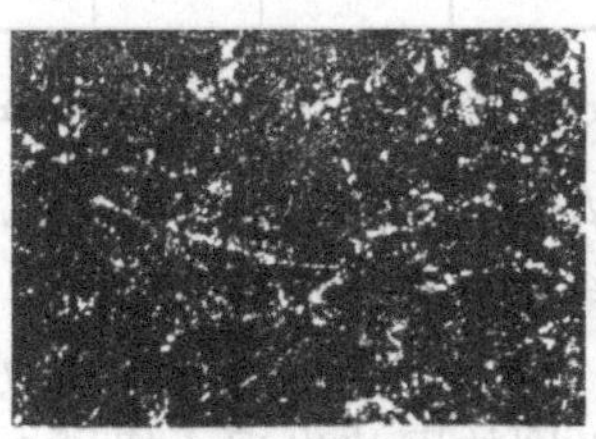
b) 退火前碳化物网状组织(500×，3.5级)

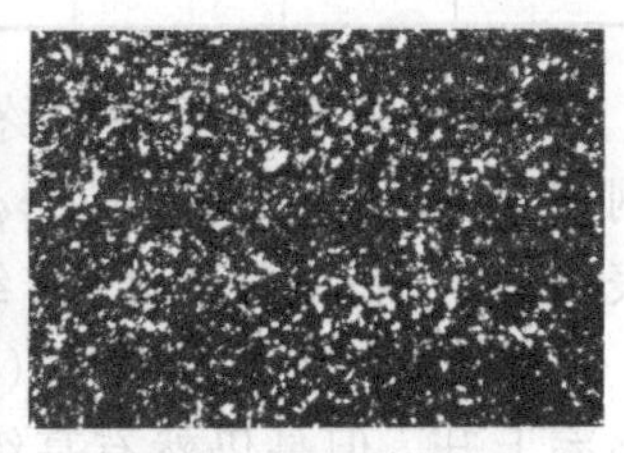
c) 退火后碳化物网状组织(500×，2.0级)

图1-11　GCr15钢（ϕ60mm）800℃终轧后的组织和退火前、后的碳化物网状组织

由于晶粒细化的结果，使得沿晶界析出、一定数量的碳化物分布在较大的晶界面上，所以比较细薄，与基体有较多的接触面。这种碳化物网络在随后的球化退火过程中容易熔断，从而得到较低的网状级别。

尽管降低终轧温度可以降低轴承钢的网状级别，但是由于种种原因，实际生产中采用者甚少，总是想从加快轧后的冷却速度中寻求降低碳化物网状的措施。

2）轧后冷却制度（方法）的影响。很多文献及试验研究结果指出，在析出过共析碳化物的温度范围内加速冷却，可以降低轴承钢碳化物网状级别。因为在这个温度范围内强化冷却，阻止了过剩碳化物沿晶界析出，在轧后的组织中得到少而薄的碳化物网络，退火后被熔断，从而得到较低的碳化物网状级别。

根据试验研究的结果，曾经在500mm中型轧机上建立了一套轧后钢材水冷设备，用来冷却ϕ55～ϕ100mm退火状态出厂供冷加工用的轴承钢材。钢材在980℃以上终轧，经过锯切、打字之后，表面温度在850～920℃时浸入水中冷却至600～700℃或650℃以下（表面返红温度）出水缓冷。

各种冷却制度对GCr15钢碳化物网状组织的影响（生产统计）见表1-8。

表 1-8 各种冷却制度对 GCr15 钢碳化物网状组织的影响（生产统计）

工艺制度	轧后冷却制度					碳化物网状组织			
	终轧温度 /℃	入水温度 /℃	出水返红温度 /℃	水温 /℃	水冷后冷却制度	钢材规格尺寸 /mm	试片数 / 个	≤3 级 (%)	平均级别
高温终轧后缓冷	不限	—	—	—	轧后缓冷	55 ～ 65	223	42.5	3.23
						70 ～ 85	358	16.7	3.72
						90 ～ 100	84	33.3	3.50
高温终轧后水冷冷却	≥980	850 ～ 920	≤650	20	缓冷	55 ～ 65	179	72.1	2.59
						70 ～ 85	221	70.6	2.89
						90 ～ 100	79	50.7	3.20
高温终轧后热水冷却	≥980	850 ～ 920	600 ～ 700	80 ～ 100	缓冷	55 ～ 65	66	53.0	3.19
						70 ～ 85	205	70.0	2.86
						90 ～ 100	103	53.4	3.20

表 1-8 说明：用高温终轧后缓冷工艺制度生产的中型轴承钢材，碳化物网状十分严重，特别是≥ϕ70mm 的大尺寸钢材几乎无法达到≤3 级的标准。表 1-8 所列按试片统计≤3 级的只有 16.7%。

通过高温终轧后水冷（轧后热水冷却或轧后冷水冷却），网状级别降低，合格率上升。但是仍然有高级别的网状出现（超过 3.0 级的占 27.9% ～ 49.3%）。由此得知：降低钢材的终轧温度，能够显著地降低碳化物网状级别，提高合格率。

中型材水冷效果较差的第一个原因是终轧温度太高。中型材是热锯切断的，为了保证钢材轧后经锯切、打字、移送到水池的温度达到 850 ～ 920℃，不得不提高终轧温度到 980℃以上。这么高的终轧温度使轧后的奥氏体晶粒粗大，晶界面积非常小，析出的碳化物较厚，以致在随后的球化退火时无法熔断，形成了较高级别的碳化物网状。

中型材料水冷效果差的第二个原因是钢材出水返红温度波动太大。在生产过程中钢材的轧制节奏和水池里的水温都在波动，无法预测出水的时间，所以出水后的钢材表面返红温度忽高忽低。这就必然会使那些出水返红温度较高的钢材，在出水后的缓冷过程中沿着粗大的奥氏体晶界析出过剩碳化物，造成了高级别碳化物级别。

在 430mm 或 300mm 小型轧机上研究成功的轴承钢控制轧制工艺制度取得了更好的效果。控制轧制采用 3 组湍流管作为控制冷却装置，布置在精轧机成品机架之后，钢材在 980 ～ 1000℃终轧之后立即穿过湍流管冷却至 650℃（即钢材表面返红温度），然后送到冷床上空冷。由于轧制速度（即钢材穿过湍流管的速度）和水温是稳定的，湍流管中的水量、水压力都可以任意调节，所以钢材出水的温度容易控制，冷却效果较好。采用控制轧制工艺制度生产的轴承钢小型材，碳化物网状级别有 98.5% 在 2.5 级以下，1.5% 为 3 级（按试片统计）比 850℃低温度终轧的效果更好。碳化物网状与钢锭中原始碳化物的偏析程度有密切关系，钢锭中原始碳化物偏析程度大，在碳化物密集的区域容易出现网状碳化物。在热轧时终轧温度偏高且畸变量又小，在以后冷却过程中的冷却速度不够，由于在奥氏体中溶解度降低，过饱和的碳以碳化物的形式从奥氏体晶界处呈网状析出，这些碳化物网状是先共析二次碳化物（Fe，Cr）$_3$C。轴承钢中的碳化网应状符合 GB/T 18254—2016 规定。若超出标准中规定的碳化物网状级别，则在淬火过程中是不能被完全消除的，为了防止出现严重网状碳化物，可以控制钢中碳和铬的含量取下限数量，减小钢锭中的碳化物的偏析程度，在高温终轧后增加快速冷却的工序。如果已经成材，若用正火工艺来消除网状碳化物，则会增加工序或成本，还会带来碳化物不均匀的问题，所以钢厂只能采取控轧、控冷工艺来解决；否则，在淬火或磨削时将会出现畸变或裂纹的倾向，使接触疲劳寿命降低，或者造成产品报废。

1.3　影响轴承钢疲劳寿命的因素

影响轴承钢的疲劳寿命的因素是钢中化学成分、气体含量、夹杂物、碳化物、硬度和显微组织等，非金属夹杂物及碳化物的含量、形态、分布和大小，钢材的中心疏松、缩孔和偏析等因素。国内外轴承钢冶金工作者都在确保普通（优质）轴承钢产品质量的基础上，达到一致性的同时，还继续对普通（优质）轴承钢质量和性能的提升进行再开发的研究，还与新型和特殊性能轴承材料并进研发。但是我国在实际产品的制造上高端产品并不多，仍是以中低档轴承和中小型轴承为主，在接触疲劳寿命和耐磨性等方面与国外高端轴承及大型轴承等高附加值轴承相比尚有差距，表现在使用寿命、可靠性、*Dn* 值（轴承直径与转速的乘积）等方面。

近年来，我国在轴承钢的制造质量上有了较大的提高，使用碳含量、氧含量和钛含量较低的、洁净度较高的高碳铬轴承钢已成为现实。以 GCr15 钢为例，GB/T 38885—2020 中为减少碳化物的偏析，降低了碳含量（w（C）=0.93% ～ 1.05%）；为提高钢的洁净度规定 w（O）≤5×10^{-6}%、w（Ti）≤1×10^{-3}%、w（P）≤0.015%、w（S）≤0.006%，比 GB/T 18254—2016 中的质量分数降低了一些，提高了材料潜力，为制定精密热处理工艺规范，创造了很好的条件。

在热处理工艺上，影响轴承钢疲劳寿命的因素有：马氏体、未溶碳化物、合金元素与杂质元素、凝固组织和显微组织、残留奥氏体和残余应力等。

与 GB/T 18254—2002 相比，GB/T 18254—2016 加严了 Ni、P、S、O 含量指标，增加了 Al、Ti、Ca、Sn、As、Sb、Pb 的考核指标；修改了非金属

夹杂物评级图，使钢材的洁净度有较大的提高，增加了单颗粒球状DS类和TiN的考核指标；加严了钢材脱碳层指标；增加了显微组织放大1000倍的评级图；增加了热轧（锻）、软化退火碳化物网状的评级图；明确了质量检验的取样部位。

1.3.1 轴承钢中的马氏体

影响滚动接触疲劳寿命的因素，除氧化物夹杂影响因素以外，影响最大的便是占组织最大比例的马氏体的强度。疲劳裂纹产生时，在剪切应力作用下，微小的塑性变形是由于位错、金属原子的滑移等带来的应力集中的现象，很多研究是从这方面展开的。

1. 轴承钢的淬火回火处理和硬度对疲劳寿命的影响

轴承钢热处理后的硬度对疲劳寿命的影响是在硬度低时，承受高负荷后引起的弹性变形，接触面积大、滑动增加，因此降低疲劳寿命。而当硬度过高时，韧性降低，加上弹性变形减少，疲劳寿命下降。针对上述情况有人指出，提高淬火温度，硬度上升，疲劳寿命下降。如图1-12所示，回火硬度高的疲劳寿命也高。回火硬度与疲劳寿命之间有个比例，疲劳寿命的硬度系数fH为

$$fH = \left(\frac{HV}{750}\right)^2$$

式中，HV为淬火回火后的维氏硬度。

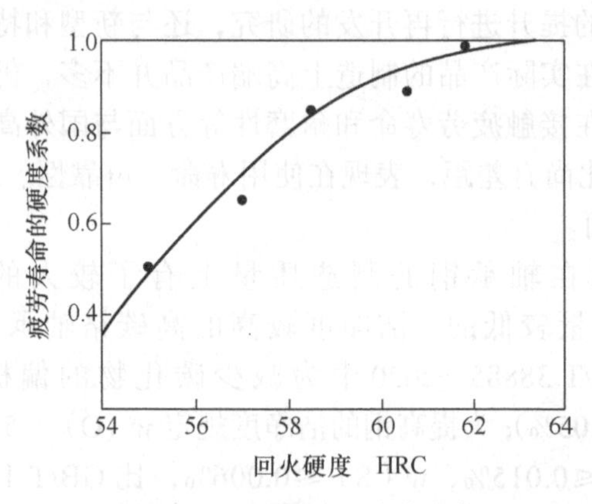

图1-12 回火硬度和疲劳寿命

硬度与疲劳寿命的关系不能一概而论，而是由各种淬火回火条件来决定的，也就是说，硬度对于疲劳寿命的影响不仅是以一种单一现象量值来考虑的，必须与有关因素共同探讨。另有一些文献研究了淬火时冷却速度小时会生成贝氏体或屈氏体，贝氏体的析出在不降低硬度范围时不会不致使疲劳寿命下降，在特殊环境下还会使疲劳寿命上升。同时如果把初期裂纹的长度定为材料对裂纹

的敏感性，那么冷却速度越小，敏感性越小，由此可见冷却速度对疲劳寿命的影响也不小。

2. 轴承钢中马氏体的碳含量

根据碳含量对疲劳寿命的影响，钢中的碳含量与疲劳寿命不一定有相当意义上的关系，但是在淬火回火后，未溶碳化物在 6% ～ 8% 时，显示出最大疲劳寿命。如图 1-13 所示，在某个温度淬火时，疲劳寿命最高。淬火温度过低时，马氏体的碳含量低，淬火硬度降低；相反，淬火温度过高时，晶粒长大以及马氏体相变时的微观应力区增加，因此淬火硬度增加，疲劳寿命也缩短。

此后又试验在完全没有未溶碳化物的情况下，仅仅通过改变马氏体中的碳含量来探讨其对疲劳寿命的影响，实验结果如图 1-14 所示，马氏体中碳的质量分数在 0.45% 附近时疲劳寿命达到最大值，在此数值以上或以下，疲劳寿命值均急速下降。从此马氏体中碳含量与疲劳寿命的关系有了一个定量化概念。考察这一现象可知，随着碳的质量分数增至约 0.5% 时，马氏体硬度上升和残留奥氏体组成基体的强化是决定因素，碳的质量分数超过 0.5% 时，位错密度饱和，马氏体偏离立方晶格，使正方晶格变大，增加了晶格的形变，使组织粗大，马氏体自身脆化，导致疲劳寿命下降。当马氏体中碳的质量分数增至约 0.6% 时，疲劳寿命是下降的，但碳含量再增加其疲劳寿命大致不变化。

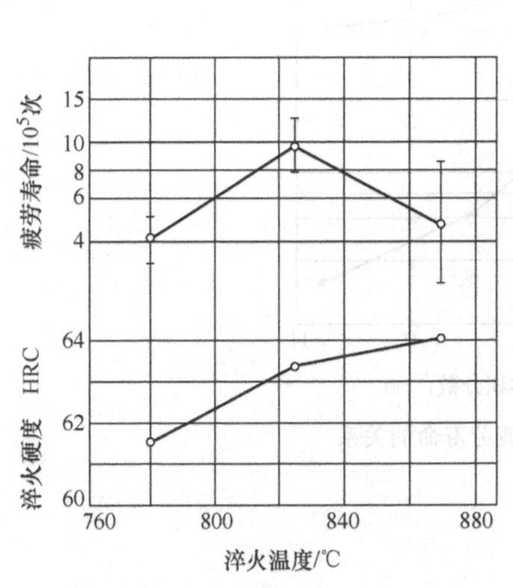

图 1-13　淬火温度和疲劳寿命及淬火硬度的关系

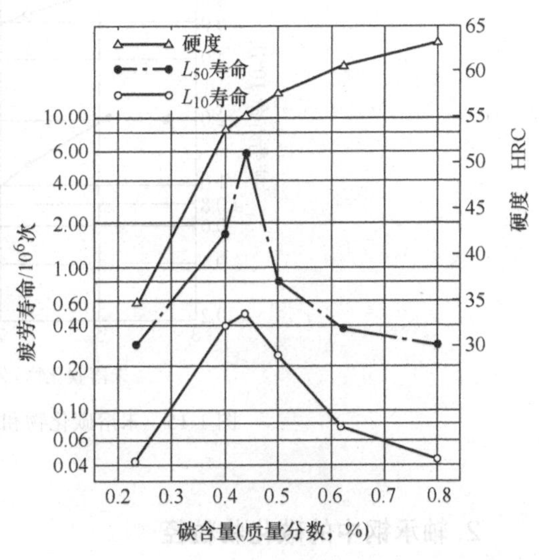

图 1-14　马氏体中碳含量和疲劳寿命的关系

1.3.2 轴承钢中的未溶碳化物

1. 未溶碳化物的作用

轴承钢在淬火后未溶碳化物的体积分数为6%～8%，马氏体中碳的质量分数为0.5%时，接触疲劳寿命最长。碳化物的硬度为1300HV，而马氏体的硬度为670～800HV，当两相共存时，必将产生应力集中，对疲劳寿命的影响是不利的，所以要求残留未溶碳化物尽量呈现均匀的粒状碳化物。未溶碳化物和疲劳寿命的关系如图1-15所示。从图中可知，使马氏体中碳的质量分数固定在0.45%时，未溶碳化物的体积分数从10.5%减少到4.5%，则疲劳寿命是上升的。但是未溶碳化物在增加耐磨性、防止晶粒粗化、防止疲劳寿命下降等方面起着支撑作用，期望残留未溶碳化物的体积分数在3%～6%时可以防止晶粒粗化而增加耐磨性，提高疲劳寿命。此后又有人提出，疲劳剥落部分多数在碳化物与马氏的边界处产生裂纹并传播、边界高碳区因剪切应力集中而产生裂纹，因此未溶碳化物越多，则裂纹发生的危险率越高。

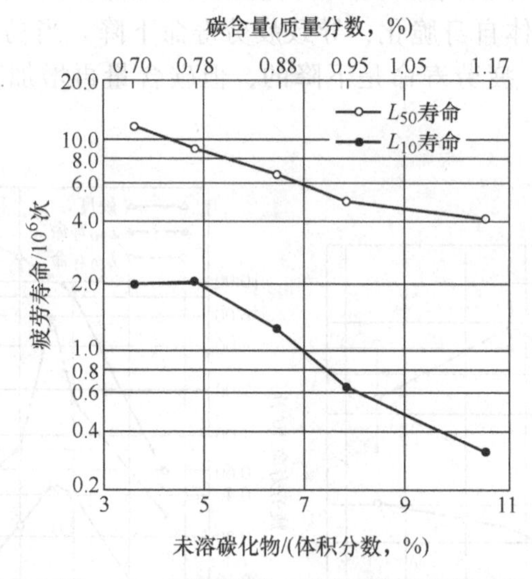

图1-15 未溶碳化物和疲劳寿命的关系

2. 轴承钢中的碳化物粒径

在轴承钢的碳化物粒径影响中，粗大的碳化物粒径会使疲劳寿命降低。有关碳化物粒径影响的研究正向着定量化发展，碳化物粒径为0.5～1.0μm时比2.5～3.5μm时的疲劳寿命高1.5倍。粒径越小疲劳寿命越长，寿命与粒径间距的对数之间呈直线关系，在马氏体中碳的质量分数固定在0.5%时，碳化物粒径分别是 0.56μm 与 1.4μm，比较两者疲劳寿命，前者优于后者 3 倍多。从图 1-16 所示碳化物粒径和疲劳寿命的关系中可知，粒径在 0.6μm 附近疲劳寿命最长。对上述论点又进行了各方面考察，其结果如下：碳化物的粒径对马氏体中 C、Cr、Mn 固溶量的影响如图 1-17 所示。在淬火时碳化物大小不同，则各元素融入马氏体的程度不同，碳化物粒径越小，马氏体中碳含量越高，若使马氏体的碳含量固定时，碳化物粒径在 0.27μm 与 0.57μm 时两种试验的疲劳寿命并无差异。因此认为，与其说粒径的影响，不如着眼于马氏体中的固溶成分更有意义。也可以认为，马氏体中有 0.5% 碳固溶时，是一个平均值，实际在碳化物附近的浓度与远离碳化物处的浓度是不同的。碳化物粒径大时，这一浓度差也大，碳化物微细时，浓度差也小，因此可以认为无论马氏体中碳含量高或低，疲劳寿命下降时，实际可能是浓度差大，平均疲劳寿命自然要降低。有人认为，不应仅探讨残留碳化物的平均粒径，还应关注碳化物的分布、马氏体中碳含量的极大值和浓度分布，以及碳化物与马氏体的共格性等。

总之只要碳化物不明显细化或粗大，对疲劳寿命的影响就不大。

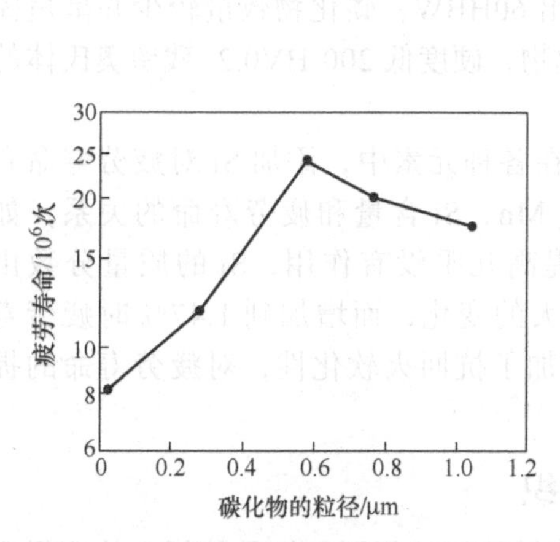

图 1-16　碳化物粒径和疲劳寿命的关系

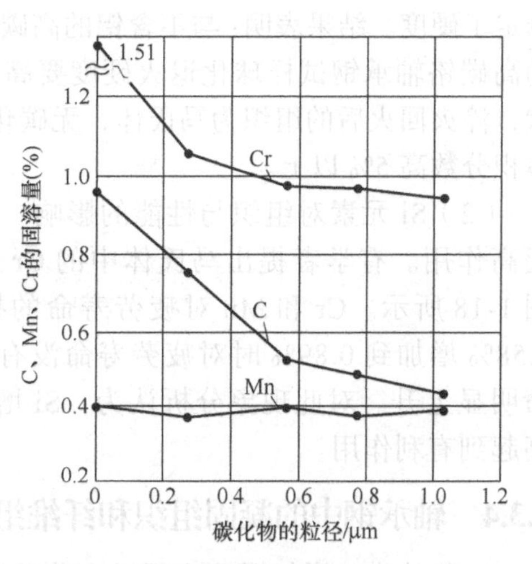

图 1-17　碳化物粒径对马氏体中 C、Cr、Mn 固溶量的影响

1.3.3　轴承钢中的合金元素和杂质元素

轴承钢中的各种元素与杂质会影响轴承钢的疲劳寿命。能提高疲劳寿命的元素为 Cr、Mn、Si。Mo 能增加淬透性，但对疲劳寿命有一定影响。氧的质量分数控制在小于 15×10^{-6}，能提高疲劳寿命。

（1）V 元素对组织与性能的影响　2014 年，我国学者在“合金元素 V 对高碳铬轴承钢组织与性能的影响”的研究中指出：在常规轴承钢中加入强碳化物形成元素V（质量分数为0.051%），可以使相区右移，能够实现在有限的冷却条件下，生产出大截面的钢材规格，经淬火回火和贝氏体等温淬火处理后的强度、硬度和冲击韧性均有不同程度的提高，通过添加合金元素V，还可以消除淬火回火处理过程中出现的淬火微裂纹，提高性能；V的增加还能降低热处理后的残留奥氏体含量，提高工件的尺寸稳定性；轴承钢中添加V会很小程度地抑制贝氏体的转变。考虑到V对性能的贡献和热处理后的尺寸稳定性，综合考虑认为，高碳铬轴承中添加V元素利大于弊。

2017年，我国学者研究了铝对高碳铬轴承钢热处理后的组织和性能的影响。GB/T 18254—2016中铝（Al）的质量分数≤0.050%，该试验用的轴承钢试样中，一个试样铝的质量分数选择4%，另外一个试样不含铝。对两高碳铬轴承钢试样进行了球化退火、淬火回火和低温回火处理，含铝的试样球化退火工艺为790℃保温1h，炉冷到720℃保温6h，再炉冷到650℃空冷，然后820℃油冷淬火，150℃回火；不含铝的试样球化退火工艺为850℃保温2h，炉冷到700℃保温5h，再炉冷到650℃空冷，然后820℃油冷淬火，150℃回火。之后采用光学显微镜、扫描电镜和X射线衍射仪检测了钢热处理后的显微组织，并测定了硬度。结果表明：与不含铝的高碳铬轴承试样相比，Al的质量分数为4%的高碳铬轴承钢试样球化退火硬度要高出60HBW，碳化物数量较少并呈短棒状，淬火回火后的组织为马氏体，无碳化物，硬度低200 HV0.2，残留奥氏体的体积分数高5%以上。

（2）Si元素对组织与性能的影响　在各种元素中，添加Si对疲劳寿命有提高作用。有学者提出马氏体中的Cr、Mn、Si含量和疲劳寿命的关系，如图1-18所示。Cr和Mn对疲劳寿命的提高几乎没有作用，Si的质量分数由0.58%增加到0.89%时对疲劳寿命没有大的变化，而增加到1.47%时疲劳寿命明显上升。对此现象分析认为：Si增加了抗回火软化性，对疲劳寿命的提高起到有利作用。

1.3.4 轴承钢中的凝固组织和纤维组织

一般认为，增加锻造比可以充分破坏轴承钢的凝固组织及偏析，从而得到均匀致密的组织，对疲劳寿命是有利的。影响纤维组织的因素有以下几种：

1）锻造比越大，纤维组织越致密，疲劳寿命越长。

2）钢棒料中心的孔隙较多，夹杂物等偏析也较多，中心部分的疲劳寿命比外周面低，见表1-9。

3）内、外轴承套圈用的冲压板材，表面是滚道面，有一定的锻压比，与管料相比，疲劳寿命可以提高2倍，但是原材料成本也会高出许多。

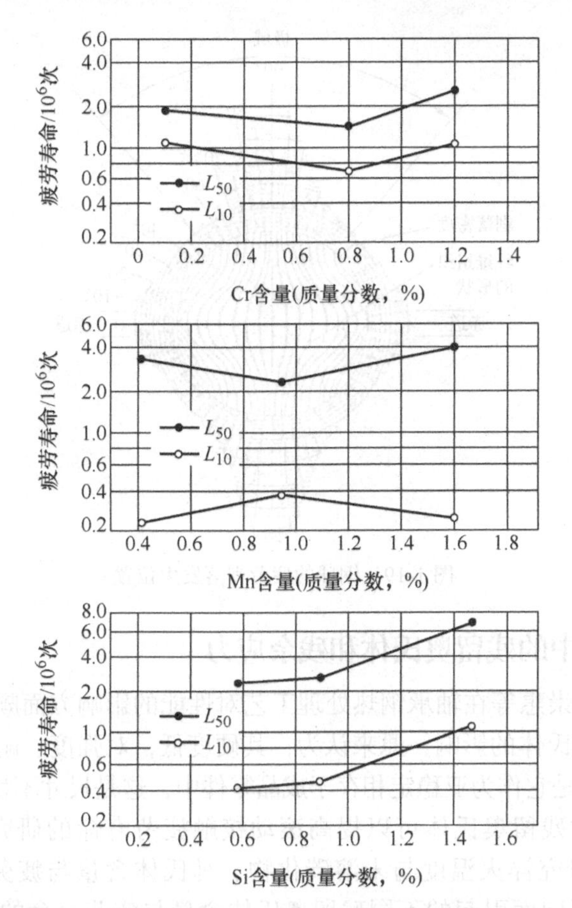

图 1-18 马氏体中 Cr、Mn、Si 含量和疲劳寿命的关系

表 1-9 钢棒料外周部和中心部的疲劳寿命比

位置	最外周部	外周部	中心部
寿命比	2.4	1.6	1

4）钢球发生剥落位置的相对频率：钢球发生剥落的部位在钢材中心部分相当于两极位置的方向较多，如图 1-19 所示。

5）钢管的锻造比大于棒料，所以管料的疲劳寿命好。热挤压钢管疲劳寿命高，寿命波动值小，但是疲劳寿命不仅与锻造比有关，而且与热加工方法也有关。若在冷却不均匀的情况下，出现淬火马氏体组织，则会由于冷却时出现两种组织而成为裂纹源。

20 世纪 80 年代，轴承钢开始应用连铸技术，改善了中心偏析问题，疲劳剥落不再偏向中心部位，为此生产轴承内外套圈、钢球普遍采用连铸钢。

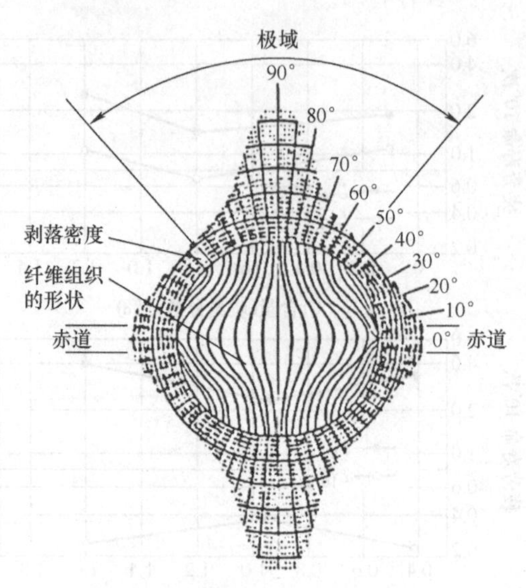

图 1-19 钢球的疲劳剥落发生位置

1.3.5 轴承钢中的残留奥氏体和残余应力

景国荣和范崇惠等在轴承钢热处理工艺对性能的影响方面颇有研究。对于淬火组织中残留奥氏体的影响，原来认为，其硬度低，对强度、耐磨性、疲劳性能是不利的，尤其是它作为亚稳定相存于成品零件中，这是尺寸不稳定的主要根源。

近年来，对残留奥氏体可以提高滚动接触疲劳寿命的研究有许多。例如，矢岛等学者在研究淬火温度与未溶碳化物、马氏体含量与疲劳寿命的关系时，得出淬火温度不同而引起的不同残留奥氏体含量与疲劳寿命的关系是：残留奥氏体含量高时，疲劳寿命低。但是矢岛等认为，在 840℃以上时，随淬火温度升高而疲劳寿命下降的原因是马氏体本身的性质，即马氏体碳含量起着决定性的作用。马氏体中碳的质量分数在 0.5% 以下时，其硬度随碳含量的增加而提高；碳的质量分数超过 0.5% 以后，硬度几乎不再改变。一般来说，马氏体硬度高，疲劳寿命长。从马氏体形态上说，正常淬火情况下，马氏体中碳的质量分数在 0.5% ～ 0.6% 时，属于位错马氏体和孪晶马氏体的混合型马氏体，在金相显微镜下呈隐晶状，而超过 0.6% 时出现针状，增加产生潜在微裂纹的倾向。在大的压力和交变载荷下就容易发生龟裂。另外，泉山等人的研究指出，马氏体中碳的质量分数在 0.5% 以下时，从结晶学上看，立方晶格比四方晶格更稳定。还有当试样成分固定时，马氏体碳含量增加，残余碳化物将减少，但是这种减少对于疲劳寿命没有直接影响。总之，840℃淬火时，马氏体中碳的质量分数已达到 0.6%，随着淬火温度继续升高而疲劳寿命下降的原因在于马氏体中碳含量及随之产生的一系列影响，而不在于残留奥氏体量的增加。残留奥氏体不仅有助于疲劳寿命提高，还使疲劳寿命分散度减小。

残留奥氏体有助于提高疲劳寿命的应力解释：交变接触应力作用于残留奥

氏体，使之转变为形变马氏体，从而大大提高接触区的硬度。残留奥氏体越多，越不稳定，硬度升高得越多。硬度沿深度方向升高的峰值，恰在最容易产生疲劳源的赫兹最大切应力的位置。由于残留奥氏体的增多会导致体积膨胀，给应力作用区造成压应力状态。压应力的峰值也正在赫兹最大切应力的位置。根据最大切应力疲劳理论，残余压应力可以抵消正应力的作用，从而推迟疲劳的产生和发展。

残留奥氏体在滚动接触时的变化，可以使表层处于压应力状态，这也是提高疲劳寿命的原因。

总之，轴承钢中的残留奥氏体有增加塑性、韧性，缓和应力集中，延缓裂纹扩展，提高抗弯强度，减小淬火变形及开裂倾向等优点，大量的残留奥氏体可以降低硬度，从而提高轴承的承载系数和设计寿命，增大纯滚动摩擦力、尺寸稳定性，从而得到优良的疲劳寿命。

1. 轴承钢中的残留奥氏体

轴承钢热处理后会含有一定数量的残留奥氏体，对提高疲劳寿命是有利的。在采用 200 ～ 250℃热浴中淬火时，可以获得体积分数为 15% 左右的残留奥氏体，稍能提高疲劳寿命。提高钢的洁净度也可以延长疲劳寿命。对于轴承钢而言，在常规的热处理工艺后可以获得一定量的残留奥氏体，还可以通过冷处理来控制其所要求的残留奥氏体的数量，以确保疲劳寿命的提高。对于要求以耐磨为主、尺寸精度要求极高的产品，其残留奥氏体数量则较少为好，如标准硬度块、量具、量规、塞规、精密轴承、陀螺仪等，这可以通过 -80℃的冷处理或 -196 ～ -120℃的深冷处理来降低残留奥氏体的数量。

进行冷处理后残留奥氏体数量会减少，硬度会提高，但是疲劳寿命会降低。因为残留奥氏体转变为马氏体后，马氏体中的碳含量增加时形成针状马氏体，而可能导致裂纹的发生，所以应该控制一定量的残留奥氏体。另外，滚动轴承整体在纯润滑条件下，若有异物混入时，在压痕周边区域受到高度应力集中作用，将引起残留奥氏体的塑性变形，同时诱发相变生成马氏体，使压痕边缘部分硬度上升。应力集中的降低和硬度的上升平衡了塑性变形。

一般认为，疲劳寿命主要决定于马氏体的性质，残留奥氏体具有不小的、有效的辅助作用，把残留奥氏体数量控制在一定范围内，对于疲劳寿命的提高是有帮助的。

2 . 轴承钢中的残余应力

金属材料在经冷、热加工后，其工件内部仍会在整体或一定范围内，保留一定的内应力，称为残余应力。

残余应力的存在会对轴承钢制件的尺寸稳定性、畸变、开裂及材料的力学性能等产生很大的影响，所以它是影响轴承钢制件质量稳定性的重要因素之一。

（1）残余应力的分类　第一类：在制件整体内或宏观范围内达到平衡的残

余应力称为宏观残余应力，在工程中常简称为残余应力；第二类：在制件内的几个晶粒范围内达到平衡的残余应力（如塑性变形后的晶间应力、相间应力等）称为微观残余应力；第三类：在制件中大量原子面、原子列附近达到平衡的残余应力（如晶格中各种缺陷）称为超微观残余应力。

由于第二、三类残余应力对制件的质量和性能的影响尚无确切结论和明显作用，也没有相关分析应用实例，所以下面仅对第一类残余应力的有关内容进行分析。

（2）残余应力的产生　残余应力产生的根本原因是：不均匀的塑性畸变、不均匀温度场的热效应和不均匀的相变。

1）热处理淬火时的瞬态残余应力：

① 整体淬火时，热应力和组织应力同时产生，而形成了残余应力。

② 表面淬火时，残余应力由表面淬硬层、心部和过渡区三部分组成，其中表面淬硬层发生相变而产生残余压应力，心部没有淬硬是残余拉应力，而过渡区则在二者之间，其外侧为与表面残余压应力平衡的拉应力，而内侧为与心部残余拉应力平衡的残余压应力。这就是在淬硬层内由于其内侧的马氏体转变晚于表面，从而对表面先淬硬的马氏体产生残余拉应力，而显示出表面的残余压应力有降低现象。

2）表面化学处理：对制件进行表面渗碳、碳氮共渗等化学处理，在渗层与基体交界处产生马氏体相变膨胀，使两侧产生塑性拉伸，而自身被塑性压缩，随后马氏体相变向两侧扩展，已相变区变成刚性墙，使两侧的相变膨胀受阻，所以两侧受压。渗层面积与总面积之比越小，表面残余压应力越大。材料的高温屈服强度越高，则应力值越小。渗碳或者碳氮共渗残余应力的最大特点是抗衰减能力极强。

3）表面磨削加工：在淬火回火后表面产生残余压应力，磨削后在滚动接触疲劳的切线方向产生残余压应力，而深度方向产生残余拉应力，这种残余拉应力会产生与滚动面平行的裂纹，是产生表面剥落的起源。如图 1-20 所示，残余压应力越大，疲劳寿命越长。

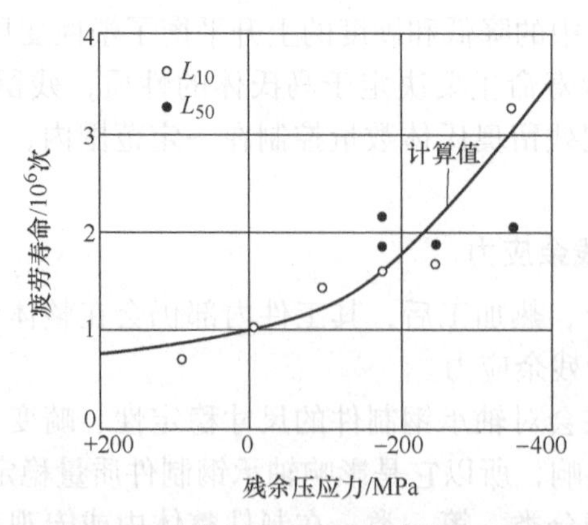

图 1-20　残余压应力和疲劳寿命的关系

1.4 合金元素在轴承钢中的作用

合金元素在轴承钢中的作用是使轴承制件在交变载荷下，能拥有足够的韧性，以及高硬度、耐磨性、强度和接触疲劳寿命。

轴承钢的性能主要是由钢的化学成分、洁净度和组织均匀性三方面决定的，其中化学成分的影响最大，如碳、铬、锰、硅、镍、钼、钒、钨、铝、钛、铜和稀土元素等。

1. 碳

碳在轴承钢中是主要元素，其质量分数在 0.95% ～ 1.05% 范围，它是保证钢的淬透性、硬度和耐磨性的重要元素之一。研究指出，为使钢的淬火硬度 > 60HRC，在钢中必须加入质量分数为 0.80% 以上的碳，但不能增加得过多，太多的碳并不能增加很高的硬度，反而会产生大块状碳化物。濑户浩藏等人的研究表明，淬火马氏体基体中碳的质量分数为 0.45% 且有一定量的残留未固溶碳化物（体积分数为 3% ～ 6%），是保证耐磨性、硬度，防止热处理晶粒粗化等最理想的碳含量，如图 1-21 所示。近年来，瑞典、德国、美国和日本等轴承制造强国，为防止碳化物偏析的出现，在控制轴承钢碳含量的下限上，降低了碳含量，将碳的质量分数下限改为 0.93%，上限保持 1.05% 不变。我国在 GB/T 38885—2020 中也做了规定，碳的质量分数是 0.93% ～ 1.05%。

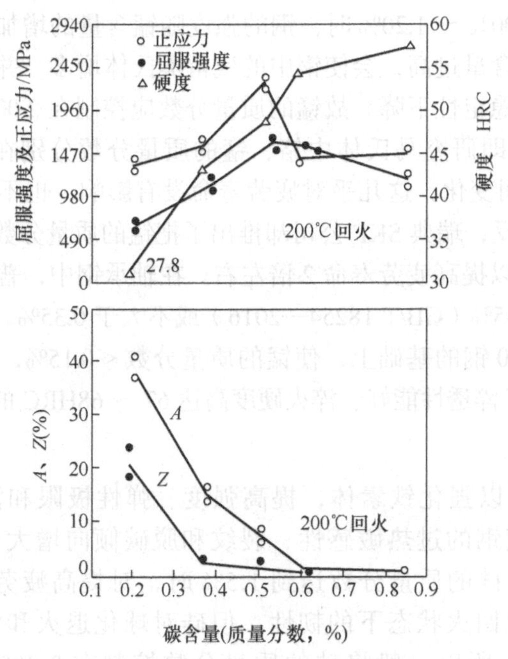

图 1-21 马氏体中碳含量和力学性能间的关系

2. 铬

铬是碳化物的形成元素，主要作用是提高钢的淬透性、耐蚀性、强度、硬度、耐磨性、弹性极限和屈服极限。铬能显著改变钢中碳化物的分布及颗粒大小，使含铬的渗碳体型碳化物（Fe，Cr)$_3$C 退火聚集的倾向性变小，使碳化物变得细小、分布均匀，使球化退火温度范围较宽。部分铬溶于奥氏体中，提高了马氏体的回火稳定性，还能减少钢的过热倾向和表面脱碳速度。一般轴承钢中铬的质量分数为 0.5% ～ 1.65%，若超过 1.65% 则会使残留奥氏体增加，硬度降低，并形成大块状难溶解的碳化物 Cr_7C_3，使钢的韧性降低，导致轴承的疲劳寿命下降。

3. 锰

锰也是碳化物的形成元素，能代替部分铁原子形成（Fe，Mn)$_3$C 型碳化物，但是这种碳化物与铬的碳化物（Fe，Cr)$_3$C 不同，加热时易溶于奥氏体，回火时也易析出和聚集。

锰在高碳铬轴承钢冶炼时作为脱氧剂，而在 GCr15SiMn 中则作为合金元素，用来提高钢的淬透性。部分锰溶解于铁素体中，可以提高铁素体的硬度和强度。锰能固定钢中硫的形态并形成对钢性能危害较小的 MnS 和（Fe，Mn）S，减少或抑制 FeS 的生成。因此在高碳铬轴承钢中含少量的锰，能提高钢的性能和洁净度。因此当锰的质量分数在 0.10% ～ 0.60% 时，对钢的性能有良好的作用，当锰的质量分数在 1.00% ～ 1.20% 时，钢的强度随锰含量的增加而继续提高，且塑性不受影响。若锰含量过高，会使钢中的残留奥氏体增多，并使过热敏感性、裂纹倾向增大，尺寸稳定性下降。故锰的质量分数应控制在 2.00% 以下。研究锰对疲劳寿命的影响，即研究马氏体中铬、锰的质量分数分别在 0.12% ～ 1.19% 和 0.42% ～ 1.59% 之间变化，这几乎对疲劳寿命没有影响，也不会大幅度改变马氏体自身的强度。相反，瑞典 SKF 公司却推出了把锰的质量分数降低到 0.20% 以下的轴承钢种，它可以提高疲劳寿命 2 倍左右。在轴承钢中，普遍把锰的质量分数限制在 0.25% ～ 0.45%（GB/T 18254—2016）或不大于 0.35%。为了降低锰的不利影响，美国在 52100 钢的基础上，使锰的质量分数 < 0.15%，再加入质量分数为 1.00% 的钼，获得了淬透性能好、淬火硬度高达 67 ～ 68HRC 的超硬新型轴承钢。

4. 硅

钢中加入硅可以强化铁素体，提高强度、弹性极限和淬透性，改善回火稳定性。但硅会使钢的过热敏感性、裂纹和脱碳倾向增大。研究认为，含硅轴承钢马氏体中，硅的质量分数达到 1.5% 时，对提高疲劳寿命的作用较大，并能改善钢在淬火回火状态下的韧性。但硅对球化退火和淬火是不利的，并会影响切削性能。所以一般将硅的质量分数控制在 0.80% 以下，最好小于 0.50%。

5. 镍

镍在轴承钢中会增加淬火后残留奥氏体的含量，降低硬度，所以镍是受到限制的残余元素。

6. 钼

钼也是残余元素，它能提高轴承钢的淬透性和回火稳定性、细化退火组织、减小淬火畸变、提高疲劳强度和改善力学性能。在国际标准中已经列入两个钼的质量分数为 0.20% ～ 0.40% 的高淬透性的轴承钢。钼是使奥氏体区缩小的元素，在钢中固溶于基体或形成碳化物。在钼含量较低时，形成 $(Fe, Mo)_3C$；钼的质量分数提高到大于 1.80% 时，出现 Mo_7C、MoC、$(Mo, Fe)_{23}C_6$、$(Mo, Fe)_6C$、$(Mo, Fe)_aC_b$ 等类型的碳化物，这些碳化物在奥氏体中的溶解速度缓慢，推迟了奥氏体分解为珠光体的速度。在钼、镍、锰三元素共存时，能降低或抑制其他元素所引起的回火脆性。

7. 钒

钒也是残余元素，它在特殊轴承钢中，如 Mn-Mo-V 系无铬轴承钢中，钒是提高耐磨性最有效的元素之一，它能扩大球化退火的温度范围，促进退火时粒状珠光体的形成。钒能细化晶粒，提高钢的致密度和韧性，可与其他元素配合使用，在此类钢中加入钒的质量分数为 0.20% ～ 0.30%。

8. 钨

一般轴承钢和渗碳轴承钢中均不含钨，它只能在高温轴承钢中存在。钨能形成碳化物，又能部分固溶于钢中，溶于马氏体中的钨原子与碳原子有着极强的结合力，能阻碍钨在回火时的析出，从而使钢具有良好的回火稳定性。在 500 ～ 600℃回火时，钨才能形成碳化物从马氏体中析出，并产生二次硬化，析出物为 W_2C。加热时未溶解的 M_6C 型碳化物能抑止晶粒长大，钨在高温轴承钢中，可以提高耐磨性，细化晶粒，提高韧性。

9. 铝

在轴承钢的冶炼中，铝作为脱氧剂加入，与氮形成弥散细小的氮化铝夹杂物，可以细化晶粒。铝有较强的固溶强化作用，能提高钢的回火稳定性和高温硬度。当铝的质量分数在 0.5% ～ 1.0% 时，能提高钢的淬透性，降低钢的过热敏感性，但当铝的质量分数超过 1.0% 时，加热时反而促使晶粒长大。含铝钢的抗氧化性能和在氧化性酸中的耐蚀性能均得到改善。美国曾在 52100 轴承钢中加入质量分数为 0.75% ～ 1.50% 的铝，同时加入质量分数为 0.55% 的硅，从而提高了回火稳定性，使用温度可提高到 260℃。

10. 钛

钛在轴承钢中被视为有害元素，它与溶解在钢中的氮有着极强的亲和力，多以氮化钛、碳氮化钛夹杂物的形式残留于钢中。这种夹杂物坚硬，呈棱角状，严重影响轴承的疲劳寿命，特别是在洁净度显著提高，其他氧化物夹杂很少的情况下，含钛夹杂物的危害更为突出。含钛夹杂物不仅降低疲劳寿命，还影响表面粗糙度，造成轴承的噪声较大。SKF 等外国公司的内控标准中，除对钛含量有所限制外，还要检查钛夹杂物和颗粒数。

11. 铜

铜为低熔点有色金属，它的存在使钢在加热时容易形成表面裂纹，同时还会引起钢的时效硬化，影响轴承精度。

12. 其他元素

硫以硫化物（MnS）形式出现在夹杂物中，在对疲劳寿命的影响上，当硫的质量分数在 0.055% 以下时，接触疲劳寿命随钢中硫含量的增加而提高。当硫的质量分数在 0.055% 时，疲劳寿命达到最高值，硫化物夹杂的级别和数量随钢中硫含量的提高而增加，且往往以硫化物 - 氧化物共生夹杂物的形式出现，减轻了脆性物（如氧化物等）对接触疲劳寿命的不利影响。当硫的质量分数为 0.127% 时，疲劳寿命又有所降低。在钢液浇铸凝固时的偏磷溶于铁素体，使晶粒粗大、扭曲，增加冷脆性。砷、铅、锡、锑、铋等微量元素均属低熔有色金属，不能在轴承钢中存在，它会使钢产生软点，造成硬度不均匀。SKF 等外国公司视它们为有害元素，并对其含量加以限制。

13. 稀土元素

我国从 20 世纪 80 年代开始研究在轴承钢中加入稀土元素，因各种原因质量不稳定，直到 2018 年 7 月，西王特钢和中科院金属所在调研多家等企业后，解决了在轴承钢中加入稀土元素的核心技术，如 GSiMnV（Re）、GCrMnMoV（Re）等高端稀土轴承钢问世，实现了质的飞跃，达到≤5ppm 真空脱气、高的纯净度、碳化物颗粒细小均匀地弥散分布、非金属夹杂物含量有效地减少等技术，使热处理后的疲劳寿命达到了世界高端稀土轴承钢的水平。

1.5 轴承钢的冶金质量及发展趋势

轴承钢对冶金质量要求是很高的，它是低合金钢中对冶金质量要求最严格的钢种，它代表着一个国家的冶金质量水平的好坏，体现了一个国家工业化水平的高低。

轴承钢中的夹杂物、性质、形态和残留合金元素等都会影响轴承的质量，为此提出了严格的规定。传统的平炉、转炉、电弧炉熔炼的钢，在气体、化学成分、非金属夹杂物控制上都达不到设计要求。

在轴承钢冶金技术方面，一直走在前面的瑞典 SKF 公司，在炉外精炼上分为三个发展阶段。第一阶段是钢液脱气处理阶段，在大气下熔炼的氧的质量分数从（30 ～ 40）$\times10^{-6}$ 降低到 25×10^{-6} 左右，波动范围很宽；第二阶段是具有加热装置的炉外精炼阶段，此时氧的质量分数在 20×10^{-6} 以下了；第三阶段是炉外精炼优化，综合炉外精炼工艺，使钢中的氧含量及夹杂物数量大幅度降低，疲劳寿命和耐磨性显著提高，精炼后的轴承钢氧的质量分数可达到（5 ～ 10）$\times10^{-6}$，近几年已经达到（2 ～ 3）$\times10^{-6}$。日本山阳特殊钢有限公司在引进 SKF 公司和德国的技术后生产的轴承钢也达到了高品质的轴承钢要求，该公司的工艺是：90t EAF—LF—RH—CC㊀工艺生产钢，从 RH 脱气至 CC 之间，钢液避免了和空气接触，钢中氧的质量分数比模铸减少 2.5×10^{-6} 左右，可以生产出氧的质量分数为（3 ～ 4）$\times10^{-6}$ 的轴承钢。

我国在炉外精炼上也经历了三个阶段：第一阶段是引进 RH 装置脱气—VD 钢包脱气阶段，氧的质量分数由电弧炉大气下熔炼的（30 ～ 40）$\times10^{-6}$ 降低到 20×10^{-6} 左右，但是质量不太稳定；第二阶段是特殊钢厂应用 LFV、VAD 装置，将单纯的脱气处理变成了加热与脱气相结合，基本上步入了炉外精炼发展的第二阶段，氧的质量分数降低到 15×10^{-6} 左右；第三阶段是大冶特钢、宝钢特钢、北满特钢、抚顺钢厂等企业进行了大量的技术改造后，使氧的质量分数降低到 10×10^{-6} 左右，近年来达到小于 5×10^{-6} 的氧含量水平。

1.6 国外轴承钢生产现状

从国际上看，在轴承钢的冶炼技术上实物质量做得最好的国家是瑞典和日本。几十年前，日本从瑞典 SKF 公司和德国引进设备和技术，通过冶金企业的努力，成功地实现了真空熔炼技术，用连铸技术来提高产量和质量，解决了轴承钢中的氧含量和非金属夹杂物的问题。图 1-22 所示为轴承钢中氧含量的变化。图 1-23 所示为轴承钢中氧含量与滚动接触疲劳寿命的关系。图 1-24 所示为连铸材和钢锭材（模铸材）的氧含量。由于炉外精炼的改进和连铸技术的引进，使日本山阳公司和精工两家联合生产出了低氧高洁净度（4.5×10^{-6}）的轴承钢（EP），大截面连铸机生产轴承钢在日本和德国已经取得显著成效，不但成材率高，而且钢中氧含量和非金属夹杂物含量有所降低。据日本山阳公司报道，连铸钢材与模铸钢材相比，氧的质量分数平均减少 2.5×10^{-6} 左右，轴承疲劳寿命提高 1 ～ 2 倍。在热加工方面，为了改善轴承钢中的碳化物不均匀性，细化组织，减少脱碳，普遍采用的技术是：钢锭扩散退火、控轧和轧后控冷、连续式球化退火等技术。

㊀ EAF—电炉；LF—非真空下的炉渣埋弧加热；RH—真空循环脱气法精炼；CC—熔炼加精炼。

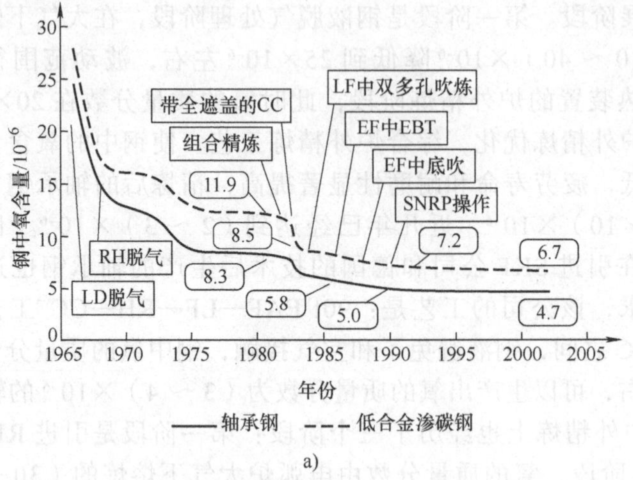

a)

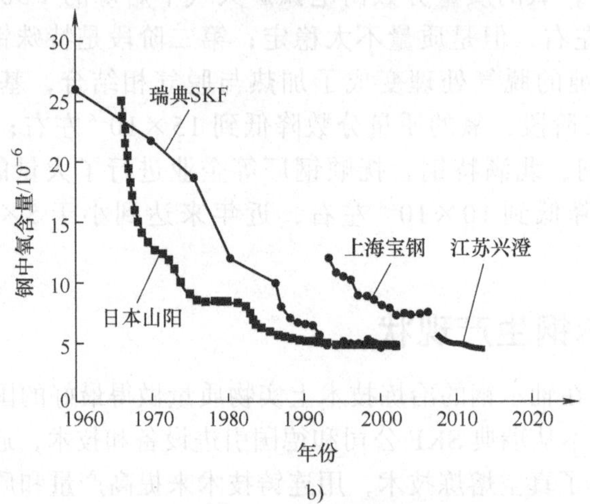

b)

图 1-22 轴承钢中氧含量的变化

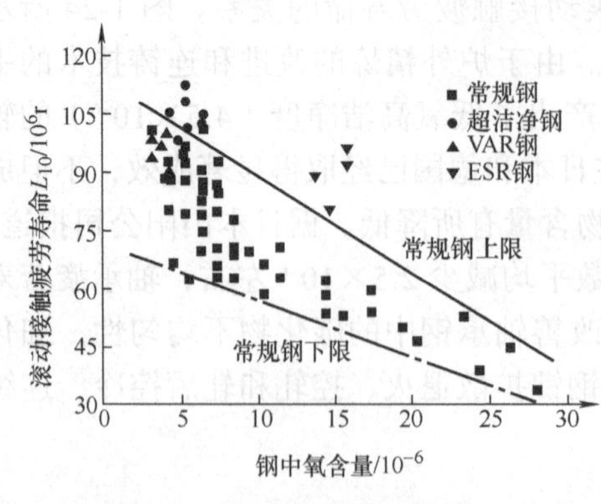

图 1-23 轴承钢中氧含量与滚动接触疲劳寿命的关系

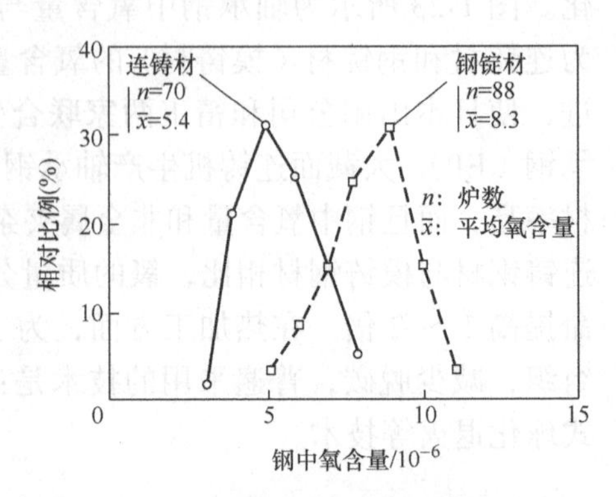

图 1-24 连铸材和钢锭材的氧含量

相关企业的工艺过程如下：

瑞典 SKF 公司：高功率电炉初炼（产量是 100t）—SKF-MR 精炼—模铸（313t 锭）—钢锭均热—初轧机开坯—行星轧机、连轧精轧—在线无损检测—连续炉球化退火—检验入库。

日本山阳公司：高功率电炉初炼（产量是 90 ～ 150t）—钢包炉精炼 -RH 精炼—CC/IC—均热—初轧机开坯—钢坯清理—行星轧机、连轧精轧—在线无损检测—连续炉球化退火—检验入库。

1.7 我国轴承钢生产现状

薄鑫涛指出，国内生产轴承钢工艺路线主要有三大类：电炉（EAF）—精炼（RH）—连铸（CC），以兴澄特钢为主要代表；铁液预处理转炉精炼连铸，以鞍钢为主要代表；特种冶金真空感应熔炼（VIM）—电渣重熔（ESR）—连铸或铸锭。

轴承钢冶金质量的提高主要在铸造环节，其铸造温度（过热度）、铸速（CC 拉速）、锭型及冷却、电磁搅拌等对材质的偏析影响极大（除成分影响外），从而产生碳化物液析、碳化物网状及其他的质量问题。

我国的轴承钢生产通过几代人的努力，现在已经取得长足的进步，但是发展极不平衡。兴澄特钢、新冶特钢、本钢特钢、宝钢特钢、北满特钢、大冶特钢等企业生产的某些高端轴承钢的质量水平已经达到世界水平。为加快高质量的轴承钢制造水平，兴澄特钢等企业承担了“轴承钢冶金质量控制基础理论与产业化共性技术研究”课题，并取得了明显的进展。我国冶金企业通过真空脱气（脱除钢液中的氢和氮）、炉外精炼（造新渣、调整炉渣成分，脱氧与合金化以及成分微调，调整温度及温度控制）连铸连轧、钢锭扩散退火技术、控轧和轧后控冷技术、连续式球化退火炉等，使轴承钢的洁净度、氧含量和非金属夹杂物得到了控制和提高。

目前我国综合炉外精炼工艺有 LF+RH、LF+VD、SKF_MR 等。将生产工艺归纳为：

1）电炉流程，即电炉→二次精炼→连铸或模铸→轧制。

2）转炉流程，即高炉→铁液预处理→转炉→二次精炼→连铸→轧制。

3）特种冶金，即真空感应熔炼、电渣重熔→轧制锻造。

近年来，兴澄特钢采用大容量电弧炉初炼→精炼→真空脱气→连铸工艺生产 GCr15 轴承钢，通过炉外精炼、钢液成分微调技术、气体及夹杂控制和全程无氧化保护浇注，M–EMS+F–EMS 电磁搅拌、中间包冶金等技术确保了 GCr15 轴承钢的质量稳定性。

关于轴承钢中的氧对性能的影响：氧化物夹杂是轴承钢中最具有危害性的夹杂物，会明显降低轴承钢的疲劳寿命。氧化物夹杂尺寸越大，引起的应力集中也越严重。在氧化物夹杂中，球状不变形D类夹杂物、B类夹杂物会加速缩短接触疲劳寿命。氧化物夹杂的总量与钢中氧含量成正比。无论是D类夹杂还是B类夹杂在钢中生成均离不开钢中的氧，氧含量增高，不仅会造成氧化物夹杂数量增多，还会造成氧化物夹杂尺寸增大、偏析严重、夹杂物级别增高等，加剧对疲劳寿命的危害。日本山阳公司和瑞典SKF公司的试验研究表明：轴承钢疲劳寿命主要取决于钢中的氧含量。

我国目前超高洁净高碳铬轴承钢标准（GB/T 38885—2020）对氧的质量分数要求是5×10^{-6}，比GB/T 18254—2016提高很多[GB/T 18254—2016标准中的特级优质钢（E）中的氧的质量分数是6×10^{-6}]，并在碳化物液析、碳化物带状和碳化物网状方面也更严格了。这样可以很好地提高轴承钢的疲劳寿命。以后该钢种的氧含量还要向（2～3）$\times10^{-6}$极限目标努力。

我国轴承钢的碳化物不均匀性虽然得到了一定程度的消除，但是实物质量仍不稳定，集中表现在碳化物网状级别严重超标上。因为轴承钢是过共析钢，要使碳化物的尺寸和分布得到改善，必须从始锻、终锻温度和冷却方面加以控制。GCr15轴承钢在轧（锻）制后的奥氏体状态下的冷却过程中，有二次碳化物析出，并在奥氏体晶界形成碳化物网状。关于如何降低碳化物网状析出的问题，钢铁研究工作者们进行了很多研究工作，目前最好的办法是用超快速冷却UFC（Ultra Fast Cooling）技术来解决碳化物网状析出的问题，这项技术依靠的是国外近年来开发成功的一种新的冷却装置，其占地面积小、用水量少、冷却强度大（冷却速度可以达到400℃/s以上），冷却效果与传统的层流冷却、喷水冷却、落水冷却相比有突破性的提高，能充分满足不同形状的钢材热轧后的不同冷却强度需要。我国东北大学轧制技术及连轧自动化国家重点实验室（RAL）与包钢（CSP）合作，将“超快冷”专利技术应用在钢带上，同时RAL又开发和应用了棒材的超快冷技术的推广，其冷却速度在400～1000℃/s，超快冷却装置可以击破带料、棒料表面上的水蒸气膜，使轴承钢的组织达到技术要求。有关轴承钢专业厂分别对带料、棒料进行了超快速冷却技术的应用，大幅度提高了钢材的综合力学性能，并获得了良好的经济效益。

1.8 轴承钢的锻造轧制状况

轴承钢是一个高碳低合金钢种，它的压力加工性能较好，表现在塑性好，在900～1200℃温度范围内，相对压下量达到75%时还没有出现破裂现象。在900℃时它的变形抗力比碳钢仅高出15%～17%，若将温度升高到1200℃时，它与中、低碳钢的变形抗力基本一样。轴承钢的宽展系数是低碳钢的1.2倍，在锻轧过程中可以通过调整孔形达到和碳钢一样的孔形系统，这样可以采用同碳钢类似的变形制度。但是钢中含有一定量的铬，在铸态状况下的钢锭塑性并不是太好，因为轴承钢本身导热性差，钢锭在铸态组织时，导热性就更差，钢锭在加热或冷却过程中，其表面与心部有较大的温差，易产生较大的内应力，若钢锭浇铸后冷却太快或冷钢锭在低温段加热速度太快，会因热应力而造成内部裂纹，并在随后的轧制过程中扩大到表面，形成所谓的“鸟巢裂口”（也称“穿孔”）。钢锭只有在开坯后，塑性和导热性才会得到改善，从而使钢坯在加热、冷却过程中由于热应力而导致内裂的危险性得到下降。钢坯在通常锻轧加热炉所能达到的加热速度下加热，是不会产生内裂的；坯、轧钢料轧后在静止空气中冷却（空冷）也不会产生冷却裂纹，若锻轧后采用强制冷却（如水冷或者喷雾）到 600℃左右再空冷，只要不冷却到马氏体点以下，就不会产生裂纹。

轴承钢具有形成白点的倾向。所谓白点，是指钢材试样纵向断面上圆形或椭圆形的银白色的斑点，而在横向酸蚀面上呈辐射状的极细状裂纹，白点实质上是一种内裂纹。白点的直径一般为 0.3 ～ 10mm，长度为 10 ～ 30mm。白点形成的原因是由于氢含量高所致。为了防止形成白点，钢坯和大规格的钢材在轧后要缓冷或者退火。如果轧后需要强制冷却，那么在冷却到 600℃左右再缓冷或者等温退火。其等温退火的工艺是：钢坯轧后先冷却到 600 ～ 200℃后，再进入退火炉升温到 700℃保温 16h 后出炉空冷。轧后冷却到 600 ～ 200℃的目的是使奥氏体完全转变为珠光体，由面心立方晶格转变为体心立方晶格，使氢的溶解度降低而析出。在 700℃保温等温退火时，可以提高氢在钢中的扩散速度，从而降低钢中氢含量，降低形成白点的敏感性。轴承钢具有上述良好的压力加工工艺优点，所以在加热、轧制及冷却过程中没有特殊的技术要求，但它又是一个特殊钢种，所以它的质量要求仍然是很高的，在钢材的外形、尺寸精度、表面质量、脱碳层深度、碳化物不均匀性（包括碳化物液析、碳化物带状、碳化物网状）等方面都有严格的要求，在压力过程中仍要达到许多特殊工艺的要求。例如它的锻轧温度不能太高，一般控制在 1200 ～ 1240℃，高于 1240℃则会出现过烧现象，导致锻轧材表面产生严重的氧化和脱碳，心部显微组织中奥氏体晶粒粗大，碳化物网状出现。因为锻轧件均在天然气或者燃料炉中加热，炉内会有氧气进入，氧化性气体与钢料表面的铁发生化学反应：

$$2Fe+O=2FeO$$

$$Fe+H_2O=FeO+H_2$$

$$Fe+CO_2=FeO+CO$$

铁的氧化过程在起初是从钢料表面上进行的，当形成氧化皮后氧化性气体继续向氧化皮心部扩散，二者相遇后在钢料表面产生了 FeO、Fe_3O_4、Fe_2O_3 三层氧化皮，就是铁的氧化过程。与铁氧化的同时也发生了钢料表面层的脱碳，氧化性气体与钢中的碳相遇，发生了碳的氧化反应：

$$2Fe_3C+O_2=6Fe+2CO$$

$$Fe_3C+H_2O=3Fe+H_2+CO$$

$$Fe_3C+CO_2=3Fe+2CO$$

$$Fe_3C+2H_2=3Fe+CH_4$$

钢铁件产生氧化和脱碳的三个条件：加热炉内的气氛、加热温度和加热时间。在燃气加热炉中很难用上保护性气氛（主要是生产成本增加太大）。在氧化性气氛中加热时，加热温度越高与加热时间越长，则氧化和脱碳越严重，显微组织越粗大，锻轧性能越差。因为轴承钢中碳的质量分数在1%左右，铬的质量分数在1.5%左右，碳与铬同铁形成稳定的合金碳化物，在加热过程中难以溶解和扩散，相对低碳钢而言，高碳能延缓氧化速度，溶解在奥氏体中的铬能大幅降低碳在奥氏体中的扩散速度和脱碳速度。含铬钢在加热过程中会形成致密的氧化皮，阻碍铁的氧化，故脱碳层比一般碳钢要小得多，所以在氧化性气氛中对氧化、脱碳有一定阻碍作用，但是不能完全避免，仍然会有氧化皮出现。要使氧化脱碳减轻，可以适当降低加热温度（如在1200℃左右）和缩短加热时间。另外，停锻温度要低、冷却速度也要快，这样还可以防止碳化物网状的出现。碳和铬元素可以减少氧化皮的厚度和减轻脱碳层的深度，但是达不到完善的表面质量，这是加热工艺所决定的。将GCr15轴承钢加热到1100～1240℃，在奥氏体单相区锻、轧时，其畸变奥氏体的再结晶数量、晶粒平均弦长与轧制工艺参数的关系如图1-25所示。

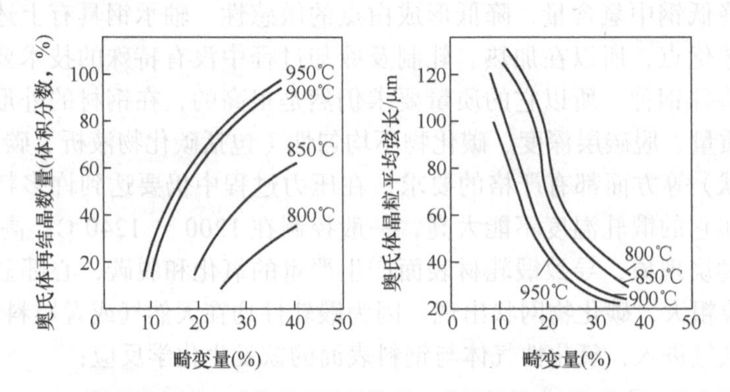

图1-25 GCr15轴承钢畸变奥氏体的再结晶数量、晶粒平均弦长与轧制工艺参数的关系

从图1-25中可知，在轧制温度一定时，畸变量越大，轧后奥氏体再结晶数量越大，而奥氏体晶粒平均弦长越小。由于畸变量的增加，使奥氏体的晶粒被拉长，奥氏体晶界面积增多，畸变能就越大，奥氏体再结晶形核部位增多，形核速度加快，促进畸变奥氏体再结晶数量增多，晶粒尺寸减小。特别是在轧制温度提高时，加快奥氏体再结晶速度，使再结晶数量增多，晶粒细化。奥氏体晶粒细化有利于碳化物析出点增多、分散，对改善碳化物网状有利。因此需要在轧制后采取快速冷却到合理温度，防止奥氏体晶粒长大和析出碳化物。GCr15轴承钢热轧后奥氏体发生再结晶的临界畸变受加热温度、轧制温度和轧后停留时间等因素的影响。当加热温度一定时，轧后畸变奥氏体再结晶区域可分为完全再结晶区、部

分再结晶区和未再结晶区，如图 1-26 所示。随着轧制温度的降低，畸变奥氏体发生再结晶的临界畸变量加大。当畸变温度不小于 950℃时，开始再结晶温度的临界畸变量为 10% 左右，完成再结晶的临界畸变量达到 30%。当畸变温度小于 850℃时，临界畸变量约为 20% 也不发生再结晶。

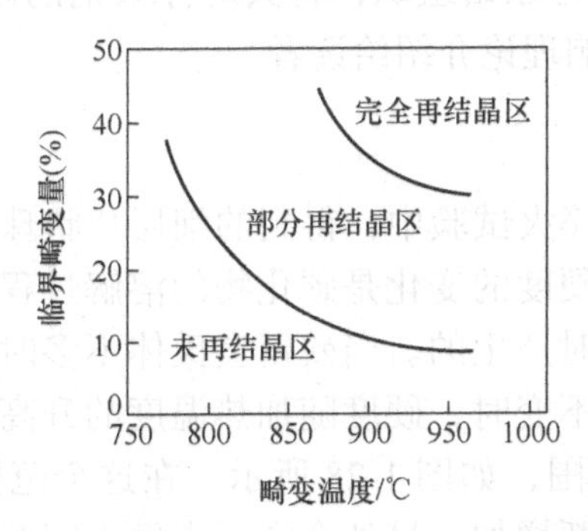

图 1-26 畸变温度和临界畸变量对再结晶的影响

注：GCr15 轴承钢中碳的质量分数为 0.98% ～ 1.01%。

从图 1-26 可知，两条曲线之间，即未再结晶和完成再结晶区之间为畸变奥氏体的部分再结晶区。在这一区间畸变奥氏体将由两部分组成，即一部分发生再结晶，另一部分畸变奥氏体不发生再结晶，形成奥氏体晶粒大小不均匀组织状态。这种混晶组织对其相变及相变后组织都有不利的影响。

由于畸变诱导析出作用，促进碳化物在高于平衡条件下析出温度 Ar_{cm} 之上提前析出，也就是二次碳化物在高温析出。析出速度加快，造成严重的网状碳化物出现。轧制温度和畸变量对 GCr15 轴承钢二次碳化物的析出温度 Ar_{cm} 的影响如图 1-27 所示。

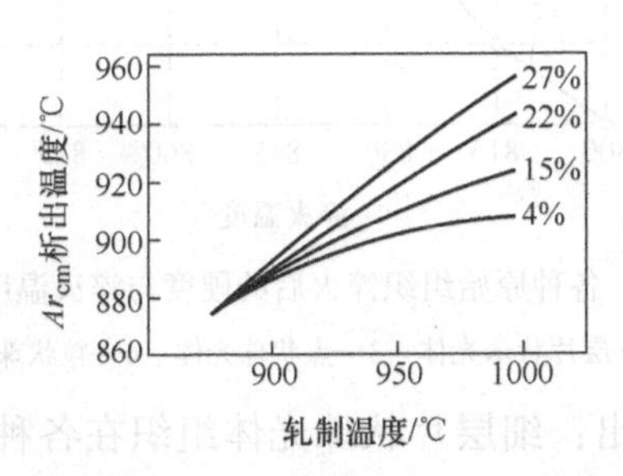

图 1-27 轧制温度和畸变量对 GCr15 轴承钢二次碳化物的析出温度 Ar_{cm} 的影响

当钢的成分一定时，随轧制温度的升高，畸变量加大，Ar_{cm} 温度升高。畸变量越大，则 Ar_{cm} 温度升高越多。在这种条件下，轧后采用空冷则将形成严重的网状碳化物，为此轧后应立即采用快冷。用计算机控制轧制、控制冷却和在线球化退火可以获得优良的球状珠光体组织，对后面的车加工和热处理有利。对于自由锻工艺则一定要控制好始锻温度（要小于 1200℃）及终锻温度（在 920 ～ 950℃为宜）。

1.9 原始组织对淬火钢力学性能的影响

1950年苏联学者拉乌金编写的《铬钢热处理》著作中，许多理论至今仍被广泛应用。本书选择细层片状珠光体、层片状珠光体、点状珠光体、细粒状珠光体和粗粒状珠光体作为原始组织，将其对淬火钢的硬度、强度、冲击韧度、耐磨性和疲劳强度的影响理论介绍给读者。

1.9.1 淬火钢的硬度

从五种原始组织的淬火试验中，得到的细层片状珠光体组织淬火后能产生比较高而均匀的硬度。硬度的变化是碳化物的溶解过程，这一过程是与固溶体的饱和及残留奥氏体同时产生的。当残留奥氏体不多时，硬度随碳化物的溶解逐渐增加；当加热时间不变时，硬度随加热温度的升高而增加。各种原始组织都有自己的淬火温度范围，如图1-28所示。在这个范围内硬度与碳化物的溶解而使固溶体的饱和不断增加，另外合金元素融入固溶体中将增加钢中的残留奥氏体。经150℃×2h的回火后，各种原始组织的硬度与淬火温度的关系，如图1-29所示。

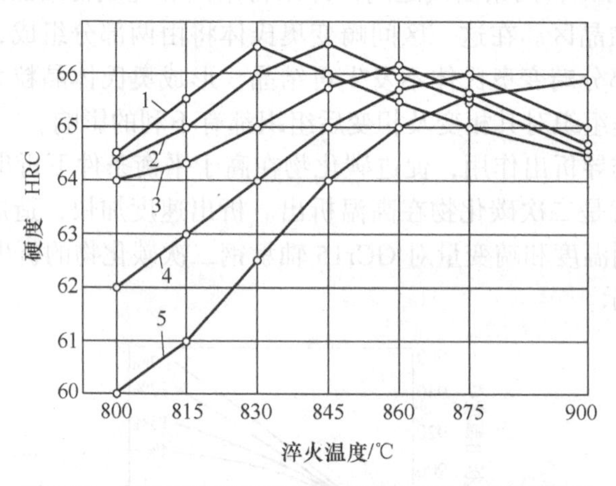

图1-28 各种原始组织淬火后的硬度与淬火温度的关系

1—细层片状珠光体 2—层片状珠光体 3—点状珠光体 4—粒状珠光体 5—粗粒状珠光体

从原始组织比较看出：细层片状珠光体组织在各种情况下的硬度都是比较高的，其次是细粒状（点状）珠光体。对于硬度的均匀性来说也是这样的，即细层片状珠光体最均匀，细粒状次之。不同原始组织对轴承套圈的沟槽淬火硬度分布均匀性的影响如图1-30所示。

1.9.2 淬火钢的强度

从图1-31可知，在815～860℃温度范围内淬火，几乎所有的原始组织（除均匀的粒状珠光体外），抗弯强度都随着淬火温度的升高而降低。细粒状珠光体组织具有最大的抗弯强度，淬火温度升高时其抗弯强度下降最缓慢。层片状珠光体抗弯强度较低，在高于 830℃时淬火温度升高，其抗弯强度急剧下降。粗层片状珠光体组织淬火后产生较粗的组织，强度最小。挠度的变化曲线一般和抗弯强度的曲线相似。

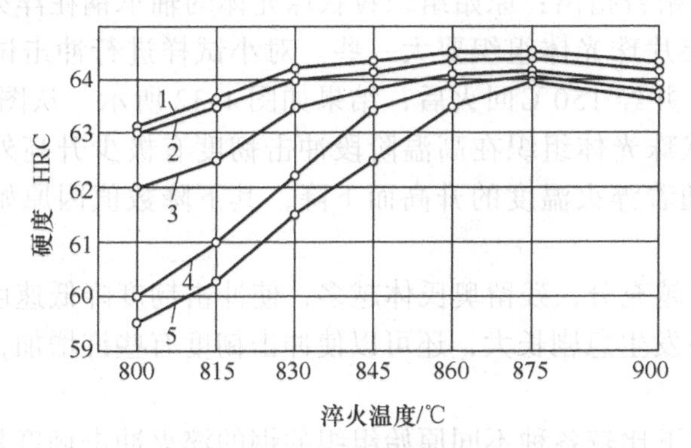

图 1-29　经 150℃×2h 回火后，各种原始组织的硬度与淬火温度的关系

1—细层片状珠光体　2—层片状珠光体　3—点状珠光体　4—粒状珠光体　5—粗粒状珠光体

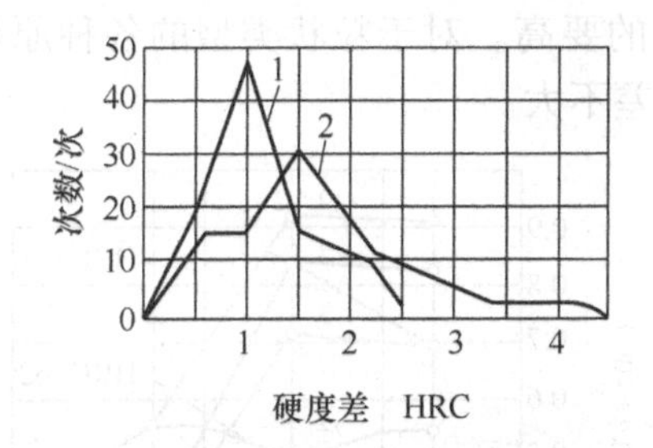

图 1-30　不同原始组织对轴承套圈的沟槽淬火硬度分布均匀性的影响

1—原始组织：正火状态　2—原始组织：退火状态

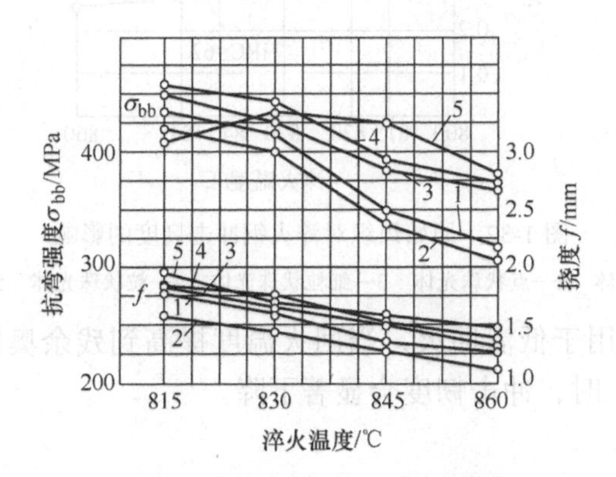

图 1-31　GCr15 钢的原始组织对抗强弯度的影响

1—细层片状珠光体　2—层片状珠光体　3—点状珠光体　4—细粒状珠光体　5—粒状珠光体

从同一硬度下抗弯强度和挠度的比较得知：只有细粒状组织才能具有最好的强韧性和硬度。

1.9.3 冲击韧度

施坦因别尔格曾指出：原始组织粒状珠光体的轴承钢在淬火后的冲击韧度比原始组织是层片珠光体组织要大一些。对小试样进行冲击试验，试样在不同温度下淬火，并经150℃回火后，结果如图1-32所示。从图1-32中曲线可知，除去细粒状珠光体组织在高温阶段冲击韧度有极少升高外，所有原始组织的冲击韧度随着淬火温度的升高而下降，其下降数值因原始组织不同也不相同。

碳化物溶解越充分，残留奥氏体越多，使冲击韧度降低速度减慢。若晶粒在同一时间内不发生急剧长大，还可以使冲击韧度有些许增加，如细粒状珠光体原始组织。

在同一温度下比较各种不同原始组织的钢的淬火冲击韧度是不妥的。因为各种原始组织都有自己的最好淬火温度，所以最好是在同一硬度下比较它们的冲击韧度。图1-32中，连接曲线1～5上相同硬度点的虚线表示原始组织为粒状的冲击韧度比层片状的要高。对于粒状类型的各种原始组织，特别当硬度较高时，冲击韧度彼此相差不大。

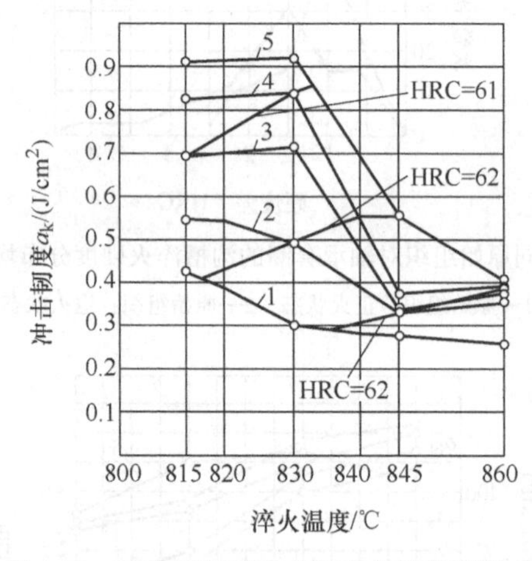

图1-32 原始组织对淬火钢冲击韧度的影响

1—细层片状珠光体 2—点状珠光体 3—细粒状珠光体 4—粒状珠光体 5—粗粒状珠光体

这些结果只适用于低温回火，当回火温度提高到残余奥氏体分解的温度范围（220～230℃）时，冲击韧度会显著下降。

1.9.4 耐磨性

摩擦力长期作用下形成的表面磨损是产品在使用过程中必然发生的破坏形式，特别是滚动轴承制件在进行第一与第二类摩擦力作用的试验时，表面磨损是引起轴承破坏的主要原因。

淬火钢的耐磨性首先决定于它的组织状态，即原始组织。现在对不同原始组织进行淬火回火（150℃×2h）后的耐磨试验：试验在一台阿姆斯拉式耐磨试验机上进行，滚动摩擦时，研磨后的试样有 0.20% 的滑动和 ±0.4mm 的侧面移动，载荷重 1960N（200kgf），压力相当于 980N/mm²（100kgf/mm²），转数 10000r/min，没有润滑剂的干摩擦。

试验过程中发现各个试样的磨损与其硬度的比值有很大的关系。一个试样的硬度如果比邻近的试样硬度低 1 ~ 2HRC，则其磨损会急剧增大；反之，硬的试样和软的试样相互摩擦，则磨损会大大减小。图 1-33 列出了硬度相同的一对试样的试验结果，横坐标是各种原始组织，纵坐标是在 60000r/min 的转数下试样磨损量。

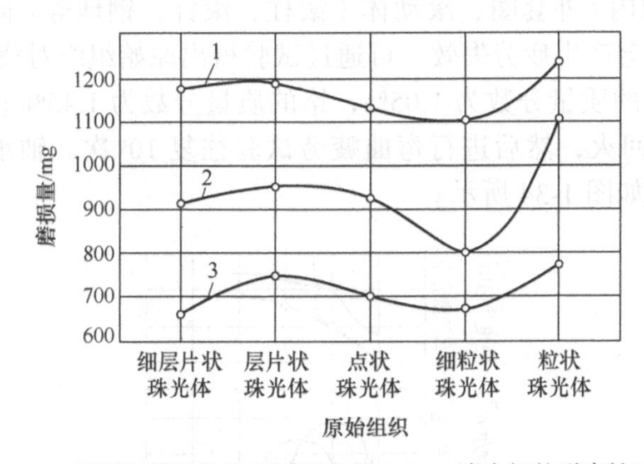

图 1-33　不同原始组织和不同硬度的 GCr15 淬火钢的耐磨性比较

1—硬度 61 ~ 62 HRC　2—硬度 63 HRC　3—硬度 63 ~ 64 HRC

图 1-33 的试验结果表明了耐磨性和原始组织之间的关系。由此可以看出，各种原始组织的淬火钢的耐磨性随着硬度的增加而增高。当淬火温度在 815 ~ 845℃时，硬度随淬火温度的变化相应地发生变化，其中原始组织为均匀细颗粒状珠光体的钢，淬火后具有最大的耐磨性（图 1-33 中曲线 2 和 3）。这些组织淬火后在高硬度下具有最大的冲击韧度（图 1-32）。从这些组织的名称上可知，其组织上分布着均匀的碳化物。这样就保证了碳化物和固溶体马氏体的基体可最完美地连接在一起。兼有这几种性质的结果使 GCr15 淬火钢具有最大的耐磨性。

这种规律性一直保持到淬火温度升高到获得几乎同一硬度的时候（图 1-33 曲线 3）。例如，在 860℃淬火时，不同原始组织的耐磨性的差别显著减小，同时细层片状珠光体组织具有最大的耐磨性，这种组织淬火后残留奥氏体最多。在 845℃淬火的曲线 2（图 1-33）上也有这种倾向。因为层片状珠光体在 845℃淬火时已经产生了大量的残留奥氏体。这些事实证明，钢中残留奥氏体增多，其耐磨性也会增加。

但是应该指出，上述情况也受到其他组织因素的影响。如层片珠光体组织淬火后也能产生大量的残留奥氏体，但耐磨性却最小，这是碳化物分布不好、晶粒粗大及马氏体应力大的原因。在粒状珠光体组织中，碳化物球状化程度的增大，同样会降低淬火状态的耐磨性。当球状化转变到不均匀的粒状珠光体组织时，耐磨性降低特别显著。

正火组织获得的细层片状珠光体的淬火温度范围比较窄，但是它的硬度是最高的，不过综合力学性能欠佳；而退火状态的组织是粒状珠光体，它的淬火温度范围比较宽，硬度比细层片状珠光体组织的淬火硬度低一些，但是综合力学性能较好。

1.9.5 疲劳强度

大部分的机械零件、工模具等都在长期的运转中，承受着交变载荷的作用。对于滚动轴承的内 / 外套圈、滚动体（滚柱、滚针、钢球等）同样承受着交变载荷的作用，即会产生疲劳失效。可通过试验得出原始组织对疲劳强度的影响。试样材料中，碳的质量分数为 1.05%，铬的质量分数为 1.45%；试样在油中淬火，150℃×2h 回火，然后进行弯曲疲劳试验往复 10^6 次。轴承钢的疲劳极限与热处理的关系如图 1-34 所示。

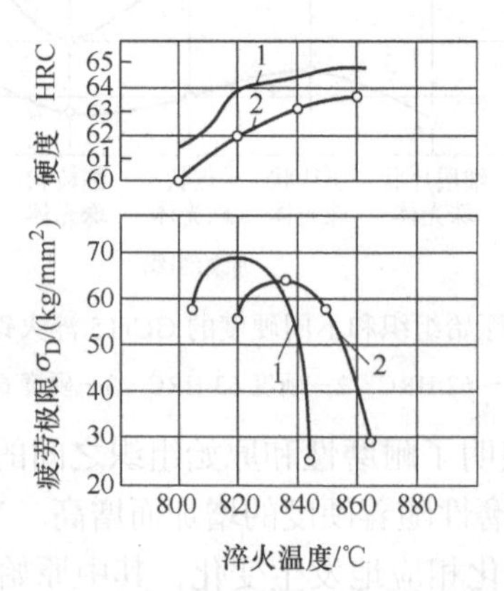

图 1-34 轴承钢的疲劳极限与热处理的关系

1—正火后淬火 2—退火后淬火

从图 1-34 中可知，试样正火后淬火能得到最大疲劳极限的淬火温度范围比较小，而退火后淬火的试样能得到最大疲劳极限的淬火温度范围会大一些。这个温度范围相应的组织状态可以既有最大的强度（硬度），又有尽可能高的韧性。

在进行试验时，将试样的一端固定，并经受变动的弯曲，试样形状如图 1-35 所示。

试样对变动载荷的抵抗是其坚持到断裂时的往复次数。所选用的应力为 999.6MPa（102kgf/mm²），好的原始组织试样在此应力下可以达到 5×10^6 次的往复。试验采用四种不同原始组织在淬火后经 150℃×2h 的回火处理。

各种不同原始组织的试样随淬火温度升高所能经受的平均往复次数如

图 1-35 所示。在硬度相同（62 ～ 63HRC）的一组试验中，原始组织的疲劳强度见表 1-10，从表中可以看出，同一原始组织在各次试验中的断裂前往复次数差别还是比较大的。

根据分析曲线上的硬度数值可以发现：均匀粒状珠光体具有最高的疲劳强度，其次是点状珠光体，再次是细层片状珠光体，最后是不均匀粒状珠光体。当提高细片状珠光体组织的淬火温度时，疲劳强度就大大增加。

对于各种原始组织来说，仅在伴有相当塑性的情况下提高硬度才可使疲劳强度增大。而在塑性很大、硬度又较低（不均匀粒状珠光体）与硬度很大而塑性很低时（细层片状珠光体），它们的疲劳强度都会降低，只有当韧性很高，同时兼有高的硬度和一定塑性的时候，疲劳强度才会显著增长。当提高一定的加热温度淬火后，使残留奥氏体增加而获得的较高的韧性，可以使疲劳强度也增大。

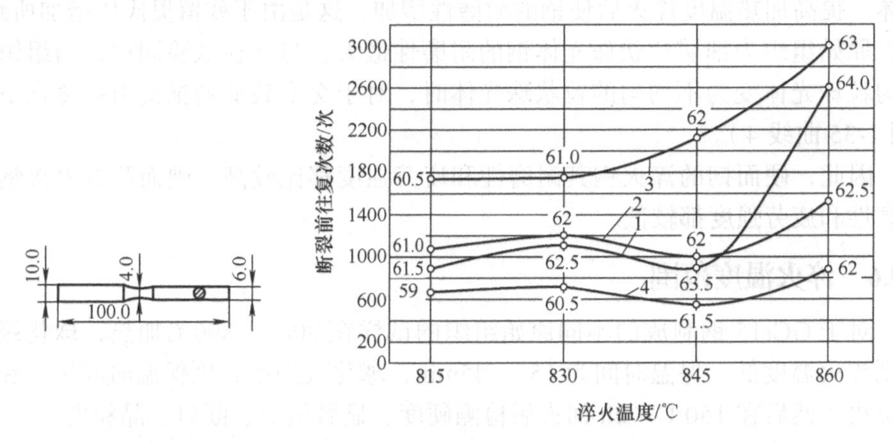

图 1-35　不同原始组织的试样随淬火温度升高所能经受的平均往复次数

注：曲线上的数字是硬度值（HRC）；试样中碳和铬的质量分数分别为 0.97% 和 1.5%。

1—细层片状珠光体　2—点状珠光体　3—均匀粒状珠光体　4—不均匀粒状珠光体

表 1-10　原始组织的疲劳强度

组织名称	淬火温度 /℃	硬度 HRC	试验时的应力 / MPa（kgf/mm^2）	断裂前的周次 / 次	
				一般	平均
细层片状珠光体	830	62.5	940.8（96.0）	1975×10^2 3711×10^2 5900×10^3 2200×10^3	3446×10^3
细层片状珠光体	845	63.0	940.8（96.0）	1803×10^2 3200×10^3 3654×10^3	2981×10^3
细粒状珠光体（点状珠光体）	845	63.0	940.8（96.0）	4063×10^2 2452×10^3 5704×10^3	3989×10^3

（续）

组织名称	淬火温度/℃	硬度 HRC	试验时的应力/MPa（kgf/mm^2）	断裂前的周次/次	
				一般	平均
均匀粒状珠光体	845	62.0	940.8（96.0）	8100×10^3 3035×10^3 5964×10^3	5699×10^3

分析这些曲线，可以发现磨耗试验和疲劳试验之间有某些相似之处。在有相当的塑性情况下，硬度升高，磨耗试验时能得到最好的结果，例如细粒状珠光体。提高加热温度淬火后使钢的耐磨性增加，这是由于残留奥氏体增加所致。所以原始组织为细层片状珠光体钢的耐磨性最大。与磨耗试验同样，当组织由均匀粒珠光体变为不均匀的粒状珠光体时，对于交变载荷的抵抗力则急剧下降（图 1-35 曲线 4）。

因此，硬而韧的淬火钢其耐磨性和疲劳强度都比较高，硬而脆的淬火钢其耐磨性和疲劳强度都较低。

1.9.6 淬火温度范围

对于 GCr15 钢制成的不同原始组织的试样在 800 ～ 890℃加热，球化级别低则淬火温度低。保温时间为 15 ～ 45min，球化级别小，则保温时间短。在油中淬火，然后在 150℃×2h 回火后检测硬度、显微组织、断口、晶粒度。

（1）硬度　硬度一般为 61 ～ 65HRC。根据套圈、钢球、滚子不同，有相应的具体要求。这种硬度得到的是完全淬火的马氏体组织。

（2）显微组织　获得隐针马氏体、细针马氏体、均匀分布的细小碳化物和少量的残留奥氏体为正常组织。不能出现大于 1 级的屈氏体（外企要求为 1 级）和粗大的碳化物结聚，这是加热温度的下限；发现有针状马氏体出现时，这是加热温度上限。

（3）断口　断口检测在 GB/T 34891—2017 中已取消。但是在现场宏观检测中是一个快速检测的好办法，需要有丰富经验的操作者才能分辨出来。外企现在还保留此方法，企业可根据自己的实际情况酌情处理。断口检查是用来评定淬火温度范围内真实晶粒度的标准。断口上不产生纤维状的是许可的下限温度，断口出现黏滞纤维说明加热温度还不够，断口上呈现粗粒状纤维则是加热温度的上限。正常加热温度的断口应该是：无光泽并带有天鹅绒状褶皱的断口。这说明淬火钢具有非常细的晶粒。

（4）晶粒　晶粒开始急剧长大的温度为加热温度的上限。原始组织与许可淬火温度的关系如图 1-36 所示。

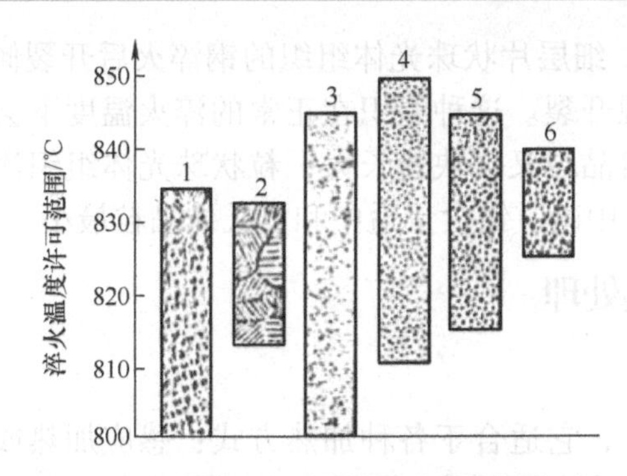

图 1-36 原始组织和许可淬火温度的关系

1—细层片状珠光体 2—层片状珠光体 3—点状珠光体 4—细粒状珠光体
5—粒状珠光体 6—粗粒状珠光体

图 1-36 表明：层片状珠光体组织淬火温度许可范围比球化状组织要小；当层片状珠光体变粗时，淬火温度范围急剧缩小。

允许淬火温度范围最大的是细粒状珠光体组织，它具有最细的奥氏体晶粒和均匀的固溶体。均匀细粒状珠光体组织的淬火温度范围在 810 ～ 850℃。

1.9.7 淬火开裂

做若干个淬火试样：试样尺寸为 5mm×40mm×100mm，试样表面带有三角形和四方凹形缺口，经 815℃、830℃、845℃、860℃、880℃不同温度淬火后，观察淬火裂纹倾向，如图 1-37 所示。出现裂纹评定标准为：5 点——淬火后存在严重的开裂；4 点——淬火后存在肉眼能看见的轻微开裂；3 点——最初看不出试样有开裂现象，但是在体积分数为 10% 的 60℃热硫酸中腐蚀后出现严重开裂；2 点——在热酸中腐蚀后有轻微的开裂；1 点——淬火后在热酸中腐蚀没有开裂。

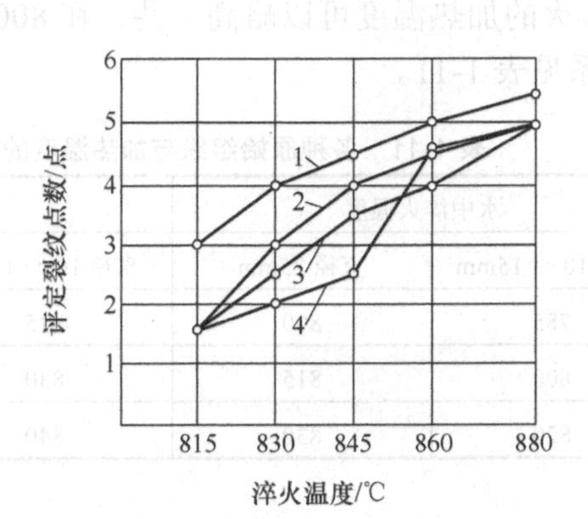

图 1-37 各种原始组织钢的淬火开裂倾向

1—细层片状珠光体 2—点状珠光体
3—细粒状珠光体 4—粒状珠光体

从图 1-37 可知，细层片状珠光体组织的钢淬火后开裂倾向最大，它在淬火温度很低时同样出现开裂。这种组织在正常的淬火温度下会产生最饱和的固溶体，而在温度过热时晶粒又会快速长大；粒状珠光体组织淬火后开裂的倾向最小，这是由于固溶体中碳、铬含量适中和奥氏体晶粒最小。

1.9.8 轴承钢的热处理

1. 加热速度

对于轴承钢而言，它适合于各种加热方式：感应加热或整体加热、盐浴炉加热、空气炉加热、真空炉加热、可控气氛或保护气氛的多用炉或连续炉加热等。在加热过程中必须达到被加热工件的畸变要小，这就需要对制件进行一次或者多次预热或缓慢加热。

对于形状简单的工件，可以采用感应加热方式，其淬火畸变会很小，且效率高生产成本低。对于形状复杂的工件，为了使工件的每个部位都能受热均匀，则需要进行缓慢加热或多次预热，以减小热应力作用达到减小畸变的目的。对于大批量进料的预抽真空井式炉、真空炉淬火炉都需要通过 1 ～ 2 次的预热，多用炉或连续炉则需要进行缓慢的阶梯式加热的方式来进行。

总之，加热速度要根据产品规格、设备类型、装炉量大小和炉内可控气氛情况等综合考虑。

2. 加热温度

当轴承钢中碳的质量分数为 0.95% ～ 1.05%，固溶体中碳的质量分数为 0.45% ～ 0.55% 时，可以获得最佳的力学性能（接触疲劳强度）。根据工件的尺寸和技术要求可以采用水、水溶性介质、硝酸盐或油进行淬火。又因为原始组织的不同其加热温度也不同。原则上水中淬火的加热温度需要低一些，在 780 ～ 840℃；油中淬火的加热温度可以略高一些，在 800 ～ 880℃。各种原始组织与加热温度的关系见表 1-11。

表 1-11 各种原始组织与加热温度的关系 （单位：℃）

原始组织	水中淬火温度		油中淬火温度	
	直径 10 ～ 15mm	直径 25mm	直径 10 ～ 15mm	直径 25mm
细层片状珠光体	785	800	815	825
细粒状珠光体	800	815	830	840
粒状珠光体	820	830	840	850

3. 保温时间

保温的目的是使工件各个部位都达到固溶体的均匀化，减小热应力和组织应力所发生的畸变，达到工件的硬度要求。对于不同的加热设备，其保温时间也不同：若在 770 ～ 820℃的加热温度下，其盐浴炉保温时间是 12 ～ 24s/mm；

而电炉的保温时间是 50 ～ 80s/mm。对于多用炉、真空炉、连续炉等设备，其炉内工件的多少（装炉量）必须考虑加热温度的均匀性。对于批量很大的产品，需要在首炉对工件进行像 W18Cr4V1 高速工具钢淬火一样的程序，即等待淬火的高速工具钢件，在经过二次预热后进入到高温度炉内时，需要对辐射高温计和高温热电偶用淬“试样”的金相检查方式，进行检测晶粒度的金相检查，并及时修正辐射高温计、高温热电偶的仪表温度和工艺后，才能进行正式生产，经过这样的程序，淬出的工件是高质量的产品。

4. 冷却

淬火件的冷却结果是散热速度（淬火件的尺寸、淬火液的类型）和淬火硬度及淬硬层深度（钢的化学成分、原始组织、晶粒大小及冶金质量）之间的关系。合格淬火件应该得到马氏体组织和良好的力学性能。

对 GCr15 高碳铬轴承钢工件的最终热处理工艺的要求：选择符合 GB/T 18254—2016 中的冶炼方法（真空脱气处理）的钢材。球化退火显微组织应符合 GB/T 34891—2017，为 2 ～ 3 级的细小、均匀、完全球化的珠光体组织，硬度为 179 ～ 207HBW。

淬火温度、加热时间和冷却方法的确定，要根据被加热制件的几何形状、批量、技术要求和加热设备状况等来制定，总的原则是：淬火温度应选择偏中下限温度；加热保温度时间在达到奥氏体均匀化过程中不宜过长；淬火冷却介质应选择在 300℃时的冷却速度缓和的，以减小组织应力带来的畸变。

5. 淬火冷却介质选择

在 300℃时的冷却速度应缓和，以减少组织应力和热应力带来的畸变。南京科润工业介质股份有限公司（以下简称南京科润）的 KR 系列产品，能够根据制件的技术要求配制相应冷却速度的介质，减少淬火畸变、达到微变形的目的。此外，美国奎克好富顿公司（以下简称好富顿）等知名冷却技术公司，在解决制件的冷却性能上都有自己独特的技术。

参考文献

[1] 杨晓蔚 . 对轴承钢的一般认识和深入认识 [J]. 轴承，2012(9):54-58.

[2] 钟顺思，王昌生 . 轴承钢 [M]. 北京：冶金工业出版社，2000.

[3] 全国钢标准化技术委员会 . 高碳铬轴承钢：GB/T 18254—2016[S]. 北京：中国标准出版社，2016.

[4] 张福成，杨志南，雷建中，等 . 贝氏体在钢轴承中的应用进展 [J]. 轴承，2017(1):54-64.

[5] 李昭昆，雷建中，徐海峰，等 . 国内外轴承钢的现状与发展趋势 [J]. 钢铁

研究学报，2016，28(3):1–12.
[6] 马春生 . 低成本生产洁净钢的实践 [M]. 北京：冶金工业出版社，2016.
[7] 全国钢标准化技术委员会 . 钢中非金属夹杂物含量的测定　标准评级图显微检验法：GB/T 10561—2005[S]. 北京：中国标准出版社，2005.
[8] 轧制技术及连轧自动化国家重点实验室 . 轴承钢超快速冷却技术研究与开发 [M]. 北京：冶金工业出版社，2015.
[9] 李志超，张小垒，米振莉，等 . 合金元素 V 对高碳铬轴承钢组织和性能的影响 [J]. 材料热处理学报，2015，36(7):125–132.
[10] 邓素怀，马跃，张慧峰，等 . 铝对高碳铬钢热处理后的组织和性能的影响 [J]. 上海金属，2018，40(2):44–47；58.
[11] 中国机械工程学会热处理学会 . 热处理手册：第 4 卷　热处理质量控制和检验 [M]. 4 版 . 北京：机械工业出版社，2013.
[12] 王有铭，李曼云 . 轴承钢轧制新工艺及其理论 [J]. 特殊钢，1991(2):44–48.
[13] 濑户浩藏 . 轴承钢：在 20 世纪诞生并飞速发展的轴承钢 [M]. 陈洪真，译 . 北京：冶金工业出版社，2003.
[14] 刘兴洪，徐晓红，张旭东，等 . GCr15 轴承钢的冶炼过程质量控制 [J]. 江苏冶金，2008，36(4):11–14.

Chapter 2

第 2 章　GCr15 轴承钢的特性及应用

根据 GB/T 18254—2016 中规定，高碳铬轴承钢的冶炼采用真空脱气后，经球化退火的原始组织为 2 ～ 3 级的细小、均匀、完全球化珠光体，硬度为 179 ～ 207HBW。最终热处理工艺将决定轴承制件使用寿命的高低，下面三点是关键因素：马氏体碳含量、数量及组织状态，奥氏体晶粒度和均匀性，残留奥氏体数量及稳定性。

GB/T 18254—2016 中有 G8Cr15、GCr15、GCr15SiMn、GCr15SiMo、GCr18Mo 五个牌号，现分别介绍它们的特性和用途。其中 GCr15 钢是高碳铬轴承钢的代表钢种，它是世界各国广泛应用的钢种之一，也是高碳铬轴承钢中产量最大的钢种。它的综合力学性能良好，淬火和回火后具有高而均匀的硬度、良好的耐磨性和高的接触疲劳寿命。它的热加工畸变性能好，球化退火后有良好的切削性能，但是焊接性能较差，对白点形成敏感，有回火脆性倾向。GCr15 钢经热轧和冷加工后可以供应棒材、板材、冷拉圆钢、钢丝及制造轴承套圈的钢管，还可以生产锻造方坯、板坯等品种。GCr15 钢适合制造壁厚不大于 12mm，外径不大于 250mm 的各种轴承套圈；也适合制造尺寸范围较宽的滚动体，如直径不大于 50mm 的钢球，直径不大于 22mm 的圆锥、圆柱和球面滚子，以及所有尺寸的滚针；还可用于制造模具、量具以及其他要求高耐磨性、高弹性极限和高接触疲劳强度的机械制件。GCr15 钢一般经淬火和低温回火后使用，还可以进行马氏体的分级淬火或贝氏体的等温淬火。对于尺寸精度要求高的制件，应在淬火后及时进行冷处理。GCr15 钢也可以经渗氮、碳氮共渗处理及其他表面强化的改性处理，提高其耐磨性、疲劳强度、尺寸稳定性和使用寿命。

2.1　GCr15 钢的性能

由于轴承钢的性能直接影响到使用寿命和生产成本，为此《轴承钢》一书编委会组织冶金专家钟顺思、王昌生为主编，汇集北京科技大学、哈尔滨工业大学、北京钢铁研究总院及全国主要特殊钢厂从事轴承钢科研、生产的学者、专家、教授等总结我国在轴承钢科研、生产中所取得的成果，并分析国内外在生产工艺、质量水平存在的差距。此外，为更好地提高市场竞争力，轴承钢的性能方面，李超教授等颇有深入的研究，将有关资料推荐给读者。

2.1.1 GCr15 钢的物理性能

GCr15 钢的熔点为 1390 ～ 1460℃，密度为 7.81g/cm³，热导率见表 2-1，比热容见表 2-2，线胀系数见表 2-3，弹性模量和切变模量见表 2-4，泊松比为 0.29（退火状态，温度 28 ～ 150℃），电阻率为（22.4 ～ 24.6）×10^{-8}Ω · m（退火状态）。

表 2-1 GCr15 钢的热导率（导热系数）

温度 /℃	900℃退火	1000℃淬火
热导率 /W · (m · K) $^{-1}$	40.11	36.72

表 2-2 GCr15 钢的比热容，质量热容（J）

温度 /℃	45	525	981
比热容 /J · (kg · K) $^{-1}$	553	787	729

表 2-3 GCr15 钢的线胀系数 α_l

温度 /℃	20 ～ 100	20 ～ 200	20 ～ 300	20 ～ 400	20 ～ 500	20 ～ 600	20 ～ 700	20 ～ 800	20 ～ 900
α_l/K^{-1}	13.3	13.6	13.8	14.1	15.0	15.3	15.5	14.0	14.9

表 2-4 GCr15 钢的弹性模量和切变模量

温度 /℃	28	150
弹性模量 E/MPa	212000	206000
切变模量 G/MPa	82500	80000

2.1.2 GCr15 钢的组织转变

GCr15 钢的相变温度见表 2-5。等温转变曲线如图 2-1 ～图 2-3 所示。连续冷却转变曲线如图 2-4 ～图 2-8 所示。淬透性如图 2-9 所示。

表 2-5 GCr15 钢的相变温度

相变点	Ac_1	Ac_{cm}	Ar_{cm}	Ar_1	Ms
温度 /℃	760	900	707	695	240
	725	770	715	698	250

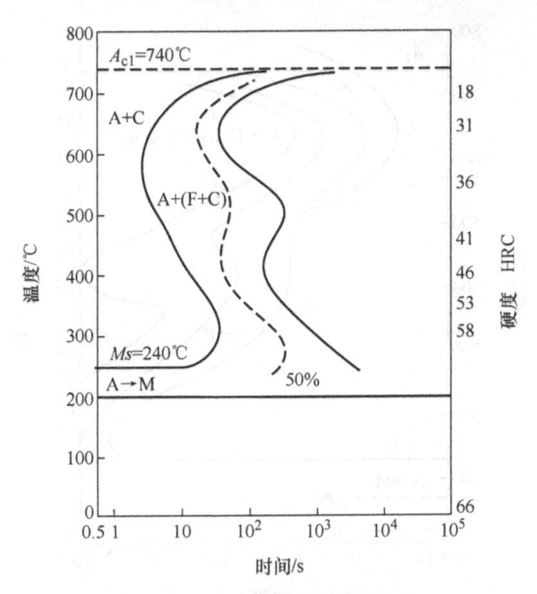

图 2-1　GCr15 钢的等温转变曲线 1

注：1. 试验用钢成分：w（C）=1.02%，w（Si）=0.33%，w（Mn）=0.35%，w（Cr）=1.41%，w（Ni）=0.20%。

2. 奥氏体化温度：840℃。

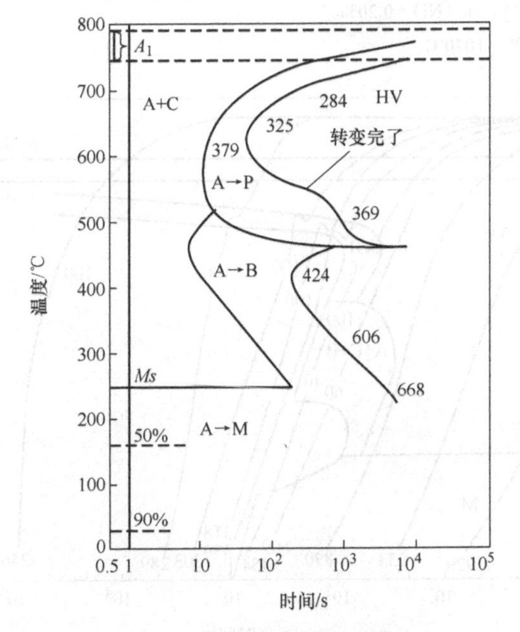

图 2-2　GCr15 钢的等温转变曲线 2

注：1. 试验用钢成分：w（C）=1.04%，w（Si）=0.26%，w（Mn）=0.33%，w（Cr）=1.53%，w（Ni）=0.31%，w（Mo）<0.01。

2. 奥氏体化温度：840℃。

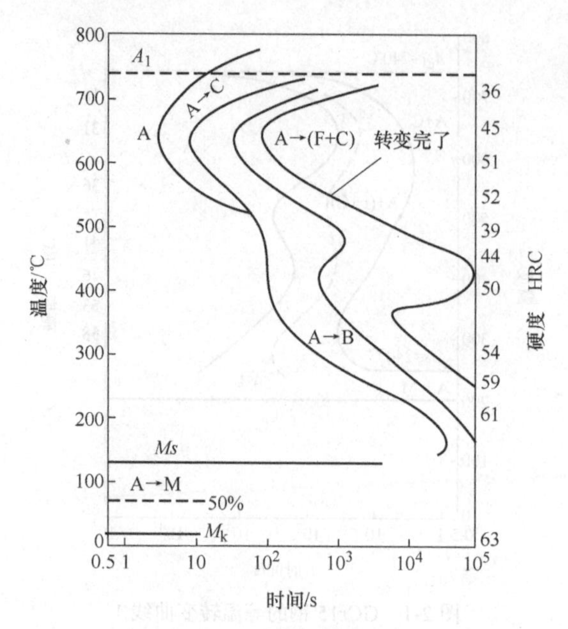

图 2-3 GCr15 钢的等温转变曲线 3

注：1. 试验用钢成分：w（C）=1.02%，w（Si）=0.33%，w（Mn）=0.35%，w（Cr）=1.41%，w（Ni）=0.20%，w（Cr）=1.41%，w（Ni）=0.20%。

2. 奥氏体化温度：1070℃。

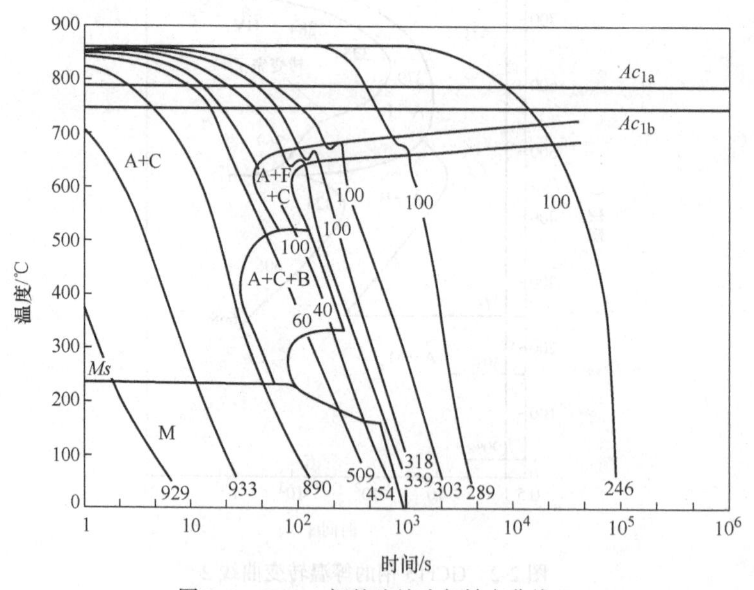

图 2-4 GCr15 钢的连续冷却转变曲线 1

注：1. 试验用钢成分：w（C）=1.04%，w（Si）=0.26%，w（Mn）=0.33%，w（Cr）=1.53%，w（Ni）=0.31%。

2. 奥氏体化温度：860℃。

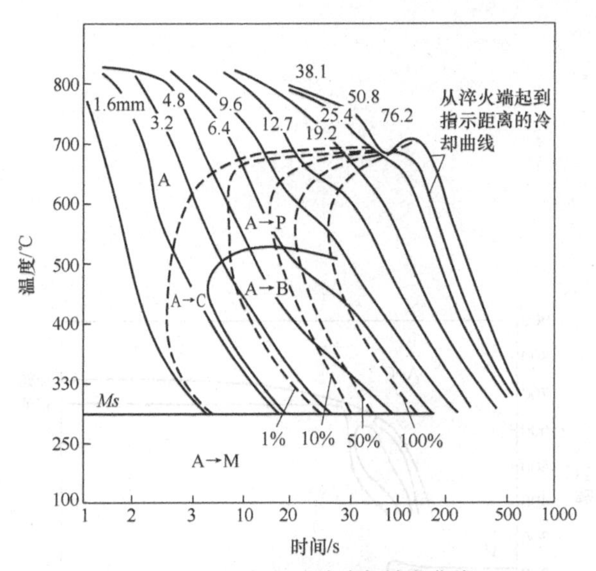

图 2-5　GCr15 钢的连续冷却转变曲线 2

注：1. 试验用钢成分：w（C）=1.06%，w（Si）=0.32%，w（Mn）=0.33%，w（Cr）=1.44%。

2. Ac_1=754 ～ 782℃，奥氏体化温度：843℃。

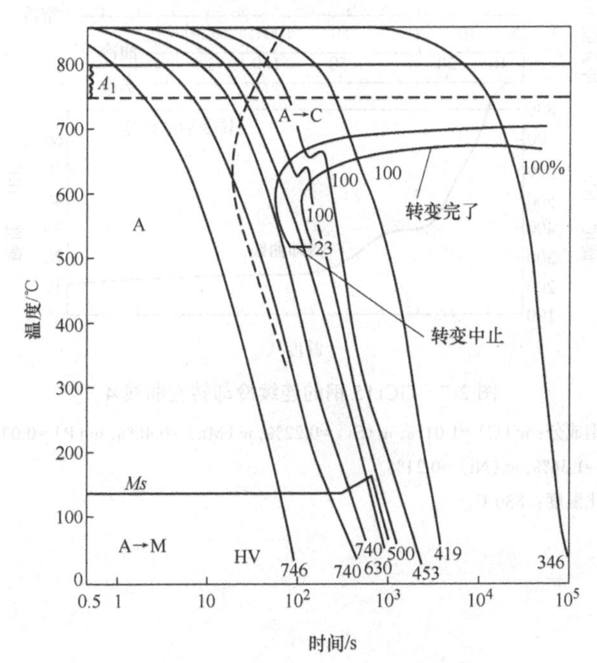

图 2-6　GCr15 钢的连续冷却转变曲线 3

注：1. 试验用钢成分：w（C）=1.04%，w（Si）=0.26%，w（Mn）=0.33%，w（Ni）=0.31%，w（Mo）<0.01%，w（Cr）=1.53%。

2. Ac_1=750 ～ 795℃，奥氏体化温度：1050℃。

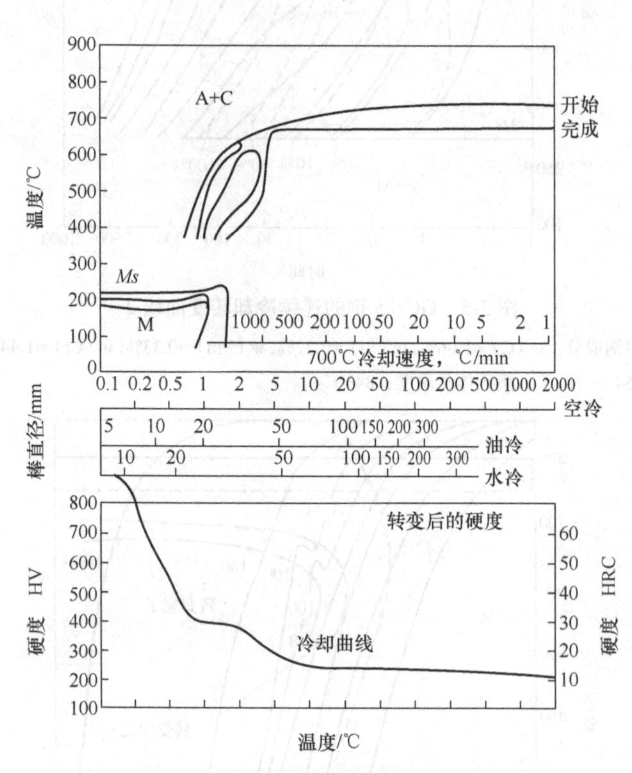

图 2-7　GCr15 钢的连续冷却转变曲线 4

注：1. 试验用钢成分：w（C）=1.01%，w（Si）=0.22%，w（Mn）=0.40%，w（P）=0.039%，w（S）=0.021%，w（Cr）=1.36%，w（Ni）=0.21%。

2. 奥氏体化温度：830℃。

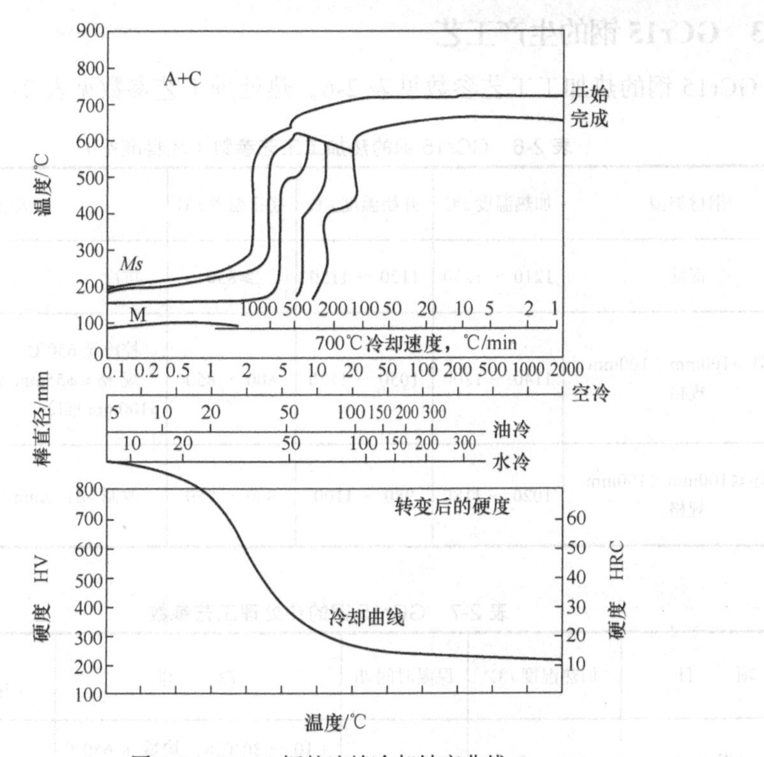

图 2-8　GCr15 钢的连续冷却转变曲线 5

注：1. 试验用钢成分：w（C）=1.08%，w（Si）=0.25%，w（Mn）=0.53%，w（P）=0.022%，w（S）=0.015%，w（Cr）=1.46%，w（Mo）=0.06%，w（Ni）=0.33%。

2. 奥氏体化温度：820℃。

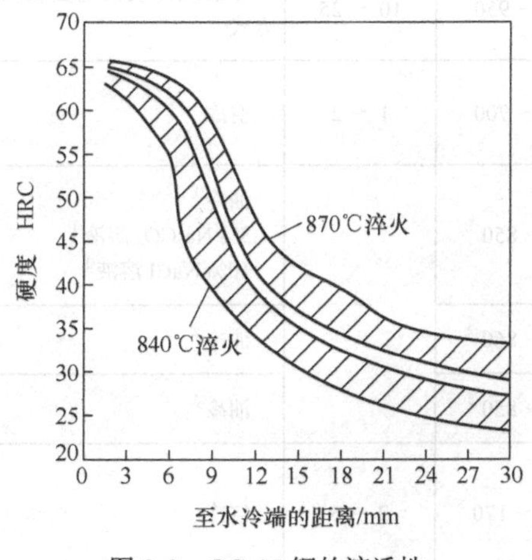

图 2-9　GCr15 钢的淬透性

注：试验用钢成分：w（C）=1.07%，w（Si）=0.21%，w（Mn）=0.33%，w（Cr）=1.39%，w（S）=0.019%，w（P）=0.023%。

2.1.3 GCr15 钢的生产工艺

GCr15 钢的热加工工艺参数见表 2-6，热处理工艺参数见表 2-7。

表 2-6 GCr15 钢的热加工工艺参数（坯料准备）

钢材类型	加热温度 /℃	开始温度 /℃	终止温度 /℃	冷却方式
钢锭	1210～1230	1120～1150	≥850	坑冷
钢坯 >100mm×100mm 规格	1140～1200	1050～1120	800～850	控冷至 650℃ 规格≤φ55mm 空冷，在 φ55～φ100mm 堆冷
钢坯≤100mm×100mm 规格	1020～1180	980～1100	800～850	改制 >φ100mm 坑冷或砂冷

表 2-7 GCr15 钢的热处理工艺参数

项　目	加热温度 /℃	保温时间 /h	冷　却	硬度 HBW（压痕直径 /mm）
退火	780～810	2～6	10～30℃/h，炉冷至 650℃出炉空冷	179～207（4.2～4.5）
等温球化退火	780～810	2～6	冷至 710～720℃保温 1～2h	207～229（4.0～4.2）
正火（为消除网状碳化物）	900～950	10～25	分散风冷或其他更快的冷却方式	270～590（3.5～3.7）
高温回火	650～700	1～2	空冷	229～285（3.6～4.0）
淬火	825～850①	—	油冷① 3% Na_2CO_3 溶液① 10% NaCl 溶液①	—
	835～860②		油冷②	
	820～850③		油冷③	
回火	150～170	2～5	空冷	62～66 HRC① 61～65 HRC② 61～65 HRC③

① φ<30mm 钢球。

② φ≤30mm 滚子。

③ δ（壁厚）≤15mm 套圈。

2.1.4 GCr15 钢的力学性能

GCr15 钢的室温力学性能见表 2-8。淬火、回火温度对 GCr15 钢力学性能的影响如图 2-10 和图 2-11 所示。GCr15 钢的疲劳极限数据见表 2-9。GCr15 钢的接触疲劳寿命见表 2-10，和图 2-12 ～图 2-14。GCr15 钢在不同温度下的力学性能见表 2-11 ～表 2-13 和图 2-15 ～图 2-18。球化退火或冷拔状态，硬度在 183 ～ 241HBW 之间时，钢的相对平均加工指数为 40。

表 2-8 GCr15 钢的室温力学性能

试样状态	抗拉强度 R_m/MPa	下屈服强度 R_{eL}/MPa	规定塑性延伸强度 $R_{t0.005}$/MPa	规定残余延伸强度 $R_{r0.03}$/MPa	断后伸长率 A（%）	断面收缩率 Z（%）	硬度 HBW
退火状态 1	637	343	—	—	30	65	190
退火状态 2	588 ～ 677	353 ～ 382	—	—	20 ～ 27	40 ～ 59	187 ～ 207
冷轧	981	883	—	—	10	45	300
淬火回火状态	2157 ～ 2550	1667 ～ 1814	1108	1530	—	—	680HV

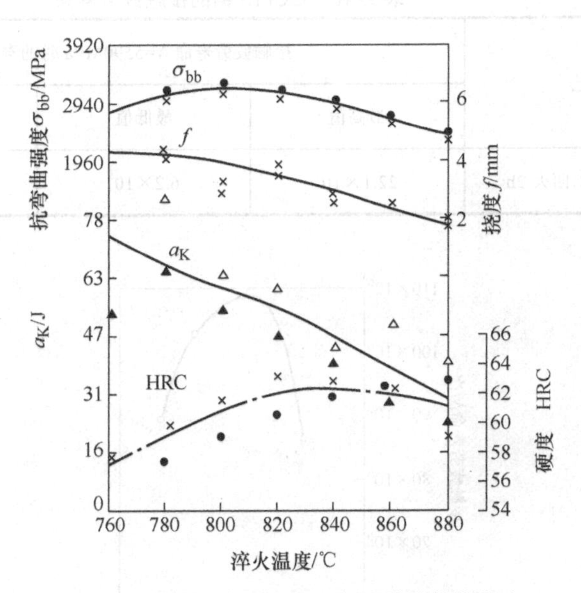

图 2-10 淬火温度对 GCr15 钢力学性能的影响

注：1. 淬火后经 160℃回火 2h。

2. 抗弯试样尺寸：10mm×10mm×110mm，L_0=80mm。

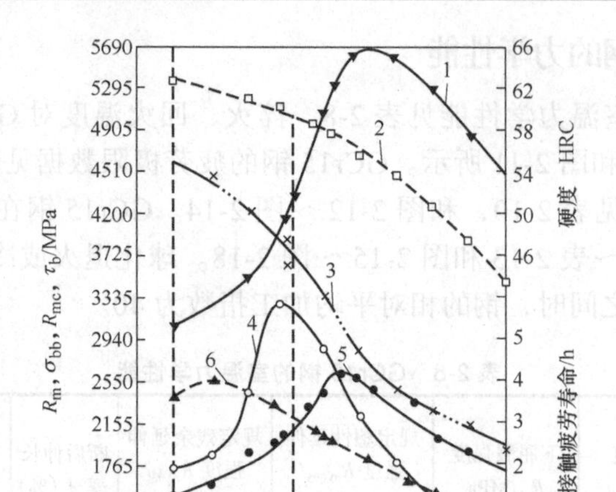

图 2-11 回火温度对 GCr15 钢力学性能的影响

1—弯曲 2—硬度 3—压缩 4—接触疲劳 5—扭转 6—拉伸

表 2-9 GCr15 钢的疲劳极限

热处理工艺	硬度 HRC	疲劳强度 S/MPa	循环次数 / 次
840℃油淬，160℃回火 2h	63 ～ 64	735	1.5×10^7

表 2-10 GCr15 钢的接触疲劳寿命 （单位：次）

热处理工艺	接触疲劳寿命 N=5590MPa 时的寿命		
	最高值	最低值	平均值
840℃油淬，150℃回火 2h	22.1×10^7	6.2×10^6	8.8×10^7

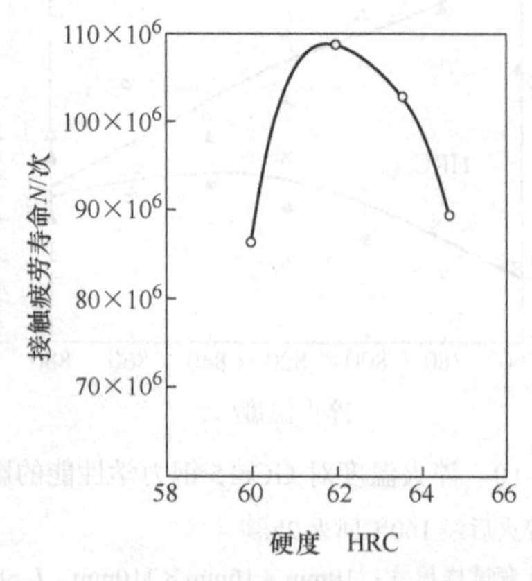

图 2-12 GCr15 钢淬火回火后的硬度对接触疲劳寿命的影响

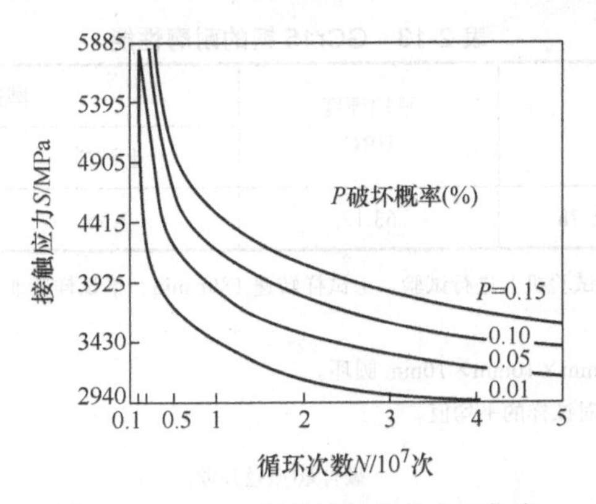

图 2-13　GCr15 钢的接触疲劳 *S-N* 曲线

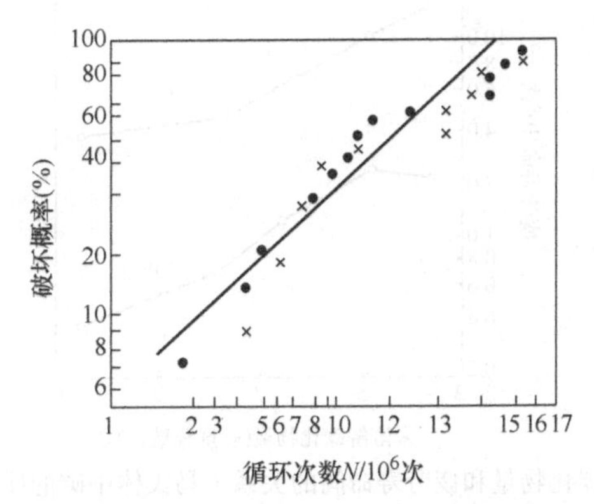

图 2-14　4384N 负荷条件下的接触疲劳寿命

注：在 W891 试验机上进行试验，用 8108 型推力轴承。

表 2-11　GCr15 钢的高温拉伸性能

温度 /℃	抗拉强度 R_m/MPa	伸长率 *A*（%）	断面收缩率 *Z*（%）
850	63.0	73.0	79.4
900	52.5	66.7	68.0
950	38.0	61.8	85.7

表 2-12　GCr15 钢的低温冲击韧度

温度 /℃	室温	0	-20	-40	-60
冲击韧度 / (J/cm^2)	57.2	53.6	26.4	12.0	10.4

注：1. 试验用钢成分：*w*（C）=0.99%，*w*（Si）=0.28%，*w*（Mn）=0.29%，*w*（Cr）=1.47%，*w*（S）=0.003%，*w*（P）=0.012%。

2. 试样尺寸：10mm×10mm×55mm 无缺口，退火状态。

表 2-13 GCr15 钢的耐磨性能

热处理工艺	平均硬度 HRC	磨损量 /mg	
		上试样	下试样
840℃淬火，160℃回火 2h	63.12	1.35	1.04

注：1. 在 MN 型磨损试验机上进行试验。上试样转速 180r/min，下试样转速 200r/min，负荷 1470N，用 20 号机油润滑。

2. 试样尺寸：16mm×10mm×10mm 圆环。

3. 试验结果是 5 对试样的平均值。

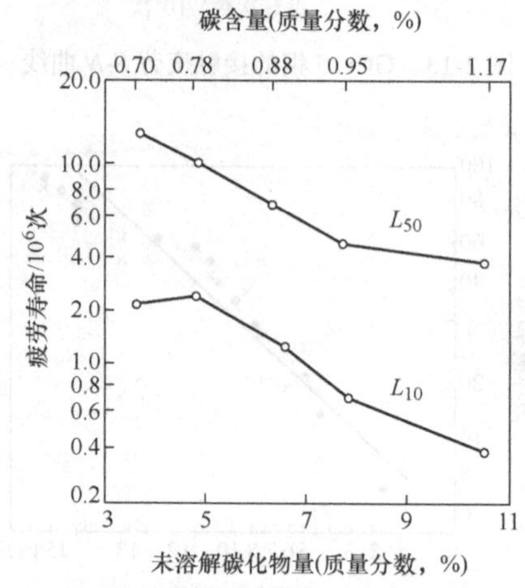

图 2-15 未溶解碳化物量和疲劳寿命间的关系（马氏体中碳的质量分数约 0.43%）

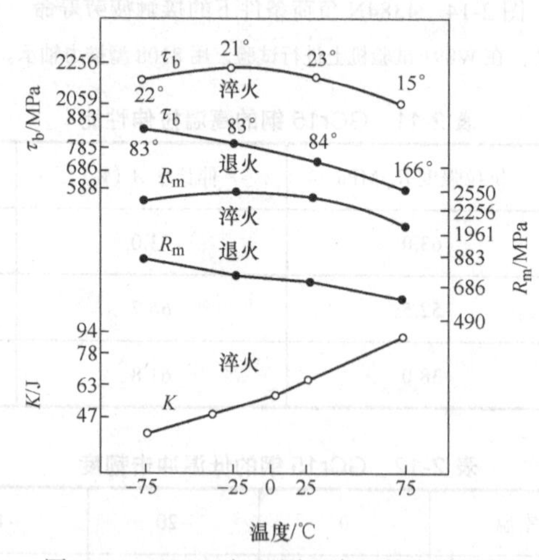

图 2-16 GCr15 钢不同温度下的力学性能

注：1. 试验用钢成分：w（C）=1.03，w（Cr）=1.39。

2. 热处理：830℃油淬，150℃回火 1.5h，60 ～ 61 HRC。

3. 冲击试样尺寸为 10mm×10mm×55mm 无缺口。

4. 曲线上的数字为扭转角度。

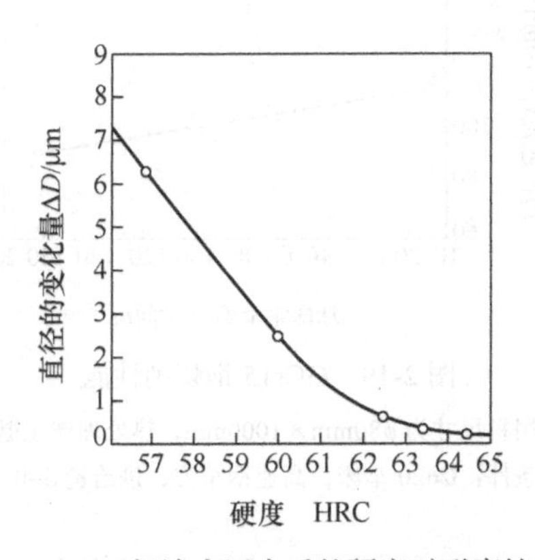

图 2-17　GCr15 钢淬火回火后的硬度对耐磨性的影响

注：1. 试验用钢成分：*w*（C）=1.03%，*w*（Cr）=1.49%，*w*（Mn）=0.25%，*w*（Si）=0.30%，*w*（S）=0.009%，*w*（P）=0.013%，*w*（N）=10%。

2. 接触应力为 441MPa。

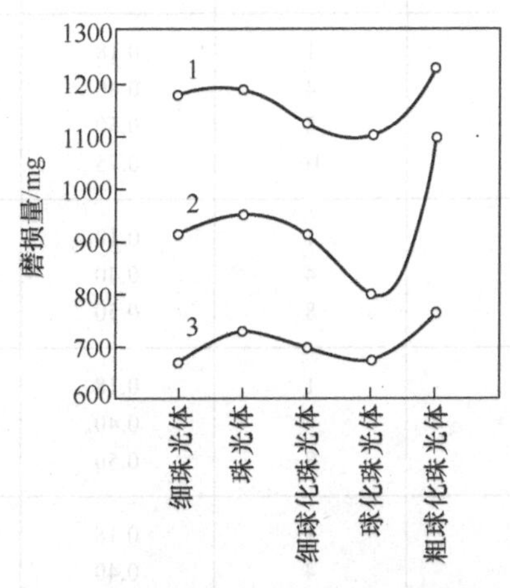

图 2-18　淬火的 GCr15 钢的耐磨性与原始组织和硬度的关系

1—61 ～ 62HRC　2—63HRC　3—64HRC

2.1.5　切削性能

GCr15 钢的切削性能如图 2-19 所示。当球化退火或冷拉状态下硬度在 183 ～ 241HBW 时，钢的相对平均加工指数为 40。GCr15 钢的车削参数见表 2-14。

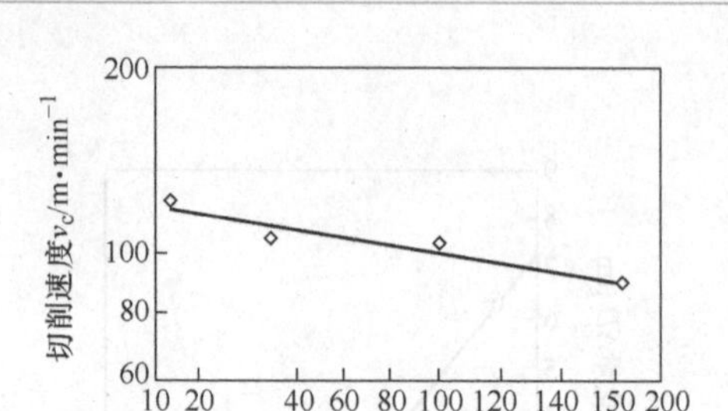

图 2-19　GCr15 钢切削性能

注：1. 试验用料尺寸为 ϕ80mm×1000mm，热处理球化退火组织。

2. 试验条件：C620 车床，高速钢车刀，进给量 S=0.1mm/r。

表 2-14　GCr15 钢的车削参数表

硬度范围 HBW	车削速度 /m·min^{-1}	车削深度 /mm	进给量 /mm·r^{-1}	刀具材料
175 ～ 225	37 27 21 17	1 4 8 16	0.18 0.40 0.50 0.75	高速工具钢，如 W18Cr4V1 等
225 ～ 275	30 24 18 14	1 4 8 16	0.18 0.40 0.50 0.75	高速工具钢，如 W18Cr4V1 等
275 ～ 325	24 18 14	1 4 8	0.18 0.40 0.50	高速工具钢，如 W18Cr4V1 等
325 ～ 375	17 14 9	1 4 8	0.18 0.40 0.50	高速工具钢，如 W18Cr4V1 等
375 ～ 425	14 11 8	1 4 8	0.18 0.40 0.50	高速工具钢，如 W18Cr4V1 等

2.1.6　影响轴承钢的力学性能和使用性能的因素

1. 碳对性能的影响

在高碳铬轴承钢中，碳溶于基体或以碳化物的形态存在。在涉及碳对性能的影响时，追溯以往的研究，多是将碳含量限制在标准范围附近变化为条件。因此长期以来一直没有搞清楚碳含量及其存在形态同接触疲劳寿命的定量关系。门间政三等人为了弄清楚这个问题，用一组碳的质量分数在 0.20% ～ 0.84% 的变化进行了 18 次试验，做了力学性能、疲劳寿命和磨耗试验。试验结果表明，淬火马氏体中碳的质量分数在 0.4% ～ 0.5% 时，疲劳寿命和力学性能最高（图 2-20 和图 2-21），而且马氏体中碳含量是影响疲劳寿命的最重要因素。试验钢经淬火和低温回火后，在没有碳化物相存在时，其硬度、耐磨性等，随基体碳含量增加而提高（图 2-22 和图 2-23）。而疲劳寿命压碎强度、抗拉强度等大体是在硬度 50 ～ 57HRC 时最高（图 2-24）。

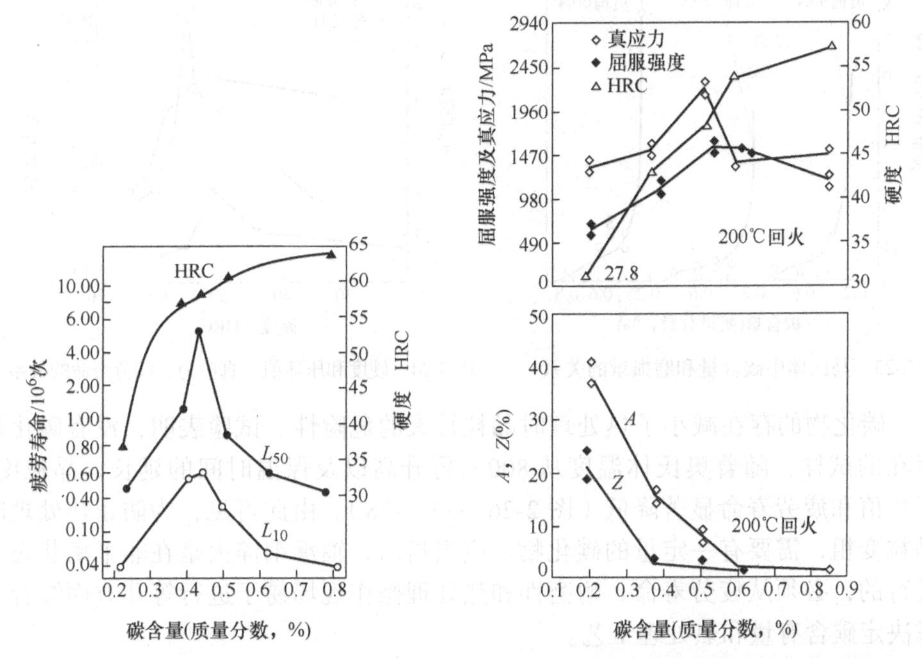

图 2-20　马氏体中碳含量和疲劳寿命的关系　　图 2-21　马氏体中碳含量和力学性能间的关系

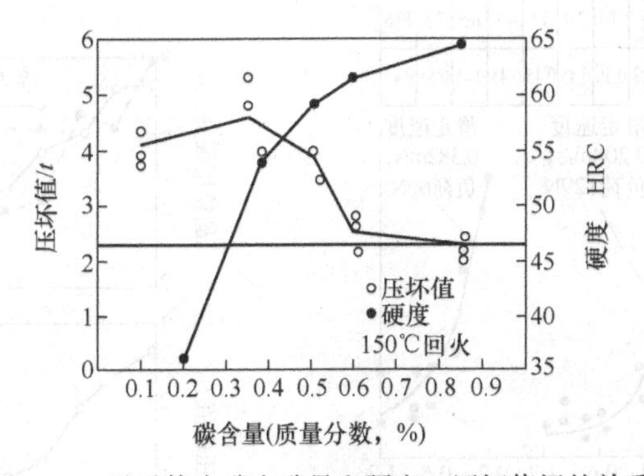

图 2-22　马氏体中碳含碳量和硬度、压坏值间的关系

（1）碳化物的影响　未溶碳化物可提高耐磨性。研究表明（图 2-25），钢中碳的质量分数从 0.2% 增加到 0.4% 左右时，比磨耗量急剧降低，这是由于马氏体中固溶碳增加，提高了耐磨性的结果。含碳量从 0.4% 增加 0.7% 时，比磨

耗量明显降低，应视为未溶碳化物的作用。但是应当指出，钢中未溶碳化物数量再继续增加，耐磨性变化就不大了。由此可见，为了保证轴承钢的耐磨性，有 3% ～ 5% 的未溶碳化物就足够了。这个结果与过去认为未溶碳化物量为 7% ～ 8% 时有最好寿命结果完全不同。

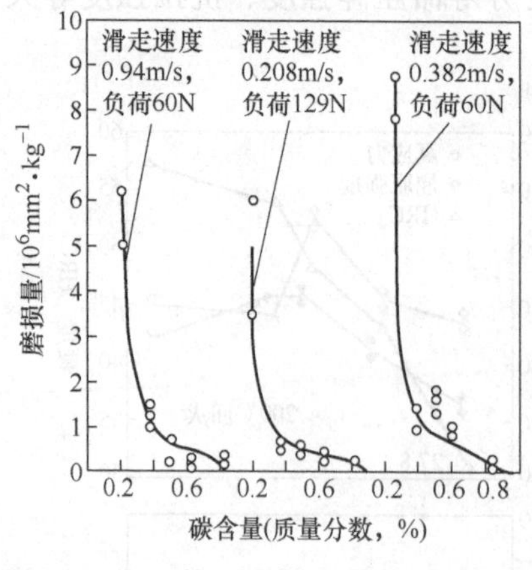

图 2-23　马氏体中碳含量和磨损量的关系

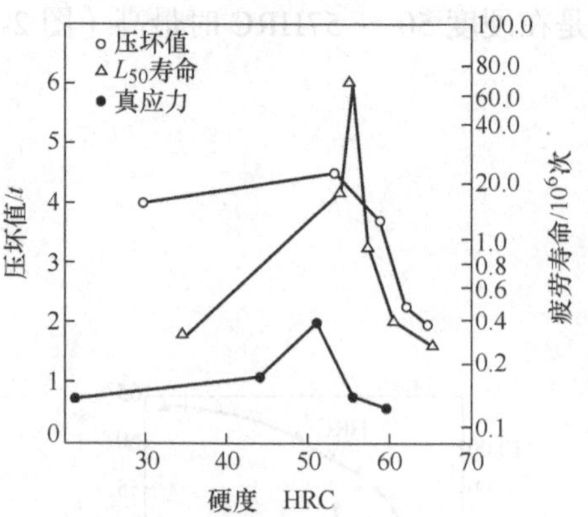

图 2-24　硬度和压坏值、真应力、疲劳寿命的关系

碳化物的存在减小了热处理时晶粒长大的危险性。试验表明，没有碳化物存在的试样，随着奥氏体温度从 800℃再升高以及保温时间的延长，晶粒度、压坏值和疲劳寿命显著降低（图 2-26 ～图 2-28）。由此可见，为防止热处理时晶粒变粗，需要有一定量的碳化物。应当指出，轴承钢淬火是在非平衡状态下进行的，必须从疲劳寿命、耐磨性和热处理操作现场易于进行等几方面综合考虑决定碳含有量和热处理工艺。

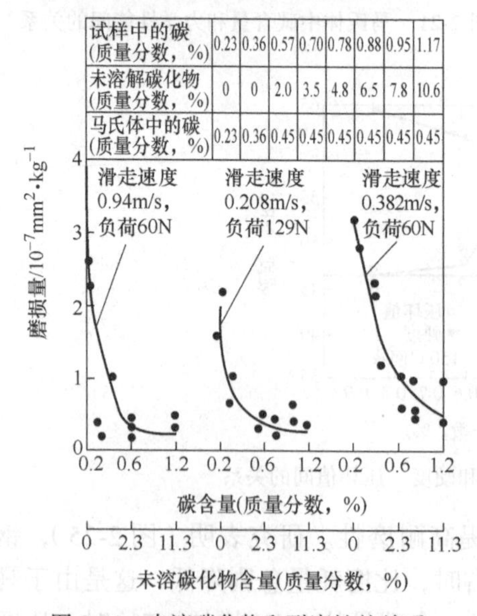

试样中的碳(质量分数，%)	0.23	0.36	0.57	0.70	0.78	0.88	0.95	1.17
未溶解碳化物(质量分数，%)	0	0	2.0	3.5	4.8	6.5	7.8	10.6
马氏体中的碳(质量分数，%)	0.23	0.36	0.45	0.45	0.45	0.45	0.45	0.45

图 2-25　未溶碳化物和耐磨性的关系

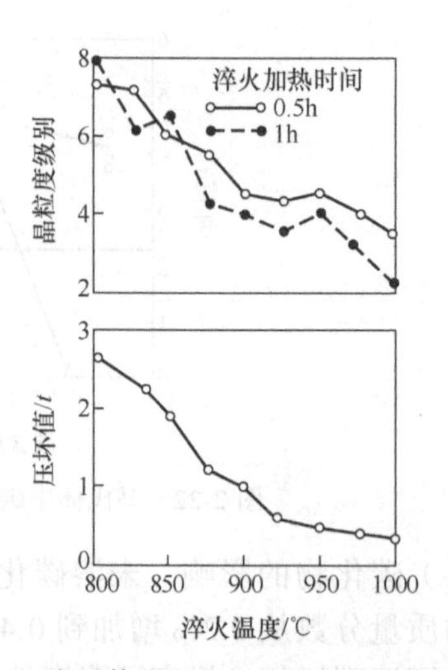

图 2-26　奥氏体化温度与晶粒和压坏值的关系

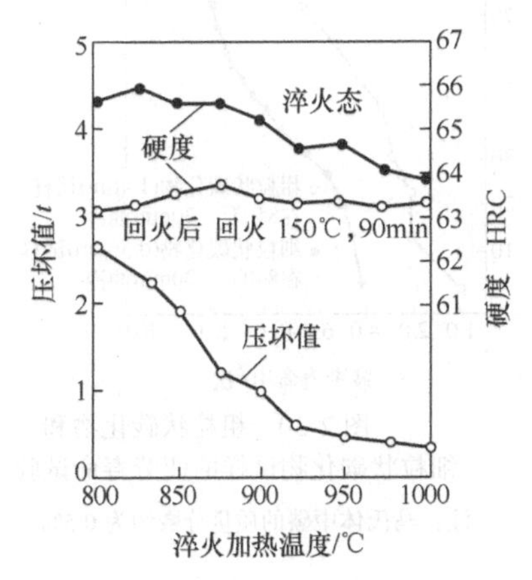

图 2-27 淬火加热温度与硬度和压坏值的关系

注：基体碳的质量分数为 0.78%。

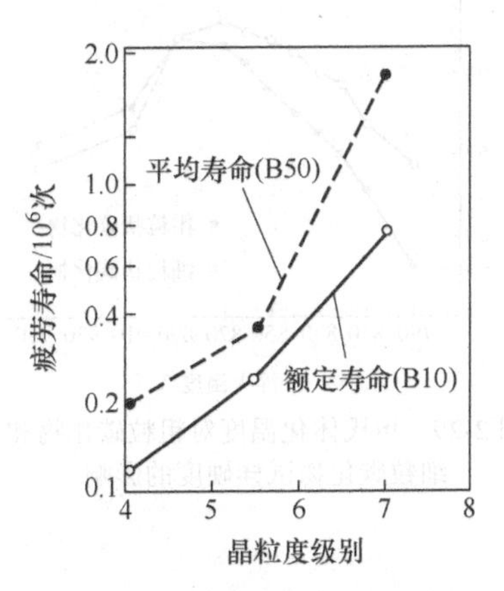

图 2-28 晶粒度与疲劳寿命的关系

注：基体碳的质量分数为 0.78%。

（2）碳化物粒度（粒径）及未溶碳化物量的影响 以一组碳的质量分数为 0.23% ～ 1.17% 的试样做 11 次试验，分别进行球化退火得到平均粒径为 1.4μm（粗粒状）和 0.56μm（细粒状）两种试验材料，并测定了淬火温度与硬度的关系。结果表明，在低淬火温度下，细粒状碳化物试验料的淬火硬度高于粗粒状碳化物试验料（图 2-29）。随着淬火温度的提高，两种碳化物的硬度差逐渐缩小。此外淬火温度在 800 ～ 850℃变化时，表明两种试验料要得到相同硬度值时，细粒状碳化物试验料的淬火温度要比粗粒状碳化物试验料约低 20℃。用碳的质量分数均为 0.95% 的粗粒状和细粒状碳化物的两组试验料进行疲劳寿命试验，结果表明（图 2-30），细粒状碳化物试验料的疲劳寿命明显高于粗粒状碳化物试验料，前者的疲劳寿命是后者 2.5 倍。

若把碳化物看作是缺陷之一，在碳化物与马氏体的界面部位，高碳浓度区可能产生应力集中，从而形成裂纹；加上轴承钢淬火是在非平衡的奥氏体化状态下进行的，因此在碳化物附近和较远的地方碳浓度必然有差异。碳化物粗大时，颗粒间距大，其间碳的浓度差也大。相反，碳化物颗粒细小时，颗粒间距小，其间碳的浓度差也大。碳化物颗粒间碳的浓度差异大，偏离最佳含量（0.5%）的程度也越大，碳浓度高的或低的地方疲劳寿命都低。这是粗粒状碳化物试验料疲劳寿命偏低的两个重要因素。粗粒和细粒碳化物在不同温度下淬火（淬火加热时间为 30min），经 150℃，90min 回火后，对硬度和压坏值的影响如图 2-31 所示。粗粒状和细粒状碳化物试验料在球化退火状态下两者的抗张强度与冲击韧性也有明显差异（见表 2-15）。

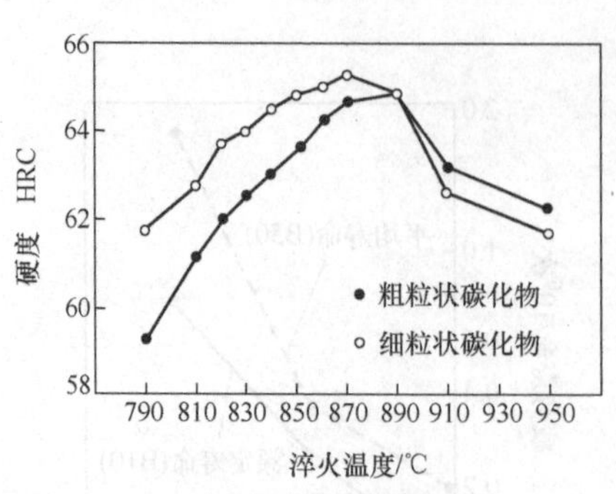

图 2-29 奥氏体化温度对粗粒碳化物和细粒碳化物试样硬度的影响

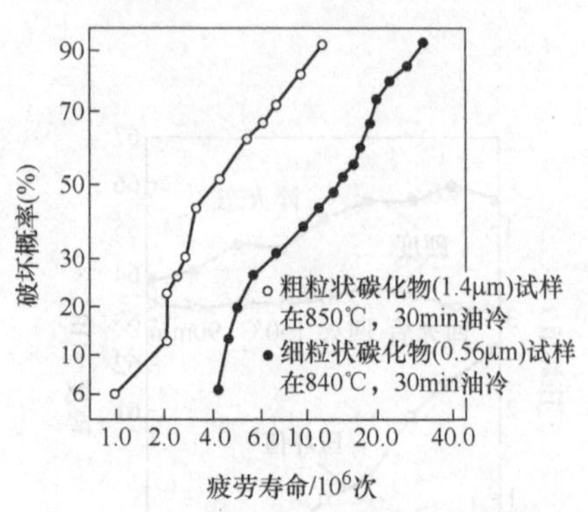

图 2-30 粗粒状碳化物和细粒状碳化物试样的疲劳寿命试验

注：马氏体中碳的质量分数约为 0.5%。

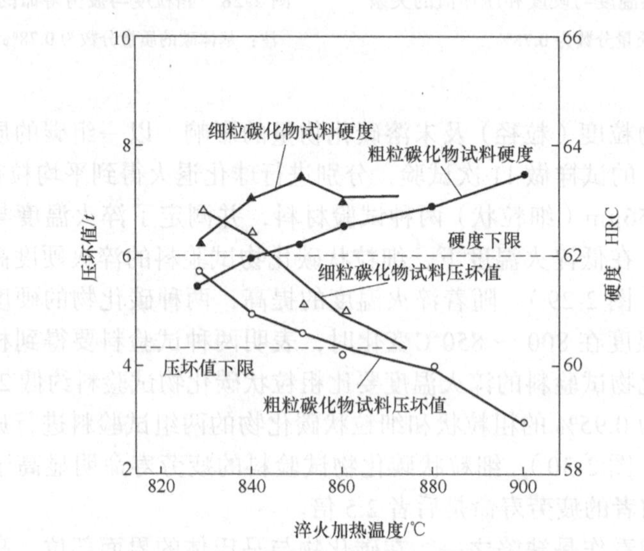

图 2-31 粗粒或细粒碳化物试料的淬火加热温度对硬度和压坏值的影响

表 2-15 粗粒状和细粒状碳化物试验料的力学性能

试验	粗粒试料		细粒试料	
	试料 1	试料 2	试料 1	试料 2
硬度 HBW	163	170	201	201
抗张强度 R_m/MPa	586	592	700	705
屈服点 R_{eL}/MPa	357	350	414	459
伸长率 A（%）	34.0	35.6	34.0	33.6
断面收缩率 Z（%）	61.4	60.5	64.9	64.9
冲击韧度 K/J	62	62	78	80

用碳的质量分数为 0.70% ～ 1.17% 的 5 组钢，研究未溶碳化物数量的影响。结果表明，在基体固溶碳的质量分数都约为 0.45% 的情况下，抗压强度随未溶碳化物数量增加而略有降低；洛氏硬度反而略有提高。未溶碳化物数量对疲劳寿命的影响如图 2-32 所示。可以看出，未溶碳化物的数量对疲劳寿命有明显的影响，未溶碳化物数量越多，其疲劳寿命最小值与最大值的差别越大。碳化物数量从 10.6% 减少到 3.5%，其寿命可分别提高 1.5 倍以上。然而以往却认为未溶碳化物量为 7% ～ 8% 时疲劳寿命最高。

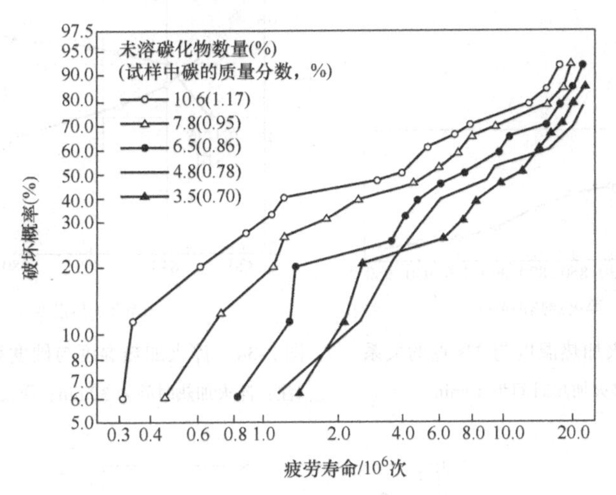

图 2-32　未溶碳化物数量对疲劳寿命的影响

2. 残留奥氏体对性能的影响

残留奥氏体含量对弹性极限、尺寸稳定性、接触疲劳寿命、开始塑性变形应力的影响见表 2-16。

表 2-16　残留奥氏体含量对弹性极限、尺寸稳定性、接触疲劳寿命、开始塑性变形应力的影响

序号	热处理工艺	硬度 HRC	残留奥氏体 (%)	弹性极限 E/MPa	开始塑性变形应力 /MPa	尺寸稳定性 /μm²・mm⁻¹
1	843℃×1/2h→淬入 32 ～ 38℃油中	58	0	848.3	2598.8	（7 ～ 18）×10^3
2	843 ℃×1/2h→淬入 32 ～ 38 ℃油中→-196 ℃×1/2h→121 ℃×1/2h×5 次回火	64	3.9	875.7	2569.3	（65 ～ 891）×10^3
3	843℃×1/2h→淬入 32 ～ 38℃油中→121℃×10h 回火	62	7.4	400.1	2039.8	（95 ～ 110）×10^3
4	843℃×1/2h→油淬 121℃×10h	62	—	247.1	—	—
5	843℃×1/2h→油淬→260℃×1h 回火	58	—	576.6	—	—
6	843℃×1/2h→-196℃×1/2h→121℃×1/2h×10 次回火	63	—	302.0	—	—
7	843℃×1/2h→260℃等温 1h	58	—	494.3	—	—

（1）奥氏体化温度和时间的影响　淬火加热温度和保温时间对高碳铬轴承钢的力学性能和使用性能有很重要的作用。淬火加热温度与 *Ms* 点、硬度和压坏值的关系，分别如图 2-33、图 2-34 所示，淬火加热时间与 *Ms* 点、硬度和压坏值的关系如图 2-35、图 2-36 所示。

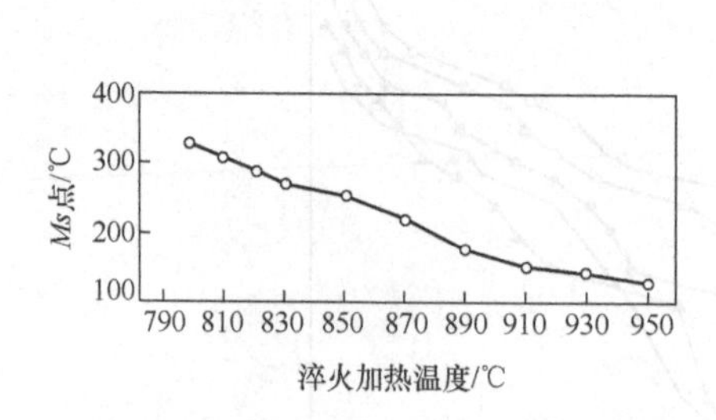

图 2-33　淬火加热温度与 *Ms* 点的关系

注：淬火加热时间为 30min。

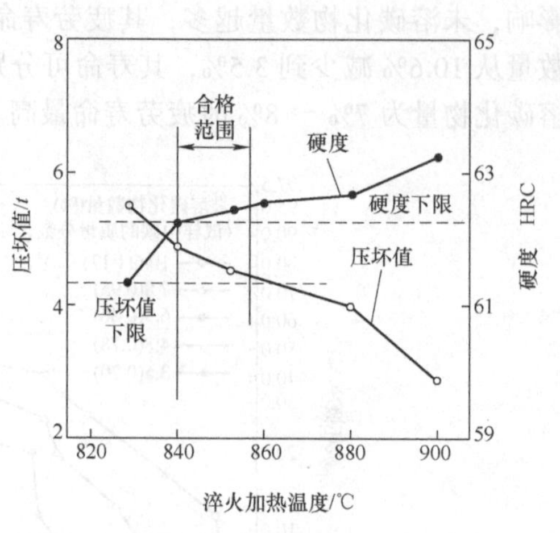

图 2-34　淬火加热温度与硬度和压坏值的关系

注：淬火加热时间为 30min；回火 150℃，90min。

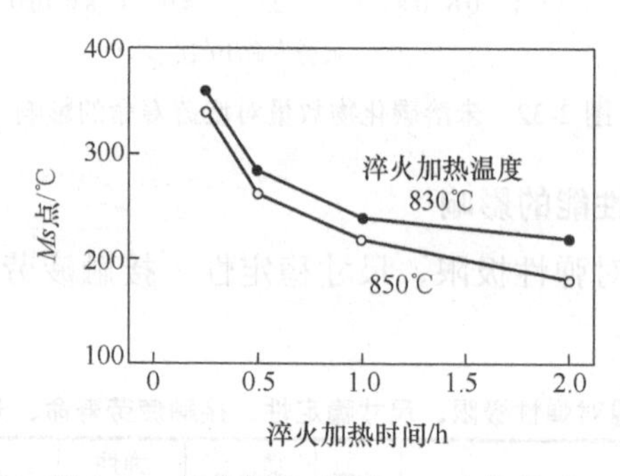

图 2-35　淬火加热时间与 *Ms* 点的关系

（2）回火温度对硬度的影响　GCr15 钢的回火温度、回火时间对硬度的影响如图 2-37 和图 2-38 所示。回火温度与硬度和压坏值的关系如图 2-39 所示。

（3）回火温度对力学性能的影响　GCr15 钢的回火温度对力学性能的影响如图 2-40 所示。

（4）冷处理对硬度的影响　GCr15 钢采用一般工艺淬火时，会有大量的残留奥氏体存在。若淬火后马上进行室温以下的冷处理（如：用 F-12、F-22 氟利昂、10kg/cm³ 高压缩空气、液氮等制冷方式），能使一定数量的残留奥氏体转变为马氏体。从试验数据可知，GCr15 钢经常规温度淬火后，马上进入 -180℃的液氮中保温 15min 的冷处理，测得的硬度如图 2-41 所示。

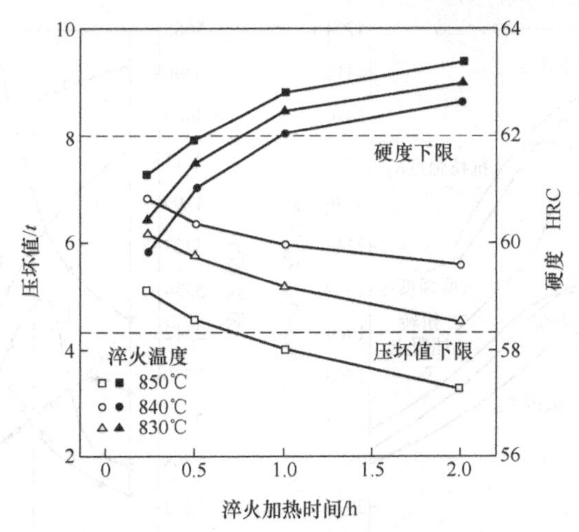

图 2-36　淬火加热时间与硬度和压坏值的关系

注：回火 150℃，90min。

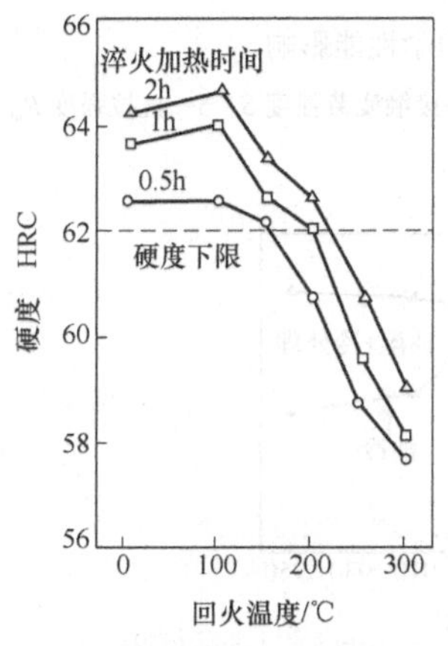

图 2-37　回火温度对硬度的影响

注：淬火加热温度为 850℃。

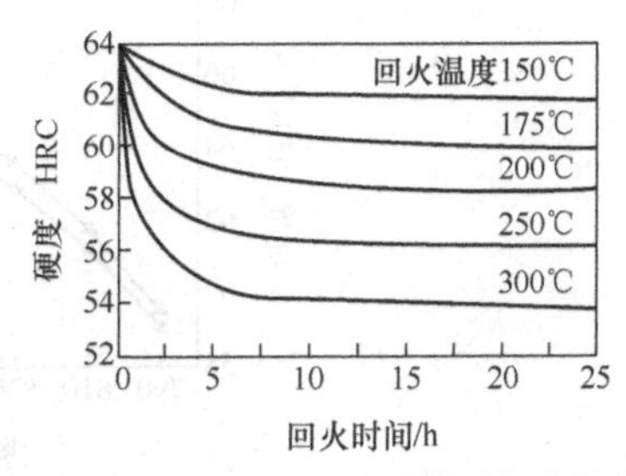

图 2-38　回火温度、回火时间对硬度的影响

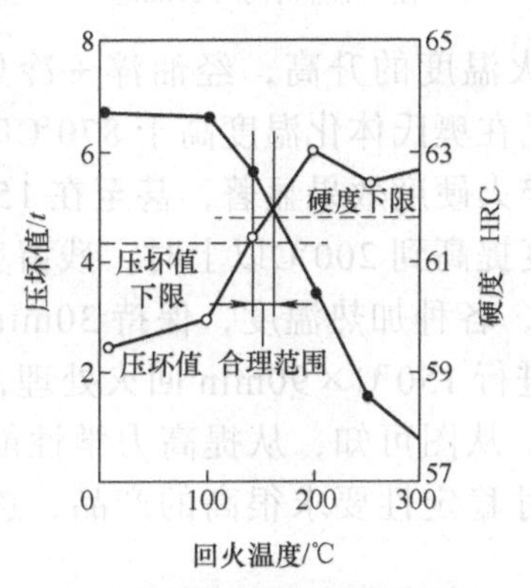

图 2-39　回火温度与硬度和压坏值的关系

注：淬火加热温度为 850℃。

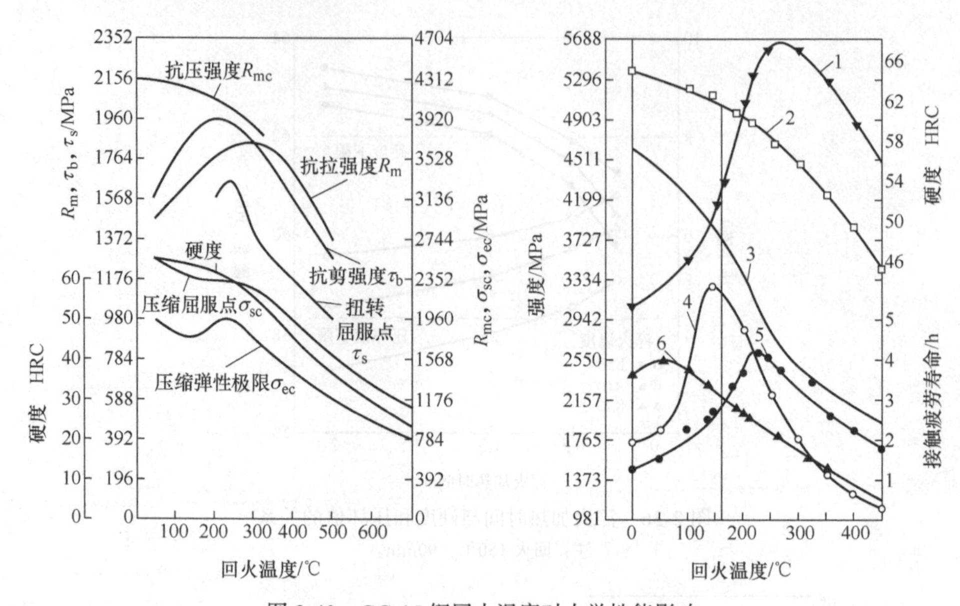

图 2-40 GCr15 钢回火温度对力学性能影响

1—弯曲强度 σ_{bb} 2—硬度 HRC 3—抗压强度 R_{mc} 4—接触疲劳强度 S 5—抗拉强度 R_m 6—抗剪强度 τ_b

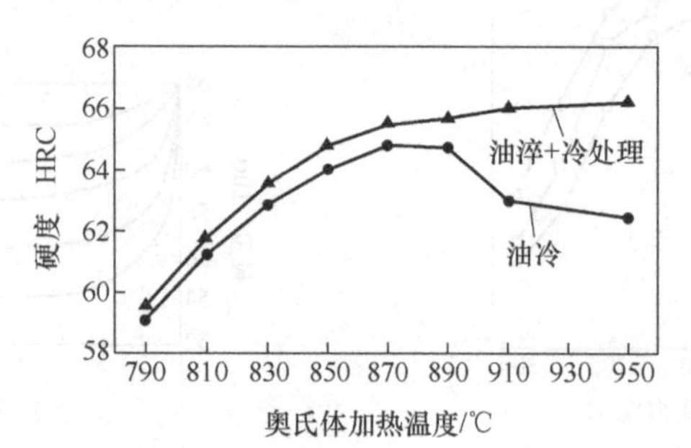

图 2-41 加热温度对油淬或油淬 + 冷处理后硬度的影响

注：加热时间为 30min。

由此可见，随着淬火温度的升高，经油淬 + 冷处理的与常规油淬相比，硬度差逐渐加大，特别是在奥氏体化温度高于 870℃时，冷处理促进残留奥氏体向马氏体转变，提高淬火硬度效果显著，甚至在 150℃低温回火后这种效果仍未消除，但把回火温度提高到 200℃以上时，残留奥氏体开始分解，硬度则降低了。如图 2-42 所示，各种加热温度，保持 30min 后直接油淬或经油淬后再经冷处理，然后再都进行 150℃×90min 回火处理，测得两组试样的压坏值与奥氏体化温度的关系。从图可知，从提高力学性能角度看冷处理与否意义不大。但是对于那些尺寸稳定性要求很高的产品，进行冷处理是必要而有效的措施。

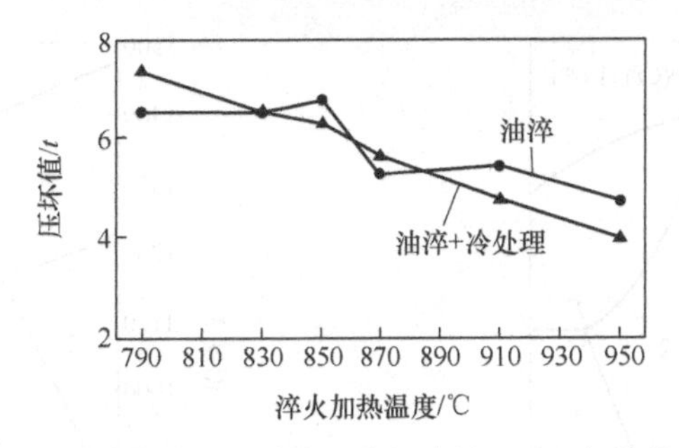

图 2-42　加热温度对油淬或油淬 + 冷处理后压坏值的比较

2.2　轴承钢的 Fe-Cr-C 相图

GCr15 轴承钢的 Fe-Cr-C 相图，根据文献介绍，在主要化学成分（质量分数 *w*）*w*（C）=0.95% ～ 1.05%，*w*（Cr）=1.30% ～ 1.65% 时从图 2-43 的相图分析 1% C 合金在缓慢加热与冷却过程中发生的组织转变。由于铬含量较低，该变温截面图形与 $Fe-Fe_3C$ 相图相近似。其中铬的影响除引起碳在奥氏体中的溶解度降低（共析点 *S* 的碳的质量分数降低到 0.65% 左右，碳的最大溶解度点 *E* 降至 1.5% 左右），从而导致奥氏体单相区缩小之外，主要使共析（共晶）温度由恒温水平线变为符合三元合金相律的一个温度范围，因此共析（共晶）的三相平衡转变是在一个温度区间进行的。应指出，对于三元相图，不能运用二元相图的直线法则与杠杆定来确定某一温度下平衡相的成分及其相对含量。在 Fe-Cr-C 三元合金中，随着碳与铬含量的增加，将出现三种类型碳化物：Me_3C、$Me_{23}C_6$、Me_7C_3。其中碳的质量分数为 6.67% 的属正交结构（Fe，Cr）$_3$C，碳的质量分数为 5.56% 的属正方结构（Fe，Cr）$_{23}C_6$，碳的质量分数为 9% 的属菱方结构（Fe，Cr）$_7C_3$，点阵中 Fe 与 Cr 可以相置换。许多研究表明，GCr15 钢中的碳化物属于渗碳体型（Fe，Cr）$_3$C。在 Fe-Cr-C 三元合金的成分三角形中，除通过上述垂直线截取两种恒定含铬量的（Fe-C 两组元）变温截面图，分析在缓慢变温过程中不同碳含量与各相区的变化关系之外，还可以垂直截取某一恒定碳含量的（Fe-Cr 两组元）变温截面图，图 2-44 所示为碳的质量分数为 1.0% 的垂直截面状态图。该图近似地反映了几种高碳铬轴承钢（GCr15）在缓慢加热与冷却过程中发生的组织转变情况。

某些高碳铬轴承钢在加入硅、锰合金元素后，它的多元状态图变得更复杂了。其中硅的作用是引起相变点 A_1、A_3、A_{cm} 升高，从而使状态图的 γ 区趋于封闭；锰的作用则引起点 *S* 左移，并使 A_1、A_3 下降、A_{cm} 升高，造成 γ 区扩大。钢中硅几乎全部融入固溶体中，而锰除一部分融入固溶体之外，其余则形成渗碳体型碳化物 (Fe，Cr，Mn)$_3$C。

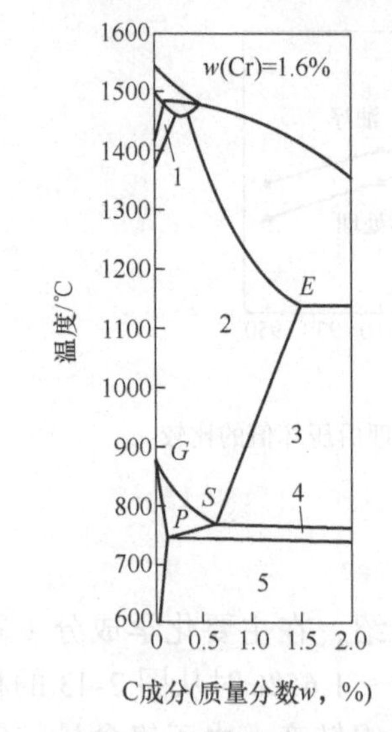

图 2-43 Fe-Cr-C 三元相图 1.6%Cr 垂直截面

1— α + γ 2— γ 3— γ +Me_3C

4— α + γ +Me_3C 5— α +Me_3C

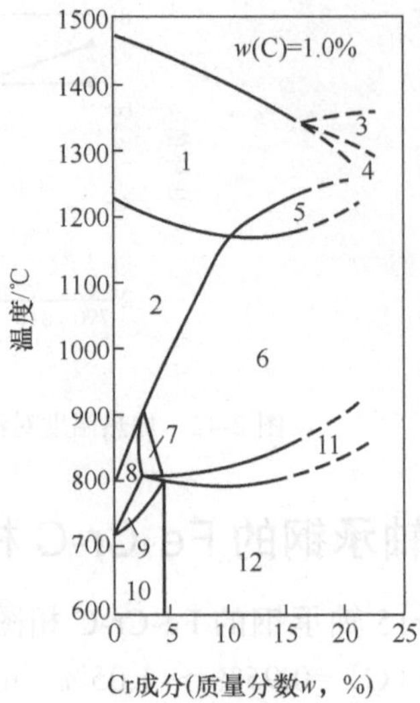

图 2-44 Fe-Cr-C 三元相图 1.0%C 的垂直截面

1—L+ γ 2— γ 3—L+ α 4—L+ α + γ

5—L+ γ +Me_7C 6— γ +Me_7C 7— γ +Me_3C+Me_7C_3

8— γ +Me_3C 9— α + γ +Me_3C 10— α +Me_3C

11— γ + α +Me_7C_3 12— α +Me_3C+Me_7C_3

2.3 轴承钢的马氏体转变、残留奥氏体转变和贝氏体转变

轴承钢的常规淬火指的是马氏体淬火，而有韧性要求的是指贝氏体淬火。

2.3.1 轴承钢的马氏体转变

马氏体转变始于淬火钢的过冷奥氏体在低温下所发生的无扩散性相变。早期曾将高碳钢淬火后获得的硬而脆的片状组织称为马氏体，如今有关马氏体及其转变的含义已相当广泛。长期以来人们对钢中的马氏体转变理论进行了大量的研究，尤其是 20 世纪 60 年代以来，随着电子显微技术的发展及其对马氏体微观结构的揭示，促进了对马氏体的成分、组织结构与性能之间，关系与变化规律的深入认识，从而为开拓钢强韧化热处理的新途径起到了重要指导作用。这里主要结合 GCr15 钢，简要介绍马氏体转变的基本特性和马氏体的组织形态。

1. 钢中马氏体的晶体结构

钢中的马氏体是碳在 α 铁中过饱和的固溶体，具有体心正方点阵。其中点阵常数 C/α 称为马氏体正方度。由于碳原子在马氏体点阵中的可能分布位置多为单胞的各棱边中央和面心等间隙处，故随着奥氏体含碳量的增加，马氏体的正方度相应提高，从而引起了点阵畸变。合金元素（与铁的原子半径相近）则置换点阵中的铁原子的位置并呈统计分布。马氏体的硬度主要取决于碳含量及其引起的点阵畸变程度，而与合金元素关系不大。此外，与奥氏体相比，马氏体具有较大的比体积，而且随马氏体碳含量的增加，其比体积不断增大。

2. 马氏体转变的主要特点

马氏体转变区别于其他相变的最基本的特点是无扩散和以共格切变方式实现的转变，即在 *Ms* 点以下低温、极快的转变速度和无扩散条件下，晶体点阵的重构是通过切变使其中原子发生集体的、有规则的近程迁动而完成的，并无成分的变化。

马氏体转变的晶体学特点是马氏体（α'）和奥氏体（γ）之间存在一定位向关系：$\{011\}\alpha' /\!/ \{111\}_\gamma$，$\langle 111\rangle \alpha' /\!/ \langle 101\rangle_\gamma$，而且马氏体是在母相奥氏体的一定晶面上开始形成的，该晶面称为惯习面。当奥氏体中碳的质量分数小于 0.60% 时，惯习面为（111）$_\gamma$，而当碳的质量分数在 0.60% ～ 1.4% 范围时，则惯习面为（225）$_\gamma$。由于马氏体与奥氏体界面保持严格关系，故实现切变转变时，试样磨光表面将产生浮凸现象。

马氏体转变是在一个温度范围内完成的。通常马氏体转变开始后必须不断降低温度，转变才能继续进行，若冷却中断，转变一般不再发生。显然马氏体转变量的增加，主要是通过降温时不断形成新的马氏体，并非依赖已形成马氏体的继续长大。因此变温马氏体的转变量取决于连续冷却所达到的温度 T_q 即由 *Ms* 点以下的深冷程度（$Ms-T_q$）所决定。提出了马氏体转变体积分数 f 和低于 *Ms* 点的过冷度 ΔT 之间关系的经验公式：

$$f=1-6.956\times10^{-15}(455-\Delta T)$$

该式适用于碳的质量分数接近 1% 的碳钢与低合金钢，但是当转变量超过 50% 时，计算值比实测值略大。

马氏体转变是在很大过冷度情况下发生的，其相变驱动力很大，同时由于切变过程中原子只需做小于一个原子间距的近程迁移，故要求的激活能很小，因此马氏体转变速度极快（一般在 10^{-7} ～ 10^{-4}s 内形成），以致对变温马氏体的成核长大过程的研究较为困难。然而上述条件说明了马氏体转变的非扩散性。

在一般的冷却情况下，马氏体转变开始温度 *Ms* 点与冷却速度关系不大，当进一步深冷至某一温度以下时，马氏体转变不再发生，该温度称为马氏体转变终了温度，以 *Mf* 点表示。实际上即使深冷至 *Mf* 点温度，仍不可能得到 100% 马氏体，所保留的少量未转变的奥氏体称为残留奥氏体，即在大量马氏体包围下，由于比体积增大产生的多向压应力的作用，从而阻止马氏体继续转变。显然当钢的 *Mf* 点在 0℃以下时（如 GCr15 钢常规加热淬火时，*Mf* 点约为 −70℃），通常淬火冷却至室温的显微组织中必将存在一定数量的残留奥氏体。

3. 等温马氏体的形成

GCr15 等高碳合金钢除主要以淬火降温形成马氏体之外，在一定条件下等温时也可以进一步获得马氏体，故称等温马氏体。徐祖耀院士将碳、铬的质量分数均为 1.4% 的钢于 1100℃奥氏体化（*Ms* 点约 112℃）后，再经 100℃等温 11.5h，形成了白色针状等温马氏体组织，如图 2-45 所示。

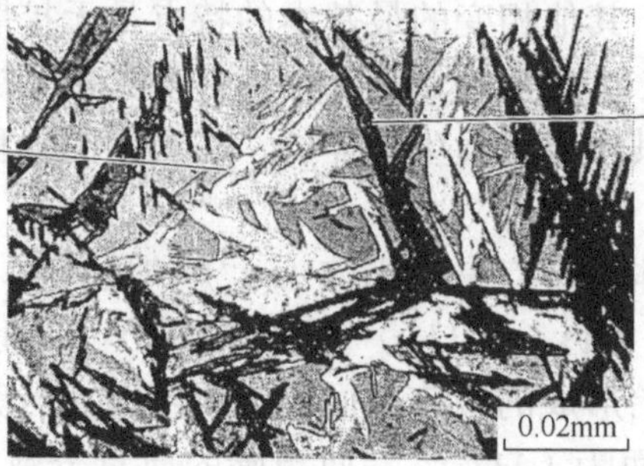

图 2-45　黑色针状淬火马氏体及白色针状等温马氏体（×600）

研究表明，等温马氏体的形成方式与残留奥氏体数量有关。当残留奥氏体较少时（<40%），等温马氏体主要是在已形成的变温马氏体基础上继续长大；而当残留奥氏体较多时（>50%），等温马氏体的形成则以残留奥氏体中重新形核的方式为主。马氏体的等温转变基本上难以进行到底，即完成一定转变量后自动停止。试验证明在达到等温转变温度之前，采用预冷的方法诱发少量马氏体，可以使等温转变一开始就具有较大的转变速度，以致不需要孕育期即可形成等温马氏体。由此说明预先存在的变温马氏体使等温马氏体受到催化。

椐徐佐仁等人的研究：GCr15 轴承钢在马氏体相变开始温度（*Ms*）以下不同温度进行等温淬火时，淬火组织由变温马氏体、贝氏体、过剩碳化物和残留奥氏体所组成。

马氏体等温淬火钢的力学性质，主要决定于贝氏体的形成先后和数量对淬火钢的强韧性所起的作用的大小。当等温温度越靠近 *Ms* 温度，先转变的变温马氏体越少，贝氏体通过分割随后转变的马氏体领域、细化马氏体条片所能获得的强韧性改善越显著。等温温度接近 *Mf* 奥氏体化温度时，先转变的变温马氏体量较多，而贝氏体（起分割、细化作用）随后转变为马氏体量较少，强韧性改善的效益趋于微弱。

通过显微组织的优选，创立了 220℃马氏体等温淬火新工艺，达到淬火钢的强度、塑性和韧性最佳配合。抗弯强度与抗拉强度均比普通淬火、回火处理的钢高一倍左右，冲击韧度提高近 5 倍，接触疲劳强度高近 40kg/mm²。使 GCr15 轴承钢的力学性能潜力得到较好的发挥，达到了新水平。

4. 影响 *Ms* 点的主要因素

淬火钢的马氏体开始转变温度（*Ms* 点）在热处理中具有重要意义。在影响 *Ms* 点的诸多因素中，加热时奥氏体的碳含量与合金元素含量的影响尤为突出。显然这些元素的含量与钢的化学成分以及奥氏体化加热时碳化物的溶解度有关。图 2-46 所示为碳含量对 *Ms* 点和 *Mf* 点的影响。可见，随钢中碳含量的增加，*Ms* 点和 *Mf* 点均不断降低，其中 *Ms* 点呈连续下降，而当碳的质量分数大于 0.6% 时，*Mf* 点则下降缓慢。

图 2-47 所示为 GCr15 钢在不同奥氏体化温度下测得的变温马氏体转变曲线，它反映不同成分的奥氏体，在其各自的 *Ms* 点（图中转变开始时对应的温度）以下降温过程中的马氏体转变量变化情况。其中当奥氏体温度由 850℃提高到 980℃时，由于奥氏体中碳与铬、锰等元素含量的增加，将导致 *Ms* 点明显降低（200℃→ 110℃），与此同时，马氏体转变曲线向低温方向移动。

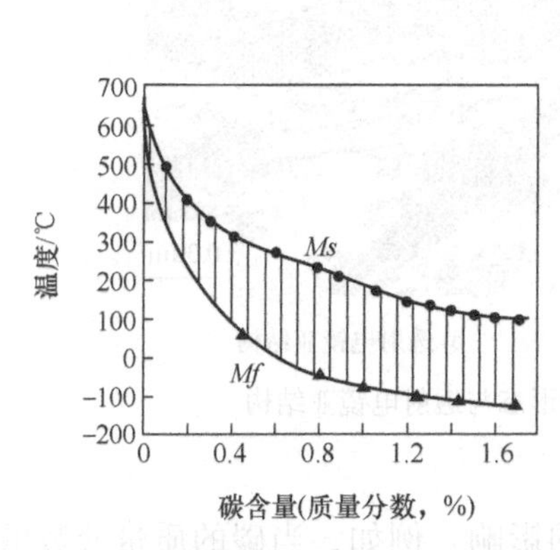

图 2-46　碳含量对 *Ms* 点与 *Mf* 点的影响

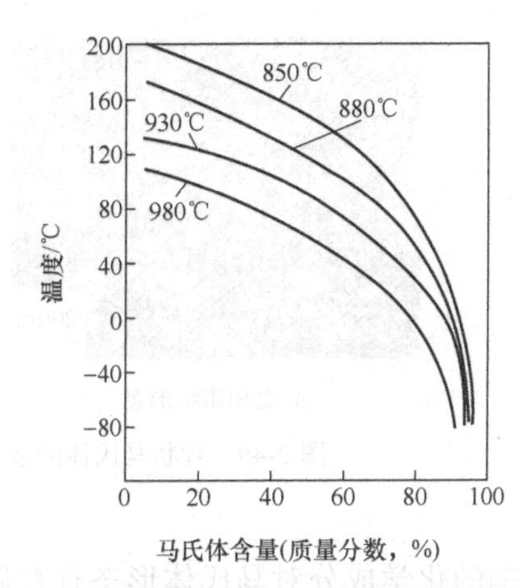

图 2-47　GCr15 钢在不同奥氏体化温度下测得的变温马氏体转变曲线

钢中常见的合金元素几乎均有使 *Ms* 点降低的作用，除铝、钴外，若同时加入几种合金元素，则综合效果较为复杂。在钢的碳含量较高情况下，铬、锰、钼等元素降低 *Ms* 点的作用增大，而提高含硅量，对 *Ms* 点的影响较小。

上述化学成分对 *Ms* 点的影响主要与它们对奥氏体的强化作用有关。强化效果越大，由于马氏体转变的切变阻力越大，故降低 *Ms* 点的作用越明显。一般认为凡降低 *Ms* 点的合金元素同样也使 *Mf* 点下降，但其作用微弱。

5. GCr15 钢中的马氏体组织形态

淬火钢中马氏体组织形态是热处理基础理论的重要组成部分，近年来曾有较大的进展。

钢中常见马氏体形态主要有低碳板条状马氏体和高碳片状马氏体。透射电镜分析表明，前者的亚结构以位错为主，后者则以孪晶为主，故又分别称为位错型马氏体和孪晶型马氏体。图 2-48 和图 2-49 所示分别为板条状马氏体和片状马氏体的金相组织与透射电镜亚结构。

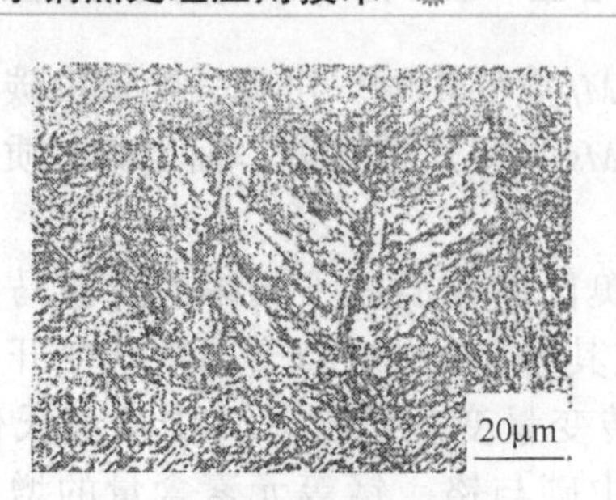

a) 金相组织形态

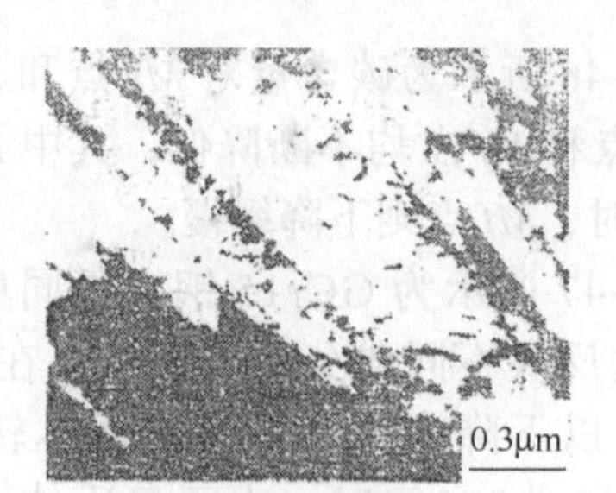

b) 透射电镜亚结构

图 2-48 板条状马氏体的金相组织形态与透射电镜亚结构

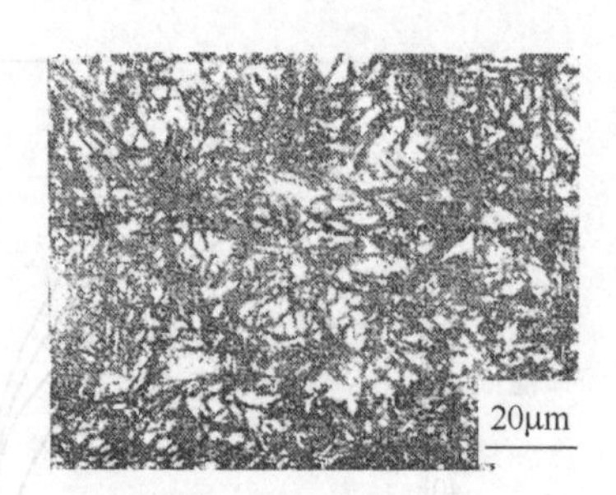

a) 金相组织形态

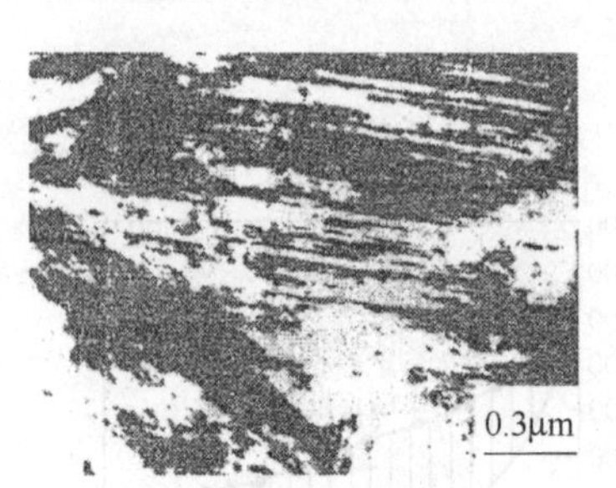

b) 透射电镜亚结构

图 2-49 片状马氏体的金相组织形态与透射电镜亚结构

钢的化学成分对马氏体形态有着显著的影响。例如，当碳的质量分数低于 0.3% 时，为板条状马氏体；当碳的质量分数在 1% ～ 1.4% 时，为片状马氏体；当碳的质量分数在 0.3% ～ 1.0% 时，则为两者共存的混合型马氏体。但是不同文献对此界限划定范围不一，这可能与试验所选冷却速度不同有关，即淬火速度增加时，形成孪晶马氏体的最小碳含降低。图 2-50 为碳含量对 *Ms* 点、板条状马氏体以及残留奥氏体量的综合影响。表 2-17 所列为板条状马氏体和片状马氏体的综合特征对比。

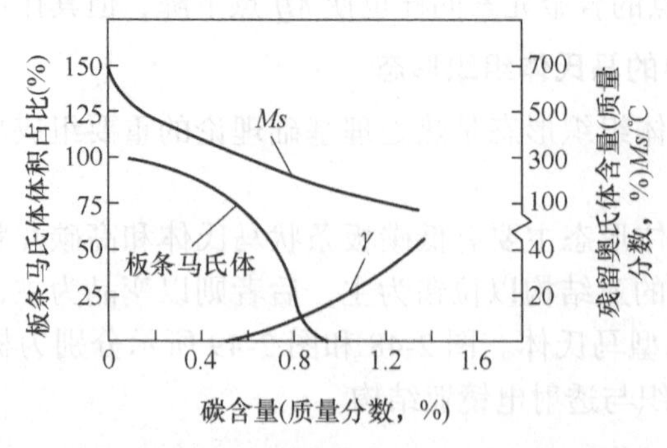

图 2-50 碳含量对 *Ms* 点、板条状马氏体以及残留奥氏体量的影响

表 2-17　板条状马氏体和片状马氏体的综合特征对比

<table>
<tr><th>特征</th><th>板条状马氏体</th><th>片状马氏体</th></tr>
<tr><td>惯习面</td><td>$(111)_\gamma$</td><td>$(225)_\gamma$</td></tr>
<tr><td>位向关系</td><td>$(111)_\gamma // (110)_\alpha$，
$[110]_\gamma // [111]_{\alpha'}$，$[211]_\gamma // [110]_{\alpha'}$</td><td>$(111)_\gamma // (110)_{\alpha'}$，$[110]_\gamma // [111]_{\alpha'}$</td></tr>
<tr><td>形成温度</td><td>Ms>350℃</td><td>$Ms \approx 200 \sim 100$℃</td></tr>
<tr><td>碳含量（质量分数，%）</td><td><0.3%</td><td>1%～1.4%</td></tr>
<tr><td>组织形态</td><td>板条束常自奥氏体晶界向晶内平行排列成群，板条宽多为 0.1～0.2μm，长<10μm，一个奥氏体晶粒包含几个板条群，板条束之间为小角晶界，板条群之间为大角晶界</td><td>呈凸透镜片状（或针状、竹叶状），中间稍厚。初生片厚长，横贯奥氏体晶粒，次生片相对初生片有所减小，各初生片交角较大，互相撞击有可能形成显微裂纹</td></tr>
<tr><td>亚结构</td><td>呈位错缠结网络，其密度随碳含量升高而增大，有时也可以见少量的细小孪晶</td><td>以中脊为中心组成细小的孪晶区，随 Ms 点降低，相变孪晶区增大。片的边缘部分可存在复杂的位错组列</td></tr>
<tr><td rowspan="2">形成过程</td><td colspan="2">降温形核，新的马氏体只在冷却过程中产生</td></tr>
<tr><td>长大速度较低，一个板条状马氏体的形成速度约为 10^{-4}s</td><td>长大速度较高，一个片状马氏体的形成速度约为 10^{-7}s</td></tr>
</table>

除上述两种最基本的马氏体形态外，由于合金成分的改变以及形成条件的不同，还存在以下形态的马氏体，如薄板状马氏体、蝶状马氏体、薄片状马氏体（ε′马氏体）等。图 2-51 所示为 Fe-Ni-C 合金中马氏体的金相组织形貌。图 2-52 所示为 GCr15 钢（球化退火状态）经常规淬火后碳含量与 Ms 点的关系。

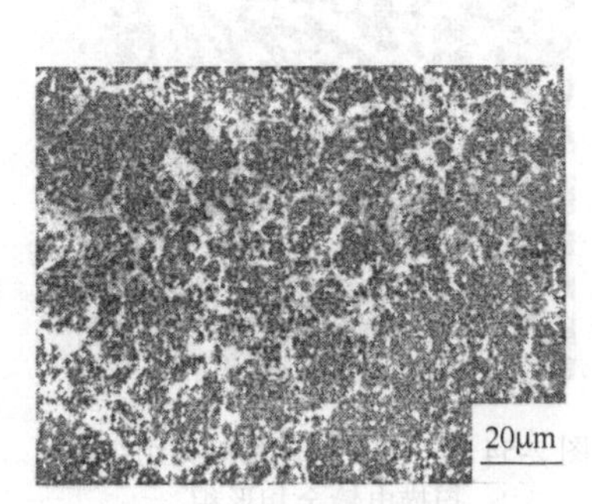

图 2-51　Fe-Ni-C 合金中马氏体的金相组织形貌

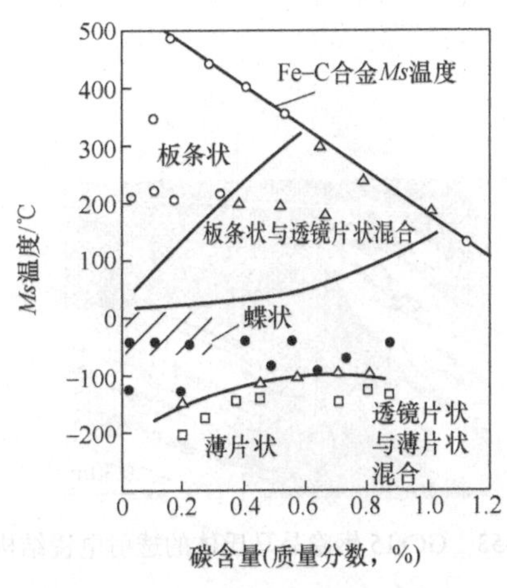

图 2-52　GCr15 钢（球化退火状态）经常规淬火后碳含量与 Ms 点的关系

（1）正常淬火后的显微组织中存在黑白区域的原因　在正常组织热处理检测标

准中，由于难以分辨马氏体的形态，以往多称为隐晶马氏体。有一时期有关隐晶马氏体的实质曾进行了研究。研究结果表明，GCr15 钢两相区常规淬火加热时（820 ～ 855℃），由于碳化物的不均匀溶解而使奥氏体晶粒内部碳铬浓度分布不均，导致各微区的 *Ms* 点不同。显然淬火过程中 *Ms* 点相同的一批马氏体，只能在其碳浓度相近的微区内形成，而不同浓度区中的马氏体，则分别在 *Ms* 点以下降温过程中不断形成，且彼此之间存在不可穿越性，因此最终获得的马氏体极为细化，以致难以分辨。通过透射电镜对亚结构的观察与分析表明，GCr15 钢中的所谓隐晶马氏体，实际上是由位错型马氏体和孪晶型马氏体组成的混合的组织（近期研究认为，该组织形态为枣核状马氏体），如图 2-53 所示。

随着淬火温度的提高，奥氏体的碳、铬浓度相应增加，淬火组织中位错型马氏体的数量不断减少，而孪晶型马氏体则相对增多。由于奥氏体晶粒内成分的均匀化和相近浓度微区的增大，故当加热温度偏高时，其局部将显露出片状马氏体的形态，即出现生产中判别淬火过热的组织。若加热温度超过 A_{cm} 并完成均匀化时，则可得到全部由粗大片状马氏体和残留奥氏体组成的淬火组织，如图 2-49a 所示。

关于 GCr15 钢正常淬火组织在普通金相组织形态中所显示的“黑白”不均的形貌特征，经扫描电镜金相观察表明，其中所谓“黑区”实际上是大量未溶碳化物密集所致（图 2-54），即两相区加热时由于碳化物的不均匀溶解，导致了淬火后的残留碳化物的不均匀分布。显然当原始组织中的粒状碳化物分散度较大或采用片状珠光体作为淬火前的预备组织时，这种不均匀形貌特征将得到明显的改善。

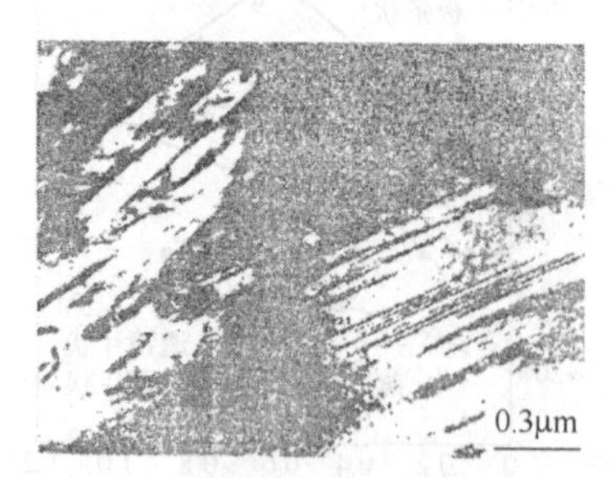

图 2-53 GCr15 钢隐晶马氏体的透射电镜结构

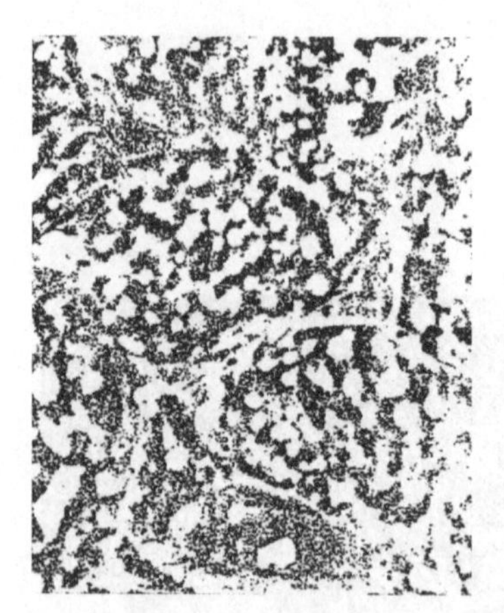

图 2-54 GCr15 钢正常淬火组织的扫描电镜金相形貌

GCr15 钢淬火过热组织中，首先在“白区”出现的片状马氏体（图 2-55），由此进一步说明，在未溶碳化物密集区相邻的“白区”，由于碳化物的溶解与相邻浓度微区的增大，故在其碳、铬含量较高的情况下，形成了片状高碳马氏体。

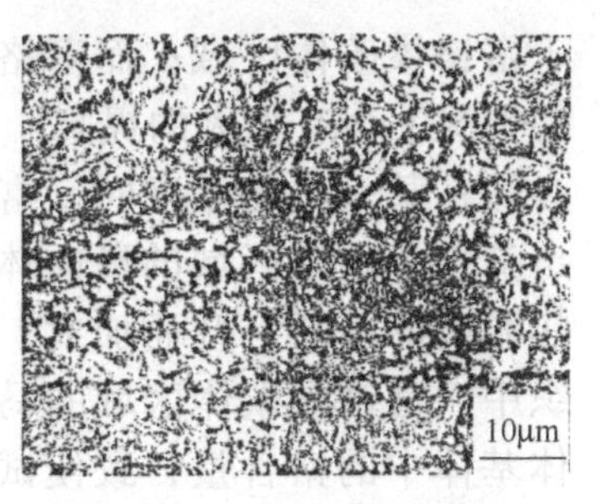

图2-55 GCr15钢淬火过热组织的扫描电镜金相形貌

对于正常淬火后的显微组织中的黑白区的成因：GCr15钢正常的淬火温度为830～860℃，奥氏体中溶解了质量分数为0.5%～0.6%的C、0.8%的Cr和7%～8%的未溶碳化物。由于铬的加入，组织中形成了稳定的（Fe，Cr)$_3$C合金渗碳体，而铬可以使合金渗碳体在淬火加热时溶解减慢，减小奥氏体的过热倾向。由于GCr15钢中合金渗碳体中存在铬含量的差异，必然造成渗碳体在加热过程中稳定性的差异。淬火加热时，那些尺寸较小的贫铬渗碳体最容易融入奥氏体中，而富铬渗碳体由于比较稳定难以溶解，存留较多。其结果是，在奥氏体化加热过程中，由于贫铬渗碳体的大量溶解，贫铬渗碳体区域的奥氏体基体中的碳、铬含量高于富铬渗碳体区域的奥氏体基体中的碳、铬含量。最终造成在淬火后形成的马氏体也是不均匀的，富铬渗碳体区域的奥氏体基体由于奥氏体中含碳、铬量较低，马氏体形成温度较高，以致形成的马氏体易接受回火，有自回火效果，故较易腐蚀，腐蚀后呈黑色。贫铬渗碳区域的奥氏体基体中由于含碳、铬量高，马氏体形成温度较低，不易接受回火，所以比较耐腐蚀，呈现白亮区域。

因此，在正常淬火情况下，GCr15钢淬火回火组织中的黑白区形貌的出现，是由于合金渗碳体中铬分布不均匀，以至造成碳化物稳定性的差异，导致不同区域在淬火加热过程中的奥氏体基体中，碳、铬含量的差，故淬火后的显微组织常由黑白相间的两种马氏体区域所组成。黑区（含碳量低的马氏体）出现在富铬渗碳区域，白区（含碳高的马氏体）出现在贫铬渗碳区域。黑区中的碳化物颗粒大又多；白区中的碳化物颗粒小又少。同时，正常淬火情况下的黑、白区马氏体的组织在一般光学显微镜下无法观察到马氏体的晶粒，属于隐晶马氏体（或细针马氏体）。

（2）过热淬火情况下的明暗相间的带状组织　在GCr15钢出现过热淬火情况下，经常可以在纵截面上见到明暗间的带状组织。其亮区的未溶碳化物比暗区多，同时带状组织中明、暗区中的宽度比例随温度的升高及保温时间的延长而改变，过热越多，保温时间越长，则亮区越宽，暗区越窄。同时马氏体形态也会由隐晶马氏体逐步过渡到粗针状马氏体，残留奥氏体大量增加。

在温度超出正常温度下淬火时，GCr15钢组织中的碳化物会更多地溶解，富铬渗碳体也会更多地得到溶解。这样，随着温度的提高，富铬与贫铬渗碳体区域的奥氏体基体中的碳、铬含量都会进一步增加。不过，这里需要说明的是，与正常加热相比较，在过热情况下贫铬渗碳体区域的奥氏体基体中的碳、铬含量的进一步增加会很小，因为贫铬渗碳体区域的总体碳、铬含量低于富铬渗碳体区域；而富铬渗碳体区域的奥氏体基体中的碳、铬含量在过热的情况下会有很大的提高。这样随着过热温度的上升，富铬渗碳体不断溶解，必然在某一过热温度时，富铬渗碳体区域的奥氏体基体中的碳、铬含量会超出贫铬渗碳体区域的奥氏体基体中的碳、铬含量。其中铬的超出量会随着过热温度的不断上升而加大，两区域甚至可以相差40%，因此在这种马氏体组织中，富铬渗碳体区域的马氏体基体中的铬含量大于贫铬渗碳体区域的马氏体基体中的铬含量，致使试样在腐蚀时，低铬区先被腐蚀，而高铬区域不易被腐蚀，故在光学显微镜下其显微组织呈现明暗相间的带状组织。其中明亮的区域是原富铬渗碳体区域，暗区则是贫铬渗碳体区域。碳化物多的区域始终是富铬渗碳体区域，只是该区域在正常淬火温度或过热温度下淬火表现不同而已。

GCr15钢正常淬火组织中的黑、白区域及过热淬火组织中的明、暗区也会有带状组织，实际上都是与钢中碳、铬元素分布的不均匀性（由于存在不同含铬量的合金渗碳体的偏聚或带状组织）有关，只是在不同淬火温度下的表现不同。因此在实际生产中只要避免过热淬火，就可以避免带状组织的出现；同时，如果能够进一步消除或减轻碳、铬在原材料中分布不均匀的现象，就可以获得更好的最终组织及性能。

（3）特定条件下的蝶状马氏体组织　试验研究表明，在某些特定条件下，发现轴承中存在蝶状马氏体组织。而且随着碳含量的增加、奥氏体化温度增高以及冷却速度降低，形成蝶状马氏体的倾向相应增大。图2-56所示为GCr15钢经激光表面熔凝处理后，在熔凝区与过热区边界附近出现的蝶状马氏体。分析表明，在激光处理时，由于试样表面黑化涂料的增碳作用（熔凝区碳的质量分数为1.52%～2.75%），使该区存在大量高碳残留奥氏体，并在应力作用下形成了蝶状马氏体。图2-56中不仅明显可见有两个叶片构成张角约70°的孤立型大蝶状马氏体，而且也有张角约130°的密集型小蝶状马氏体群，此外还显示了局部熔凝区的亚共晶组织。

6. 轴承钢中的片状马氏体组织中的显微裂纹

高碳钢淬火时若加热温度过高，容易在片状马氏体内部产生显微裂纹。以往曾认为该裂纹可能与因马氏体相比体积较大而引起的微观应力有关。进一步深入研究表明，主要是由于先期形成的粗大马氏体相互碰撞导致。图2-57所示为GCr15钢1100℃控制淬火时出现的显微裂纹。图中明显可见，粗大片状马氏体形成时，其相互撞击部位的显微裂纹。马氏体形成显微裂纹的倾向主要受马氏体转变量、马氏体片长度以及马氏体中碳含量等诸因素的影响。其中先期形成的粗大片状马氏体由于彼此间夹角较大，碰撞机会较多，最易产生显微裂纹。而板条状马氏体本身脆性较小，且彼此多呈平行束，撞击机会较小，故很少出现显微裂纹。淬火钢中显微裂纹的产生无疑将引起性能的恶化，因此对于 GCr15 钢，采用常规淬火获得隐晶马氏体组织，可以避免显微裂纹的出现。

图 2-56 GCr15 钢中出现的蝶状马氏体

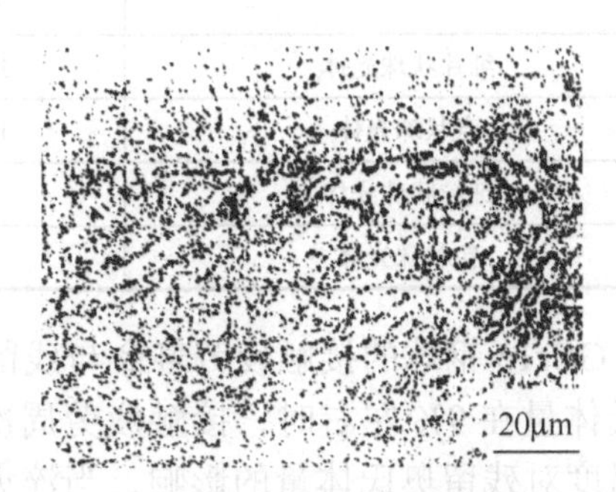

图 2-57 GCr15 钢 1100℃控制淬火时出现的显微裂纹

2.3.2 轴承钢中的残留奥氏体及其稳定性

1. 轴承钢中的残留奥氏体

高碳淬火钢在室温组织中难免含有一定数量的残留奥氏体。残留奥氏体量主要取决于淬火前奥氏体化温度。表 2-18 所列为 GCr15 钢与 GCr15SiMn 钢在不同奥氏体温度以及淬火冷却至不同温度时的残留奥氏体数据。

表 2-18 GCr15 钢和 GCr15SiMn 钢中的残留奥氏体量

材料	奥氏体化温度 /℃	冷至下列温度（℃）后的残留奥氏体量（质量分数，%）				
		+20	0	−10	−70	−196
GCr15	840	12	10	9	6	3.5
	880	14	12	10	7	4.5
	980	32	25	22	12	8
GCr15SiMn	840	14	12	10	7	5
	880	18	15	13	8	6
	980	45	35	30	16	12

当原始组织中碳化物细化时，同样由于提高了奥氏体中碳与合金元素的含量（使 *Ms* 点降低），而引起淬火后残留奥氏体数量的增加，见表 2-19。一般认为，淬火钢中残留奥氏体量的增加将使其强度与硬度降低。作为塑性的残留奥氏体，由于对延缓裂纹扩展和改变扩展途径具有一定作用，因而有利于改善断裂韧性。但是残留奥氏体毕竟是一种介稳相，经时效将转变为比体积较大的马氏体，从而因钢件体积胀大引起精度变化。

表 2-19　GCr15 钢与 GCr15SiMn 钢原始组织对残留奥氏体的影响

淬火前珠光体组织类型	残留奥氏体含量（质量分数，%）	
	GCr15	GCr15SiMn
细片状珠光体	16 ～ 18	20 ～ 22
点状珠光体	12 ～ 14	16 ～ 18
细粒状珠光体	—	12 ～ 14
粒状珠光体	7 ～ 8	—

GCr15 钢球的接触疲劳寿命与残留奥氏体量的关系如图 2-58 所示。当残留奥氏体量在 9% 左右时，接触疲劳周次 γ 达最大值。图中还反映淬火冷却介质的温度对残留奥氏体量的影响，当淬火冷却介质温度在 55℃时，残留奥氏体量最多，即说明淬火过程中不同温度下停留时，残留奥氏体的稳定性有所不同。

2. 轴承钢中奥氏体的热稳定化

淬火时因缓慢冷却或在淬火过程中停留引起奥氏体稳定性提高，从而引起马氏体转变迟滞的现象，称为奥氏体热稳定化。在 *Ms* 点以下连续冷却时随着温度降低，马氏体转变量不断增加。但是若在淬火过程中于某温度下停留一定时间后继续冷却，则马氏体转变并不立即开始，而要冷至 *Ms* 温度方开始重新形马氏体，并使最终得到的马氏体量有所减少，如图 2-59 所示。

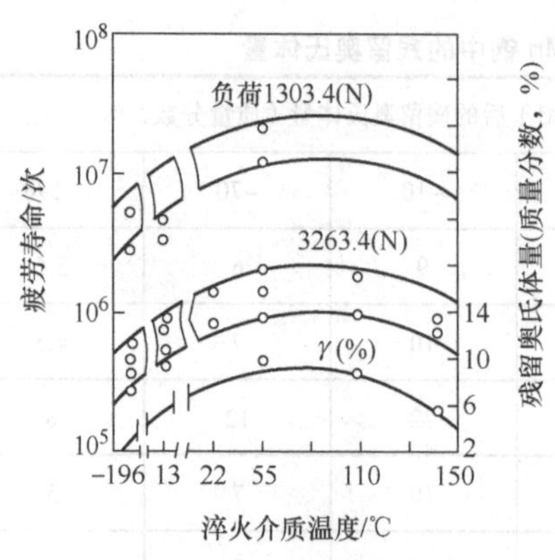

图 2-58　GCr15 钢球的接触疲劳寿命与残留奥氏体量

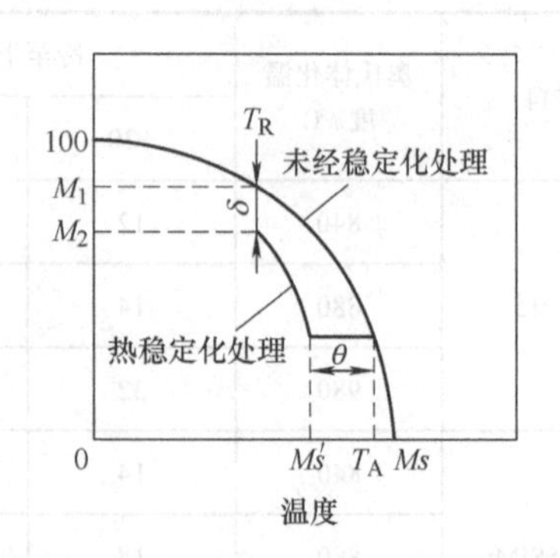

图 2-59　奥氏体热稳定化现象的示意图

其中奥氏体稳定化的程度通常由马氏体转滞后温度间隔（$\theta=T_A-Ms$）表示，也可用减少的这部分马氏体量（$\delta=M_1-M_2$）度量。显然 *Ms′* 点越低或 θ 越大，则奥氏体的稳定性越大。研究表明，热稳定化现象存在一个上限温度 *Mc* 点，即淬火过程中只有在 *Mc* 点以下停留或缓冷时才会引起奥氏体的热稳定化。不同钢种的 *Mc* 点有可能低于或高于 *Ms* 点，因而对于某些 *Mc* 点大于 *Ms* 点的钢，即使在 *Ms* 点以上等温也会产生热稳定化现象。表 2-20 所列为 GCr15 钢的奥氏体热稳定化试验结果。

在影响热稳定化的主要因素中，已转变马氏体的数量具有重要作用。通常在淬火过程中奥氏体的热稳定化程度随已形成马氏体数量的增多而增大，即说明马氏体形成时对周围奥氏体的机械作用，提高了热稳定程度。此外，在 *Mc* 点以下等温停留时间对热稳定化程度也有明显的影响。在一定的等温温度下，保持的时间越长，则达到奥氏体稳定化程度越大。而等温温度越高，达到最大稳定化程度所需要时间则越短。即奥氏体热稳定化过程符合动力学一般规律。

表 2-20 GCr15 钢奥氏体的热稳定化试验结果

加热温度 /℃	*Ms* /℃	*Mc* /℃	热稳定化程度	停留温度 /℃							
				115	105	94	82	71	60	49	38
844	202	127	*θ*/℃	6	16	28	44	100	—	—	—
			Ar/%	2	3	5	7	8	—	—	—
927	140	90	*θ*/℃	—	—	—	6	20	36	58	—
			Ar/%	—	—	—	2	7	11	15	—
1040	115	80	*θ*/℃	—	—	—	—	5	12	22	36
			Ar/%	—	—	—	—	2	5	7	10

Mc 点以下缓慢冷却相当于许多小的等温阶梯的叠加，因而同样具有奥氏体稳定化作用。例如 850℃奥氏化的 GCr15 钢在水、煤油、机油等冷却能力不同的介质中淬火后，相应的残留奥氏体量分别为 8%、10%、14%。此外淬火件截面尺寸的增大，也具有同样作用。例如，GCr15SiMn 钢经 820℃、850℃、870℃淬火时，试样直径为 6 ～ 8mm 的残留奥氏体量，分别为 11.5%、15%、19%；若试样直径增至 50mm，则残留奥氏体分别提高为 15%、19%、20%。由于奥氏体的上述热稳定化性质，当 GCr15 钢淬火后室温长时间停放时，将削弱冷处理的效果。最后应指出，为了提高精密制件的尺寸稳定性，采取减少残留奥氏稳定性体或增加稳定性对策（稳定化处理）具有重要意义。

2.3.3 轴承钢的贝氏体转变

由于贝氏体组织具有综合力学性能，随着等温淬火应用的不断扩大以及贝氏体钢的开发，有关贝氏体转变的研究日趋深入。其中一些问题曾长期存在争议，而关于贝氏体的转变机制，至今仍有共格切变与台阶扩散两种理论分歧。

1. 轴承钢中的贝氏体转变基本特征

钢中的贝氏体转变作为 A_1–*Ms* 点之间的一种中温转变，兼有扩散型转变和非扩散型转变的特性。该转变的基本特征简介如下：

钢中贝氏体既可在一定温度范围内等温形成，也可在某一冷速范围连续转变。贝氏体转变需要一定的孕育期，并通过领先相铁素体的形核与长大以及碳化物的析出完成。共格切变理论认为，由于贝氏体转变在试样表面有浮凸现象发生，故多认为贝氏体铁素体可能以共格切变方式长大，但其转变速率受碳原子扩散所控制而很缓慢，所以与马氏体转变不同。另一种台阶扩散理论则认为，从热力学角度推断，由于相变驱动力较小，尚不足以引起切变位移式转变，因而至少在较高温度下形成贝氏体可能以台阶机制长大。贝氏体转变有一个上限温度 *Bs*，故过冷奥氏体必须冷却至 *BS* 以下方开始形成贝氏体。一般情况下，贝氏体具有转变不完全性，因此，室温下往往形成贝氏体－珠光体或贝氏体－马氏体－残留奥氏体等混合组织。贝氏体中的碳化物分布形态随形成温度不同而异。较高温度形成的上贝氏体，其碳化物一般是从母项奥氏体中直接析出的，并分布在条状铁素体之间；较低温度形成的下贝氏体，其碳化物是从过饱和铁素体中析出的，并在针状铁素体内呈一定位向弥散分布。当形成温度在 *Bs* 点附近时，某些低、中碳钢也可能产生不含碳化物的无碳化物贝氏体。贝氏体转变时铁与合金元素不发生扩散，碳原子的扩散对转变起控制作用。上贝氏体转变速度取决于碳在 α-Fe 中的扩散速度。所以影响碳原子扩散的因素均将改变贝氏体形成速度。贝氏体中的铁素体有一定惯习面，并与母相奥氏体保持一定的晶学位向关系。上贝氏体的惯习面为 $(111)_{\gamma}$，下贝氏体的惯习面一般为 $(225)_{\gamma}$。

2. 轴承钢中的贝氏体组织形态

轴承钢中的贝氏体组织，除具有上贝氏体和下贝氏体两种典型形态外，由于化学成分与热处理条件等不同，先后发现无碳化物贝氏体、粒状贝氏体、柱状贝氏体以及反常贝氏体等。有人根据上贝氏体组织的不同形态进一步将其划分为Ⅰ、Ⅱ、Ⅲ类（即 $B_{Ⅰ}$、$B_{Ⅱ}$、$B_{Ⅲ}$）。图 2-60 所示为轴承钢中各种贝氏体形成范围的示意图。其结合 GCr15 钢分析上下贝氏体两种组织形态的特点。

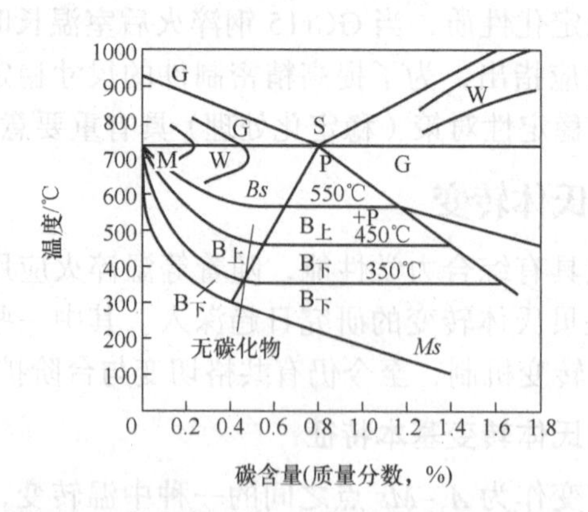

图 2-60　轴承钢中各种贝氏体形成范围示意图

（1）轴承钢的上贝氏体　轴承钢中典型的上贝氏体形态为成簇的平行条（片）状铁素体和分布其间的短杆状不连续碳化物组成的混合组织。多在奥氏体晶界成核，并自晶界一侧或两侧向晶界内长大。在光学显微镜下，其整体形如羽毛状，故常称为羽毛状贝氏体。图 2-61 所示为透射电镜下观察的上贝氏体组织（暗视场），可见在条状铁素体之间分布的杆状碳化物（黑色杆状）。若试样进一步减薄，则可发现铁素体存在位错缠结形态，如图 2-62 所示。一般情况下，随着钢中碳含量的增加与转变温度的降低，上贝氏体中条状铁素体变薄而密集，碳化物数量增多而细密，因而其组织更易腐蚀。

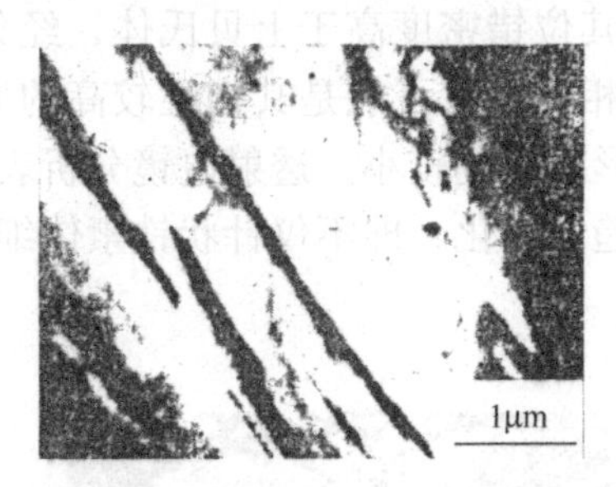

图 2-61　上贝氏体的透射电镜组织（暗视场）

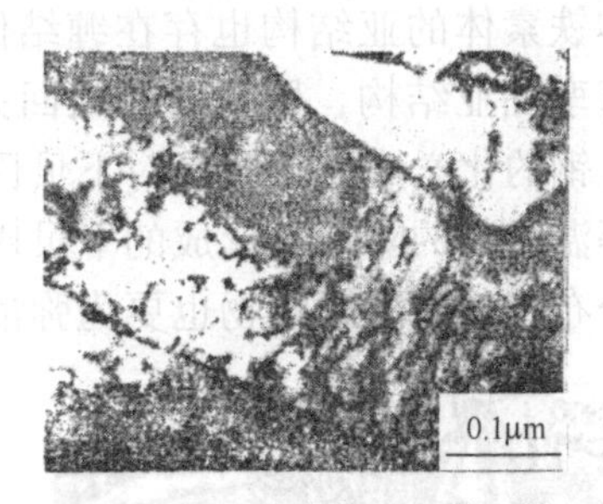

图 2-62　上贝氏铁素体的透射电镜组织（试样减薄后）

GCr15 钢中的上贝氏体组织形态如图 2-63 所示（1050℃奥氏体化，于 450℃等温 5min 后空冷）。其中明显可见上贝氏体长大过程中的羽毛状形貌。图中细小黑针状物为等温后的缓冷过程形成的下贝氏体，而基体则为马氏体和残留奥氏体。应指出，当上贝氏体转变量较多时，在光学显微镜下往往与屈氏体组织难以区别。此时若转变产物与奥氏体间有相当平滑的交界面，即为屈氏体（图 2-64）；若交界面呈锯齿形或针状，则为上贝氏体。

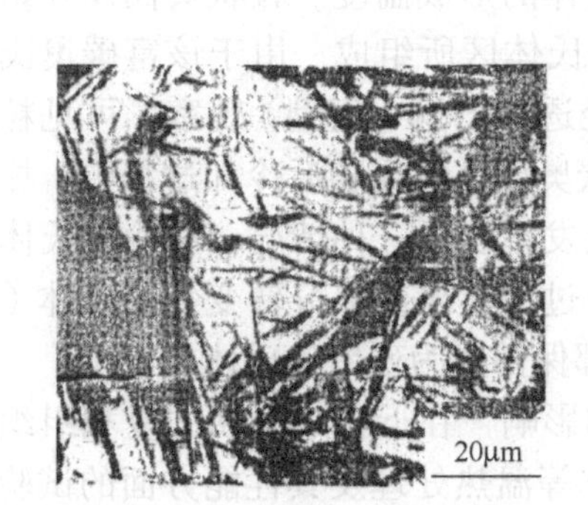

图 2-63　GCr15 钢中的上贝氏体组织形态

图 2-64　GCr15 钢中的屈氏体组织形态

注：基体为淬火组织，屈氏体在 1050℃奥氏体化，上贝氏体等温条件下形成。

（2）轴承钢中的下贝氏体　轴承钢中的下贝氏体组织形态多为针状，彼此间有一定交角并以分枝形式分布。在下贝氏体形成过程中，虽优先于奥氏体晶界上形核，但通常多见于奥氏体晶粒内部。由于两相组织的易腐蚀性，在光学显微镜下呈暗黑色，故往往与片状回火马氏体混合难以区别。GCr15 钢中的下贝氏体组织形态如图 2-65 所示（1050℃奥氏体化，300℃等温 30min 后水冷）。其透射电镜组织形态如图 2-66 所示。其中明显可见分布于针状铁素体中的碳化物呈细片状（等温时间较长时可呈细粒状），并与轴向成 55°～60° 角分布。下贝氏体铁素体的亚结构也存在缠结位错，且其位错密度高于上贝氏体，经分析发现有孪晶亚结构，因而与片状回火马氏体相比，有可能是其韧性较高的原因之一。钢的化学成分等因素对下贝氏体组织形态影响较小。透射电镜分析表明，随着等温温度的降低，形成的下贝氏体组织趋于细化，即不仅针状铁素体细小，而且分布于其中的碳化物也更为弥散。

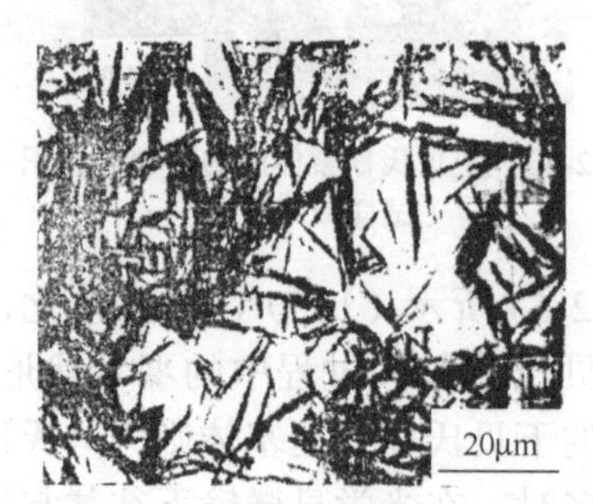

图 2-65　GCr15 钢的下贝氏体

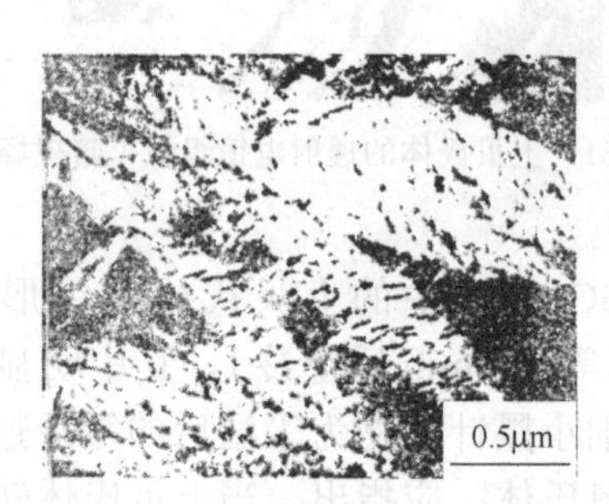

图 2-66　下贝氏体的透射电镜组织形态

注：基体均为淬火组织。

顺便指出，一段时期中有关粒状贝氏体的研究一度倍受关注，甚至曾出现一些争议。这种贝氏体主要是低、中碳合金钢以一定的速度连续冷却或在一定温度范围内等温捕获得的，如在正火热轧空冷或在焊缝热影响区中均可发现粒状贝氏体。其形成温度一般稍高于上贝氏体的形成温度。粒状贝氏体开始形成时，是由块状（等轴状）铁素体和富碳奥氏体区所组成。由于该富碳奥氏体区一般呈颗粒状，因而得名粒状贝氏体。经透射电镜（复型）观察，可见粒状（岛状）或短杆状物分布在铁素体之中。富碳奥氏体区在随后冷却过程中，根据冷却条件及过冷奥氏体稳定性的不同，可能发生以下三种情况：过冷奥氏体部分或全部分解为铁素体与碳化物的混合物，过冷奥氏体部分转变为马氏体（故岛状物是由“M-A”组成），过冷奥氏体全部保留成为残留奥氏体。

（3）不同温度等温处理对贝氏体转变的影响　在近年来发展的复相组织强韧化工艺中，有关 GCr15 钢马氏体－贝氏体等温热处理及其性能方面的试验研究已取得一定进展，同时对 *Ms* 点附近不同温度的贝氏体转变动力学也进行了相应的研究。显然，了解过冷奥氏体在不同温度等温时对贝氏体转变的影响，有其实际指导意义。

1）在 *Bs* 点以上温度等温时的影响。过冷奥氏体在 *Bs* 点以上温度停留时，理论上不应对随后贝氏体转变发生影响。但是在 W18Cr4V 钢中发现，于 500℃以上温度停留时，具有加速较低温度贝氏体转变的作用。其主要原因可能与碳化物析出而降低了奥氏体中碳、合金元素的浓度有关。

2）在贝氏体转变区域上部温度等温时的影响。当过冷奥氏体在 *Bs* 以下较高温度停留或部分发生转变时，将会降低随后在较低温度的贝氏体转变程度。如 37CrMnSi 钢在 350℃等温处理时。最终贝氏体转变量为 73%；若预先经 400℃等温 17min（约形成 36% 贝氏体），随后再转移到 350℃，则最终贝氏体的转变量降至 65%，这可能与未转变奥氏体稳定性的增大有关。

3）在 *Ms* 点附近等温时的影响。预先在较低温度部分发生下贝氏体转变或形成少量马氏体，均将加速随后在较高温度下的贝氏体转变。例如，GCr15 钢 *Ms* 点以下预转变马氏体的存在，将使回温 450℃等温贝氏体的转变速度增加近 15 倍；而预先在 300℃等温形成部分贝氏体，则可使 450℃进行贝氏体转变速度增加 6 ～ 7 倍。分析认为，该现象可能与预转变组织引起的应变促发形核，从而加速贝氏体转变有关。

为了考察 GCr15 钢 *Ms* 点附近等温过程中贝氏体的相变行为，采用磁性法测定了 240℃、220℃、200℃和 180℃等温时的贝氏体转变动力学曲线，如图 2-67 所示。根据试验数据测定的贝氏体转变曲线如图 2-68 所示。分析表明，当等温温度低于 *Ms*（235℃）时，过冷奥氏体发生转变的动力学曲线起始阶段出现了不同高度的平台，即等温转变开始时，过冷奥氏体首先迅速形成变温马氏体，并随着等温温度的降低，曲线的平台相应增高，说明变温马氏体数量不断增多。经过一定等温时间后，图 2-67 中各曲线呈缓慢上升变化，即表明已开始发生贝氏体转变。图 2-69 为 GCr15 钢 850℃奥氏体化后，在 220℃等温 30min 所获得的马氏体和下贝氏体复合组织（尚有一定数量的残余碳化物和残留奥氏体）的金相组织形态及透射电镜组织形态。由于测定技术或分辨精度所限，未能发现等温马氏体。

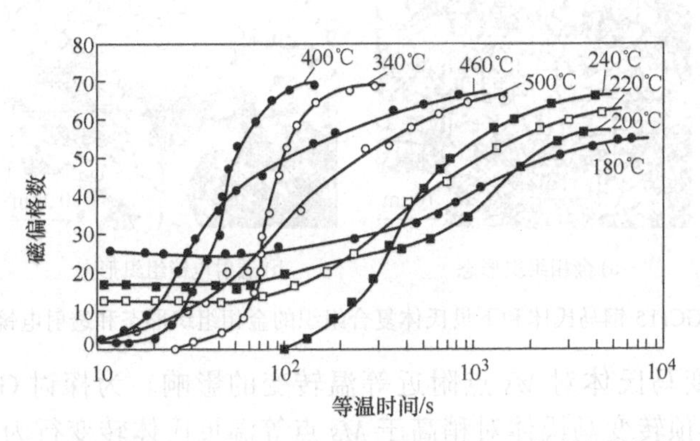

图 2-67　GCr15 钢 850℃奥氏体化的贝氏体转变动力学曲线

4）GCr15 钢 *Ms* 点以下的贝氏体等温转变。近年来在 GCr15 钢 *Ms* 点以下等温淬火的相变过程、显微组织与力学性能关系的试验研究中，提出了220℃马氏体等温淬火的强韧化工艺，即经845℃奥氏体化后，于Ms点（235℃）以下220℃等温淬火，在控制马氏体和贝氏体复相组织的情况下，钢的强度、塑性与韧性可以得到最佳配合。

有关Ms点以下贝氏体的开始转变曲线及其所反映的孕育期变化规律，是一个引人注目的问题。图2-68表明，随着Ms点以下等温温度的降低，贝氏体转变的孕育期开始不断缩短，且在200℃左右达到最小值；而进一步降低温度，则孕育期又逐渐增长。显然，上述变化与Ms点以下预转变马氏体所引起的应变作用有关，即在等温温度下降和预转变马氏体数量增加的条件下，由于过冷奥氏体所受应变促发作用增大，加速了贝氏体中α相的形核，从而使其孕育期大为缩短。但是当温度继续下降、预转变马氏体量过多时，受到其分割与包围的剩余奥氏体，周围的多向复杂应力作用以及碳原子扩散更为困难，可能成为推迟贝氏体转变的原因。

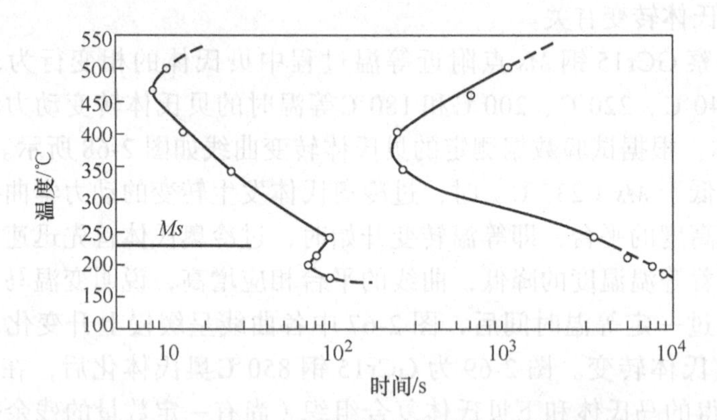

图2-68　GCr15钢850℃奥氏体化的贝氏体等温转变曲线

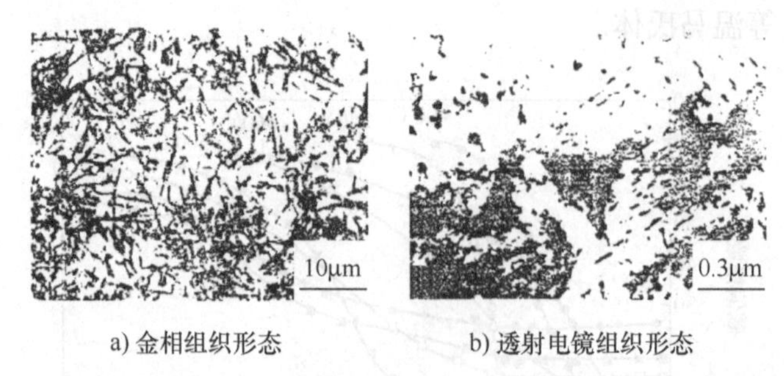

a) 金相组织形态　　b) 透射电镜组织形态

图2-69　GCr15钢马氏体和下贝氏体复合组织的金相组织形态和透射电镜组织形态

5）预转变马氏体对Ms点附近等温转变的影响。为探讨GCr15钢Ms点以下不同温度预转变马氏体对稍高于Ms点等温贝氏体转变行为的影响，曾进行以下研究：试样经850℃奥氏体化后（Ms=235℃）分别选取220℃、200℃、180℃、150℃和120℃不同温度预淬火，并随即回温240℃贝氏体等温处理。

图 2-70 所示为根据上述工艺试验工艺采用膨胀法测定的动力学转变曲线。其中，各曲线起始部分的平台高度，表示了不同温度预转变马氏体的质量分数；通过各曲线上的标定点而连接起来的虚线，则表示不同含量预转变马氏体对 240℃等温贝氏体转变孕育期的影响规律。研究结果表明，通过 *Ms* 点以下不同温度预淬火，可显著影响较低温度的等温贝氏体转变孕育期。当预淬火温度为 200℃预转变马氏体量为 33% 时（经公式估算），回温 240℃的等温贝氏体转变孕育期最短，即应变促发效果最大。而当预淬温度过低、预转变马氏体量过多时，将推迟贝氏体转变。

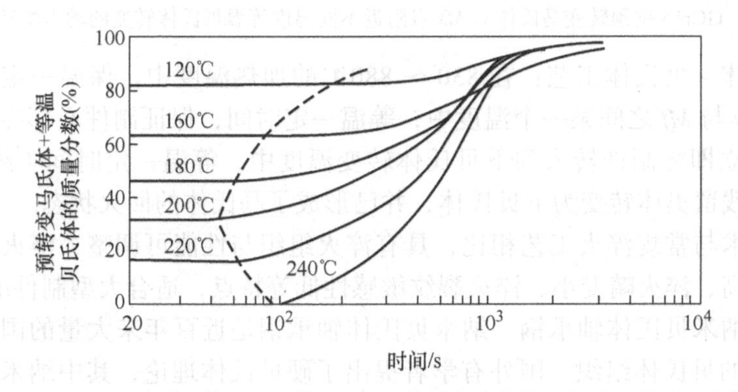

图 2-70　GCr15 钢预转变马氏体对 240℃等温贝氏体转变的动力学转变曲线

图 2-71 所示为 GCr15 钢 850℃奥氏体化后经 120℃×5min 预热后随即分别在 200℃、220℃和 240℃不同温度下测定的等温贝氏体转变动力学曲线（膨胀法）。其中可见，在预转变马氏体数量相同情况下，不同温度等温时贝氏体转变的孕育期存在较大的差异。例如，在 200℃等温时孕育期约为 2×10^3s，而 240℃等温则约为 3×10^2s，即缩短近一个数量级。分析表明，该试验结果可能与大量预转变马氏体在随即回温和等温过程中所发生的回火现象有关。由于等温温度越高，受碳扩散控制的回火效应越大，故前述过量转变马氏体对等温贝氏体形成的阻碍作用会相应减弱。

近年来综合利用马氏体与贝氏体的优育性，研究人员开发了贝氏体 – 马氏体和马氏体 – 贝氏体复合淬火工艺。

贝氏体 – 马氏体工艺：将奥氏体化的轴承钢放入盐浴中先发生贝氏体转变，等转变量达到一定数量后，再冷却到 *Ms* 温度以下，使剩余未转变的奥氏体继续转变为马氏体，最后组织为下贝氏体 + 马氏体 + 少量残留奥氏体和未溶碳化物。该组织结构中由于先发生下贝氏体转变，后期的马氏体相变过程中对下贝氏体组织产生了强化作用，同时下贝氏体和残留奥氏体组织也起到了一定的强化功能，因此该复相组织的强韧性优异。

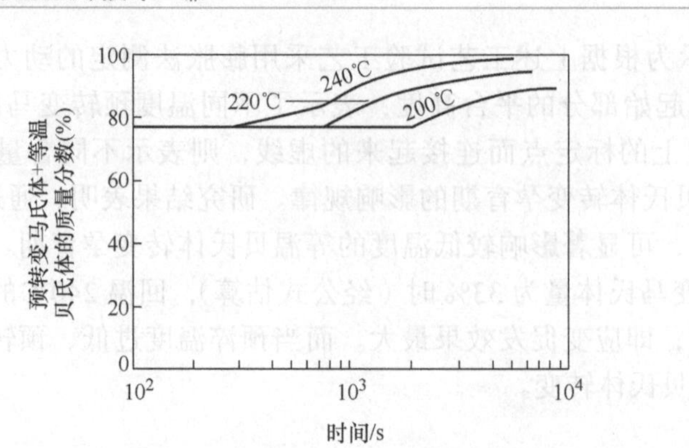

图 2-71　GCr15 钢预转变马氏体对 *Ms* 点附近不同温度等温贝氏体转变的动力学转变曲线

马氏体–贝氏体工艺：在 830 ～ 880℃的加热温度中，保温一定时间，然后淬入 *Ms* 与 *Mf* 之间某一个温度中，等温一定时间，保证制件心部冷却到设定温度后，立即将制件转入到下贝氏体转变温度中，等温一定时间（约 4h），使制件内的残留奥体转变为下贝氏体，并已形成了马氏体的回火状态。

该技术与常规淬火工艺相比，具有淬火组织与性能可调整、淬火组织与尺寸稳定性高、淬火畸变小、淬火裂纹敏感性低等特点，适合大型制件的热处理。

（4）纳米贝氏体轴承钢　纳米贝氏体轴承钢是近百年来大量的国内外学者不断探索的贝氏体组织，国外有学者提出了硬贝氏体理论，其中纳米贝氏体钢的化学成分见表 2-21。

表 2-21　纳米贝氏体钢的化学成分　（%）

化学成分	Fe	C	Si	Mn	Cr	Mo	Ni
质量分数	0.79	1.59	1.94	1.33	0.30	0.02	0.11

在 125 ～ 350℃低温下进行等温转变，获得由纳米尺寸的贝氏体、铁素体板条和板条间的富碳残留奥氏体薄膜组成的贝氏体组织，如图 2-72 所示。其硬度接近碳含量相当的马氏体的硬度，极限抗拉强度可以达到甚至超过 2.3GPa，断裂韧度可以达到 40MPa•$m^{1/2}$，因此被称为硬贝氏体组织，这种贝氏体从转变温度角度可称作低温贝氏体，从组织的尺寸角度可称为纳米贝氏体。本质上这些表述的组织都是一致的。

纳米贝氏体在轴承上的应用有很大的潜力。国内外的研究人员在开发新一代轴承用钢上都取得了成功的经验。我国学者也开发了多种性能优异的含铝纳米贝氏体轴承用钢。某些企业率先开发了表面高碳纳米贝氏体，心部为低碳马氏体组织的渗碳钢（20CrMnMoSiAl）及其制造技术，在相同的接触应力下，纳米贝氏体的滚动接触疲劳寿命明显高于马氏体渗碳钢的疲劳寿命一倍以上。其表面组织形貌如图 2-73 所示，化学成分见表 2-22。图 2-74 所示为 20CrMnMoSiAl 纳米贝氏体渗碳钢与 20CrMnTi 马氏体渗碳钢滚动接触疲劳性能。

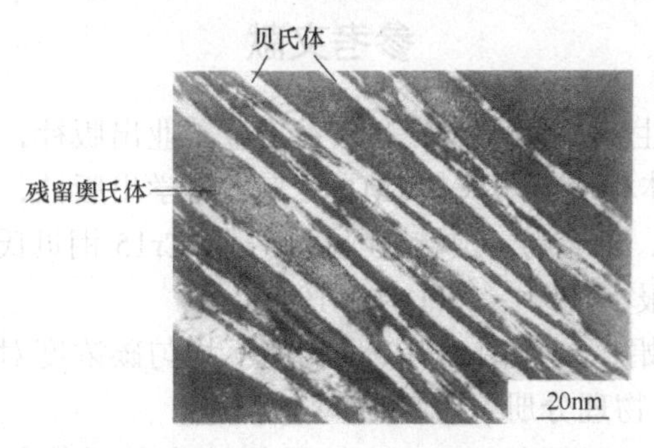

图 2-72　高碳高硅钢在 200℃等温 15 天获得的纳米贝氏体组织

表 2-22　纳米贝氏体轴承用钢的化学成分（质量分数）　（%）

钢　号	C	Si	Mn	Cr	Mo	Al	S（≤）	P（≤）
20CrMnMoSiAl	0.21	0.46	1.2	1.35	0.26	0.95	0.010	0.015
G23Cr2Ni2Si1Mo	0.20 ～ 0.25	1.20 ～ 1.50	0.20 ～ 0.40	1.35 ～ 1.75	0.25 ～ 0.35	≤0.05	0.010	0.015
G23Cr2Ni2SiMoAl	0.20 ～ 0.25	0.90 ～ 1.20	0.20 ～ 0.40	1.35 ～ 1.75	0.25 ～ 0.35	0.30 ～ 0.50	0.010	0.015
GCr15SiAl	1.15	0.58	0.21	1.42	—	0.65	0.010	0.015
GCr15SiMoAl	0.90 ～ 1.10	0.30 ～ 0.60	—	1.50 ～ 1.80	0.15 ～ 0.25	0.80 ～ 1.20	0.010	0.015
GCr15SiMoAl1	0.95 ～ 1.15	0.60 ～ 0.90	0.20 ～ 0.40	1.45 ～ 1.75	0.25 ～ 0.35	0.40 ～ 1.00	0.010	0.015
GCr15SiMo	0.95 ～ 1.05	1.20 ～ 1.50	0.20 ～ 0.40	1.40 ～ 1.70	0.30 ～ 0.40	≤0.05	0.010	0.015

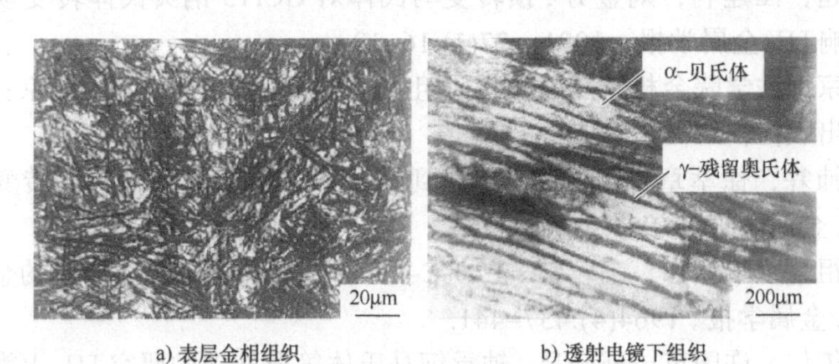

a) 表层金相组织　　b) 透射电镜下组织

图 2-73　20CrMnMoSiAl 纳米贝氏体渗碳钢表面显微组织形貌

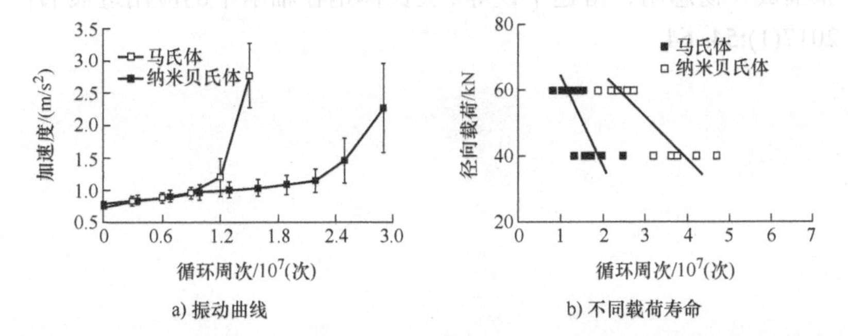

a) 振动曲线　　b) 不同载荷寿命

图 2-74　20CrMnMoSiAl 纳米贝氏体渗碳钢与 20CrMnTi 马氏体渗碳钢滚动接触疲劳性能

参考文献

[1] 钟顺思，王昌生 . 轴承钢 [M]. 北京：冶金工业出版社，2000.
[2] 徐祖耀 . 马氏体相变与马氏体 [M]. 北京：科学出版社，1980.
[3] 李超，汪建利，刘金芳 . 预转变马氏体对 GCr15 钢贝氏体转变动力学的影响 [J]. 金属学报，1991，27(1):16–19.
[4] 王学前，陈治娟，刘惠南，等 . 母相的不均匀碳浓度对形成马氏体的影响 [J]. 理化检验 (物理分册)，1981，17(6):2–4.
[5] 宗斌，魏建忠，王国红 . GCr15 轴承钢淬火马氏体的分析 [J]. 理化检验 (物理分册)，2004，11:581–582；588.
[6] 斯别克托尔 . 轴承钢的组织与性能 [M]. 本溪钢铁公司一钢厂，抚顺钢厂，译 . 上海：上海科学技术文献出版社，1983.
[7] 赵连城 . 金属热处理原理 [M]. 哈尔滨：哈尔滨工业大学出版社，1987.
[8] 徐祖耀 . 第一届全国贝氏体相变讨论会特邀报告 [R]. 北京：全国热处理学会，1987.
[9] 刘云旭 . 金属热处理原理 [M]. 北京：机械工业出版社，1981.
[10] 李超，汪建利 . GCr15 钢中的马氏体 – 贝氏体复合组织及其强韧性的研究 [J]. 钢铁，1989，24(5):45–49.
[11] 李超，汪建利，刘金芳 . 预转变马氏体对 GCr15 钢贝氏体转变动力学的影响 [J]. 金属学报，1991，27(1):16–19.
[12] 北京钢铁学院金相及热处理教研组 . 金属热处理 [M]. 2 版 . 北京：中国工业出版社，1965.
[13] 张沛霖，徐萃章 . 滚珠钢在室温到马氏体点温度范围内等温转变的性质 [J]. 金属学报，1956(4):347–365.
[14] 徐祖耀，朱钰如，王蓉蓉 . 1.4%C–1.4%Cr 钢等温马氏体形成的金相研究 [J]. 金属学报 . 1964(4):437–441.
[15] 徐佐仁，许国英，郁金星 . 轴承钢马氏体等温处理的研究 [J]. 上海交通大学学报，1985，(3):38–49；111.
[16] 张福成，杨志南，雷建中，等 . 贝氏体钢在轴承中的应用进展 [J]，轴承 . 2017(1):54–64.

Chapter 3

第 3 章　相关高碳铬轴承钢钢种的特性和应用

根据 GB/T 18254—2016 中，除了 GCr15 钢以外，相关高碳铬轴承钢还包括：GCr15SiMn、G8Cr15、GCr18Mo、GCr15SiMo 钢。此外，本章将再介绍一个 SKF25 钢。

3.1　GCr15SiMn 轴承钢的特性和应用

3.1.1　GCr15SiMn 钢简介

GCr15SiMn 是在 GCr15 钢的基础上适当增加 Si、Mn 含量的改良型钢种，以改善其淬性和弹性极限，耐磨性也比 GCr15 钢好。冷加工塑性中等，切削性能比 GCr15 钢差，焊接性能不好。对白点敏感，有回火脆性倾向。

GCr15SiMn 钢经热轧和冷加工后，可供应热轧棒材、冷拉圆钢、钢丝以及生产轴承套圈用的管料；也可供应锻造方坯、板坯等品种。它主要用于制作壁厚大于 12mm，外径大于 250mm 的套圈；制造滚动体的尺寸范围比 GCr15 钢大，可用于制作钢球直径大于 50mm，圆锥、圆柱及球面滚子直径大于 22mm 以及大尺寸的滚针。轴承制件工作温度一般不超过 180℃。此钢还可以制造量具、丝锥及其他要求硬度高、耐磨性好的零部件。GCr15SiMn 钢的弹性模量 E（20℃）为 20600 ～ 216000MPa。

3.1.2　GCr15SiMn 钢的组织转变

GCr15SiMn 钢的相变温度见表 3-1，组织转变曲线如图 3-1 和图 3-2 所示，淬透性曲线如图 3-3 所示。

表 3-1　GCr15SiMn 钢的相变温度

相变点	Ac_1	A_{cm}	Ar_1	Ms
温度 /℃	770	872	708	200

3.1.3　GCr15SiMn 钢的生产工艺

GCr15SiMn 钢热加工工艺参数见表 3-2，热处理工艺参数见表 3-3。GCr15SiMn 钢制轴承制件的热处理工艺见表 3-4。

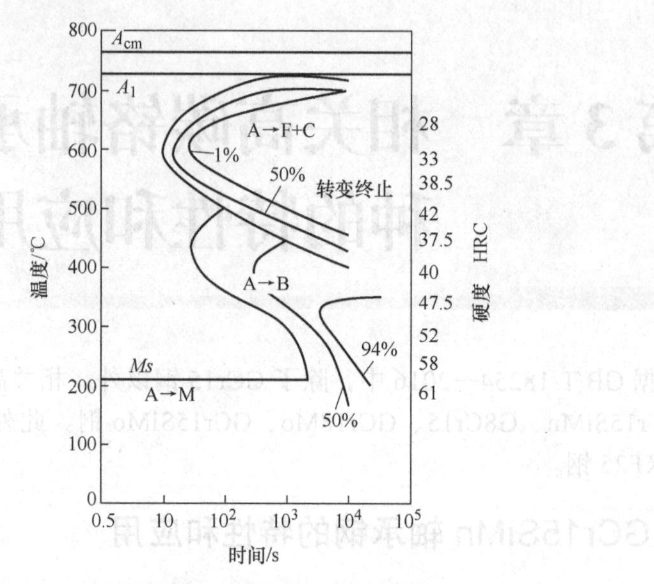

图 3-1 GCr15SiMn 钢等温转变曲线

注：1. 试验用钢成分：*w*（C）=0.93%，*w*（Si）=0.55%，*w*（Mn）=1.10%，*w*（Cr）=1.35%。

2. 奥氏体化温度为 825℃。

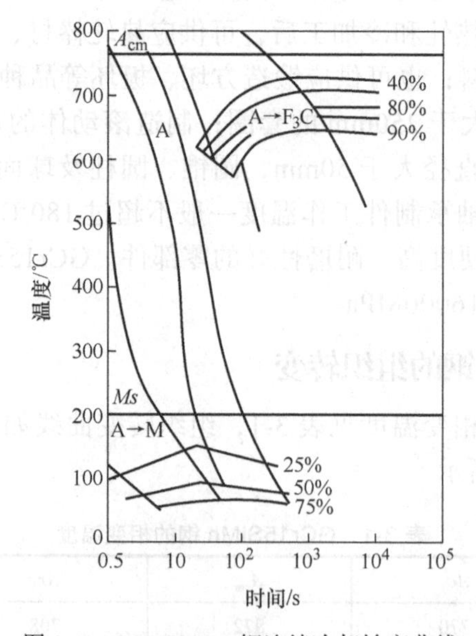

图 3-2 GCr15SiMn 钢连续冷却转变曲线

注：1. 试验用钢成分：*w*（C）=0.99%，*w*（Si）=0.55%，*w*（Mn）=1.00%，*w*（Cr）=1.45%。

2. 奥氏体化温度为 850℃。

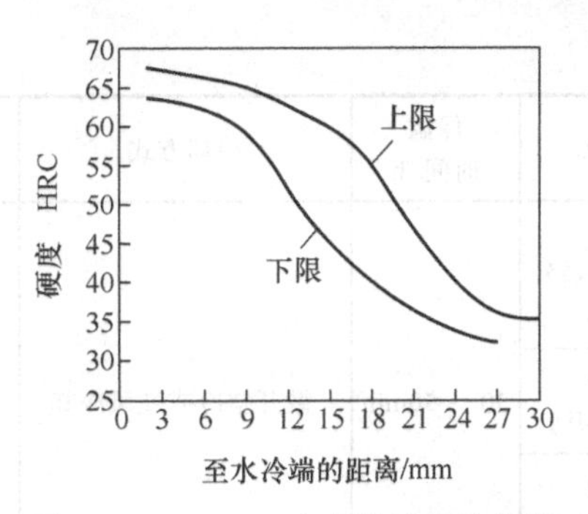

图 3-3　GCr15SiMn 钢的淬透性曲线

注：1. 试验用钢成分：w（C）=1.01%，w（Si）=0.52%，w（Mn）=1.12%，w（Cr）=1.38%，w（S）=0.005%，w（P）=0.020%。

2. 奥氏体化温度为 830℃。

表 3-2　GCr15SiMn 钢的热加工工艺参数（坯料准备）

金属类型	加热温度 /℃	开始温度 /℃	终止温度 /℃	冷却方式
钢锭	1210 ~ 1230	1120 ~ 1150	>850	坑冷
钢坯 >100 方	1140 ~ 1200	1050 ~ 1120	800 ~ 850	控冷到 650℃后，规格≤ϕ55mm 空冷，规格在 ϕ55 ~ ϕ100mm 堆冷
钢坯≤100 方	1120 ~ 1180	1030 ~ 1100	800 ~ 850	规格 >ϕ100mm 坑冷或砂冷

表 3-3　GCr15SiMn 钢的热处理工艺参数

项　目	加热温度 /℃	保温时间	冷　却	硬度　HBW
普通退火	780 ~ 810	2 ~ 6h	以 10 ~ 30℃/h 的速度冷却至 600℃，出炉空冷	179 ~ 207
正火（为消除网状碳化物）	900 ~ 950	10 ~ 90min	分散冷却，大锻件空冷	270 ~ 390
淬火	828 ~ 845	35 ~ 75min	油冷	—
回火	150 ~ 170	2 ~ 5h	空冷	>62HRC

表 3-4　GCr15SiMn 钢制轴承制件的热处理工艺

工序名称	加热温度 /℃	保温时间 /h	冷却方式	硬　度	金相组织
去应力退火	400 ~ 670	4 ~ 8	空冷	—	—
低温退火	650 ~ 700	4 ~ 8	空冷	—	—
普通退火	780 ~ 800	3 ~ 6	以≤15℃/h 的速度冷却到 650℃出炉	170 ~ 207HBW	球化组织
等温球化退火	780 ~ 800	3 ~ 6	炉冷到 700 ~ 720℃，保温 2 ~ 4h，以≤20℃/h 的速度冷却到 650℃	—	—

（续）

工序名称	加热温度/℃	保温时间/h	冷却方式	硬度	金相组织
正火	890～920（用于消除或减轻碳化物网）	30～50min	散开空冷或鼓风冷却	—	细珠光体片状组织
	860～880（用于细化组织）				
	850～880（用于退火过热的返修）				
淬火	820～845	—	30～80℃油中冷却或80～120℃油中冷却	≥62HRC	隐晶或细小结晶马氏体，少量残留奥氏体和剩余碳化物
冷处理①	-50～-70	1～2	空冷	≥62HRC	—
回火	10～180	3～8	空冷	≥60HRC	—
附加回火	100～150	3～5	空冷	≥60HRC	—

① 用于精密轴承制件。

3.1.4 GCr15SiMn 钢的力学性能

GCr15SiMn 钢的室温力学性能见表 3-5，硬度与淬火、回火温度的关系如图 3-4～图 3-6 所示，淬火后的硬度与抗弯强度的关系如图 3-7 所示。接触疲劳寿命见表 3-6 所示和图 3-8 温度对试样尺寸的影响如图 3-9 所示。弹性模量 E（20℃）为 206000～216000MPa。

表 3-5 GCr15SiMn 钢的室温力学性能

热处理制度	抗拉强度 R_m/MPa	伸长率 A（%）	断面收缩率 Z（%）	抗弯强度 R_{mc}/MPa	硬度
退火	721	12.7	57	—	170～207HBW
830℃淬火，500℃回火 2h	1427	—	21.7	—	39HRC
830℃淬火，180℃回火 1.5h	—	—	—	2726	62HRC

表 3-6 回火温度对 GCr15SiMn 钢接触疲劳寿命的影响

温度/℃	150	180	200	250	300	350	400
疲劳寿命 N_f	400	490	—	—	—	—	—

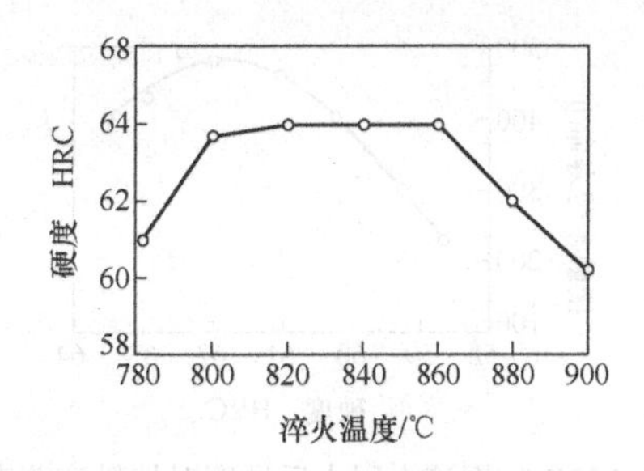

图 3-4　GCr15SiMn 钢硬度与淬火温度的关系

注：试验用钢成分：*w*（C）=1.01%，*w*（Si）=0.52%，*w*（Mn）=1.12%，*w*（Cr）=1.38%，*w*（S）=0.004%，*w*（P）=0.012%。

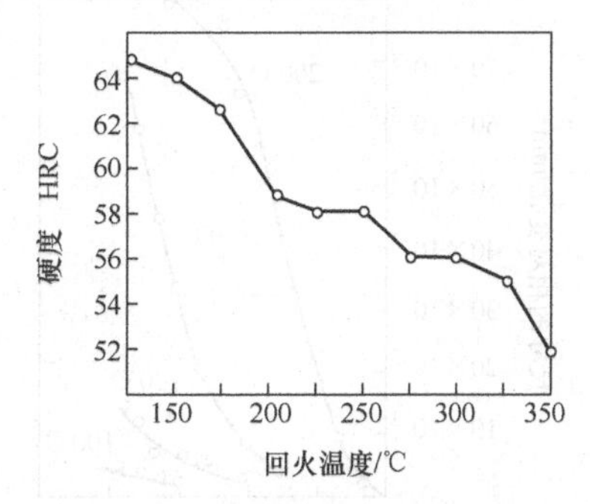

图 3-5　GCr15SiMn 钢硬度与回火温度的关系

注：试验用钢成分：*w*（C）=1.01%，*w*（Si）=0.52%，*w*（Mn）=1.12%，*w*（Cr）=1.38%，*w*（S）=0.004%，*w*（P）=0.012%。

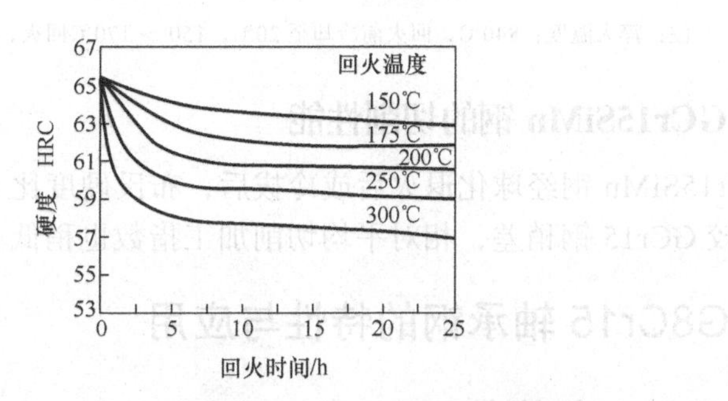

图 3-6　GCr15SiMn 钢回火温度、回火时间与硬度的关系

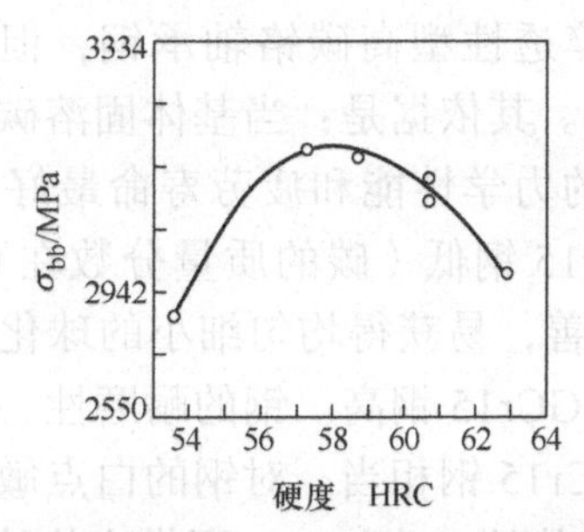

图 3-7　GCr15SiMn 钢淬火后硬度与抗弯强度的关系

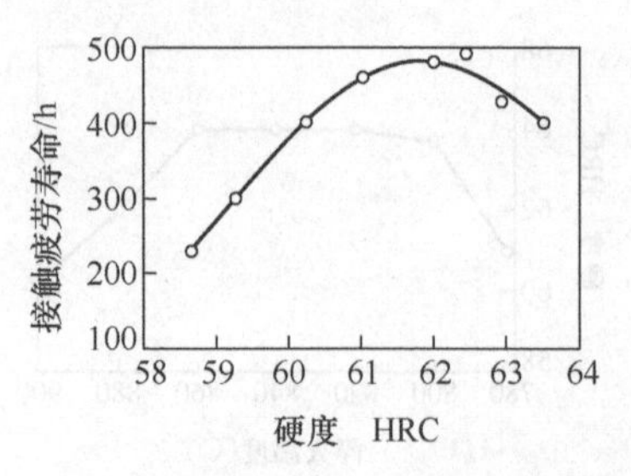

图 3-8 GCr15SiMn 钢淬火回火后硬度对接触疲劳寿命的影响

注：接触应力为 4413MPa，试验用 8 个试样。

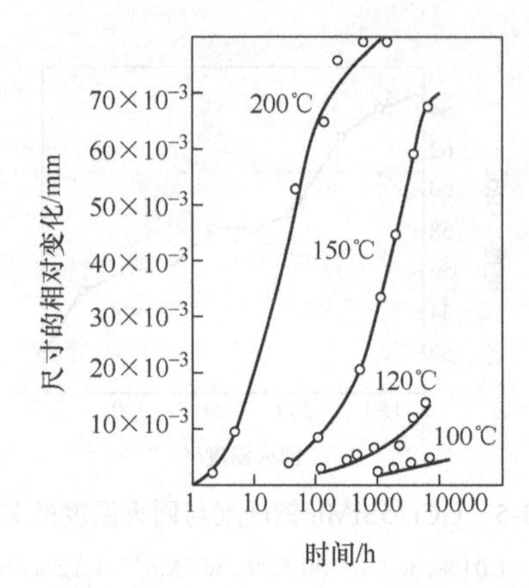

图 3-9 不同试验温度对 GCr15SiMn 钢试样尺寸的影响

注：淬火温度：840℃，回火前冷却至 20℃，150 ～ 170℃回火，残留奥体量 15%。

3.1.5 GCr15SiMn 钢的切削性能

GCr15SiMn 钢经球化退火后或冷拔后，布氏硬度比 GCr15 钢稍高，其切削性能也较 GCr15 钢稍差，相对平均切削加工指数也稍低。

3.2 G8Cr15 轴承钢的特性与应用

3.2.1 G8Cr15 钢简介

G8Cr15 钢是一种全淬透性型高碳铬轴承钢，但是含碳量比 GCr15 钢低，是 GCr15 钢的改良型钢种。其依据是：当基体固溶碳为 0.4% ～ 0.5%，未溶碳化物为 3% ～ 5% 时，钢的力学性能和疲劳寿命最好，并有足够的耐磨性。该钢的特点是碳含量比 GCr15 钢低（碳的质量分数在 0.70% ～ 0.85%），所以碳化物不均匀性有显著的改善，易获得均匀细小的球化退火组织；提高了冷、热变形性能；疲劳寿命也比 GCr15 钢高。钢的耐磨性、防锈性、力学性能、回火稳定性和淬透性等都与 GCr15 钢相当。对钢的白点敏感，有回火脆性倾向，焊接性能不好。G8Cr15 钢经热轧、冷加工，可供应热轧棒、冷拉圆钢、钢丝、轴承套圈用钢管、锻造用方坯及板坯等。G8Cr15 钢完全可以替代 GCr15 钢，适合制造轴承制件，其使用寿命也长，性价比高，是一个很有发展前途且值得推广的好钢种。

3.2.2　G8Cr15 钢的相关性能

G8Cr15 钢的热导率 λ（20℃）为 36.72W/（m・℃），线胀系数见表 3-7；电阻率 ρ 为 $22.5\times10^{-8}\Omega\cdot m$。弹性模数 E（20℃）为 200000MPa。

表 3-7　G8Cr15 钢的线胀系数

温度 /℃	10 ～ 100	10 ～ 200	10 ～ 300	10 ～ 400	10 ～ 500	10 ～ 600
α_l/℃$^{-1}$	12×10^6	12.8×10^6	13.4×10^6	13.9×10^6	14.1×10^6	14.6×10^6

3.2.3　G8Cr15 钢的组织转变

G8Cr15 钢的相变温度（近似值）见表 3-8，组织转变如图 3-10 和图 3-11 所示，淬透性曲线如图 3-12 所示。

表 3-8　G8Cr15 钢的相变温度

相变点	Ac_1	A_{cm}	Ar_{cm}	Ar_1	Ms
温度 /℃	752	824	780	684	240

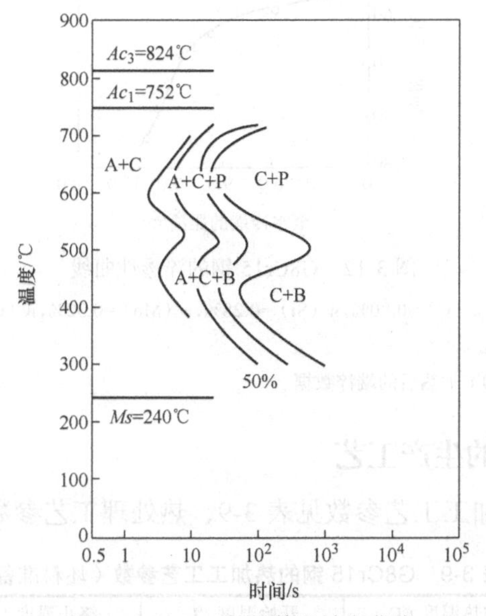

图 3-10　G8Cr15 钢等温转变曲线

注：1. 试验用钢成分：w（C）=0.80%，w（Si）=0.28%，w（Mn）=0.32%，w（Cr）=1.44%，w（S）=0.010%，w（P）=0.013%。

2. 原始状态为球化退火，奥氏体化温度为 830℃。

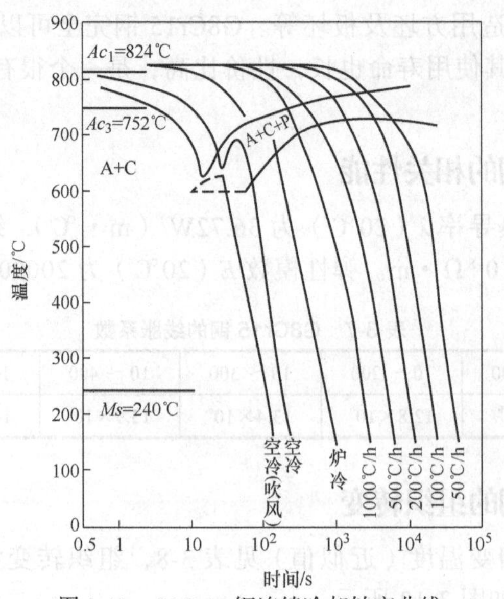

图 3-11　G8Cr15 钢连续冷却转变曲线

注：1. 试验用钢成分：w（C）=0.80%，w（Si）=0.28%，w（Mn）=0.32%，w（Cr）=1.44%，w（S）=0.010%，w（P）=0.013%。

2. 原始状态为球化退火，奥氏体化温度为 850℃。

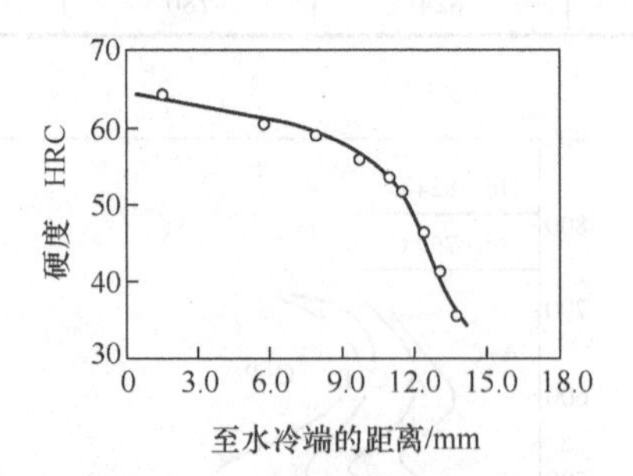

图 3-12　G8Cr15 钢的淬透性曲线

注：1. 试验用钢成分：w（C）=0.80%，w（Si）=0.28%，w（Mn）=0.32%，w（Cr）=1.44%，w（S）=0.010%，w（P）=0.013%。

2. 图中数值为 840℃加热后的端淬数据。

3.2.4　G8Cr15 钢的生产工艺

G8Cr15 钢的热加工工艺参数见表 3-9，热处理工艺参数见表 3-10。

表 3-9　G8Cr15 钢的热加工工艺参数（坯料准备）

金属种类	加热温度 /℃	开始温度 /℃	终止温度 /℃	冷却方式
钢锭	1200 ～ 1220	1120 ～ 1150	≥850	堆冷
钢坯 >100 方	1140 ～ 1200	1050 ～ 1120	800 ～ 850	堆冷
钢坯≤100 方	1100 ～ 1140	1030 ～ 1100	800 ～ 850	空冷

表 3-10 G8Cr15 钢热处理工艺参数

项目	加热温度 /℃	保温时间 /h	冷却	硬度
退火	770 ~ 790	2 ~ 6	以≤20 ℃/h 冷却至 720 ~ 750 ℃ 保温 1 ~ 2h，再以 20℃/h 的速度冷却至 650℃，出炉空冷	197 ~ 207HBW
淬火	830 ~ 850	—	油冷	—
回火	150 ~ 160	2 ~ 5	空冷	61 ~ 65HRC

3.2.5 G8Cr15 钢的力学性能

G8Cr15 钢的室温力学性能见表 3-11，硬度与淬火、回火温度的关系如图 3-13、图 3-14 所示，高温力学性能见表 3-12，接触疲劳寿命如图 3-15 所示，耐磨性能见表 3-13。

3.2.6 G8Cr15 钢的切削性能

G8Cr15 钢与 GCr15 钢切削加工性能对比曲线如图 3-16 所示。

表 3-11 G8Cr15 钢的室温力学性能

热处理制度	抗拉强度 R_m/MPa	下屈服强度 R_{eL}/MPa	伸长率 A（%）	断面收缩率 Z（%）	冲击韧度 a_K/（J/cm）	硬度 HBW
790℃退火	633	—	30.2	69.3	—	—
正火	863	515	18.0	59.0	24.3	249

表 3-12 G8Cr15 钢的高温力学性能

试验温度 /℃	抗拉强度 R_m/MPa	屈服点延伸率 A_e（%）	断面收缩率 Z（%）
300	616	25.8	68.3
400	528	38.2	76.6
500	369	45.6	84.4
600	239	41.4	90.5
700	138	73.6	94.5
800	100	69.6	80.3
900	55	32.0	39.1

表 3-13 G8Cr15 钢的耐磨性能

热处理制度	硬度 HRC	磨损量 /mg		
		上试样	下试样	平均值
840℃淬火，150℃回火 2h	62.5	0.7	0.9	0.8

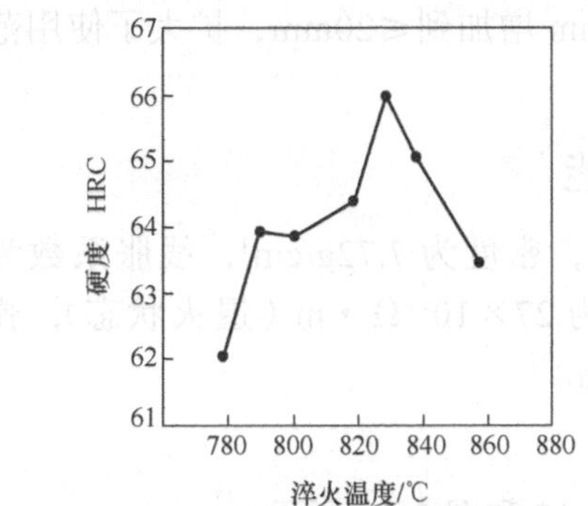

图 3-13 硬度与淬火温度的关系

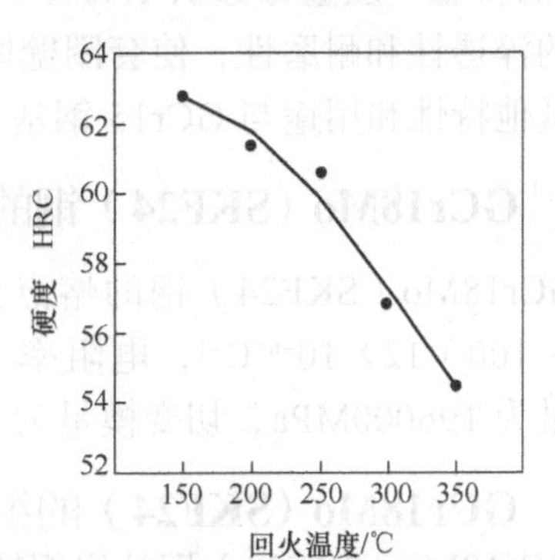

图 3-14 硬度与回火温度的关系

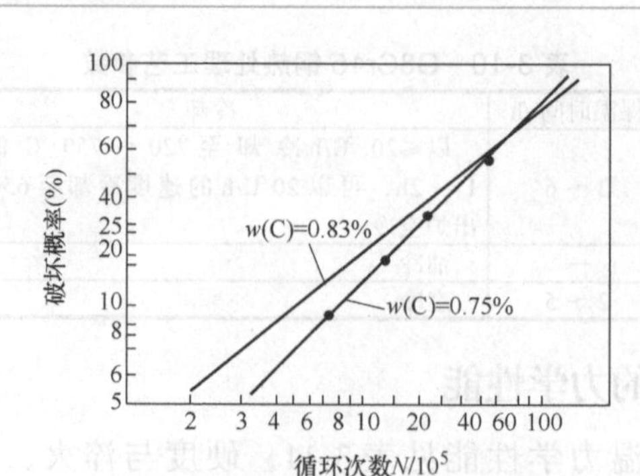

图 3-15　G8Cr15 钢的接触疲劳寿命

注：环形试样尺寸为 ϕ50mm×30mm×20mm，试样接触宽度为 4mm。在 JPM-1 型试验机上进行试验，上试样转速为 1350r/min，下试样转速为 1500r/min，相对滑动 10%，接触应力为 2452MPa。

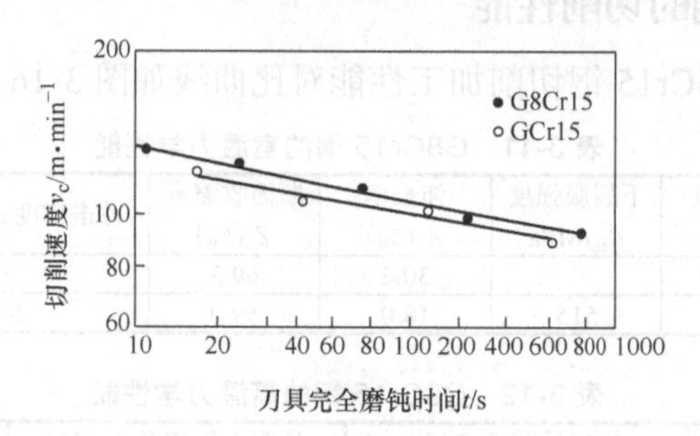

图 3-16　G8Cr15 钢和 GCr15 钢的切削加工性能对比曲线

注：1. 试验用钢：ϕ85mm×1000mm；球化退火后，在 C620-1 型车床上进行试验。

2. 实验条件：刀具材料为 W18Cr4V，正体刀，γ_o=10°，α_o=6°，κ_r=45°，κ'_r=20°，λ_s=0°；进给量 f=0.1mm/r。

3.3　GCr18Mo（SKF24）轴承钢的特性与应用

3.3.1　GCr18Mo（SKF24）钢简介

GCr18Mo（SKF24）是瑞典 SKF 公司 Hofors 厂生产的钢种，它是在 SKF3（相当于 GCr15）的基础上加入质量分数为 0.15% ～ 0.25% 的 Mo，并适当提高 Cr 的含量（质量分数从 1.45% ～ 1.65% 增加到 1.60% ～ 1.90%）。因而提高了钢的淬透性和耐磨性，使套圈壁厚从≤16mm 增加到≤20mm，扩大了使用范围，其他特性和用途与 GCr15 钢基本相同。

3.3.2　GCr18Mo（SKF24）钢的相关性能

GCr18Mo（SKF24）钢的熔点为 1445℃，密度为 7.72g/cm^3，线胀系数为（20 ～ 100）12×10^{-6}℃$^{-1}$，电阻率（20℃）为 27×10^{-8}Ω·m（退火状态），弹性模量为 196000MPa，切变模量为 79100MPa。

3.3.3　GCr18Mo（SKF24）的组织转变

GCr18Mo（SKF24）钢的组织转变如图 3-17 和图 3-18 所示。

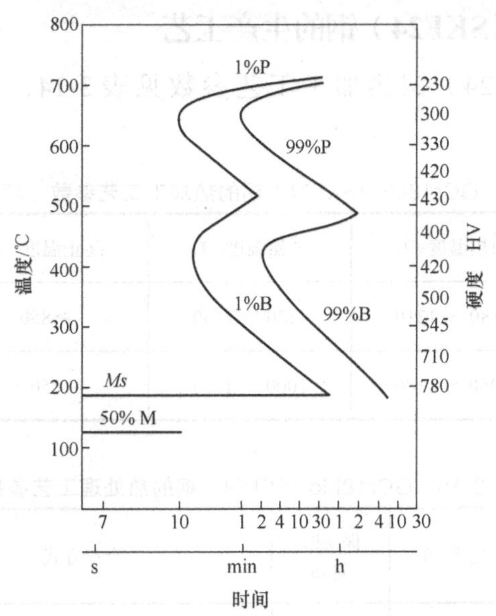

图 3-17 GCr18Mo（SKF24）钢等温转变曲线

注：1. 试验用钢成分：w（C）=1.0%，w（Si）=0.30%，w（Cr）=1.8%，w（Mo）=0.2%。

2. 奥氏体化温度为 850℃，10min。

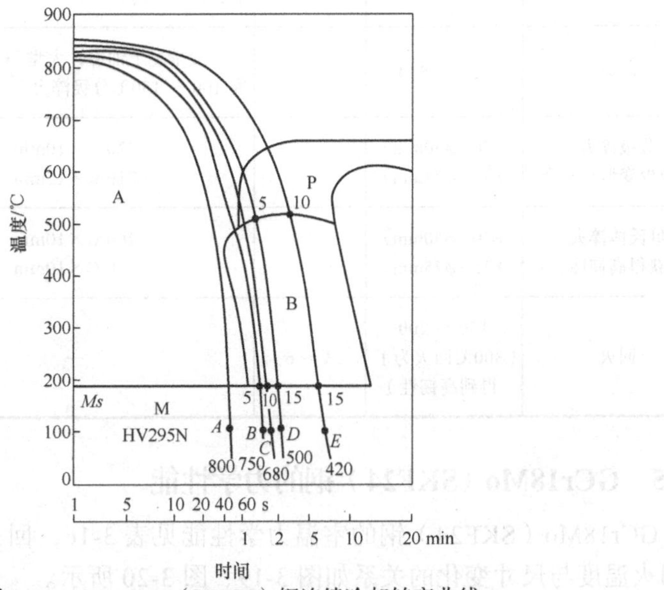

图 3-18 GCr18Mo（SKF24）钢连续冷却转变曲线

注：1. 试验用钢成分：w（C）=1.0%，w（Si）=0.30%，w（Cr）=1.8%，w（Mo）=0.2%。

2. 奥氏体化温度为 850℃，10min。

3. 试样尺寸与测试位置：

棒料直径 /mm	在表面下 12.5mm 处	中心
ϕ30	*A*	
ϕ60	*B*	*C*
ϕ100	*D*	*E*

3.3.4 GCr18Mo（SKF24）钢的生产工艺

GCr18Mo（SKF24）钢热加工工艺参数见表3-14，热处理工艺参数见表3-15。

表3-14 GCr18Mo（SKF24）钢的热加工工艺参数（坯料准备）

金属类型	加热温度/℃	开始温度/℃	终止温度/℃	冷却方式
钢锭	1180～1210	1120～1150	≥850	缓冷
钢坯	1060～1180	1000～1120	850	缓冷

表3-15 GCr18Mo（SKF24）钢的热处理工艺参数

工序名称	加热温度/℃	保温时间/h	冷却方式	硬度
消除应力退火	550～650	1.5～2	炉冷到500℃后空冷	
退火	810～820	2～5	以15～20℃/h的速度炉冷到650℃后，出炉空冷	200HBW
淬火	850～870	—	一般情况下油冷，大型和复杂制件可在100～150℃分级淬火	≥60HRC
分级淬火（为减少变形和开裂）	870（ϕ50mm） 875（ϕ75mm）	—	220℃×10min 210℃×15min	—
贝氏体淬火（获得高韧性）	870（ϕ50mm） 875（ϕ75mm）	—	260℃×10min 260℃×10min	56～58HRC
回火	150～200（300℃回火为了得到高韧性）	3～6	—	—

3.3.5 GCr18Mo（SKF24）钢的力学性能

GCr18Mo（SKF24）钢的室温力学性能见表3-16，回火温度对硬度的影响及回火温度与尺寸变化的关系如图3-19、图3-20所示。

表3-16 GCr18Mo（SKF24）钢的室温力学性能

状态	抗拉强度 R_m/MPa	上屈服强度 R_{eH}/MPa	屈服点延伸率 A（%）	断面收缩率 Z（%）	硬度HBW
退火	667	373	27	60	200

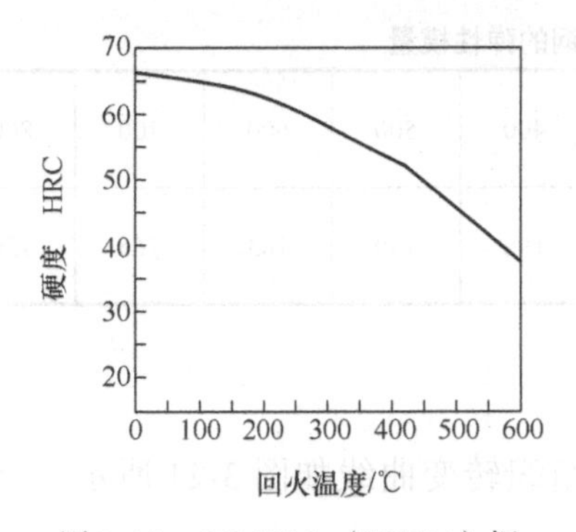

图 3-19　GCr18Mo（SKF24）钢回火温度对硬度的影响

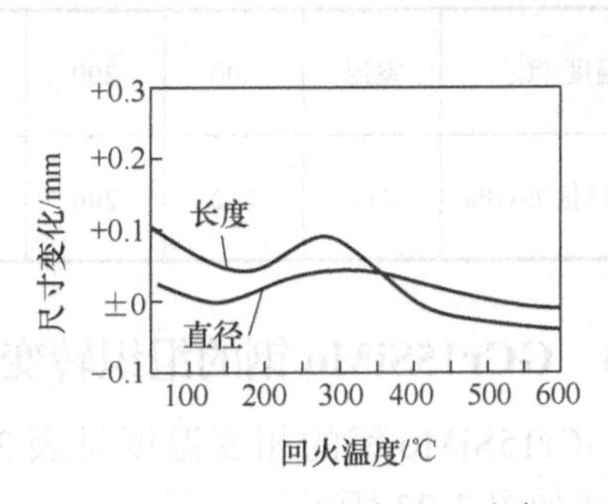

图 3-20　GCr18Mo（SKF24）钢回火温度与尺寸变化的关系

注：860℃油淬，回火 45min，试样尺寸为 ϕ22mm×10mm。

3.3.6　GCr18Mo（SKF24）钢的切削性能

GCr18Mo（SKF24）钢与 GCr15 钢相比，球化退火后的强度、硬度稍高，塑性稍低，切削性能好，机械加工没有难度。

3.4　GCr15SiMo 轴承钢的特性与应用

3.4.1　GCr15SiMo 钢简介

GCr15SiMo 钢是在 GCr15 钢的基础上提高 Si 的含量，增加 Mo 而成的轴承钢钢种。它的特点是淬透性高，耐磨性好，接触疲劳寿命高，其他性能与 GCr15SiMn 钢相当，是一个综合性能良好的高淬透性轴承钢。GCr15SiMo 钢适宜制造大尺寸范围的轴承钢套圈、滚珠及滚柱。其他用途与 GCr15 钢相同。

3.4.2　GCr15SiMo 钢的相关性能

GCr15SiMo 钢的线胀系数见表 3-17，电阻率见表 3-18，弹性模量见表 3-19。

表 3-17　GCr15SiMo 钢的线胀系数

温度 /℃	20～100	20～200	20～300	20～400	20～500	20～600	20～700	20～800	20～900
线胀系数 $\alpha_l/10^{-6}℃^{-1}$	13.56	13.38	13.86	14.94	15.43	16.06	16.31	14.62	15.45

表 3-18　GCr15SiMo 钢的电阻率

温度 /℃	30	100	200	300	400	500	600	700	800
电阻率 $\rho/10^{-8}\Omega\cdot m$	95.1	107.7	117.40	134.20	151.90	168.90	191.30	210.50	231.40

表 3-19　GCr15SiMo 钢的弹性模量

温度 /℃	室温	100	200	300	400	500	600	700	800
弹性模量 E/GPa	217	212	206	201	198	190	183	165	159

3.4.3　GCr15SiMo 钢的组织转变

GCr15SiMo 钢的相变温度见表 3-20，组织转变曲线如图 3-21 所示，淬透性曲线如图 3-22 所示。

表 3-20　GCr15SiMo 钢的相变温度

相变点	Ac_1	A_{cm}	Ar_{cm}	Ar_1	Ms
温度 /℃	750	785	—	695	210

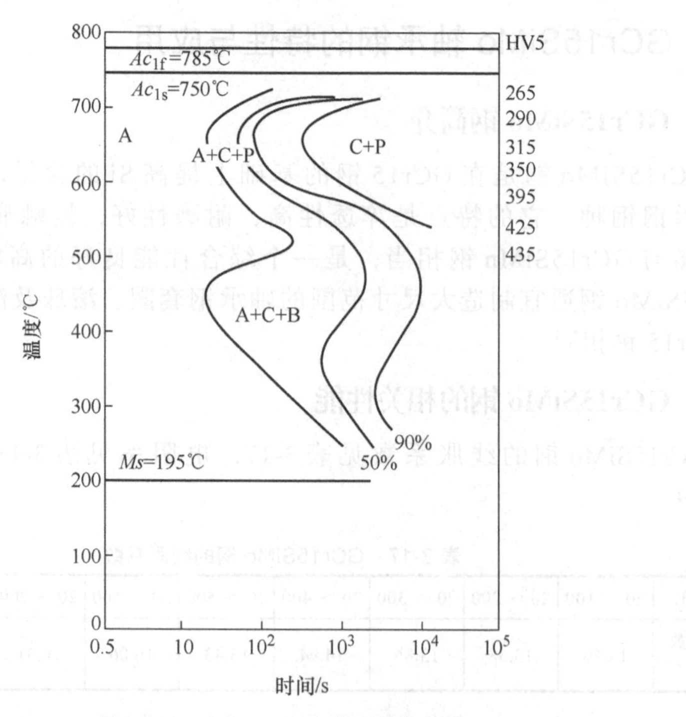

图 3-21　GCr15SiMo 钢等温转变曲线

注：1. 试验用钢成分：w（C）=1.01%，w（Si）=0.72%，w（Mn）=0.24%，w（Cr）=1.66%，w（Mo）=0.37%，w（S）≤0.02%，w（P）≤0.02%。

2. 原始状态为退火；奥氏体化温度为 860℃，20min；晶粒度为 11 ～ 10 级。

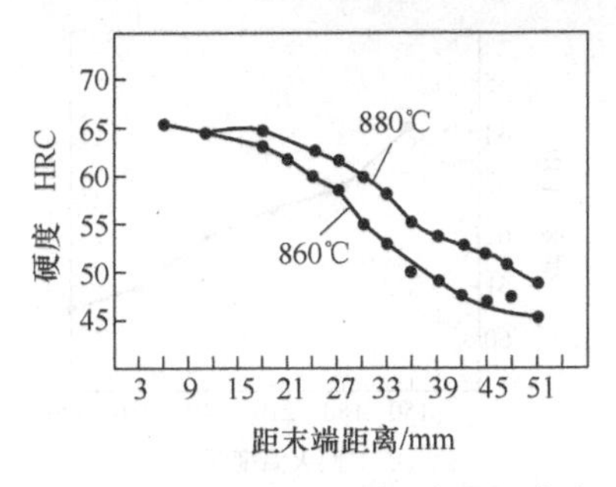

图 3-22　GCr15SiMo 钢的淬透性曲线

3.4.4　GCr15SiMo 钢的生产工艺

GCr15SiMo 钢的热加工工艺参数见表 3-21，热处理工艺参数见表 3-22。

表 3-21　GCr15SiMo 钢的热加工工艺参数（坯料准备）

金属类型	加热温度 /℃	开始温度 /℃	终止温度 /℃	冷却方式
钢锭	1180 ～ 1210	1130 ～ 1160	≥850	缓冷
钢坯	1060 ～ 1180	1000 ～ 1120	≤850	缓冷

表 3-22　GCr15SiMo 钢的热处理工艺参数

项目	加热温度 /℃	保温时间 /h	冷却	硬度
退火	790 ～ 810	2 ～ 6	以 10 ～ 30℃/h 的速度炉冷至 650℃，出炉空冷	217HBW
淬火	860	0.5	油冷	—
回火	200	2	空冷	>62HRC

3.4.5　GCr15SiMo 钢的力学性能

GCr15SiMo 钢的淬火、回火对硬度和冲击韧度的影响如图 3-23 ～图 3-25 所示，接触疲劳寿命如表 3-23 与图 3-26 所示。

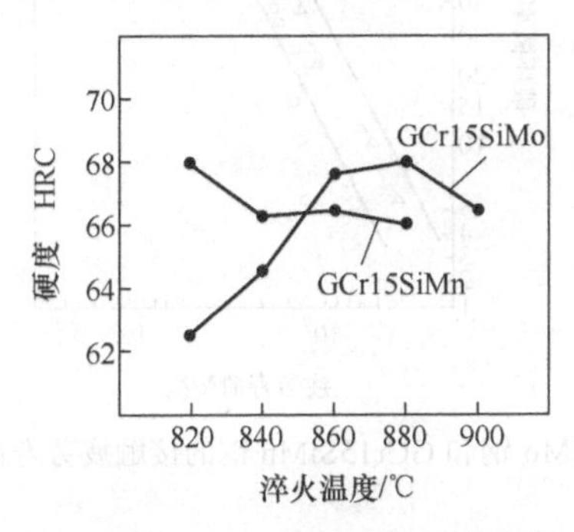

图 3-23　GCr15SiMo 钢和 GCr15SiMn 钢硬度与淬火温度的关系

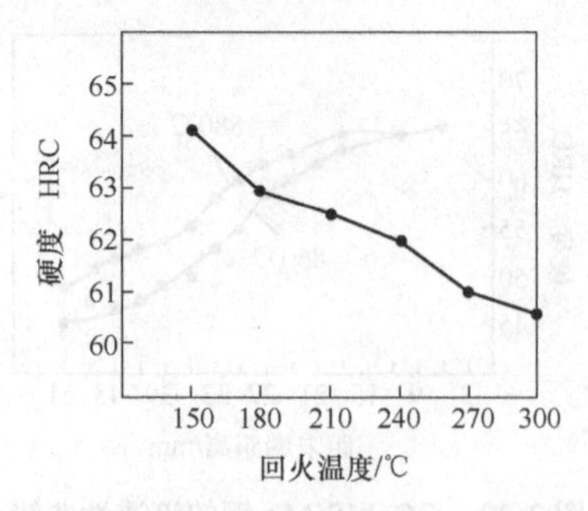

图 3-24　GCr15SiMo 钢硬度与回火温度的关系

表 3-23　GCr15SiMo 钢的接触疲劳寿命

热处理制度	额定寿命 L_{10}/ 次	中值寿命 L_{50}/ 次	特征寿命 / 次	斜率
860 ℃油淬，186 ℃回火 2.5h 后的硬度为 62.2 ～ 63.0HRC	1.1371×10^7	3.3381×10^7	4.1162×10^7	1.7494

注：在一定负荷下，疲劳寿命用破坏概念与循环次数之间的关系表示。L_{10}（B_{10}）表示损坏率为 10%、L_{50}（B_{50}）表示损坏率为 50% 时的转数。

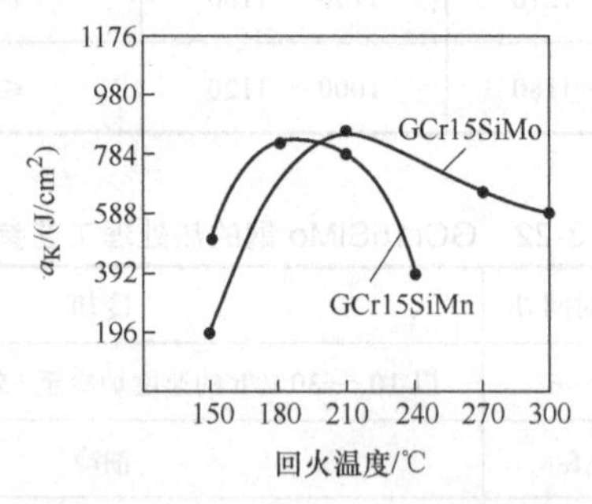

图 3-25　GCr15SiMo 钢和 GCr15SiMn 钢冲击韧度与回火温度的关系

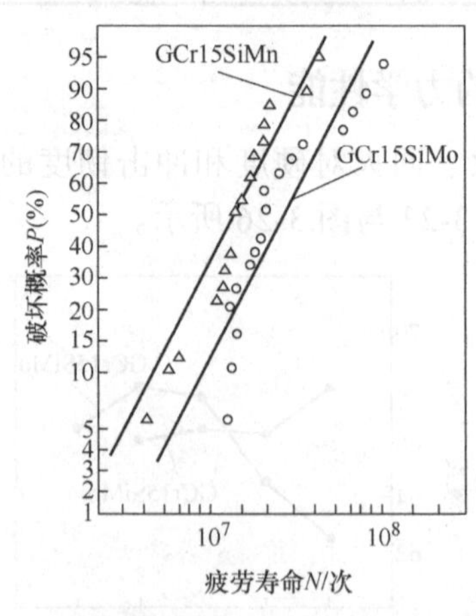

图 3-26　GCr15SiMo 钢和 GCr15SiMn 钢的接触疲劳寿命（Weibull 曲线）

3.5　SKF25 钢的特性与应用

3.5.1　SKF25 钢简介

SKF25 钢的化学成分与 SKF24（GCr18Mo）相比，只有 Mo 的质量分数从 0.15% ～ 0.25% 提高到 0.30% ～ 0.40%，其他元素的含量完全相同。由于 Mo 含量的提高，使有效壁厚增加到≤30mm，应用范围扩大了。因为 Mo 的含量增加，使回火脆性有所改善，其他特性和用途与 GCr15SiMn 钢相当。SKF25 钢的化学成分见表 3-24。

表 3-24　SKF25 钢的化学成分

国别	标准	钢号	元素含量（质量分数，%）						
			C	Si	Mn	Cr	Mo	P	S
瑞典	SIS 2258	SKF25	0.92 ～ 1.02	0.25 ～ 0.40	0.25 ～ 0.40	1.60 ～ 1.90	0.30 ～ 0.40	≤0.030	≤0.020

3.5.2　SKF25 钢的相关性能

SKF25 钢的熔点为 1455℃，密度为 7.72g/cm³，线胀系数为 12×10^{-6}℃$^{-1}$（20 ～ 100℃），电阻率为 $28\times10^{-8}\Omega\cdot m$（20℃），弹性模量为 196000MPa，切变模量为 79100MPa。

3.5.3　SKF25 钢的组织转变

SKF25 钢的组织转变如图 3-27 和图 3-28 所示。SKF25 钢不同直径的淬硬层深度如图 3-29 所示。

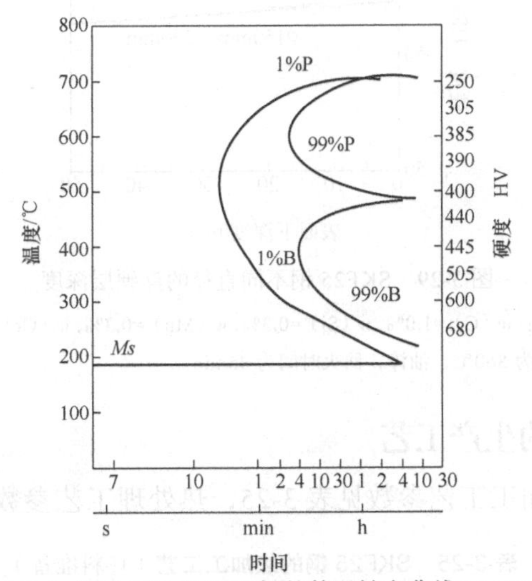

图 3-27　SKF25 钢的等温转变曲线

注：1. 试验用钢成分：w（C）=1.0%，w（Si）=0.3%，w（Mn）=0.3%，w（Cr）=1.8%，w（Mo）=0.35%。

2. 奥氏体化温度为 850℃，10min。

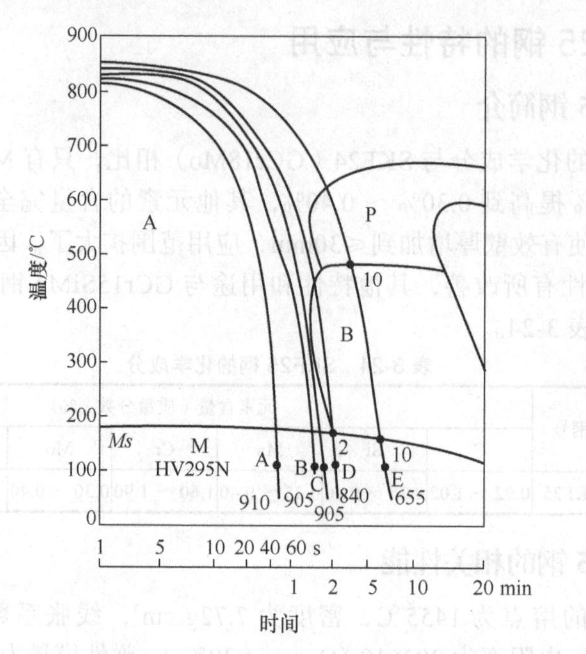

图 3-28　SKF25 钢连续冷却转变曲线

注：1. 试验用钢成分：w（C）=1.0%，w（Si）=0.3%，w（Mn）=0.3%，w（Cr）=1.8%，w（Mo）=0.35%。

2. 奥氏体化温度为 850℃，10min。

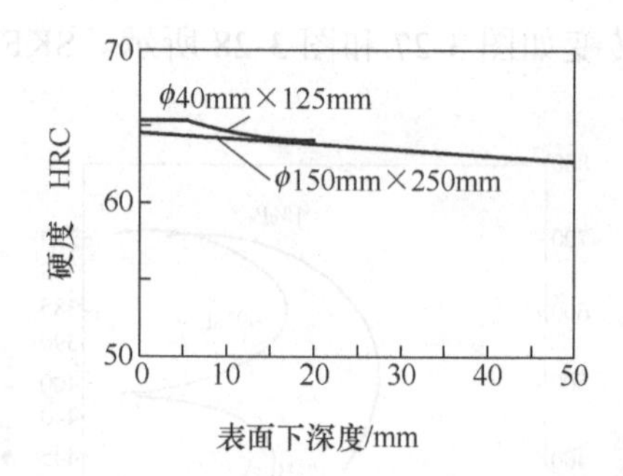

图 3-29　SKF25 钢不同直径的淬硬层深度

注：1. 试验用钢成分：w（C）=1.0%，w（Si）=0.3%，w（Mn）=0.3%，w（Cr）=1.8%，w（Mo）=0.35%。

2. 奥氏体化温度为 860℃，油淬，回火时间为 45min。

3.5.4　SKF25 钢的生产工艺

SKF25 钢的热加工工艺参数见表 3-25，热处理工艺参数见表 3-26。

表 3-25　SKF25 钢的热加工工艺（坯料准备）

开始温度 /℃	终止温度 /℃	冷却方式
1050 ～ 1100	≥800	空冷

表 3-26　SKF25 钢的热处理工艺

工序名称	加热温度 /℃	保温时间 /h	冷却方式	硬度
去应力退火	550 ～ 650	1.5 ～ 2	炉冷至 500℃后空冷	—
退火	810 ～ 820	2 ～ 5	以 15 ～ 20℃/h 的速度炉冷到 650℃后，出炉空冷	210HBW
淬火	850 ～ 870	—	一般情况下油淬，对于大型或复杂制件可在 100 ～ 150℃油中冷却	—
分级淬火①	870（ϕ50mm） 875（ϕ75mm）	—	220℃×10min 210℃×10min	—
贝氏体淬火②	870（ϕ50mm） 870（ϕ75mm）	—	260℃×10min 260℃×10min	—
回火	150 ～ 200	3 ～ 6	空冷	—

① 为了减少变形开裂。

② 贝氏体淬火在 250℃等温 3h 后的硬度为 56 ～ 58HRC。

3.5.5　SKF25 钢的力学性能

SKF25 钢的室温力学性能见表 3-27，回火温度与硬度及尺寸变化的关系如图 3-30、图 3-31 所示。

表 3-27　SKF25 钢的室温力学性能

状态	条件屈服强度 $R_{p0.2}$/MPa	抗拉强度 R_m/MPa	断后伸长率 A（%）	断后收缩率 Z（%）	HBW
退火	392	686	25	60	210

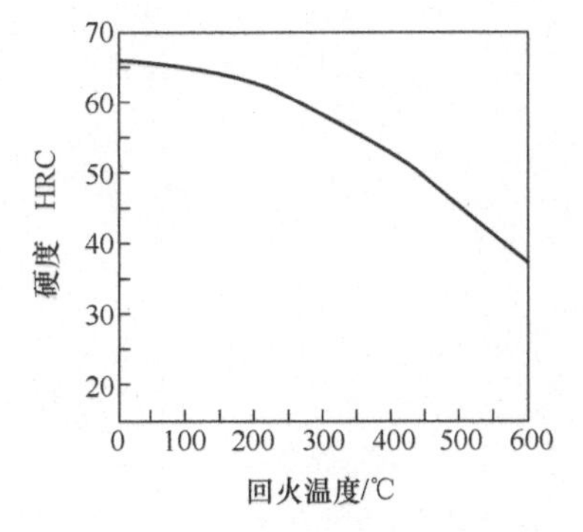

图 3-30　SKF25 钢回火温度与硬度的关系

注：淬火温度为 860℃。

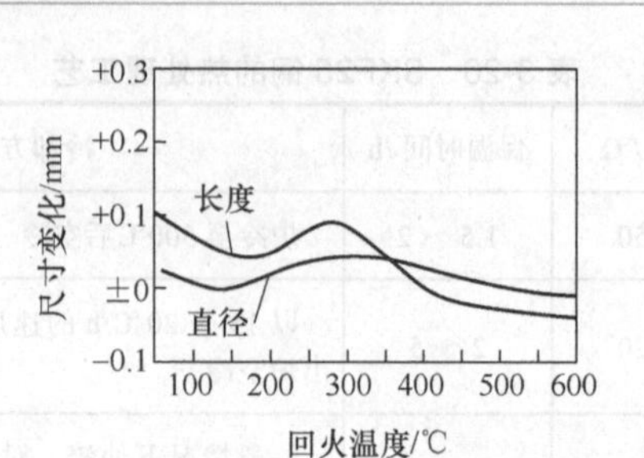

图 3-31 SKF25 钢回火温度与尺寸变化之间的关系

注：1. 试验用钢成分：w（C）=1.0%，w（Si）=0.3%，w（Mn）=0.3%，w（Cr）=1.8%，w（Mo）=0.35%。

2. 奥氏体化温度：850℃，10min。

3. 试样尺寸为 ϕ23mm×100mm。

3.5.6 SKF25 钢的切削性能

此钢种球化退火状态的屈服强度、破断强度略高于 SKF24 钢，塑性指标稍低，切削性能好，但与 GCr15 钢比稍差。

参考文献

[1] 钟顺思，王昌生 . 轴承钢 [M]. 北京：冶金工业出版社，2000.

Chapter 4

第4章 轴承钢制件的热处理

在机械制件中，根据使用性能的区别和技术要求，会有各种形状或规格的轴承钢制件，根据技术要求所选用的热处理工艺及设备是不同的。轴承钢制件的常规热处理是指用一般的淬火回火、感应热处理、可控气氛热处理和真空淬火等手段来达到制件所要求的高耐磨性和长使用寿命；特殊热处理工艺是指对轴承制件的表面进行强化处理后，使之有高耐磨性和长疲劳寿命。

本章4.1～4.15节主要阐述的是常规热处理中所发生的各种问题及解决办法；本章4.16节主要讲述的是对轴承钢制件进行碳化物的超细化处理及对制件表面进行渗氮、碳氮共渗、渗金属及表面熔涂淬火等技术，来提高制件的寿命目的。

高碳铬轴承钢是一种对钢材的洁净度要求很高而价格又比较便宜的高碳低合金钢，故被广泛采用。在各种中小型轴承制件、纺机制件、液压件、冷轧辊、冷冲模、精密机床、仪器、仪表零件和测量工具等机械制造零件中，高碳铬轴承钢是一个经典选用的钢种。

轴承是三大基础件之一，优秀的热处理质量是提高机械构件寿命的主要手段之一，影响轴承钢热处理质量的主要因素有：原材料的冶金质量、锻造（轧制）工艺和预备热处理水平、最终热处理的工艺、设备和淬火冷却介质及检测仪器等。对于中小型实体轴承而言，它们的热处理质量现在已经得到充分的重视，但是要把轴承钢的潜力充分发挥出来，还需要做很多深入细致的工作。

随着我国冶金技术的不断发展和提高，高碳铬轴承钢已有两项达到世界先进技术水平的国家标准：GB/T 18254—2016《高碳铬轴承钢》和GB/T 38885—2020《超高洁净高碳铬轴承钢通用技术条件》。这两项标准从钢的化学成分、非金属夹杂物、钢的洁净度和碳化物的不均匀性上都做了严格的规定。

轴承精度等级可以分为：P_0（G）、P_{6x}、P_6（E）、P_5（D）、P_4（C）、P_2（B）六个级别，P_2（B）为最高级别。大于P_4（C）级是制造精密级轴承类型。

按冶金质量和使用性能要求一般可以选择优质钢、高级优质钢（A）、特级优质钢（E）或超高洁净轴承钢。其中优质钢用于转速较低的非机动车轴承及玩具等低端产品；高级优质钢（A）用于机械装备和高级家用电器等中端产品；特级优质钢（E）用于精密机械、乘用车、载重车、高铁、风电等高端产品；超高洁净轴承钢用于航空、航天、核电及军工等产品的需要。

为了减少碳化物网的出现，在GB/T 38885—2020中将碳的质量分数降低到 0.93% ～ 1.05%。为了提高钢的洁净度，将氧的质量分数定为≤0.0005%，钛的质量分数全部要求≤0.0015%。这样可以淘汰低端产品，此外对钢中的 P、S、As、Sn、Sb、Pb、Ca 和 Al 等残余元素的含量控制、DS（单颗球形夹杂物）类和氮化钛等也都做了严格的控制。在碳化物液体析、碳化物带状、碳化物网状控制方面，两项标准中再次强调钢材不应有严重的碳化物偏析出现。在球化级别和淬回火组织的金相检查中，除了有 500 倍的标准，同时还增加了 1000 倍标准，便于精确判别组织结构。

钢材冶金质量的提高可以在预备热处理得到保证。钢厂交货的质量是达到 GB/T 18254—2016 和 GB/T 38885—2020 标准的，用户可以根据技术要求进行级别的选择。

轴承钢的锻造（轧制）质量是很重要的工艺。国内外的钢厂在钢锭浇注后，会切除端部一定长度尺寸的浇帽口，然后进行扩散退火，出炉后及时将长度方向的钢锭进行一定程度的压缩，使钢锭往横向方向延伸，然后逐渐将长度方向的多面体锻轧成需要的尺寸规格，这改变了金属的内部结构，可避免带状组织的出现。大型钢锭再开坯锻（轧）成各种规格的棒材、板材、线材和管材等。我国轴承钢的锻造（轧制）制品是按 GB/T 18254—2016 标准规定的交货状态交货的，其原始组织也都是达到标准规定的，工厂并不需要再进行锻造（轧制）热加工，这样可以节省许多成本，提高企业的经济效益。对于某些轴承产品有特殊规格要求的时候，工厂可以进行特殊热加工，即进行中频加热—模锻—等温球化退火工序，其组织和性能必须达到国家标准的规定，特别在球化退火工艺方面，应该采用可控气氛进行退火，这样可以避免轴承钢制件的表面出现氧化脱碳层，减小被“烧损”的质量。无氧化、无脱碳等温球化退火炉是同可控气氛淬火炉有同样的质量要求。目前我国在无氧化等温退火炉设备制造方面，采用在进料口区域都有预抽真空装置，这样可以减少气体的消耗量、提高炉温的均匀性、降低能耗、提高轴承套圈退火的表面质量。

4.1 轴承钢的预备热处理

预备热处理是指钢的正火与退火，是为了消除冶金及热加工过程中产生的组织与性能缺陷而进行的预备热处理工艺，并为以后的机械加工及热处理准备良好的组织状态。不同的产品有不同的技术要求，它们对钢材的原始组织都有明确的要求，在一般情况下供应商已经将钢材的原始组织准备好，具体的技术要求可以从 GB/T 18254—2016 中可以查到，其棒材、管材、线材和板材的冶炼都是经过真空脱气后的球化退火组织，对于公称直径≤60mm 的钢材，其显微组织是达到 2 ～ 4 级，即是细小的、均匀的、完全球化的珠光体组织，硬度在 179 ～ 207HBW，根据产品的规格要求可以将其直接加工成制件的毛坯（半成品）产品。但某些产品则需要通过工厂再进行热加工成形，如某些构件或轴承的内、外套圈等，这些毛坯产品在锻造成形后的组织已经不是球化组织了，若这些产品的始锻温度过高而冷却速度又慢，则会产生碳化物网状，为此需要用正火工艺来消除碳化物网状后，再进行等温球化退火处理，为车削加工和最终热处理准备良好的球化退火组织。目前，内外套圈成形的工序是：小规格棒材为连续落料中频加热、大规格的棒材为下料后逐个中频加热（或者套料）→模锻→等温球化退火→车削→热处理→磨削加工。

4.2　利用锻造余热的感应球化退火和变温形变复相热处理

4.2.1　利用锻造余热的感应球化退火

轴承套圈的成形除小型套圈使用板材直接冲压成套圈外，一般都是将钢厂球化好的管材或者棒材直接进行车削或者旋压成形的。但是对于有些特殊专用轴承的内外套圈来说，为了节约成本，则需要将棒材落料→镦粗→套裁料为两个套圈的毛坯料，然后进行扩孔并进行中频加热→热挤压成形（成形后的硬度为 314 ～ 363HBW）→等温球化退火。这是一种很传统的工艺，它需要退火炉、保护气氛、专用周转箱及物流运行等辅助工具，生产周期长，在球化退火炉中的退火时间一般需要 10 ～ 20h，它的产能较低、成本高、经济效益不高。

如果利用锻造余热，采用苏联学者的感应快速加热的办法，生产率将会有很大的提高。它是在功率 100kW，频率 8000Hz 的中频感应快速加热中进行的，并以 40℃/s 的速度，将锻造（热挤压）后的红热套圈、稳定加热到 850℃，保温 10 ～ 40s，然后快速冷却到 680℃的温度中进行等温转变，使奥氏体完成转变，等温分解时间为 17 ～ 20min，最后在水中冷却，此时得到的显微组织是细粒状珠光体，硬度在 220HBW 左右，只要掌握等温温度的高低，退火后的硬度就可以调整，即等温温度高时，退火硬度就低。不同等温温度与硬度的关系见表 4-1。

表 4-1　不同等温温度与硬度关系

等温保温温度 /℃	孕育期 /s	转变结束时间 /s	硬度　HBW
700	80	3600	217
680	40	1020	223
640	18	300	293
600	8	120	285
550	4	60	293
500	6	90	341

在 820℃加热温度时，固溶体中原始组织的片状珠光体未转变成球状组织；将加热温度提高到 880℃时，细小的碳化物溶解于固溶体中和奥氏体不断均匀化而形成粗片状珠光体组织。这些原始组织都不符合淬火前要求的球化组织。实验可证明，理想的加热温度为 850℃。这种方法总的工艺时间仅 3 ～ 20min。

这种快速感应加热球化退火的加热速度是40℃/s，能快速将套圈加热到850℃，为使套圈截面温度均匀，只需要很短的时间进行保温，为防止奥氏体分解，则需快速冷却到680℃的温度进行等温转变，在此温度下保温到奥氏体完全转变，最终在水中冷却。这种办法得到了细粒状珠光体组织，硬度为220HBW，奥氏体等温分解时间为17min。高度弥散的细珠光体组织可以提高轴承的使用寿命，从实验数据可以看到，快速感应加热中用水快速冷却到等温温度，可以明显缩短生产节拍，提高生产率，并可实现生产过程的自动化。

建议利用锻造余热（热挤压），再通过快速感应加热、稳定锻造余热的温度→将它稳定在850℃，保温10～40s→快速冷却到680～700℃，等温17～20min→水冷。这种方法缩短了球化退火炉所需要的将套圈重新加热到退火温度的时间，节省了再进行等温球化退火所发生的电费、保护气氛的设备投资和气体消耗、耐热钢装料筐的消耗及它带来的能耗、运行物流及人工等费用的支出。利用“锻造余热快速感应加热”→稳定锻造余热温度→快速冷却的方法，同样可以得到球化组织，并具有节能、改善操作环境、提高劳动生产率和经济效益等优点，是环境友好型的项目，应该积极推广应用。我国有一批非常优秀的感应加热设备设计和制造团队，若能进行相互衔接，一定能够获得很好的效果。

为此，希望有关企业能够加强沟通，为保证球化质量、节能减排、提高经济效益而多做贡献。

4.2.2 轴承钢连续变温形变复相淬火工艺

近年来为节能和提高性能，国内外的学者研制了多种碳化物颗粒快速球化退火工艺方法，其中GCr15轴承钢连续变温形变复相淬火工艺是一种简易而可行的方法，达到了节能、缩短生产周期、提高经济效益的目的。

该工艺的具体做法是：套圈锻件经中频加热后，在自然条件下使套圈毛坯在奥氏体和渗碳体两相区时进行镦粗、套料、反挤压、冲孔和辗扩等不同工序的塑性变形，控制最后一次终了温度略低于Ar_1，并立即淬火，从而得到屈氏体+马氏体+残留奥氏体的复相组织。将这些继承了大量位错、缺陷及亚晶界结构的复相淬火组织进行高温回火，则得到了理想的球化组织和理想的形成细小的碳化物颗粒速度。

工艺过程：锻造加热（温度950～1050℃）→连续变温形变（锻造）→复相淬火→用水剂介质淬火（800～680℃）→高温回火（温度700～720℃）→热处理完工检验。

经济效益：比常规的等温退火节能50%～60%；减轻氧化、脱碳缺陷；改善操作环境等。

4.3 轴承钢的锻坯锻后冷却路径控制新方法

左永平正高级工程师根据高碳铬轴承钢碳化物的形成原理，提出了锻后冷却路径控制的新方法：采用匀速冷却介质进行浸液冷却，提高锻后冷却速度，同时配合适当的锻造工艺和低温球化退火工艺，可有效改善碳化物的大小及均匀化分布。这种锻后预处理组织可有效改善热处理件的畸变，并提高淬火组织均匀性及最终的疲劳性能。

高碳铬轴承钢具有较高的耐磨性和接触疲劳强度，是因为它具有高的洁净度和均匀的碳化物分布。对于高碳铬轴承钢的洁净度、氧含量、夹杂物控制、碳化物的形状、大小和分布的均匀化程度方面都做了严格的规定。但在轴承行业中对于碳化物的系统控制方面的重视程度还远远不够，往往存在通过球化退火和最终热处理工艺就可以解决上述问题的错误思路。

GCr15、GCr15SiMn 高碳铬轴承钢属于过共析钢，淬火后钢材中的碳化物一般以脆性第二相组织存在，可成为解理断裂的起源或韧窝断裂的孔洞核心。由于它与基体组织弹性模量的差异，极易在其交界处产生应力集中。Memahm 研究认为高碳钢中直径大于 1μm 的碳化物，往往是零件断裂的裂纹源。根据高碳铬轴承钢中碳化物的不均匀性在显微组织上的形态、分布及其形成原因，可分为碳化物液析、碳化带状物和碳化物网状。

4.3.1 碳化物形成原因及控制冷却方法

1. 碳化物液析

碳化物液析是由于钢锭在凝固过程发生的严重液态偏析导致，碳和合金元素富集并产生莱氏体共晶。碳化物液析颗粒大、硬度高、脆性大，易发生剥落，且晶界处易成为疲劳的裂纹源，增加淬火时开裂的风险。目前连铸坯因冷却速度快，极少出现碳化物液析。碳化物液析可通过扩散退火消除，但碳化物的不均匀性很难得到改善。

2. 碳化物带状

碳化物带状是从奥氏体中析出二次碳化物，而碳化物液析是从钢液中析出的一次共晶碳化物。碳化物带状是由钢锭凝固时形成的枝晶偏析引起的，在各枝晶间存在碳和铬的富集，从而引起成分和组织的不均匀。钢锭经热轧或锻造后，富碳富铬区域在轧制或成形过程中沿轧制方向遗传下来，结果在钢材中出现碳化物带状，称之为一次带状。这种带状偏析可通过提高终锻温度、增大锻造比、扩散退火等方法来减轻或避免。

锻后冷却过程中，当温度在 $Ar_{cm} \sim Ar_1$ 二相区之间时，高碳铬轴承钢的显微组织为先析碳化物和过冷奥氏体。钢内含有一定量的 Mn、Cr 等元素，这些元素均能显著增加过冷奥氏体在珠光体区的稳定性，延长了相变孕育期，也减慢了珠光体的形成速度，但对先析碳化物的析出速度影响较小。当从高温状态下冷却时，先析碳化物优先在富碳富铬的原枝晶干部位的奥氏体晶界中析出，同时碳向该区域扩散，温度越高、冷却速度越慢，碳扩散越充分，扩散距离越远，所以形成的碳化物条带越明显。这是钢在奥氏体化后的冷却过程中发生的，冷却速度越慢，先析碳化物转变越充分，碳元素分布越不均匀，带状组织越严重，这种带状称为二次带状。

存在带状偏析的工件，在常规热处理过程中碳和合金元素的奥氏体均匀化是相当困难的，例如碳的均匀化需要950℃以上，而合金元素则需要1100℃以上，可见常规的热处理方式根本无法解决带状偏析的问题。

3. 碳化物网状

碳化物网状在热轧或锻后的冷却过程中产生，随着温度降低，碳在奥氏体中溶解度降低，过饱和的碳以碳化物形式沿奥氏体晶界呈网状析出，这种碳化物网状也是先析二次碳化物。碳化物网状的形成与钢锭中原始碳化物的偏析程度有密切关系，热加工工艺过程对其厚度、形貌也有重大影响。锻造比小，终锻温度高，锻后冷却速度慢，均会使钢材中碳化物网趋向连续和粗化。这种碳化物网状在后续的球化退火和淬火过程中不能被完全消除。

降低或消除碳化物网状的措施有以下几种：

第1种：控制钢中碳和铬的含量在规定范围的下限。

第2种：降低钢锭中原始碳化物的偏析程度。

第3种：采用低温终轧（终锻）。

第4种：高温终轧（终锻）后进行快冷。

第5种：若碳化物网状超标，可以采用正火工艺消除。

轴承锻坯的锻后冷却一般为空冷、风冷、雾冷等形式，两相区冷却速度相对缓慢，易造成碳化物带状、网状等缺陷，这种碳化物在后续球化退火后易出现棒状、条状等较大碳化物，且分布不均匀，严重影响热处理后的最终力学性能。同时这些传统的冷却方式存在冷却不均匀的问题，表面硬度较高且散差大，不利于切削加工。工件空冷和风冷的冷却性能对比如图4-1所示。

目前在冶金行业，控轧控冷技术（TMCP）已经应用非常成熟，其核心目的是使晶粒细化和细晶强化，切断组织遗传。其中，控制冷却的原理特别值得借鉴，其过程是精确控制高温扩散和相变过程。其工艺原理如图4-2所示。

锻（轧）后控制冷却过程分为三个阶段：一次冷却、二次冷却、三次冷却（空冷）。这三个冷却阶段的冷却目的和要求是不同的。

一次冷却：从终轧温度开始到变形奥氏体向先析相变开始温度 Ar_3（Ac_{cm}）温度范围内的冷却控制，即控制冷却的开始温度、冷却速度及终止温度。这一阶段是控制变形奥氏体的组织状态，阻止奥氏体晶粒长大，固定因变形引起的位错，降低相变温度，为相变做组织上的准备。

二次冷却：从相变开始温度 Ar_3（Ac_{cm}）到相变结束温度范围内的冷却控制。主要是控制钢材相变时的冷却速度和停止控冷的温度，即通过控制相变过程，保证钢材快冷后得到所需要的金相组织和力学性能，对低碳钢、低合金钢、微合金化低合金钢，轧后一次冷却和二次冷却可连续进行，终了温度可达珠光体相变结束温度，然后空冷，所得金相组织为细小先析碳化物和细珠光体。

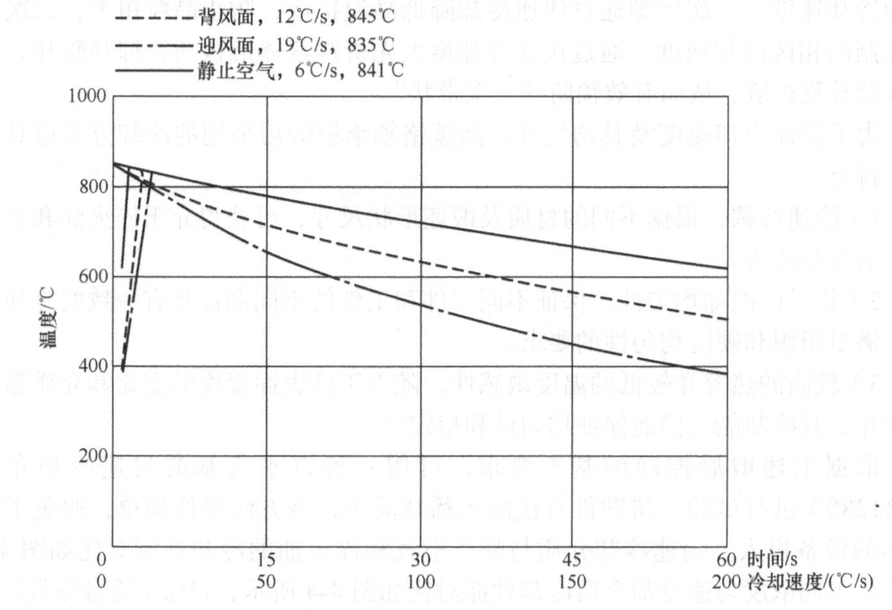

图 4-1 工件空冷和风冷的冷却性能对比（ISO 9950 测试标准）

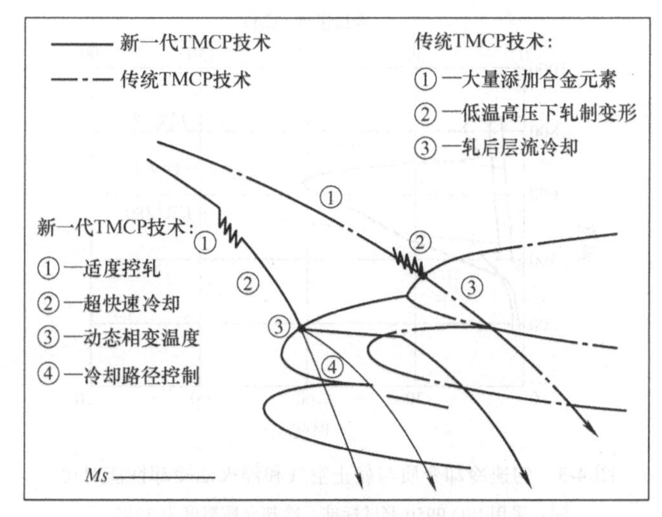

图 4-2 控轧控冷工艺原理

为了有效控制碳化物的大小、形貌及均匀性，锻后控冷需严格控制一次冷却和二次冷却。传统的粗放式冷却方式存在冷却能力不足、冷却均匀性差等问题，会造成碳化物均匀性差，且硬度散差大，切削加工性能差，导致产品最终的热处理质量分散度差。

4.3.2 匀速冷却介质及其冷却特性

根据控冷的基本原理，对高碳铬轴承钢的锻坯需要控制一次冷却和二次冷却的冷却速度。一次冷却通过快速冷却降低高温扩散，防止晶粒粗大；二次冷却控制两相区冷却速度，通过快速冷却增大先析铁素体形核功，抑制碳和合金元素的长程扩散、从而有效预防“二次带状”。

为了保证冷却速度及其均匀性，高碳铬轴承钢锻后采用的冷却方式应具有如下特点：

1）冷速可调，根据不同的材质及锻坯形状尺寸，可获得介于淬火油和空气之间的冷却能力。

2）优异的冷却均匀性，保证不同工件和工件的不同部位具有一致的冷却能力，满足组织和硬度均匀性的要求。

3）较高的热容和较低的温度敏感性，随着工件表面温度的变化和介质温度的变化，其冷却能力仍能保证均匀性和稳定性。

依据上述锻后控冷的基本要求，可用一种以水为基的匀速冷却介质（KR1280）进行试验，将锻件直接浸入稀释液中，该方法操作简单，避免了高成本的设备投入。匀速冷却介质与静止空气和淬火油的冷却性能对比如图 4-3 所示，不同浓度匀速冷却介质冷却性能对比如图 4-4 所示，15%（质量分数）匀速冷却介质不同温度的冷却性能对比如图 4-5 所示。

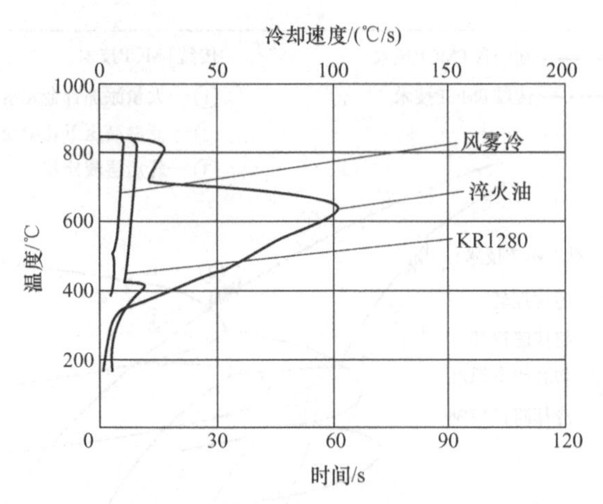

图 4-3 匀速冷却介质与静止空气和淬火油冷却性能对比

注：采用 ISO 9950 测试标准，冷却介质温度为 30℃。

通过图 4-3 与图 4-4 对比分析，匀速冷却介质具有介于空气和淬火油之间的冷却能力，冷却能力较为稳定，特别是 500℃以上的冷却能力几乎一致，冷却性能对于介质浓度敏感性较低；同时在 500℃以上，冷却速度随工件温度的变化并不大，能够保证不同温度工件的冷却均匀性。通过图 4-5 发现，匀速冷却介质在不同冷却介质温度下冷却性能变化不大，只有在 500℃以下沸腾冷却阶段有减弱或消失的趋势，不像自来水和 PAG 类水溶性性淬火冷却介质的冷却性能对于冷却介质温度敏感性较大。

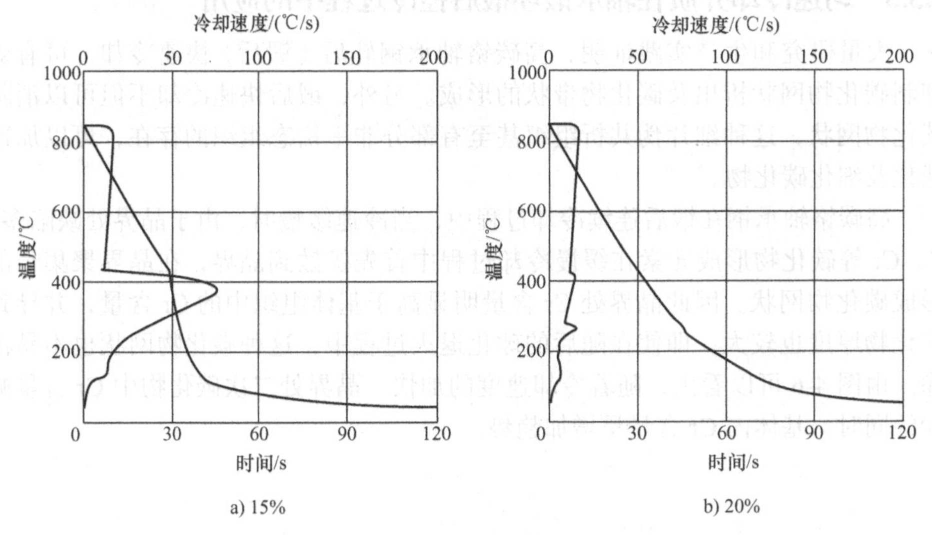

图 4-4 15% 和 20% 的 KR1280 匀速冷却介质冷却性能对比

注：采用 ISO 9950 测试标准，冷却介质温度为 30℃。

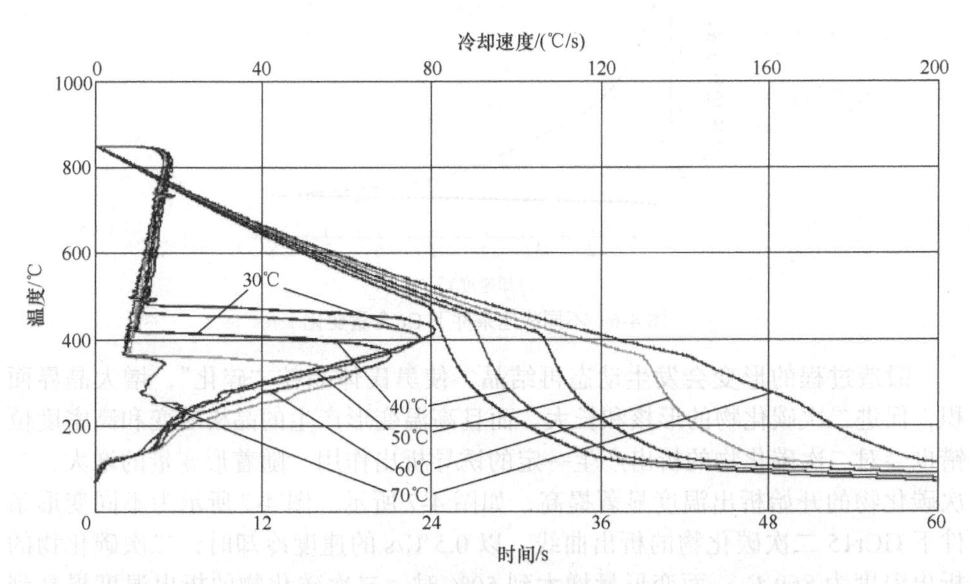

图 4-5 15% 匀速冷却介质不同温度（30 ～ 70℃）的冷却性能对比

注：采用 ISO 9950 测试标准。

综上所述，匀速冷却介质的冷却性能对于浓度、冷却介质温度、工件表面温度变化的敏感性较低，能够保证冷却的均匀性和稳定性，具有极高的工程应用价值。可采用浸液冷却的方式对轴承锻坯进行冷却，通过对浓度和搅拌力度的工艺配合，获得介于空气和淬火油之间的冷却能力，使碳化物均匀化程度得到极大的提高。

4.3.3 匀速冷却介质在轴承锻坯锻后控冷过程中的应用

大量研究和生产实践证明，高碳铬轴承钢轧后（锻后）快速冷却，可有效抑制碳化物网状析出及碳化物带状的形成。另外，锻后快速冷却不但可以消除碳化物网状，这种细片伪共析组织甚至有部分非平衡态组织的存在，可以加速球化及细化碳化物。

高碳铬轴承钢在锻后连续冷却过程中，当冷速缓慢时，由于晶界处缺陷多，C、Cr 等碳化物形成元素在缓慢冷却过程中首先扩散到晶界，在晶界聚集长的形成碳化物网状。因此晶界处 Cr 含量明显高于基体组织中的 Cr 含量，并导致碳化物厚度也较大，即使在随后的球化退火过程中，这种碳化物网状也不易消除。由图 4-6 可以看出，随着冷却速度的加快，晶界处二次碳化物中 Cr 含量减少的同时，基体内 Cr 含量呈增加趋势。

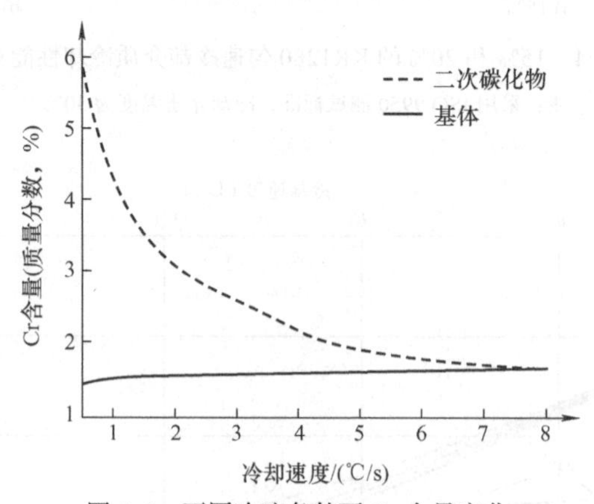

图 4-6 不同冷速条件下 Cr 含量变化

锻造过程的形变会发生动态再结晶，使奥氏体晶粒“碎化”，增大晶界面积，促进二次碳化物的形核和长大。而且高温变形产生的晶格畸变和高密度位错也会对二次碳化物的析出产生一定的诱导析出作用。随着形变量的增大，二次碳化物的开始析出温度显著提高，如图 4-7 所示。图 4-7 所示为不同变形条件下 GCr15 二次碳化物的析出曲线。以 0.5℃/s 的速度冷却时，二次碳化物的析出温度为 869℃；而变形量增大到 50% 时，二次碳化物的析出温度提高到 909℃。同时随着冷却速度的加快，开始析出温度的降低更为显著，可见冷却速度对于二次碳化物析出的影响占主要因素。从图 4-7 还可以看出，无变形的情况下，以 8℃/s 冷却速度即可抑制二次碳化物的析出；而变形量 50% 时，需以 30℃/s 以上的冷却速度才可以抑制二次碳化物的析出。可见，为了控制碳化物形貌，锻造工艺和冷却过程需进行紧密配合。

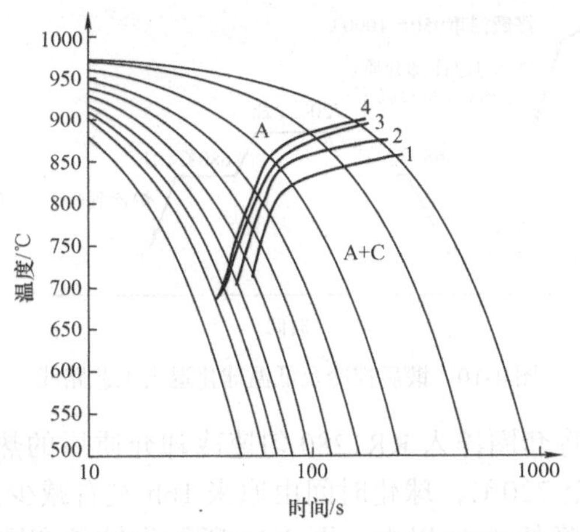

图 4-7　不同变形条件下 GCr15 二次碳化物的析出曲线

1—无变形　2—变形量 20%　3—变形量 40%　4—变形量 50%

注：图中曲线从右至左的冷却速度依次为 0.5℃/s、1℃/s、2℃/s、3℃/s、5℃/s、8℃/s、10℃/s、20℃/s、30℃/s、50℃/s

采用 GCr15 轴承锻坯进行试验验证，如图 4-8 所示。轴承套圈的有效厚度为 30mm。锻造工艺为：钢料经 1100℃加热并进行碾压成环形，终锻温度在 900 ～ 950℃，小端表面局部温度低于 900℃。锻后冷却路径控制：第一种方法，选用 25% 的匀速冷却介质快速冷却，然后进行低温球化退火处理；第二种方法，进行锻后控冷加常规球化退火工艺。然后对比两种不同处理方式的金相组织。具体工艺路线如图 4-9、图 4-10 所示。

a) 淬火槽

b) 轴承外圈(切成4个试样)

图 4-8　试验用 GCr15 轴承锻坯

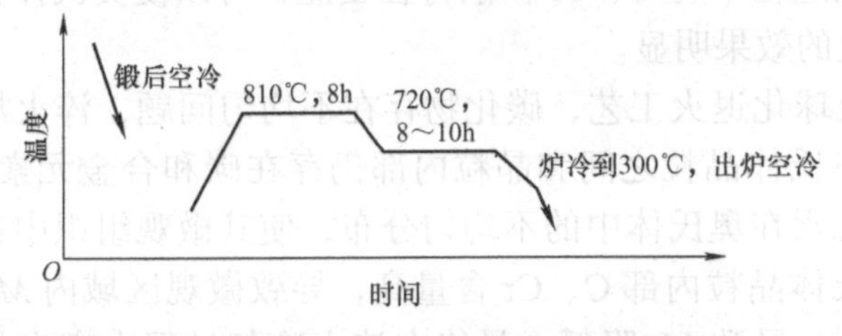

图 4-9　常规锻后空冷及球化退火工艺路线

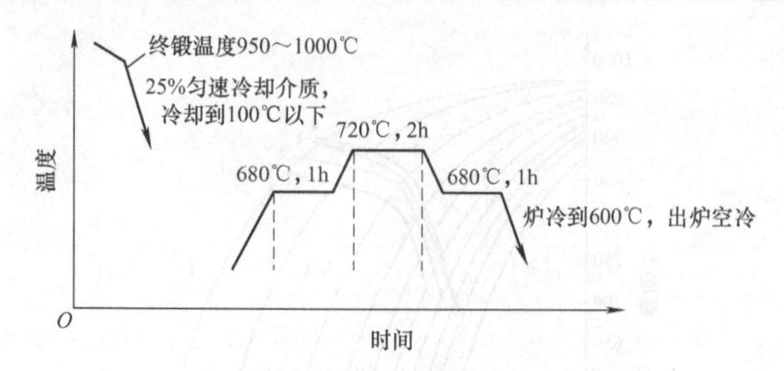

图 4-10　锻后控冷及低温球化退火工艺路线

利用锻造余热将套圈淬入 KR1280 匀速冷却介质后的热处理，其球化退火温度从 810℃降低至 720℃，球化时间由原来 16h 左右减少至 5h 左右，显著提高了生产率，能耗降低 40% 以上。图 4-11 所示为轴承套圈采用匀速冷却介质控冷的小端表面金相组织，表面和次表面存在明显碳化物带状分布，而心部并无明显带状分布。轴承套圈的小端因锻造比大，终锻温度低，导致先析碳化物大量析出，并呈现带状分布。因此，高碳铬轴承钢锻坯的锻后冷却路径控制，应采用高温锻造快速冷却的原则，避免终锻温度偏低导致先析碳化物的大量析出。建议终锻温度控制在 920 ～ 980℃为宜。

图 4-11　小端表面金相组织（100×）

锻后采用匀速冷却介质快速冷却，低温球化后的碳化物粒径明显减小，同时均匀性更好，无明显条状或棒状碳化物，如图 4-12 所示。这种细小均匀的碳化物使奥氏体化过程中的 C、Cr 扩散行程变短，可以使奥氏体化温度更低，从而改善淬火畸变的效果明显。

常规锻造及球化退火工艺，碳化物存在不均匀问题，淬火加热时虽能实现奥氏体化，但奥氏体晶粒之间和晶粒内部仍存在碳和合金元素的不均匀分布。这种碳和合金元素在奥氏体中的不均匀分布，使其微观组织中存在相变不同时现象。例如奥氏体晶粒内部 C、Cr 含量高，导致微观区域内 *Ms* 提高，而晶界附近富集 C、Cr，导致 *Ms* 降低，最终在淬火冷却过程中产生晶粒内部的自回火现象。常见淬火组织及自回火机理如图 4-13 所示。

a) 用KR1280匀速冷却介质控冷+低温球化(1000×)

b) 控冷+球化退火(1000×)

图 4-12　锻后不同冷却方式的金相组织

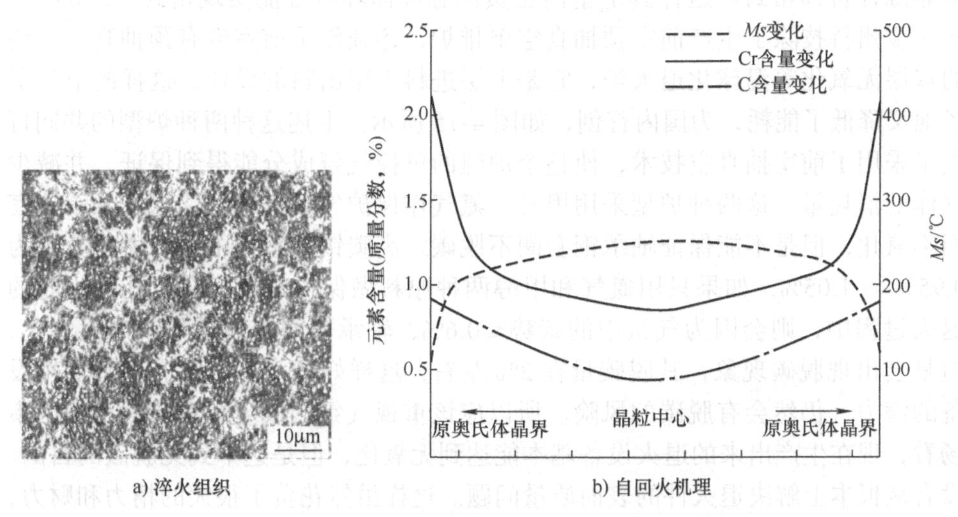

a) 淬火组织　　b) 自回火机理

图 4-13　常见轴承钢淬火组织及自回火机理示意图

锻后采用匀速冷却介质快速冷却，低温球化后的显微偏析改善明显，晶粒间的成分波动更小。在后续的淬火加热过程中，奥氏体晶粒内成分均匀性也同时改善，可有效改善组织均匀性，减少淬火过程的内应力，提高产品的接触疲劳强度。

4.4　轴承钢的无氧化、无脱碳等温球化退火

轴承钢制件的退火应该达到表面没有氧化和脱碳层，心部应该达到 2 ～ 4 级的球化组织。

1. 球化退火设备

部分中小型轴承内、外套圈的成形是将棒料经中频加热后再热挤压成形的，然后进行无氧化等温球化退火，在退火炉的设计上，我国采用前室预抽真空技

术早在2000年就已用在多用炉上。2016年起，江苏丰东热处理技术有限公司（以下简称江苏丰东热处理）将前室预抽真空技术也用在轴承套圈的无氧化等温球化退火上，市场反应不错，如图4-14所示，该炉体结构是单层的，运行稳定可靠，故障少。杭州金州科技有限公司（以下简称杭州金州科技）在2006年5月8日申请了双层前室预抽真空的专利：该技术涉及真空室软密封装置，主要包括真空室上固定连接密封门框、相连通的进料腔和压紧的工作腔。压紧工作腔通过通孔与真空室相连通，在通孔处压紧工作腔内设有浮动密封门框，在浮动门框的外侧有可上下升降的升降式密封门，该升降式密封门与压紧装置相连接；浮动门框通过一组螺杆式导柱与密封门框架连接，密封条镶嵌在浮动密封门框和升降式密封门的沟槽内。由于采用升降压紧装置，使密封门与真空门实现浮动密封，真空室形成负压时，密封效果增强；真空室形成正压时，密封门依靠螺柱自锁密封。这样真空室内正负压脉冲循环时皆能实现密封。2009年，杭州金州科技除了生产前室预抽真空单排炉，还独创了前室带有预抽真空结构的双层无氧化等温球化退火炉，它是上层进料下层出料的设计，这样既节约了场地又降低了能耗，为国内首创，如图4-15所示。上述这种两种炉型的共同特点是采用了前室抽真空技术，使整个炉膛的可控气氛成分能得到保证，并减少气体的消耗量。这两种炉型采用甲醇、氮气作保护气氛，它们能保证轴承钢套圈不氧化，但是不能保证轴承钢套圈不脱碳。高碳铬轴承钢中碳的质量分数为0.95%～1.05%，如果只用氮气和甲醇两种原料做保护气氛，在十几个小时的退火过程中，则会因为气氛中的碳势≤0.6%，轴承套圈表面虽然不产生氧化，但是会出现脱碳现象，其脱碳量在2%左右，这样好的设备，没有充分发挥设备的潜力，仍然会有脱碳的风险。所以应该重视气氛的成分和质量，从国内市场看，现在生产出来的退火设备基本能达到无氧化，但是达不到无脱碳的目的。没有从根本上解决退火件的表面质量问题。这样虽然花费了很大的精力和财力，却没有收到很好的经济效益，造成资源的浪费。为此应该选择能保持炉内有较高碳势的气氛，如甲醇、氮气和丙烷（或者其他富化气氛）做可控气氛，碳势控制在0.9%左右。由此实现无氧化、无脱碳等温退火目的，来提高套圈的表面质量，这样可以减小整个套圈的钢材质量和能耗，及后面的冷、热加工余量，为最终热处理工艺提供一个合格的表面和优良的内在质量。GB/T 18254—2016中规定，钢材退火后的每单边表面脱碳层深度必须小于公称直径1%。瑞典SKF公司从20世纪60年代起已使用奥地利的可控气氛退火炉，SKF公司做过成本核算：若套圈的精密锻造尺寸极限偏差为±0.30mm，在保护气氛中的脱碳≤0.10mm，这样0.1mm+0.3mm=0.4mm，这些0.4mm厚度的脱碳层就会被车削掉，对于大批量生产的产品来说就浪费钢材且增加了切削成本。如果用可控气氛的话，由于气氛中含有CO气氛，它们可以保护轴承钢套圈达到不氧化和不脱碳的要求，直接进行磨加工即可，节省了钢材和车削加工成本。

我国的轴承钢球化退火标准应达到：GB/T 34891—2017《滚动轴承 高碳

铬轴承钢制件　热处理技术条件》中的 2 ～ 4 级，有的企业标准要求是 2 ～ 3 级球化，硬度在 179 ～ 207HBW（压痕直径 ϕ4.5 ～ ϕ4.1mm）。

图 4-14　前室预抽真空等温球化退火炉（江苏丰东热处理）

图 4-15　双层前室预抽真空等温球化退火炉（杭州金州科技）

套圈表面不能出现氧化和脱碳。无氧化、无脱碳等温球化退火是大力推荐的工艺，上述两种炉型的温度控制精确，炉温均匀性好，温差能控制在≤10℃，加热工艺时间短，产量高，操作方便，选择正确的炉内气氛可以实现无氧化皮和脱碳层，可以减少表面的加工余量，节省钢材等，是一个节能型的设备。它们比一般的等温球化退火炉性价比更高。

2. 球化退火机理

对轴承钢而言，在正常的锻造操作工艺中，锻造后的金相组织是层片状光体或者索氏体类型的，该组织实际是铁素体和渗碳体的机械混合物，这个金相组织对于车削加工来说是不利的，造成套圈的车削表面粗糙，还容易损坏刀头，特别是会降低轴承钢的疲劳强度和使用寿命，为此必须进行球化退火。

刘云旭先生认为球化退火就把层片状分布的碳化物切断为球化，使它分散在铁素体基体上。高碳铬轴承钢要得到适当颗粒大小和均匀分布的球状碳化物组织是非常困难的。为使机械加工顺利，提高轴承钢的韧性及耐磨性，要对碳化物进行球化处理。

碳化物球化退火有以下五种方法：

第 1 种：在 Ar_1（650 ～ 700℃）以下温度长时间加热和保温后冷却。

第 2 种：在 A_1 温度上下反复多次的加热和冷却。

第 3 种：在 Ac_3 或 Ac_{cm} 以上温度加热，使碳化物完全固溶于奥氏体，网状碳化物析出，随后用第 1 种或者第 2 种方法进行球化。

第 4 种：在 Ac_1 以上 Ac_{cm} 以下的温度保温，缓冷到 Ar_1 以下的温度，特别是冷却转变温度范围要缓冷。

第 5 种：在 Ac_1 以上 Ac_{cm} 以下的温度加热后，在 Ar_1 以下的温度等温转变球化退火。

球状珠光体形成机理：球状珠光体是通过渗碳体球状化获得。根据胶态平衡理论，第二相颗粒的溶解度，与其曲率半径有关。靠近非球状渗碳体的尖角处（曲率半径小的部分）的固溶体具有较高的碳浓度，而靠近平面处（曲率半径大的部分）的固溶体具有较低的碳浓度，这就引起了碳的扩散，因而打破了碳浓度的胶态平面。结果导致尖角处的渗碳体溶解，而在平面处析出渗碳体。如此不断进行，最后形成了各处曲率半径相近的球状渗碳体。

渗碳体片有位错存在，并可形成亚晶界，在固溶体（奥氏体或铁素体）与渗碳体（cem）亚晶界接触处则形成凹坑，如图 4-16 所示。在凹坑两侧的渗碳体与平面部分的渗碳体相比，具有较小的曲率半径。

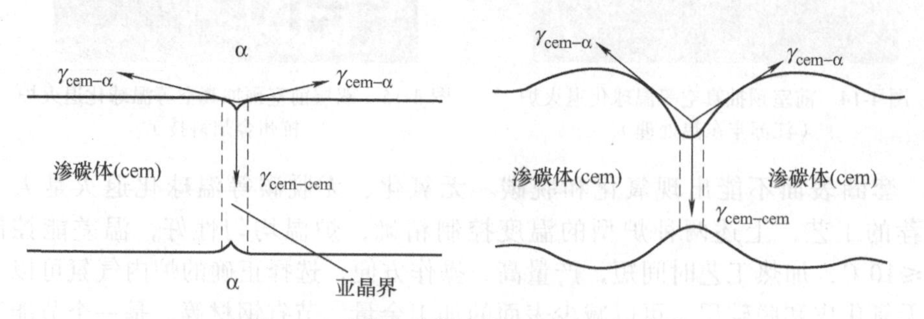

图 4-16　片状渗碳体破断、球化机理示意图

因此，与坑壁接触的固溶体具有较高的溶解度，将引起碳在固溶体中的扩散，并以渗碳体的形式在附近平面上析出。为了保持亚稳定平衡，凹坑两侧的渗碳体尖角将逐渐被溶解，而使曲率半径增大。这样又破坏了此处相界表面张力（$\gamma_{cem-\alpha}-\gamma_{cem-cem}$）的平衡。为了保持表面张力的平衡，凹坑将因渗碳体继续溶解而加深。在渗碳体片亚晶界的另一面也发生上述溶解析出过程，如此不断进行，直至渗碳体片溶穿，一片变成两截。渗碳体片在溶穿过程中和溶穿之后，又按尖角溶解、平面析出长大而向球状转化。同样，这片渗碳体在位错密度高的区域也会发生断裂现象。

因此，在 A_1 温度以下，片状珠光体的球化过程，是通过渗碳体的断裂、碳的扩散进行的，其过程示意图如图 4-17 所示。片状珠光体转变为粒状珠光体的金相组织形貌如图 4-18 所示。图 4-18a 所示为部分片状渗碳体转变为粒状渗碳体，可见仍有部分片状渗碳体存在，图 4-18b 所示为完全粒状渗碳体。对金相组织是片状珠光体的钢进行塑性变形，将增加珠光体中的铁素体、渗碳体的位错密度和亚晶界数量，有促进碳化物球化的作用。高碳钢锻造余热球化退火速度快的原因，可能与此有一定关系。

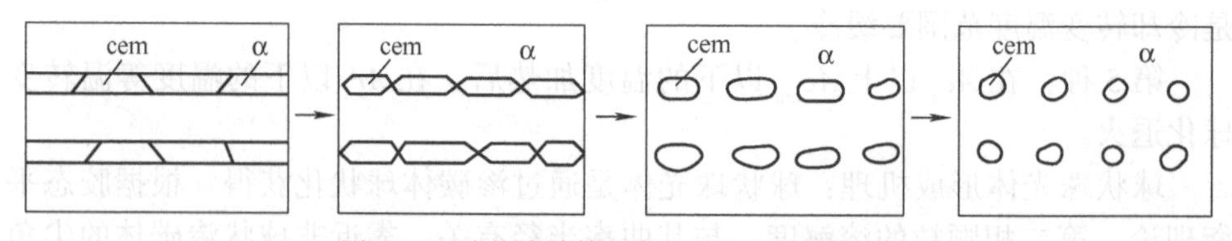

图 4-17　片状渗碳体破断、球化过程示意图

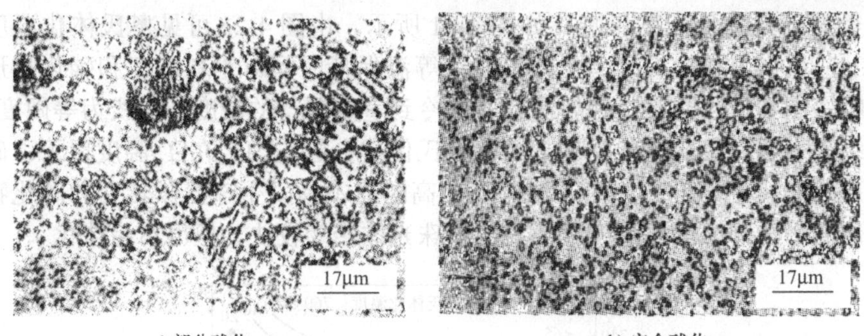

a) 部分球化　　b) 完全球化

图 4-18　片状珠光体转变为粒状珠光体的金相组织形貌

碳化物网状在加热保温过程中，也会发生破断和球化。图 4-19 所示为过共析钢在 A_1 与 A_{cm} 之间的温度保持时，碳化物网状破断、球化过程示意图。由于碳化物网状往往比片状珠光体中的碳化物片粗，所以球化过程需要较长的时间，而且碳化物的颗粒较大，常呈多边形，不可能呈“一”字形和“人”字形。过共析钢球化退火的组织中，常常见到的少数多角形大颗粒碳化物，往往就是原来碳化物网状转化的，如图 4-20 所示。

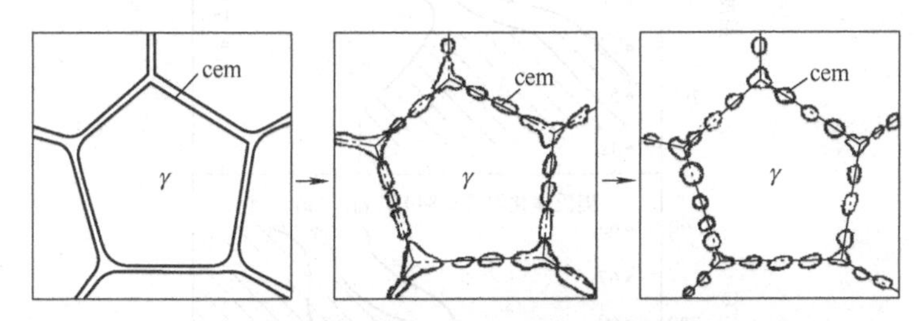

图 4-19　过共析钢中碳化物网状破断、球化过程示意图

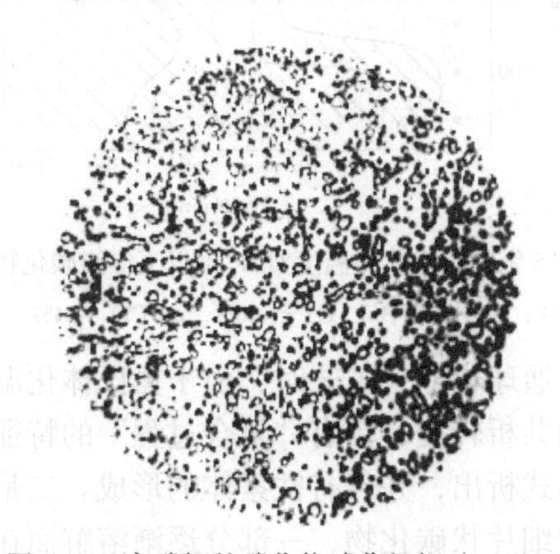

图 4-20　高碳钢的碳化物球化组织（1000×）

一般认为，钢中碳化物的球化，主要决定于奥氏体化的加热温度，随着温度的升高，退火后获得片状珠光体的趋势增大。GCr15 钢奥氏体化温度对 A_1 点

以下等温碳化物形态的影响，如图4-21所示。由图4-21可见奥氏体化温度为760℃、800℃和840℃时，不同温度下等温保持时间对钢料硬度和碳化物形态的影响。图中带点数字是等温保持后快冷到室温测得的硬度，曲线为等硬度线。试验结果表明，奥氏体化温度越高、奥氏体成分越均匀，在 A_1 温度以下，碳化物易成片状，不易球化。当等温温度过高时，不易发生珠光体转变和碳化物球化，硬度不易降。等温温度过低，虽然珠光体转变较快，但也不易球化。

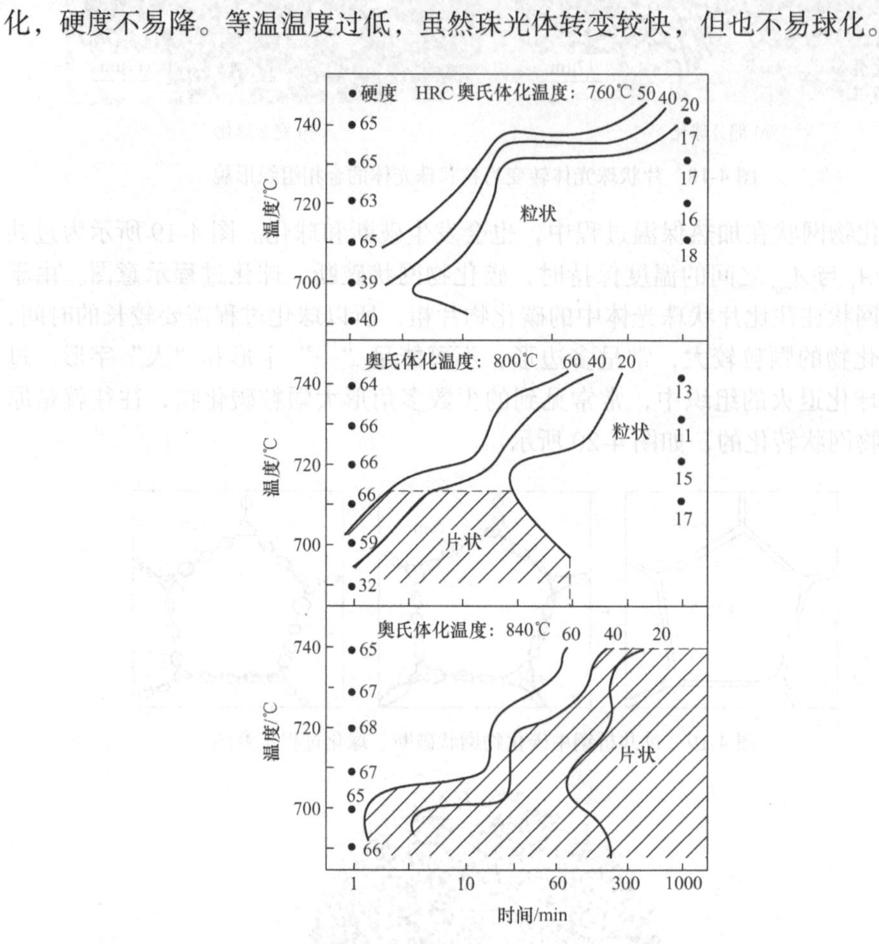

图4-21 GCr15钢的奥氏体化温度对 A_1 点以下等温碳化物形态的影响

注：GCr15钢中 w（C）=1.06%，w（Cr）=1.4%。

有研究表明：在普通球化退火工艺时，由于奥氏体化温度较低，奥氏体成分不均匀，因此奥氏体的共析转变，具有“复合过程”的特征。一是在富碳区，未溶解碳化物按球状的形式析出，并伴有铁素体的形成。二是在贫碳区，首先形成的细片状珠光体，其中细片状碳化物，一部分逐渐溶解而在临近的稳定碳化物上析出，另一部分长大成较大的片状碳化物，并在随后的保温和缓冷过程中逐渐球化，转变为稳定的粒状碳化物。GCr15钢加热到780℃保温4h，缓冷到740℃水冷后的显微组织如图4-22所示。共析转变中部分形成的细片状珠光体。这种细片状珠光体中的片状碳化物，只有在继续缓冷或者等温保持时，才变成粒状形态。因此认为，碳化物的球化，不仅决定于加热条件，而且也与冷却条件有关。

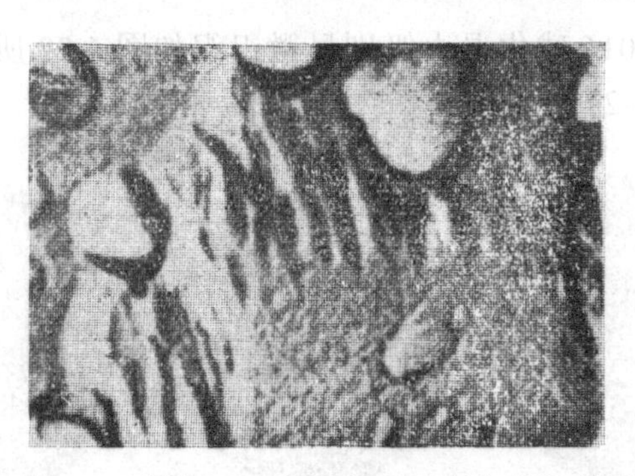

图 4-22　GCr15 钢 780℃保温 4h，缓冷至 740℃水冷后的显微组织（11000×）

根据粒状珠光体形成机理，为了缩短球化退火时间，可以采用碳化物具有高分散度的原始组织（如索氏体、贝氏体、马氏体等）和低温加热，使加热后的残留奥氏体有较多的、细小的、均匀的碳化物颗粒，它们在随后冷却时，既可作为匀质晶核，又可缩短碳的扩散距离，从而加速珠光体转变和碳化物球化。此外，在 A_1 附近采用波动加热 [A_1+（20+30）℃]—冷却 [A_1-（20–30）℃] 的方式加速，也由于加热时碳化物在尖角处溶解，冷却时在平面析出，而加速了碳化物球化。

还有研究表明，采用波动加热—冷却球化处理，在加热时片状珠光体中的渗碳体会破断，从而增加了冷却时的渗碳体的晶核。因此，加热温度既不能太高，防止渗碳体溶解而失去冷却时渗碳体晶核；又不能太低，以致渗碳体片破断不多，而保存部分片状珠光体，这些都是不利于渗碳体的球化。

从各种退火工艺中，考虑使用效果较好的是等温球化退火工艺，其等温球化退火工艺是：加热到 790 ～ 810℃，保温 4 ～ 6h；降温到 710 ～ 720℃，保温 4 ～ 6h；以 10 ～ 15℃/h 冷却速度冷却到≤600℃，出炉空气冷却。它们在炉内的等温时间取决于组织的均匀性和装料量的多少，以得到球化组织及要求的硬度为目的。等温退火比普通退火节省很多时间，况且球化质量会更好，对于钢材直径≤60mm 的球化级别在 2 ～ 4 级中（GB/T 18254—2016），其中 2 级为特级优质组织，3 级为高级优质组织，4 级为一般优质组织，1 级和 5 级组织为不合格组织。相对级别大的可加工性能好、刀具的使用寿命长；碳化物颗粒在 0.6 ～ 0.3μm 时，颗粒越小碳化合物的表面积越大，越容易固溶，短时间加热就可使奥氏体均匀化，得到良好的淬透性，最终提高轴承的使用寿命。优质量的球化组织可以提高套圈的表面质量、减少能耗、车加工余量及节省钢材，提高生产率。另外应该采用氮气、甲醇、丙烷（或其他富化气氛）作为可控气氛，碳势控制在 0.9% 左右就保证高碳铬轴承钢表面质量，达到不氧化、不脱碳的目的，这种气氛是一种最好的、广泛使用的保护性气氛。

这种气氛符合天然气协会（AGA）的可控气氛分类应用中的 03/04 条

款——“气体的制备在炉内本身完成，而且没有使用单独的设备和发生器”。

3. 国内外轴承钢原始显微组织对比

GB/T 18254—2016 球化退火级别显微组织如图 4-23 所示，国外球化退火级别显微组织如图 4-24 所示。

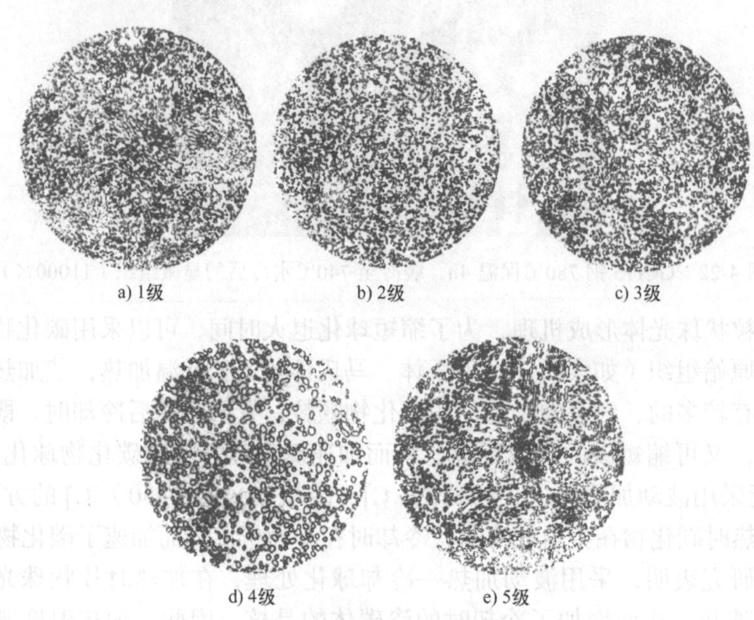

a) 1级　b) 2级　c) 3级　d) 4级　e) 5级

图 4-23　GB/T 18254—2016 球化退火级别图

注：放大倍数为 1000 倍。

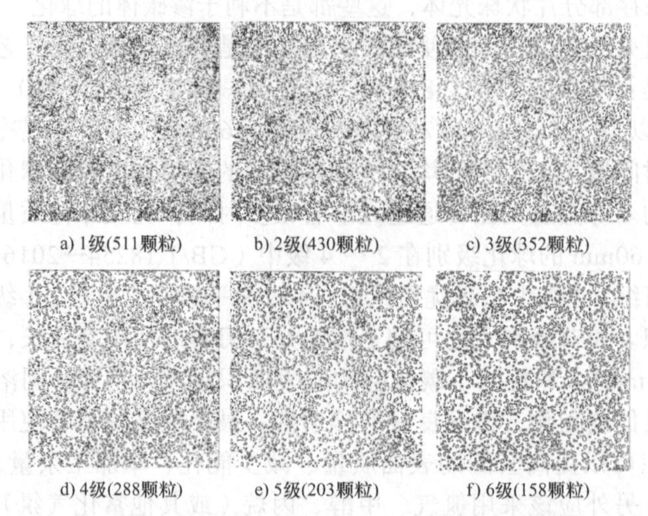

a) 1级(511颗粒)　b) 2级(430颗粒)　c) 3级(352颗粒)　d) 4级(288颗粒)　e) 5级(203颗粒)　f) 6级(158颗粒)

图 4-24　国外 100Cr6（GCr15）钢球化退火级别图

（在 400μm² 平方面积中有多少粒碳化物颗粒数）

注：放大倍数为 1000 倍。

4.5 轴承套圈的马氏体分级淬火和贝氏体等温淬火

为提高轴承钢的塑性和韧性，对于轴承钢的淬火工艺而言，在解决套圈的畸变、开裂和金相组织中的屈氏体等级超标问题时，有些壁厚的套圈用油淬火无法达到这个技术要求，只能用马氏体分级（等温）淬火或贝氏体等温淬火的办法来解决。分级淬火、等温淬火和等温退火统称等温热处理，这是一种优良的热处理方法。它是将套圈在正常温度中加热和保温，然后迅速降温至 *Ms* 点附近，停留一段时间，最后在空气中冷却的方法。使用等温热处理可使套圈的表面和心部在热浴中缩小温差，使套圈断面的热应力减少，残留奥氏体增加后会使组织应力减小，最后达到技术要求的目的。这种方法适合大直径薄壁套圈和向心推力轴承套圈的热处理。与普通热处理相比，等温热处理在不降低或稍微降低硬度的情况下，使钢的塑性和韧性得到较大的提高，还可以减少工件发生畸变和开裂的倾向。

根据等温温度的不同，等温淬火可以分为两类：在 *Ms* 点以下温度的淬火（若选择 *Ms* 点以上分级淬火，则冷却速度达不到临界冷却速度），称为马氏体分级（等温）淬火或称分级淬火；而在 *Ms* 点以上温度的等温淬火，则称贝氏体等温淬火。

4.5.1 轴承套圈的马氏体分级淬火

为了减少轴承套圈的畸变、开裂和提高尺寸稳定性，在正常的淬火温度中加热及保温后，迅速淬入低于 *Ms* 点的介质中，停留一段时间后移出介质进行空冷的过程，得到的是马氏体组织，称马氏体分级淬火，又称马氏体等温淬火，如图 4-25 所示。这种工艺可以显著降低轴套圈的残余应力和扭曲，分级温度越高、等温时间越长，其效果越明显。在同样硬度下，经马氏体分级淬火后的 GCr15 钢的强度、塑性、韧性、耐磨性和疲劳强度大幅度的提高。而马氏体分级淬火时由于产生的应力和畸变较小，因此有利于尺寸的稳定性。虽然增加了残留奥氏体量而不利于尺寸稳定性的因素，但是可以通过冷处理或者提高回火温度来解决。在经历 20 个月的长期时效证明，马氏体分级淬火经过适当的热处理工艺（冷处理或较高的回火温度），其尺寸稳定性高于直接淬火工艺。

马氏体分级淬火工艺的选择，在实际生产中则必须根据制件的形状、截面大小、使用条件以及力学性能和尺寸精度来决定分级温度和时间。一般 GCr15 钢的分级温度在 150 ～ 180℃等温 30min 时效果最佳。制件截面尺寸较大时，应选择较低的分级温度。轴承钢分级淬火时，均会引起随后转变滞后的现象，但是在 150 ～ 180℃短时间等温后再冷处理时，残留奥氏体量并不多于直接淬火及冷处理的制件，由于稳定性而损失的马氏体，在冷处理时得到补充。实际生产中各国在轴承钢的淬火回火生产线上，很多企业采用了马氏体的分级淬火的工艺。为了解决某些制件的淬火畸变问题，有些工艺采用了马氏体转变 *Ms*

点以上的温度进行分级淬火。其分级温度同马氏体等温温度是一样的，但是分级时间（≤30min）短了许多，然后在贝氏体区域等温一定时间，得到的显微组织是马氏体+下贝氏体组织。

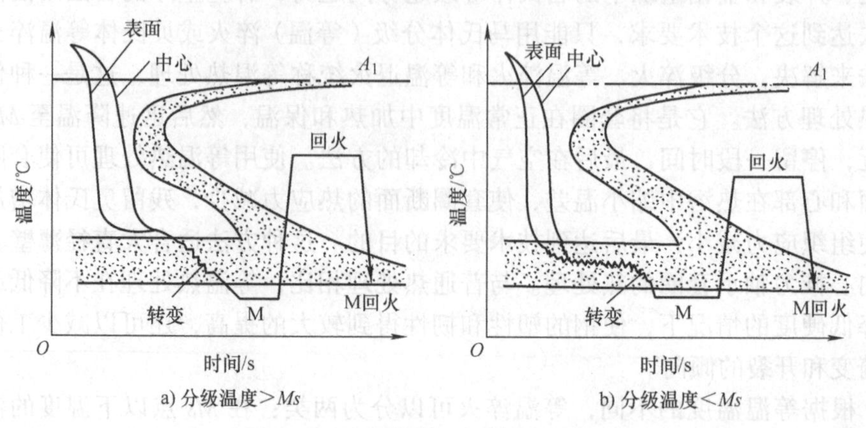

a) 分级温度＞*Ms*　　b) 分级温度＜*Ms*

图 4-25　马氏体分级淬火操作示意图

日本从 20 世纪 60 年代开始，为降低残留奥氏体量和提高尺寸稳定性，将套圈在油槽中的温度设计在 80～100℃，甚至到 150℃后，淬火后用水冷的办法来得到少量的残留奥氏体。我国的输送带炉型生产线在正常温度加热后，套圈在 80～110℃油槽内停留 7min 后，轴承套圈出油槽后在第一个清洗槽温度为 10℃左右清水中清洗，并停留 20min 左右，然后进入第二个 80～100℃热水的清洗槽中进行清洗，最后进入回火炉，这样做可以提高尺寸稳定性和减少残留奥氏体量。杭州金州科技从 2004 年起已经能够生产这种类型网带炉生产线了，为保证 10℃左右的温度，该清洗槽配置了一台冷冻机，这已成为标准配置。这种类型的生产线得到了许多用户的认可，所以在轴承热处理行业中的使用率比较高。

1. 淬火临界尺寸

心部能完全淬透的最小有效厚度，称为淬火临界尺寸。

某些壁厚为 20mm 左右 GCr15（100Cr6）高碳铬轴承钢的套圈或者形状比较复杂的机械制件，在生产中采用快速油淬火时，畸变较大，心部硬度仍达不到技术要求，心部屈氏体组织超出标准要求。我国精度要求较高的、壁厚为 12mm 的套圈，心部屈氏体标准要求≤1 级；外资企业要求屈氏体的级别≤1 级。

当轴承钢在 844℃奥氏化时，它的 *Ms* 点是 202℃，为此可用马氏体分级淬火工艺来解决，但是马氏体分级淬火不适用于有效厚度很大的轴承钢套圈，太厚的尺寸其心部淬不透。心部能完全淬透的最小有效厚度称为淬火临界尺寸。采用分级淬火时，必须在临界尺寸范围内才能完成。因此轴承钢套圈的有效厚度≤25mm 比较适合分级淬火。分级淬火是将套圈或制件在正常的奥氏体化温度（830 ～ 850℃）范围内加热保温后，迅速进入温度略高于或者低于 *Ms* 点的介质中冷却一定时间，然后进行空冷或者回火处理，如图 4-25 所示。硝酸盐溶液比较合适作为分级淬火冷却介质。采用硝酸盐溶液淬火时的冷却方式是对流，即在高温区冷却快，而在低温区冷速慢，它可以减少淬火畸变、防止淬火裂纹的产生、得到较高的硬度和获得技术要求的屈氏体组织（≤1 级）。但是硝酸盐的配比、盐浴的流动性、溶液的温度、熔盐的搅拌力度、工件的装料方式及淬火时的运动形式都会影响套圈等制件的畸变和硬度的热处理质量，需要根据实际情况进行调整。

2. 淬火硝酸盐的精度等级

淬火硝酸盐的精度等级见表 4-2。

表 4-2　淬火硝酸盐的精度等级

项　目	盐浴介质级别			试验方法的标准
	合格品	优质品	高纯品	
纯度（质量分数，%）≥	99.00	99.35	99.50	GB/T 1918—2021、GB/T 2367—2016
水分（质量分数，%）≤	1.00	0.75	0.50	GB/T 13025.3—2012
硫酸根（质量分数，%）≤	0.05	0.03	0.01	GB/T 23844—2019
碳酸根（质量分数，%）≤	0.05	0.03	0.01	GB/T 1918—2021、GB/T 4553—2016
氯离子（质量分数，%）≤	0.05	0.03	0.01	GB/T 23945—2009
钙镁铁总量（质量分数，%）≤	0.10	0.05	0.01	GB/T 13025.6—2012、GB/T 3049—2012
水不溶物（质量分数，%）≤	0.04	0.03	0.02	GB/T 13025.4—2012
pH 值	6.5 ～ 8.5			GB/T 9724—2007
熔点 /℃	135 ～ 145			GB/T 21781—2008

3. 淬火硝酸盐的配方、熔点和使用温度

淬火硝酸盐的配方、熔点和使用温度见表 4-3。硝酸盐（硝酸钠、硝酸钾）和亚硝酸盐采用不同的配比，则具有不同的熔点，图 4-26 所示为 KNO_3-KNO_2-$NaNO_2$-$NaNO_3$ 熔化曲线。

表 4-3　淬火硝酸盐的配方、熔点和使用温度

成分（质量分数）	熔点/℃	使用温度/℃
55%KNO_3+45%$NaNO_3$	218	230 ～ 550
53%KNO_3+40%$NaNO_2$+7%$NaNO_3$（另加 2% ～ 3%H_2O）	100	110 ～ 130
55%KNO_3+45%$NaNO_2$	137	150 ～ 500

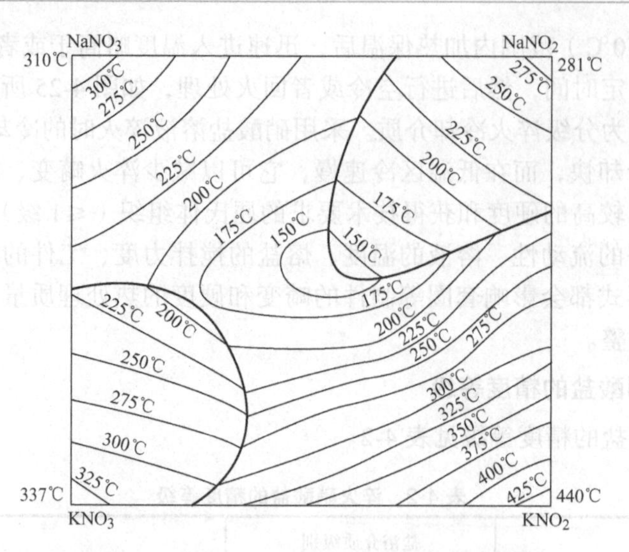

图 4-26 KNO_3-KNO_2-$NaNO_2$-$NaNO_3$ 熔化曲线

4. 淬火硝酸盐中的含水量对冷却性能的影响

1）不同含水量硝酸盐的冷却性能见表 4-4。

表 4-4 不同含水量硝酸盐的冷却性能

配方	含水量（质量分数，%）	最大冷速 /（℃/s）	下特性温度 /℃	300℃冷速 /（℃/s）	冷却到 400℃时间 /s	冷却到 200℃时间 /s
KR1129	0	99.57	564.96	7.13	12.96	54.29
	0.5	149.83	384.01	7.83	5.58	45.78
	0.75	150.89	370.82	6.27	5.15	47.54
	1.0	151.77	364.93	5.91	4.99	47.56
	1.5	154.63	362.41	4.94	4.94	48.03
	2.0	154.92	366.21	7.29	4.99	45.23
	2.5	156.9	367.02	7.78	4.97	46.06
	3.0	157.44	365.72	7.37	4.98	47.53
KR1139	0	98.75	554.27	6.63	12.59	56.03
	0.1	115.14	520.9	6.11	11.49	55.82
	0.25	139.42	462.11	6.92	8.21	51.41
	0.5	148.51	374.14	5.49	5.25	49.42
	0.75	152.77	360.93	5.73	4.94	45.6
	1.0	154.51	356.81	6.92	4.72	46.26
	1.5	160.08	353.4	8.7	4.63	41.74
	2.0	159.77	351.7	8.23	4.62	43.72
	2.5	158.47	366.93	6.19	4.93	43.27
	3.0	158.07	365.74	6.63	4.96	46.48

2）不同含水量在不同温度下的失水率见表 4-5。从表 4-5 中可以看出，在试验前期 20h 左右，失水率的下降是比较明显的，随着时间的延长水分损失减慢，趋于平稳，若用曲线表示，失水效果会更清楚。

表 4-5　不同含水量在不同温度下的失水率（KR1129 的试验数据）

时间 /h	180℃		时间 /h	180℃	
	含 1% 水分的失水率	含 0.5% 水分的失水率		含 1% 水分的失水率	含 0.5% 水分的失水率
0.5	0.08775409	0.066456222	1.0	0.244964175	0.236776901
1.0	0.147248389	0.080222154	1.5	0.315262944	0.256159081
1.5	0.203272186	0.091614649	2.0	0.39421387	0.283822744
2.0	0.223599405	0.09493746	2.5	0.474246316	0.310114879
2.5	0.280118989	0.109652766	3.0	0.536974449	0.3336878
3.0	0.328705999	0.122944011	3.5	0.595376504	0.355689194
4.0	0.375309869	0.133387151	4.0	0.62782209	0.367737576
5.0	0.417451661	0.147622775	4.5	0.661349196	0.382929014
5.5	0.443728309	0.152649311	5.5	0.707854535	0.398120452
6.5	0.494298463	0.16708993	6.0	0.75783674	0.4222127217
7.5	0.535944472	0.183229298	6.5	0.768960389	0.427979486
8.5	0.577094695	0.194621793	7.0	0.788427741	0.43636097
9.5	0.608824988	0.206014288	7.5	0.793835339	0.440551711
10.5	0.629647992	0.21458659	20.5	0.898201974	0.501841307
11.5	0.649479425	0.223103031	21.5	0.902528052	0.504984363
24.5	0.788299455	0.278641445	22.5	0.911720968	—
25.5	0.793753099	0.283863005	23.5	0.915506296	—
26.5	0.796232028	0.285287067	24.5	0.916047046	—
27.5	0.803173028	0.287660504	25.5	0.918750845	—
28.5	0.806147744	0.288609878	26.5	0.922536163	—
29.5	0.808130887	0.29003394			

3）不同含水量硝酸盐的冷却特性曲线如图 4-27 所示。

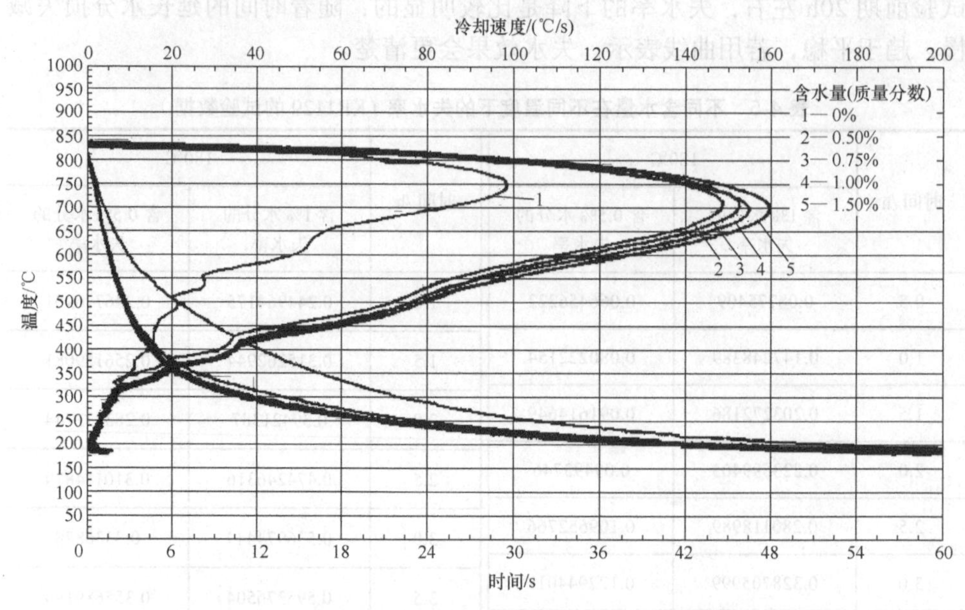

图 4-27 不同含水量硝酸盐的冷却特性曲线（KR1129）

4）不同含水量硝酸盐可以淬硬的经验尺寸见表 4-6（表中数据受设备工况的影响，如搅拌、工装和工艺等的影响）。

表 4-6 不同含水量硝酸盐可淬硬的经验尺寸

可以淬硬的有效厚度 /mm	含水量（质量分数，%）
≤5	基本无水
6 ～ 7	0.5
8 ～ 10	0.8
11 ～ 15	1.2
16 ～ 25	1.5 ～ 3

5）硝酸盐浴温对冷却性能的影响见表 4-7。

表 4-7 硝酸盐浴温对冷却性能的影响

类型	测试温度 /℃	最大冷速 /（℃/s）	上特性温度 /℃	下特性温度 /℃	300℃冷速 /（℃/s）	冷却到 400℃时间 /s	冷却到 200℃时间 /s
KR1129	160	99.65	839.97	563.52	7.15	13.05	54.53
	200	98.42	835.72	564.89	5.59	14.24	—
	250	98.13	835.87	569.89	2.67	14.78	—
KR1139	160	98.75	833.09	554.27	6.63	12.59	56.03
	200	97.87	835.85	557.56	4.29	14.36	—
	250	98.57	842.13	562.57	2.74	16.8	—

6）不同温度硝酸盐的冷却特性曲线如图 4-28 所示。

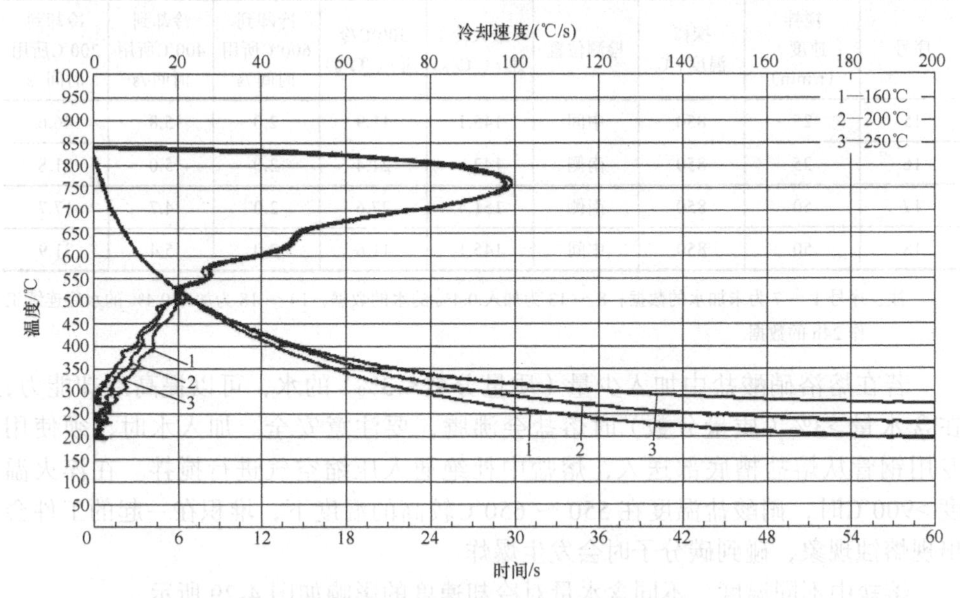

图 4-28 硝酸盐槽内不同温度硝酸盐的冷却特性曲线（KR1129）

7）不同搅拌状态下的冷却性能见表 4-8。

表 4-8 不同搅拌状态下的冷却性能（未加水）

序号	搅拌速度 /（r/min）	探棒温度 /℃	检测位置	最大冷速 /（℃/s）	300℃冷速 /（℃/s）	冷却到600℃所用时间 /s	冷却到400℃所用时间 /s	冷却到200℃所用时间 /s
1	0	850	中间	110.5	7.3	4.4	11.5	59.9
2	0	850	中间	121.1	6.8	2.5	9.8	59.9
3	0	850	南侧	123.2	7.6	2.4	8.3	59.9
4	25	850	南侧	127.3	18.9	2.3	6.1	23.7
5	25	950	中间	120.5	7.8	2.5	8.8	55.3
6	50	850	中间	120.5	15.7	2.5	8.7	36.1
7	50	850	南侧	131.9	27.3	2.2	5.0	18.3
8	50	850	南侧	157.8	27.3	1.8	4.4	18.3
9	50	850	中间	151.1	11.1	2.0	5.2	37.1
10	50	850	北侧	152.2	20.3	2.0	4.8	21.9
11	25	850	中间	146.2	10.5	2.1	5.4	42.1
12	25	850	南侧	147.0	18.9	2.0	4.9	23.8
13	0	850	中间	143.0	6.5	2.1	5.5	59.3
14	0	850	中间	148.1	6.5	2.0	5.7	59.9

（续）

序号	搅拌速度 /(r/min)	探棒温度 /℃	检测位置	最大冷速 /(℃/s)	300℃冷速 /(℃/s)	冷却到600℃所用时间 /s	冷却到400℃所用时间 /s	冷却到200℃所用时间 /s
15	25	850	中间	145.1	11.9	2.0	5.8	46.6
16	25	850	南侧	147.8	21.4	2.0	5.0	21.8
17	50	850	南侧	151.4	27.6	2.0	4.7	17.7
18	50	850	中间	145.1	11.6	2.0	5.4	31.9

注：序号 1 ～ 7 为未加水的数据；8 ～ 13 为加入 0.4% 的水的数据；14 ～ 18 为加入 0.4% 的水后连续工作 24h 的数据。

若在熔浴硝酸盐中加入少量（质量分数≤3%）的水，可以提高冷却能力，在含水量>3%（质量分数）时熔盐会沸腾，要注意安全。加入水时，须使用专用钢管从熔盐槽底部送入，熔盐中杜绝通入压缩空气进行搅拌。在淬火温度>900℃时，硝酸盐温度在 550 ～ 650℃较高的温度下，堆积在一起的工件会出现熔蚀现象，碰到碳分子时会发生爆炸。

熔盐中不同温度、不同含水量对冷却速度的影响如图 4-29 所示。

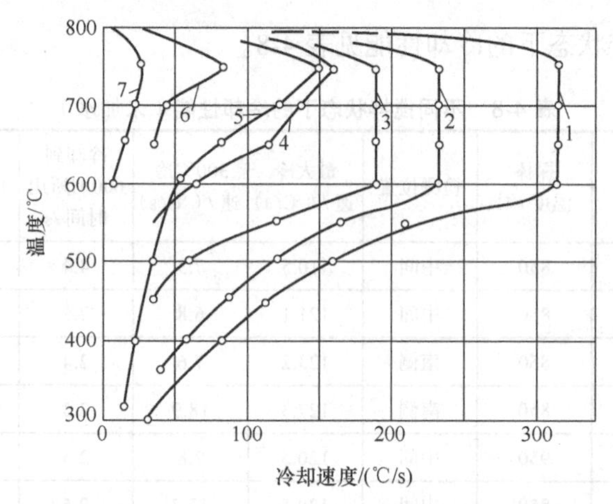

图 4-29　熔盐中不同温度、不同含水量对冷却速度的影响

1—170℃，0.68%H_2O　2—210℃，1.04%H_2O　3—320℃，0.28H_2O　4—440℃，0.16%H_2O　5—500℃，0.12%H_2O　6—270℃，无水　7—520℃，无水

注：用 20 银探头测量冷却速度。

硝酸盐成分（质量分数）为 50%KNO_3+50%$NaNO_2$ 和 55%KNO_3+45%$NaNO_2$ 的组合是经常使用的两种。

熔盐槽内的硝酸盐从国外使用状况看，都是由“专业工厂”配置好的“专用成品硝酸盐”，只有专用成品硝酸盐的质量才能够保证硝酸盐溶液的流动性好，残渣少，并没有腐蚀现象。

轴承钢的分级（等温）淬火温度在 *Ms* 点以下是比较合适的，一般在 160 ～ 180℃范围选择，也可以选择再低一点的分级淬火温度。这样可以保证有效厚度≤25mm 大直径套圈、向心推力轴承套圈等的淬火畸变和开裂得到明显改善。同时小直径的滚动体也可以采用硝酸盐分级淬火，硝酸盐分级淬火可以避免在油淬火时出现高温冷却时蒸汽膜阶段较长而产生软点，导致硬度分布不均匀的现象，以及心部屈氏体组织≥1 级而达不到技术要求。采用硝酸盐分级淬火时，会使残留奥氏体量相应增加，其增加量与分级温度和停留时间有关，分级温度在 180℃左右时残留奥氏体最多，停留时间越长，残留奥氏体越多，如图 4-30 和图 4-31 所示。根据轴承钢制件的技术要求，也可以用冷处理或回火办法来决定残留奥氏体量的多少。若在 *Ms* 点以上温度分级，则冷却速度达不到临界冷却速度，造成淬火硬度偏低。分级温度停留时间的长短，由制件的有效厚度及一次淬火批量而定，一般为 2 ～ 10min。

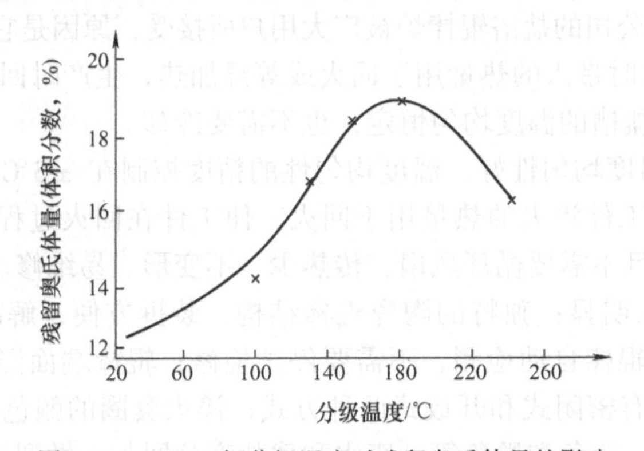

图 4-30 GCr15 钢分级温度对残留奥氏体量的影响

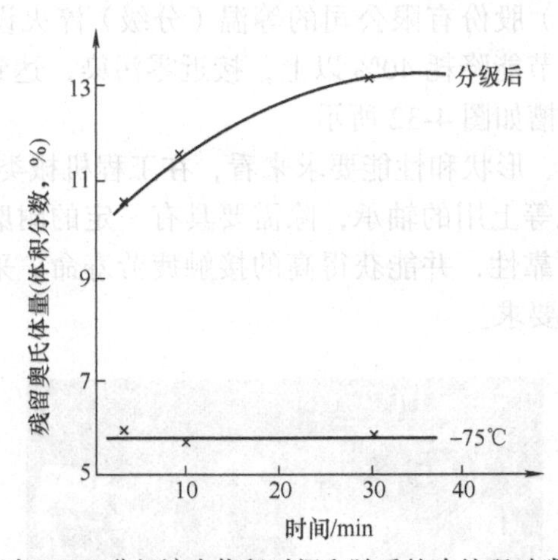

图 4-31 GCr15 钢在 180℃分级淬火停留时间和随后的冷处理对残留奥氏体量的影响

5. 分级淬火的加热设备

马氏体分级淬火用的加热炉设备是根据生产量的多少来选择的。对于品种较多而产量并不是很高的企业来说，选择多用箱式炉或底装料箱式炉型为好，生产此类型多用炉的设备厂家很多，如江苏丰东热技术股份有限公司和广东世创金属科技股份有限公司等。对于生产批量很大的企业来说，应该选择辊棒输送式炉，这些设备生产厂家也很多。硝酸盐淬火炉是解决油淬火炉没有办法解决的、有效厚度≤25mm 的 GCr15 钢（有的可以≤40mm）套圈的淬火畸变、开裂、金相组织不达标的替代炉型。不论多用炉生产线内的硝酸盐槽还是输送式生产线内的硝酸盐炉，这种类型的炉子一旦开启就不会轻易停炉，因为硝酸盐槽的运行成本很高，停炉及开炉都需要用较长时间，所以在选择工艺和炉型上要慎重考虑。

输送带式炉型根据产品规格大小和技术要求，可以分为网带式硝酸盐淬火炉（用于小规格）和辊棒式硝酸盐淬火炉（用于较大套圈）两种。套圈外径大于100mm 的淬火，目前使用较多的是辊棒硝酸盐淬火炉做套圈的分级淬火。我国能生产硝酸盐淬火炉的设备厂家很多，其质量都能达到技术要求，其中亚捷科技（唐山）股份有限公司的盐浴辊棒炉被广大用户所接受，原因是它拥有几项专利：

1）工件淬火时带入的热量用于回火或等温加热，生产时回火和等温过程不需要加热，淬火盐槽的温度均匀恒定，也不需要冷却。

2）回火槽温度均匀性好，温度均匀性的精度控制在 ±3℃。在淬火回火等温技术中，能将工件淬火的热量用于回火，使工件在回火过程中 100% 地利用了淬火余热，而且不需要循环风扇，传热少、不变形、易维修。

3）节能效果明显：独特的陶瓷辊棒结构，装拆方便，解决了辊棒变形问题，可通过断损辊棒自动检测，不需要停炉检修；辊棒端面温度仅 40℃左右，热损失少；盐槽有密闭式和开放式两种方式；淬火套圈的颜色根据技术要求可以调整达到灰色、蓝色和黑色等；废水和残盐充分回收，做到零排放。

亚捷科技（唐山）股份有限公司的等温（分级）淬火设备技术被中国热处理行业协会评定为：节能降耗 40% 以上，接近零污染，达到国际先进水平。辊棒淬火生产线及淬火槽如图 4-32 所示。

根据轴承的尺寸、形状和性能要求来看，在工程机械类、矿山机械、铁路、载重车、风电及轧机等上用的轴承，除需要具有一定的耐磨性以外，还需要具备良好的强韧性和可靠性，并能获得高的接触疲劳寿命。采用分级淬火工艺就可以满足上述产品的要求。

图 4-32 辊棒淬火生产线及淬火槽

6. 轴承套圈分级淬火后的表面颜色

轴承套圈的马氏体分级淬火可以在多用炉或连续式辊棒炉内进行。多用炉仅适用于小批量多品种，况且在淬火时先接触空气后再进行分级处理，此时的表面颜色为黑蓝色。对于大批量的生产一般都是在连续式辊棒炉内进行，它不接触空气，套圈从加热炉内出来后直接进入盐槽内，淬火后的颜色是均匀的蓝黑色，或可根据技术要求呈现黑色等。图 4-33 所示为辊棒炉中经硝盐淬火后的轴承套圈。图 4-34 所示为经硝酸盐淬火后堆放的轴承套圈。但是有的盐槽内出来的表面颜色很不均匀，伴有不均匀的黄色或红色斑块出现，发生这种现象的原因有几种：套圈没有清洗干净及烘干；甲醇在炉内裂解不充分；防锈油的成分所致，因为防锈期较长的防锈油中含有石油磺酸钙、石油磺酸钡等，它们残留在套圈表面没有清洗干净也会有黄斑产生，它会产生斑痕；轴承套圈壁厚较大或轴承套圈密集堆放时在硝酸盐中的冷速不够；硝酸盐介质中有氧化铁等杂质污染；炉内可控气氛成分或气流循环不均匀等。这些还需要具体分析才能找到产生红色斑块的真实原因。

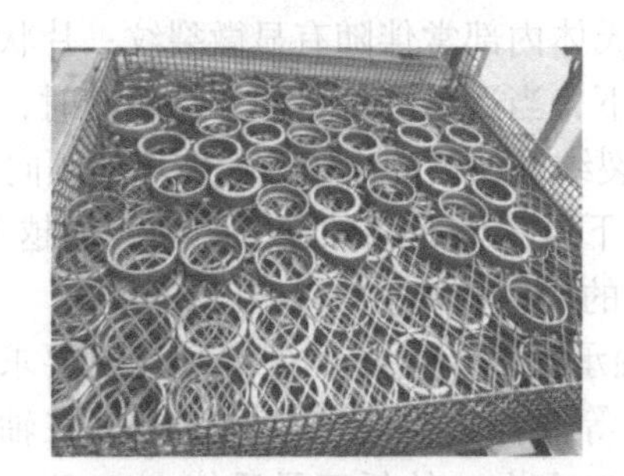

图 4-33　辊棒炉中经硝酸盐淬火后的轴承套圈

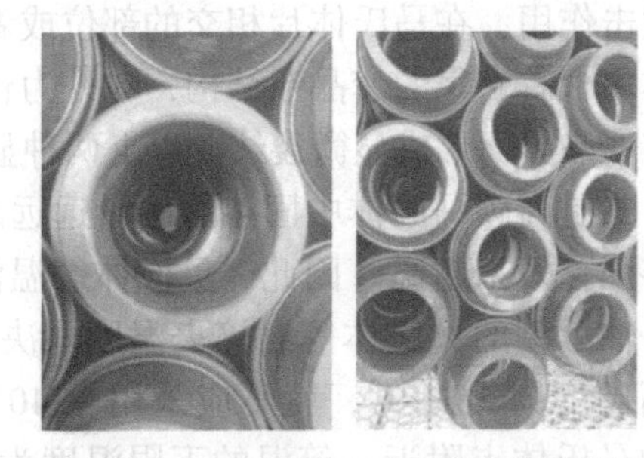

图 4-34　经硝酸盐淬火后堆放的轴承套圈

4.5.2　轴承套圈的贝氏体等温淬火

轴承套圈的等温淬火也就是贝氏体等温淬火，其工艺曲线如图 4-35 所示。对于个别要求高冲击韧度、高可靠性的轴承套圈，以得到下贝氏体组织，硬度在 55 ～ 60HRC 为目的，等温淬火后不需要回火，只要求在粗磨或半精磨后分别进行 120 ～ 130℃各一次的补充去应力回火即可。贝氏体等温淬火用的淬火冷却介质也是硝酸盐，淬火设备也是网带炉、多用炉、转底炉或连续式辊棒炉等。

贝氏体等温淬火可以显著改善高碳铬轴承钢的强韧性。GCr15 钢加热到 860℃保温 30min 后经 235℃等温 3.5h 得到的下贝氏体组织，其屈服强度几乎比马氏体组织约高 490MPa，塑性和韧性也有明显的优越；用该工艺处理的圆锥滚子轴承挡边的平均断裂强度约提高 65%；具有下贝氏体组织的滚动寿命，与普通淬火 160℃回火的相近，但是优于普通 220℃回火的。

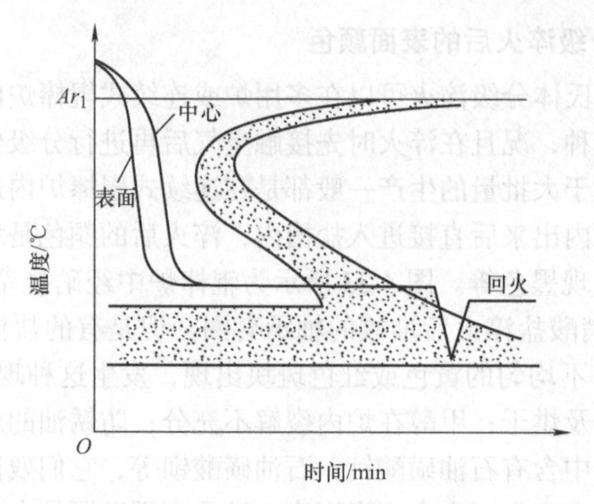

图 4-35　贝氏体等温淬火工艺曲线

贝氏体等温淬火工艺可使材料具有较高韧性的原因：

一是高碳下贝氏体的性能优于高碳片状马氏体，并在等温淬火时取代了片状马氏体，避免了片状马氏体对钢的韧性造成的损害。由于片状马氏体转变时的相互撞击作用，在马氏体片相交的部位或者马氏体内部常伴随有显微裂纹；片状马氏体内含有密集的孪晶亚结构，在外力作用下，当运动的位错同孪晶相交时，往往在孪晶界面形成显微裂纹。以上两种显微裂纹增加了淬火钢脆性破坏的倾向。

二是高碳马氏体中固溶的碳量远远高于下贝氏体，间隙原子的固溶体越大，固溶强化效果越高。因此，贝氏体等温淬火的韧性较高。

轴承钢的贝氏体等温淬火温度取决于轴承套圈所要求的硬度。若所要求的最高硬度为 58HRC，就不应采用 >240℃的等温淬火温度，该温度刚好在轴承钢的马氏体点附近；等温的下限温度为 210℃左右，约低于马氏体点 20℃，随着等温温度的下降，马氏体组织的含量就会增多，即 GCr15 钢在 210 ～ 240℃之间等温淬火时发生的贝氏体转变。在这个温度区间，根据等温转变曲线，完成贝氏体转变需要几千秒，根据一般经验需要约 4h 或更长的保温时间。含锰量较高的 100CrMn6 不能进行这样的等温热处理，因为锰会严重减缓中温转变速度，导致等温时间过长而很不经济。截面大于 15mm 的套圈用轴承钢局部会转变为珠光体组织，故截面较大的套圈采用贝氏体等温淬火时，应该用含 Mo 的 100CrMo7 钢来制造。100CrMo7 轴承钢贝氏体等温淬火在德国 SKF 公司的连续淬火生产线上得到应用，如图 4-36 所示。奥氏体化温度为 865℃，硝酸盐成分为 $NaNO_2$+KNO_3 的混合盐热浴槽，槽内有三个上下平行的、方向相反的输送带，保温时间 4 ～ 5h 后，清洗干燥即可，不必再进行回火。

轴承套圈采用贝氏体等温淬火工艺后硬度为 58HRC，并且有较高韧性，比渗碳轴承钢工艺的热处理生产成本低许多，特别是圆锥滚子轴承更能反映它的优势。因此国外许多轴承制造商，如 FAG、SKF、KOYO 和 NSK 等公司从 20 世纪 50 年代开始将贝氏体等温度淬火工艺用于铁路、汽车、轧机、起重机、钻机、矿山机械和冶金机械等。

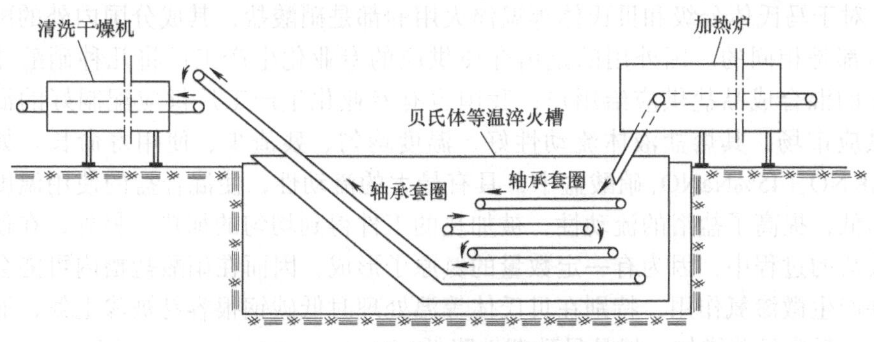

图4-36 贝氏体等温淬火用连续生产线

近年来，为提高高碳铬轴承钢的强韧性，国内外对GCr15钢的淬火+回火工艺进行了大量的研究。贝氏体等温淬火后的组织与性能比常规淬火+回火后的组织与性能具有更好的耐磨性、强韧性和尺寸稳定性，但是贝氏体等温淬火的处理时间比较长，制约了它的发展。为此北京科技大学冶金工程学院米振莉团队研究了不同热处理工艺（淬火+回火、贝氏体等温淬火、马氏体预淬火后的贝氏体淬火和贝氏体变温淬火）对GCr15钢的显微组织、硬度、抗拉强度、冲击韧性和耐磨性等力学性能的影响。

对比分析不同热处理工艺的微观组织和性能的关系。通过四种工艺试验分析贝氏体短时间处理和尺寸稳定性的关系，以及不同工艺的残留奥氏体量：

第1种，常规淬火+回火处理后得到的回火马氏体组织。

第2种，在240℃贝氏体等温淬火处理时得到的下贝氏体组织。

第3种，经过预先淬火（得到的马氏体组织）然后在240℃贝氏体等温处理过程中得到马氏体/贝氏体复合组织。

第4种，贝氏体变温处理后得到的下贝氏组织。

上述四种工艺的残留奥氏体量（体积分数）分别为12.5%、3.88%、3.5%、7.8%。

试验结论是：与常规淬火+回火处理比，贝氏体组织具有更优越的综合性能。

具体表现在：在硬度降低不大的情况下，强度、冲击韧性和耐磨性均有不同程度的提高，残留奥氏体量明显降低，尺寸稳定性更加突出。常规贝氏体等温处理需要较长的孕育期，转变周期较长，而马氏体预淬火和贝氏体变温淬火工艺可以明显缩短贝氏体转变时间，且力学性能好，对于实际生产可能会提供帮助。

为了提高贝氏体等温淬火生产线的设备利用率，缩短套圈在等温槽内的时间，采用转移等温处理的办法，即套圈在生产线上的等温槽内第1次等温一定时间后出槽，迅速转入到大型等温槽中进行第2次继续等温处理，根据需要生产线上可以有若干个大型等温淬火槽，继续等温到工艺时间后，再出槽气冷、清洗等工序，完成整个工艺流程。已有多家企业应用此技术，生产率显著提高。

4.5.3 硝酸盐残渣的处理

对于马氏体分级和贝氏体等温淬火用的都是硝酸盐，其成分国内外的配方基本都是相同的。国外用的是由介质供应的专业化生产工厂将几种硝酸盐配置好的混合成品盐供应给用户；我国也有专业化生产工厂供应配制好的混合盐供应市场，其熔盐液体流动性好、温度均匀、残渣少、使用寿命长。如在 $55\%KNO_3+45\%NaNO_2$ 硝酸盐中，具有最大的流动性，使混合盐的使用温度可以降低，提高了盐浴的流动性，被加热的工件得到均匀的加热。另外，在使用硝酸盐的过程中，因为有一定数量的氮原子形成，因而在硝酸盐槽内可能会对工件产生微渗氮作用，特别在贝氏体等温处理时低碳钢很容易被渗上氮，而使硬度、强度显著增加，但是导致塑性降低。

硝酸盐残渣的处理采用氧化法：在车间或者工厂的三废处理池中加入氧化剂次氯酸钠，用螺旋搅拌装置将其溶于水的亚硝酸盐氧化成硝酸盐溶液，其化学反应式为

$$NaNO_2+NaClO=NaNO_3+NaCl$$

其中，NaClO 为液体，含有效氯 13%（GB/T 27945.3—2011《热处理盐浴有害固体废物的管理　第 3 部分：无害化处理方法》）。

在使用中，盐槽内加入少量的水可以调整淬火溶液的冷却速度，改变淬火硬度。若加入 0.3% ～ 0.8% 的水，套圈的有效厚度可以在≤15mm 下进行淬硬；若加入 1.0% 的水，套圈的有效厚度可以在≤25mm、滚子的直径可以在≤32mm 下进行淬硬；若不加水的话，淬火件的有效厚度可在 12mm 左右能够淬硬，通过搅拌可以提高硝酸盐的流动性，并能将 15mm 厚度的套圈淬硬。

盐槽的温度控制：用于马氏体分级（等温）淬火，盐槽的温度一般为 170 ～ 180℃，常用 170 ～ 175℃，最低可为 160℃，淬火硬度为 58 ～ 63HRC。对特殊制件处理时，加入 2% ～ 3% 的水，分级淬火温度还可以降低到 110 ～ 130℃。

对于贝氏体等温淬火来说，常用盐槽的温度为 230℃，实际使用温度在 225 ～ 235℃之间，等温淬火后的硬度为 58 ～ 62HRC，实际控制在 58 ～ 60HRC 之间。

采用硝酸盐淬火比采用热油淬火的畸变合格率可以提高 5% 左右。对于薄壁套圈的最低有效壁厚在≥3mm 时用硝酸盐淬火为宜。壁厚 <3mm 的套圈还是用网带炉油淬火对畸变的控制会更好一些。由于淬火炉内的可控气氛中有富化气体，所以碳势要控制好，不能出现大量的炭黑，输送带上的耐热钢丝颜色要求保持金属本色，不能有黑的颜色，否则炭黑及污物进入盐槽内会影响冷却性能及安全性。混合硝酸盐的使用寿命决定于平时的维护保养，须及时捞渣、去除污物。

4.5.4 硝酸盐溶液的净化处理

在日常工作中，盐槽内会沉积一些氧化皮、炭黑等污物，如果长期不清理，

会影响冷却性能和淬火工件的表面光亮度。目前是以人工清理捞渣为主，比较烦琐。也可以通过“过滤”的办法将盐槽内的残渣清理掉：首先将铺在槽底的不锈钢网布吊出来，将粗颗杂质除去，然后用耐热钢泵将硝酸盐溶液抽到一个有加热、保温功能的多组合的过滤槽内，槽内有三个过滤子槽，三个子槽尺寸相同，耐火砖的材料也是一样的，但每个子槽的孔径不同，第一个子槽的耐火砖孔径最大，第二个子槽铺的耐火砖孔径比第一个子槽的孔径要小一些，最后一个子槽的耐火砖孔径最小，其孔径的尺寸小到能将硝酸盐溶液过滤干净为止。净化后的硝酸盐溶液再回到工作盐槽内。堆积在有孔洞耐火砖上的杂物及残盐，可以取出槽外清理干净，留在耐火砖孔内的硝酸盐，通过在水中浸泡后，将残盐融化于水，然后分别进行耐火砖脱水再利用，硝酸盐水溶液经次氯酸钠溶液中和反应后，生成 NaCl 和 $NaNO_3$，这样做可以把亚酸钠中和，达到环保要求。

4.5.5　新型碳化硅炉炉膛结构

目前我国的输送带式炉的传动结构，基本上是网带式、辊棒式、链轮式或者支承抽板式（Safed），它们都需要有传动机构的辅助装置——耐热钢制的滚（辊）棒或支撑板来支撑输送带的前进运动。这样增加了支撑辊的维修工作量及更换支撑辊的消耗量，况且对支撑辊两端的密封圈要求很高，以及支撑辊的热损耗较大，这些增加了成本开支。

国外已经使用碳化硅结构的炉膛，并应用于网带炉上多年，网带的运行淘汰了过去的支撑板或辊棒支撑结构。这种炉膛结构简单，网带运行平稳，更加轻松灵活，提高了使用寿命，2005 年从德国进口的这种炉子至今没有大修过，该炉子的密封性很好。不需要耐热钢支承板或者支撑辊，这样可以减少热量损耗，节约能耗，降低生产成本。这种炉型在欧洲使用得较多。原上海吉埃斐电炉制造有限公司生产过几台套此类炉子，质量较好。

1. 网带支撑结构

网带支撑结构如图 4-37 所示。它是将带缺口的碳化硅直条方管架在碳化硅固定横梁上，碳化硅固定横梁结构很简单，横梁固定（砌筑）在炉子两端，十分结实牢固；网带放在碳化硅直条上即可，通过传动机构使网带平稳前进，它们的摩擦系数很小，对网带的损耗很少，所以网带运行很平稳，延长了网带的使用寿命，减少了轴承套圈在炉内加热时因波动而造成的畸变，这种炉型的使用寿命超过 20 年。该炉膛的核心是碳化硅材料在烧制时不能产生变形，它的平面度要求 <1mm/1000mm，整个 10m 长的炉膛砌炉时的平面度≤5mm，对砌炉质量要求很高。碳化硅支撑结构使用了二十多年基本不坏，没有修理过炉膛内的碳化硅支撑方管，延长了网带的使用寿命。

2. 网带的运行方式

网带的运行方式采用回程管和水封结构，网带尾部落料口处的传动轮的心轴是通过空气冷却的，网带从尾部落入密封的回程管内，如图4-38所示，然后从炉口下面的水封槽出来，经几个输送轮、重量轮、张紧轮后网带达到炉门口进入炉膛内，由传动轮进行拉紧，并使网带（工件）平稳前进，如图4-39所示。

图4-37 碳化硅网带支撑结构

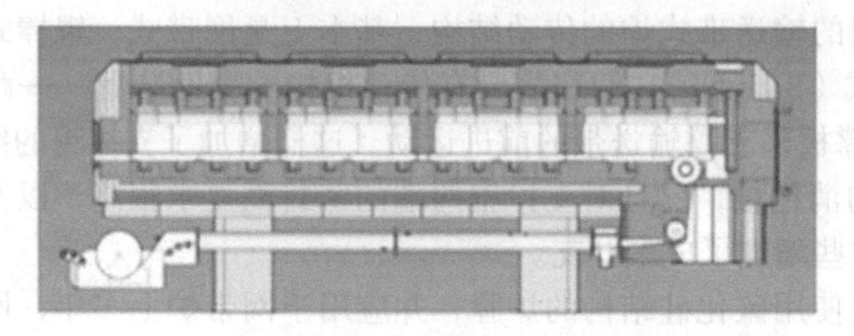
图4-38 网带炉运行方式（吉埃斐公司）

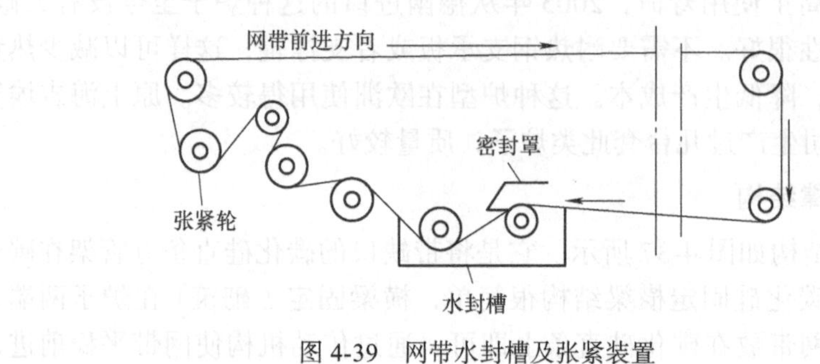

图4-39 网带水封槽及张紧装置

3. 炉内气氛的循环

炉内气氛的循环有两种结构：

第一种是马弗罐炉膛。对于炉膛宽度大于600mm的马弗罐炉膛，整个马弗罐为贯通式。根据炉子的性能，整个炉膛长度方向上有3～6个循环风扇，循环风扇的电动机分为有水冷装置或没有水冷装置两种形式，同轴流式叶片组装为一体，更换时一起更换，安装拆除比较方便。这种结构的炉型，炉内气氛很均匀，大多用在精密制件的浅层渗碳，如整体冲压滚针轴承的渗碳淬火。我国目前在制造技术上还不太成熟，无法制造这种类型的大炉子。所以只能生产网带宽度在 600mm 以下的、没有循环风扇的炉型，这种炉型马弗罐内的气氛不均匀，并会影响淬火件的表面光亮度，因此只能做一般的淬火处理。

第二种是采用了碳化硅的马弗导流罩（意大利炉型），如图 4-40 所示。因碳化硅材料的变形常小，它不存在更换整个马弗罐的问题。2005 年从德国进口的碳化硅网带炉做渗碳或碳氮共渗处理，至今炉膛结构完整，仍然可以继续使用。德国炉子的辐射管为水平安装结构。气氛的循环是采用没有冷却装置的大功率离心式循环风扇，使气氛搅拌时范围更大，每个循环风扇间设有隔离板，根据性能要求，它也可以由若干个区域（循环风扇）组成。这种炉型的每个区域内的气氛同样均匀，使整个炉膛气氛质量得到保证。由于意大利炉型的两排辐射管垂直安装在炉膛的左右两侧，占据了炉膛的空间而导致加热区的缩小，因而产量不高。

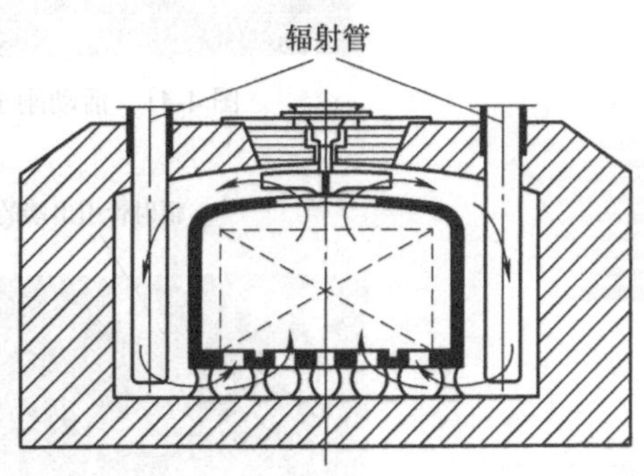

图 4-40 碳化硅的马弗导流罩及辐射管（左右两侧，意大利炉型）

德国产碳化硅式炉膛全长 8000mm（根据需要还可以加长），炉体用抗渗碳砖砌成，中间加刚玉隔离板，整体分 4 个区。每个区都有一个风冷式离心循环风扇，每个区的气氛循环由 4 块 20mm 厚的白色刚玉板隔离，前面 3 个区的隔离刚玉板用耐热钢件及销轴固定在横梁上，最后一个区的隔离板连接在炉盖上，如图 4-41 所示。这种结构的气氛循环同样可达到均匀分布，对碳氮共渗的气氛没有影响，产品质量很好。德国将整体 8m 长的炉子分成两段炉体，减少了运输过程中对炉体产生的松动。

加热元件为辐射管，布置有两种形式：

第一种为立式（意大利模式），垂直碳化硅辐射管安装在炉膛的两侧，它可以减少辐射管发生变形的概率，延长使用寿命。通过循环风扇将热量进行搅拌，使炉温均匀一致。图 4-42 所示为立式辐射管接线保护罩。

第二种为卧式（德国模式），碳化硅辐射管为横卧式结构，辐射管在炉膛的上下排列，即在网带的上、下面，碳化硅辐射管的一端固定在炉子的一侧，另一端自由状态（悬空），碳化硅辐射管的壁厚在 7mm 左右，这样加热工件很均匀，如图 4-43 所示。该辐射管的使用寿命能达到 5 年左右。这种结构能有效利用炉膛空间，可确保产量。

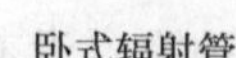

图 4-41　活动刚玉隔离板炉膛

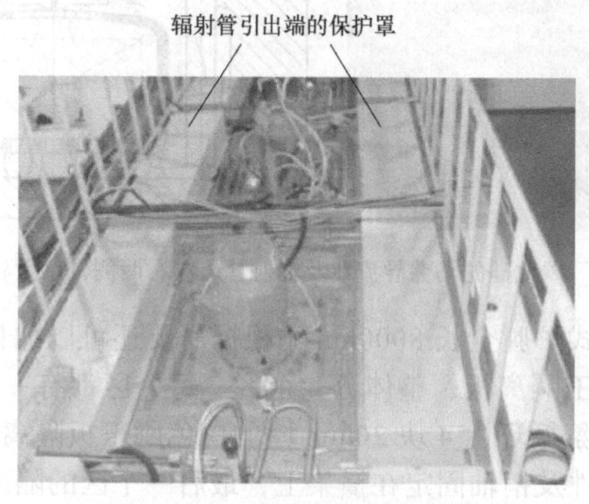

图 4-42　立式辐射管接线保护罩

图 4-43　卧式辐射管接线端

4. 淬火炉的安全措施

淬火炉在开炉或停炉时，根据操作规程，自动切换氮气和丙烷、甲醇。当设备出现故障时，或炉温低于安全温度（≤800℃）时，自动通入惰性气体氮气，切断富化丙烷气和甲醇载体气。

5. 炉尾检修门（德国炉型）

炉子在工作时，通过炉子尾部的左、中、右三个窥视孔，可以清楚地观察到制件在炉内的运动情况。设备需要检查炉膛内部的状况或者检修时，该炉子尾部的连杆结构移动门可以随时打开，很方便，且密封性很好。图 4-44 所示为能 360° 旋转的炉尾连杆结构检修门。我国在 20 世纪 70 年代也有此类结构的检修门。

为防止炉尾有积料，在尾部回程处安装了一个顶部呈 20° 的三角形挡板作为废料收集槽。曲形挡板与回程网带距离为 15 ～ 20mm；废料收集槽的底部、炉体侧面有扒渣口，可以将落入的废料取出。这是目前解决积料的最好措施。

图 4-44　能 360° 旋转的炉尾连杆结构检修门

4.6　轴承套圈的热处理畸变与对策

对于外径在 ϕ200mm 以下的各类 GCr15 钢轴承套圈的常规热处理，使用各种输送带炉、多用炉、真空炉等加热，应用氮甲醇丙烷作可控气氛和相关淬火冷却介质来达到技术要求，可以防止淬火畸变小，提高表面光亮度。

4.6.1　轴承套圈的膨胀和收缩产生的畸变与对策

外径小于 ϕ200mm 的套圈在热处理时，发生的淬火畸变与材料、冷热加工工艺和设备有密切的关系，它们之间是相互影响和制约的，具体如下：

1. 轴承套圈尺寸与膨胀量的关系

对于原始组织达到 2 ～ 3 球化级别的组织（GB/T 34891—2017），在奥氏体化淬火后的畸变，基本都是以膨胀为主的，这是由于加热时的热应力和淬火时的组织应力造成的，畸变量一般规律可以从经验公式中得知：

$$d=KD-m$$

式中，d 为外径尺寸变化量（mm）；K 为比例常数；D 为外径尺寸（mm）；m 为修正值（mm）。

一般情况下，K=0.02，m=0.6mm，因此，d=0.02D−0.6，D 的适用范围为 50 ～ 200mm。这说明轴承套圈的直径越大，膨胀量就越大，如图 4-45 所示。比例常数随着淬火的各种条件反映出不同的值。例如淬火时在 Ms 点以下冷却速度快时的 K 值，比冷却速度慢时的 K 值要大。制件的形状、奥氏体化温度、冷却介质的种类和温度、循环搅拌力度不同，K 值也不同。为了减少畸变、膨胀量的分散性，淬火时的操作条件必须使 K 值一定。

2. 淬火油槽温度与膨胀量的关系

淬火油槽油温和外径膨胀量的关系如图 4-46 所示，图中，50℃和 120℃两种油温相比，120℃油温的膨胀量比 50℃的要大。因为油温高，残留奥氏体多一些，所以应尽量选用低一点的油温淬火。

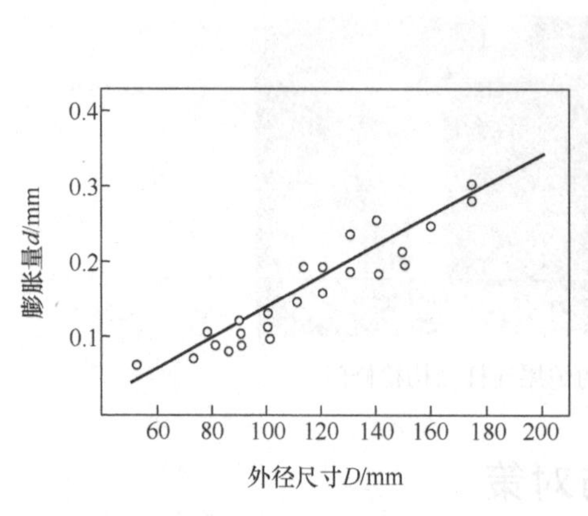

图 4-45　轴承外径尺寸与膨胀量的关系

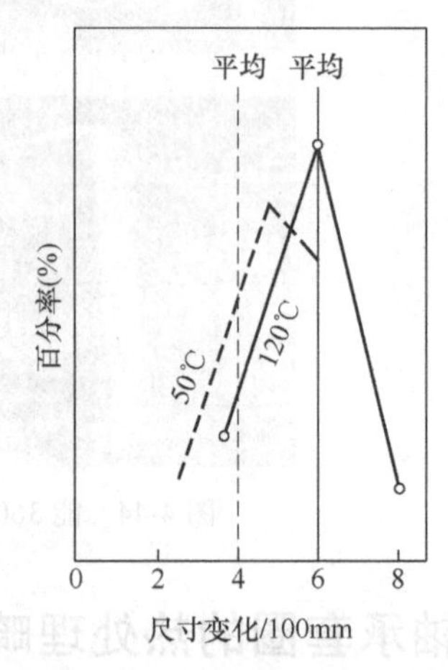

图 4-46　淬火油槽油温 50℃和 120℃外径膨胀量比较

注：套圈尺寸（外径 × 内径 × 宽）为 ϕ62mm×ϕ55mm×15mm

3. 残留奥氏体与膨胀量的关系

轴承钢的淬火组织（残留奥氏体）和体积变化见表 4-9。

表 4-9 轴承钢的淬火组织与体积变化

淬火组织（体积分数，%）			马氏体中固溶的碳化物（%）	由淬火引起的体积变化（%）
马氏体	残留奥氏体	碳化物		
89	7	4	0.45	0.42
85	7	8	0.45	0.39
86	10	4	0.45	0.29
82	10	8	0.45	0.26

从表 4-9 中看出，残留奥氏体越多，马氏体量越少，体积变化就越少。残留奥氏体逐渐转变为马氏体，体积就变大了，这就是“时效变形”现象。从图 4-47 可以看到，在淬火时经各种温度下保温 30min 空冷所测得的膨胀量，以及再经 190℃回火 2h 的尺寸变化量有所改变。例如：20℃稳定后进行回火会引起收缩，这是由于 ε 碳化物析出的原因。相反，在 80℃稳定化处理后，回火会引起膨胀，其原因说法不一。但是 GCr15 钢的残留奥氏体分解与时间和温度有关：在 20℃时几乎不分解，而在 150℃经 60 天时差不多全部分解，这说明残留奥氏体分解造成体积膨胀比 ε 相析出的收缩要大的原因。80℃稳定化处理后外径变化量最小，这是残留奥氏体多的原因。

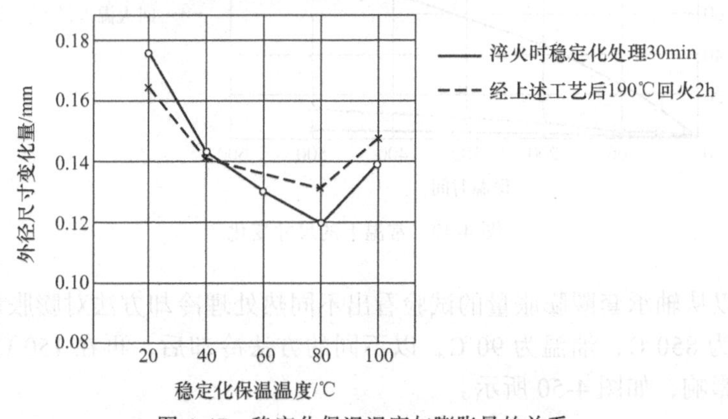

图 4-47 稳定化保温温度与膨胀量的关系

注：试验套圈的规格（外径 × 内径 × 宽）为 ϕ80mm×ϕ67mm×18mm

另外，还可以从图 4-48 中看到，轴承钢在 1038℃和 843℃奥氏体化，保温 30min 后的残留奥氏体量变化，经 843℃淬火 60min 稳定化处理的残留奥氏体量最少，由于高碳铬轴承钢存在着时效变形的特性，淬火后的残留奥氏体会在回火后，随着时间的延续它还会发生缓慢的分解，使体积变大，所以要将残留奥氏体控制到一定范围内，控制它发生转变的时间和数量。这可以通过对应的回火或者冷处理等方法，来减少残留奥氏体或者使残留奥氏体稳定化，使轴承尺寸一直保持稳定可靠。

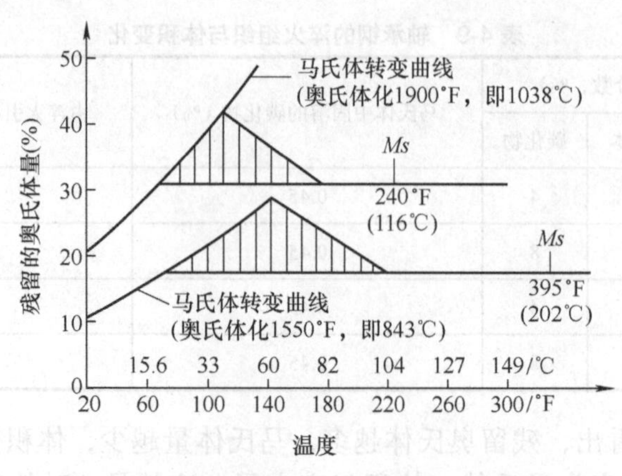

图 4-48 轴承钢经各种温度稳定化处理后的残留奥氏体量

4. 淬火后的冷却方式对畸变的影响

从图 4-49 可以看到，轴承套圈淬火后还没有冷却到室温就回火的时效变形就大，而进行水冷和冷处理的时效变形就小。

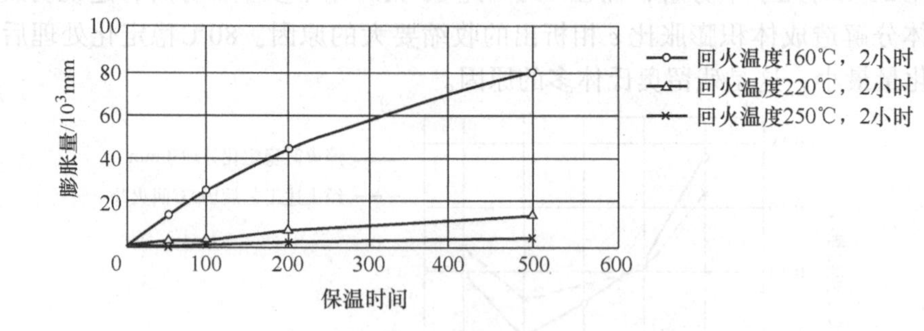

图 4-49 常温下的尺寸变化

还可以从轴承套圈膨胀量的试验看出不同热处理冷却方法对膨胀量的影响：淬火温度为 850℃，油温为 90℃，以不同的方法冷却后，再在 150℃回火，对膨胀量的影响，如图 4-50 所示。

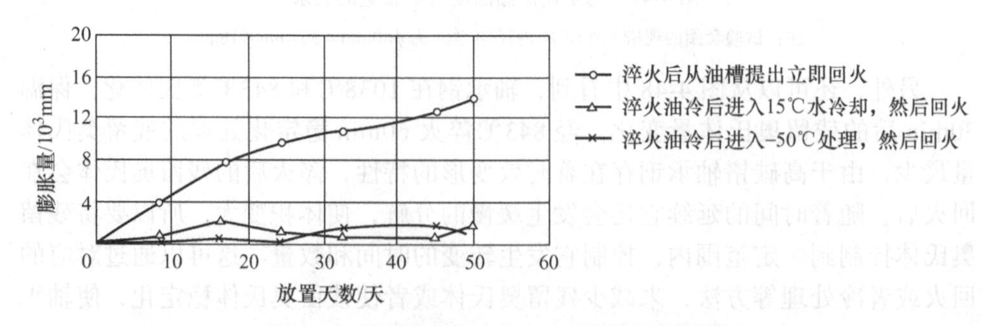

图 4-50 不同热处理冷却方法对膨胀量的影响

4.6.2　轴承套圈淬火时产生的圆柱度畸变与对策

轴承套圈在加热时的运行状态会影响圆柱度，淬火时因淬火冷却介质的区别同样会影响圆柱度。在设定加热和淬火都不产生畸变时，讨论油温、搅拌力度对轴承套圈淬火时圆柱度畸变的影响。

1. 淬火油槽内油温对轴承套圈淬火时圆柱度畸变的影响

将规格（外径 × 内径 × 宽）为 ϕ50mm×ϕ40mm×20mm 的轴承套圈进行 840℃×20min 常规的淬油后，测量它的锥度和圆柱度，随着淬火油温度的升高，畸变量减小。锥度的变化如下：油温 50℃时，锥度为 0.05mm；油温 90℃时，锥度为 0.035mm；油温为 110℃时，锥度为 0.028mm。圆柱度的变化如下：油温 50℃时，圆柱度为 0.10mm；油温 90℃时，圆柱度为 0.07mm；油温 120℃时，圆柱度为 0.05mm。

淬火油温的升高影响到轴承套圈的圆柱度和锥度，如图 4-51 和图 4-52 所示。

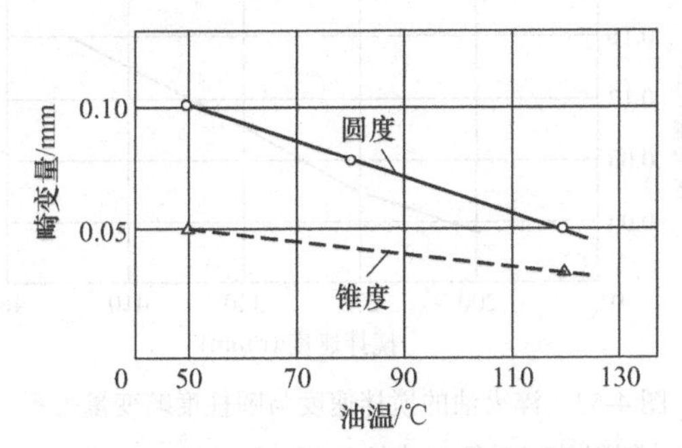

图 4-51　油温与圆柱度和锥度畸变量的关系

注：轴承套圈的规格（外径 × 内径 × 宽）为 ϕ50mm×ϕ40mm×20mm

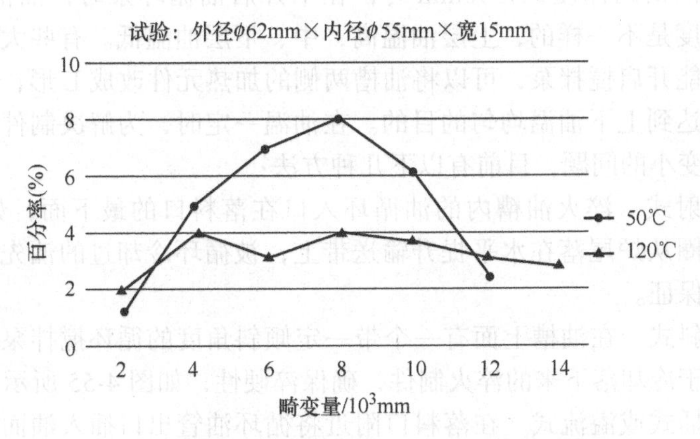

图 4-52　淬火油温度 50℃和 120℃与畸变量的关系

注：轴承套圈规格（外径 × 内径 × 宽）为 ϕ62mm×ϕ55mm×15mm

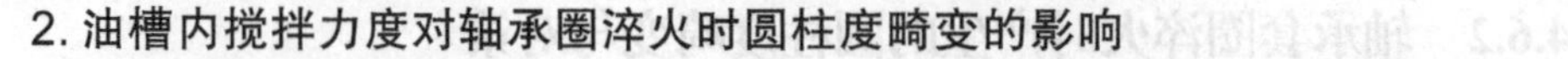

2. 油槽内搅拌力度对轴承圈淬火时圆柱度畸变的影响

油的搅拌力度（速度）大时，畸变量也大，如图 4-53 所示。随着搅拌力度（速度）的增加，轴承套圈的圆柱度也加大。对于规格（外径 × 内径 × 宽）为 ϕ100mm×ϕ90mm×17mm 的轴承套圈，淬火后的圆柱度的变化如下：当转速在 200r/min 时，圆柱度为 0.038mm；当转速在 270r/min 时，圆柱度为 0.06mm；当转速在 350r/min 时，圆柱度为 0.12mm，当转速在 410r/min 时，圆柱度为 0.14mm。

防止发生圆柱度畸变的措施：尽量采用搅拌力度缓和一些的、转速较低的加热温度和较短的保温时间，淬火冷却介质的温度可以采用 90 ～ 110℃的分级淬火油或者 120 ～ 140℃的硝酸盐分级淬火工艺。在 *Ms* 点以下的马氏体分级淬火，能减少淬火应力、防止畸变和开裂。这种方法对于薄壁大套圈减少畸变量是很好的措施。若采用模压淬火的方法，效果会更好。

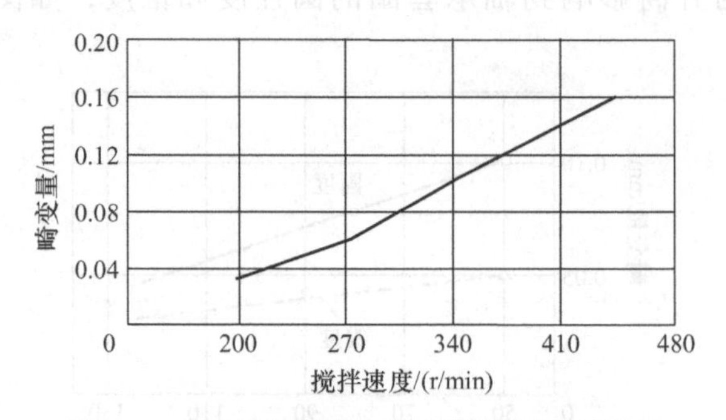

图 4-53 淬火油的搅拌速度与圆柱度畸变量关系

注：轴承套圈规格（外径 × 内径 × 宽）为 ϕ100mm×ϕ90mm×17mm

当淬火油槽的深度≥4500mm 时，在不开启油循环泵时，油槽内上、中、下的冷却速度是不一样的，上层油温高，中、下层油温低。有些大的薄壁异形轴承套圈不能开启搅拌泵，可以将油槽两侧的加热元件改成 L 形，使底部的油温能上升，达到上下油温均匀的目的。在油温一定时，为解决制件的淬火硬度高和发生畸变小的问题，目前有以下几种方法：

（1）喷射式 淬火油槽内的油循环入口在落料口的最下面，如图 4-54 所示。轴承套圈从炉尾落在水平提升输送带上，被循环冷却过的油先淬上火，使淬硬性得到保证。

（2）倾斜式 在油槽上面有一个带一定倾斜角度的循环搅拌泵，以提高冷却能力，用于冷却落下来的淬火制件，确保淬硬性，如图 4-55 所示。

（3）直插式或溢流式 在落料口附近将循环油管出口插入油面一定深度或引回从小储油箱内溢流出来循环油。这是一个通常的做法，对薄壁件的淬火没有什么问题，如图 4-56 所示。

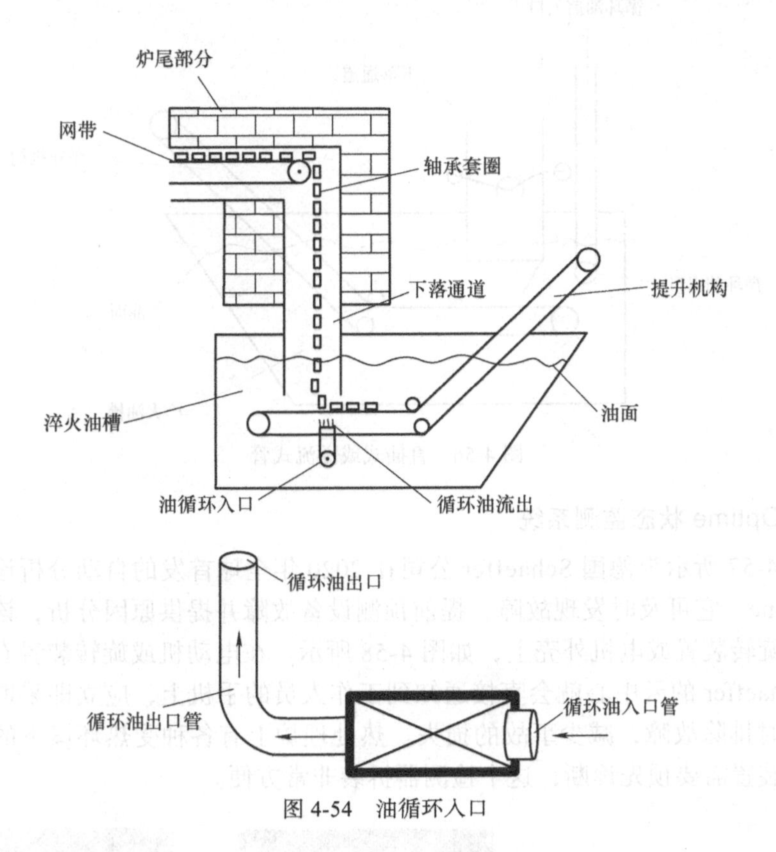

图 4-54　油循环入口

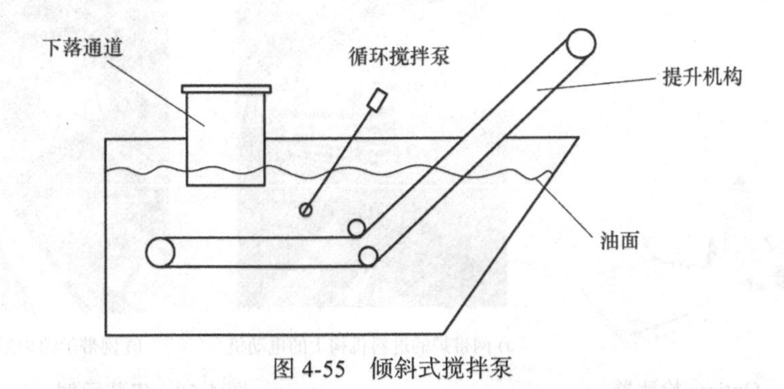

图 4-55　倾斜式搅拌泵

3. 变频器的应用

给油循环电动机配置一个变频器，根据不同轴承套圈的壁厚和直径大小，调整电动机转速，达到每种套圈有自己相应的循环油的力度（转速），达到圆柱度（椭圆）小的技术要求，这是一个很有效的方法。杭州金舟科技的网带炉很早就有此功能。

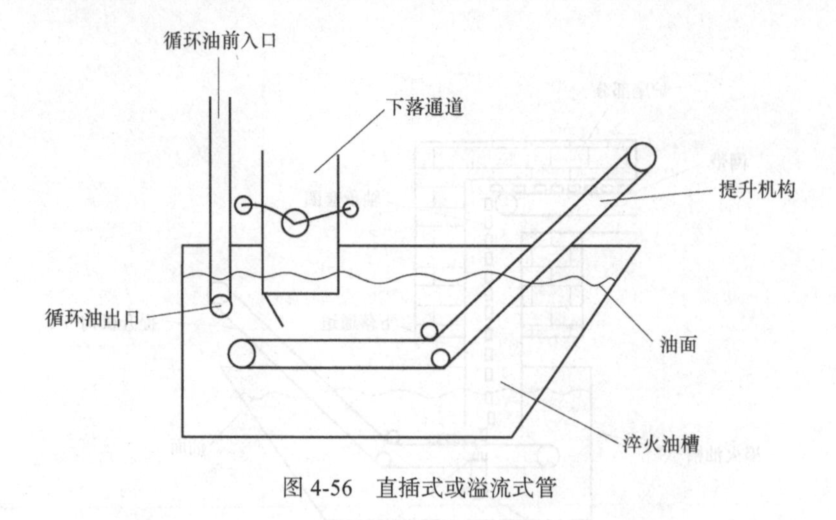

图 4-56　直插式或溢流式管

4. Optime 状态监测系统

图 4-57 所示为德国 Schaeffer 公司在 2020 年全球首发的自动分析诊断检测器 Optime。它可及时发现故障，提前预测设备故障并提供原因分析，该检测器安装在旋转装置或电机外壳上，如图 4-58 所示。在电动机或旋转装置有异常情况，Schaeffer 的云中心就会直接通知到工作人员的手机上，应立即采取解决措施，及时排除故障，减少事故的损失。热处理炉上有各种受热环境下的电动机等旋转装置需要预先诊断，这个检测器拆装非常方便。

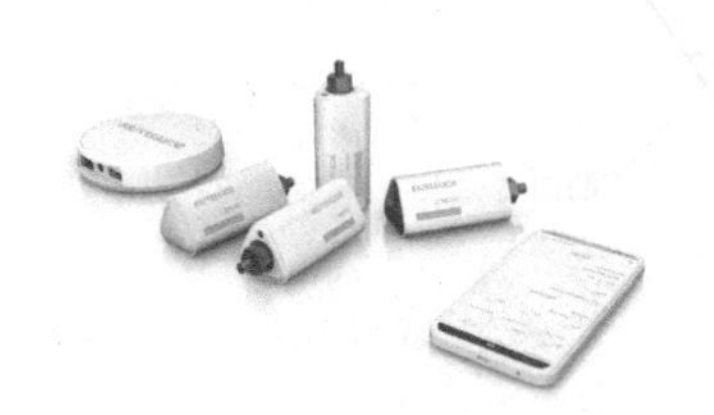

图 4-57　Optime 检测器

a) 网带炉的进料机构上的电动机

b) 网带炉的炉顶电动机

图 4-58　安装示例

4.6.3　轴承套圈淬火时产生的锥度畸变与对策

轴承套圈的淬火畸变主要是锥度超差，因为在淬火冷却介质（油）中冷却时，两个端面的冷却时间会有先后，致使两端冷却速度不一致，即马氏体转变开始时间有先后，这就产生了锥度，如图 4-59 所示。图 4-59a 上端外径比下端外径大。图 4-59b 上端外径比下端外径小。图 4-59c 两端外径不一定，轴承套圈两端厚度 a、b 相差小时，下端外径变小；相差大时，下端外径变大。中间状态上下两端直径有时一样。图 4-59d 两端外径一样（圆柱度会增加）。

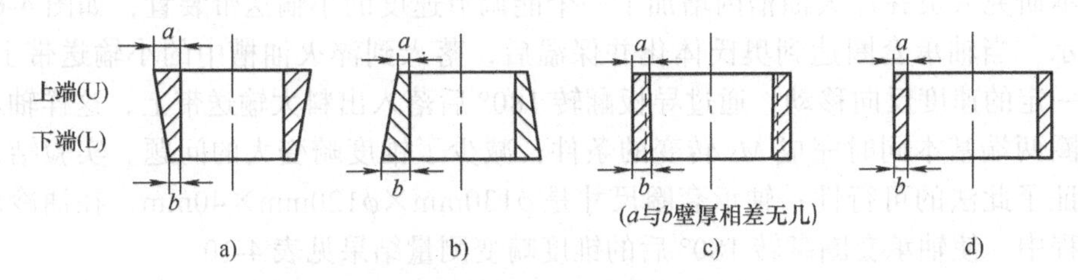

图 4-59　轴承套圈淬火时的冷却畸变状况

从上面 4 种轴承套圈锥度的情况看，发生锥度畸变是难避免的，要寻找发生锥度畸变的原因，应先选择其中一种轴承套圈，研究其发生锥度畸变的原因。选择图 4-59 中两端壁厚相同的套圈，其淬火前上端 U 的外径和下端 L 的外径是一样大的，而在油淬火时，上端要比下端冷却速度慢，由于到 *Ms* 点较迟，而形成了圆柱形畸变。这种现象用图 4-60 来说明：从淬火加热的 *S* 点开始，由于奥氏体化，到 *O* 点是膨胀的。淬火时下端（L）处达到了 *Ms* 点时用 *L*1 表示，上端（U）正处于比 *Ms* 要高的温度用 *U*1 表示。如果继续冷却的话，下端产生马氏体转变，开始膨胀。

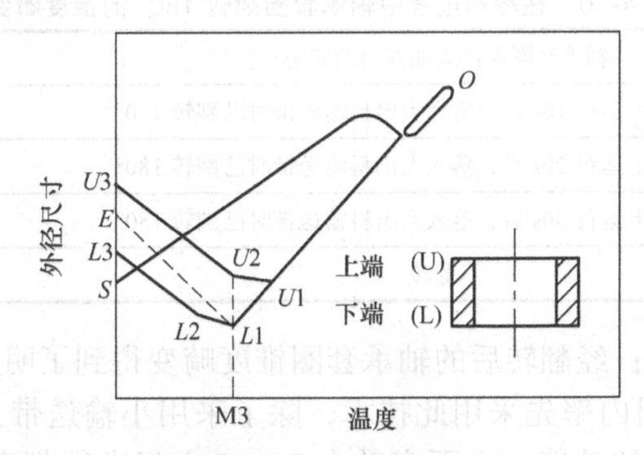

图 4-60　轴承套圈加热冷却时外径变化回路

如果原来上端达到 *Ms* 点之前产生收缩，并一直到 *L*1 为止，可是受到下端膨胀应力的影响，收缩停止，从 *U*1 变为 *U*2。而且当 *U*2 到 *Ms* 后，就开始膨胀，结果下端形成了 *S*-*O*-*L*1-*L*2-*L*3 的变形；上端为 *S*-*O*-*U*1-*U*2-*U*3 的变形。即由于淬火上端尺寸由 *S* 变成 *U*3；下端尺寸由 *S* 变成 *L*3。自然上端外径比下端外径要大。这就是锥度畸变产生的原因。在冷却时使上下端的冷却速度一样，并同时达到 *Ms* 点的时候，上下端尺寸就同时按 *S*-*O*-*L*1-*E* 变化。因此就不会引起锥度的变形。另外从实验结果可以知道：不产生相变应力的纯铁和奥氏体不锈钢做的环形制件淬火时几乎不产生锥度畸变。

防止发生锥度畸变的办法：要使轴承套圈两端的冷却速度相同或者基本同时达到 *Ms* 点，在淬火时达到 *Ms* 点之前适当、适时将轴承套圈翻转 180°，使轴承套圈两端基本“同时”达到 *Ms* 点，以减少锥度畸变。20 世纪 70 年代初，日本研究人员在淬火油槽内增加了一个能调节速度的小输送带装置，如图 4-61 所示。当轴承套圈达到奥氏体化并保温后，落入到淬火油槽中的小输送带上，以一定的速度反向移动，通过导板翻转 180° 后落入出料大输送带上，这样轴承套圈两端基本同时完成 *Ms* 转变的条件，减少了锥度畸变大的问题。实验结果验证了此法的可行性：轴承套圈尺寸是 ϕ130mm×ϕ120mm×40mm，在油冷却过程中，使轴承套圈翻转 180° 后的锥度畸变测量结果见表 4-10。

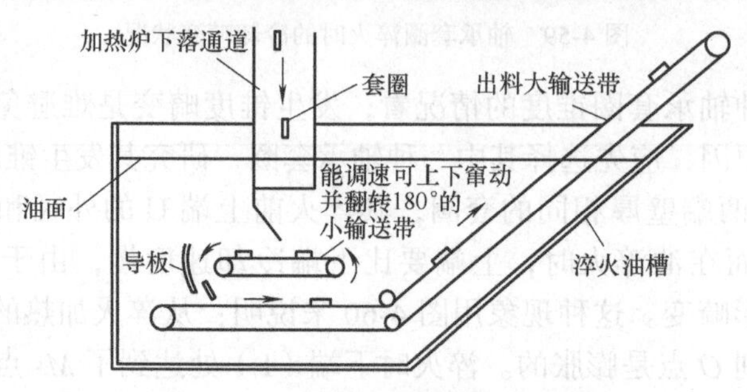

图 4-61 防止锥度畸变的淬火油槽

表 4-10 在冷却过程中轴承套圈翻转 180° 的锥度畸变

轴承套圈在淬火油槽内的状态	锥度畸变 /mm
在小输送带上运行 10s 后，落入大出料输送带时已翻转 180°	0.05
在小输送带上运行 20s 后，落入大出料输送带时已翻转 180°	0.01
在小输送带上运行 30s 后，落入大出料输送带时已翻转 180°	0.07
不翻转	>0.10

由表 4-10 得知：经翻转后的轴承套圈锥度畸变得到了明显改善。杭州金州科技在 2004 年在国内率先采用此技术，除了采用小输送带无级变速外，还增加了可以上下窜动的功能，上下窜动在 0 ～ 5 之间进行频率（速度）的调整，给工艺调试带来了方便，解决了轴承套圈锥度畸变太大的难题，这个技术一直在网带炉上使用至今，用户反映很好。套圈的翻转措施和甲醇低温裂解机两项国内领先的技术和高的性价比，扩大了轴承套圈网带炉生产线的用户，同时提高了轴承套圈的热处理质量。

另外还可以通过改变冷却过程中的冷却方式来减少轴承套圈的淬火畸变量，如在淬火槽内用三个倾斜不同角度的滑料板装置（图 4-62），让套圈自己翻身，来解决轴承套圈的锥度畸变及冷却时轴承套圈端面和滑板间隙太小出现逆硬化问题。

对于外径在 ϕ300 ～ ϕ500mm 的中型轴承套圈的淬火，可以在圆形型炉中加热后，用模压淬火的方式进行矫正，使其锥度和圆柱度均能达到技术要求。

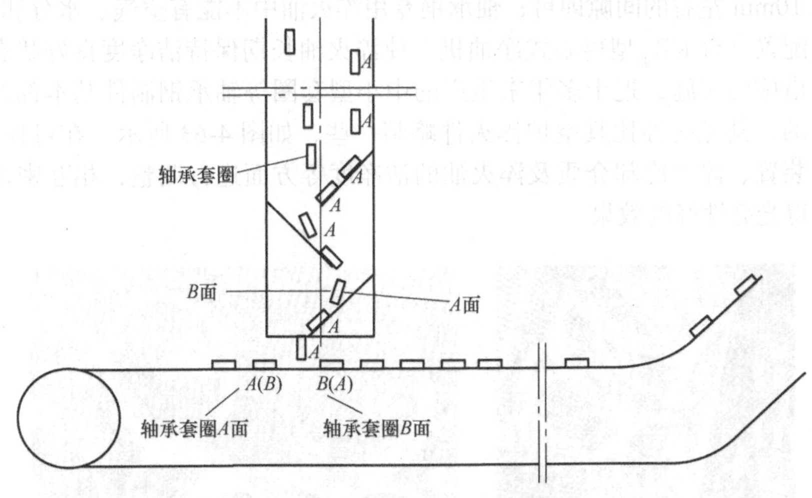

图 4-62 三个滑料板冷却装置

4.6.4 提高轴承套圈淬火时光亮度的方法

对于中小型轴承套圈热处理过程中的表面质量一直存在着两种意见：一种意见是在保证金相组织合格的基础上，对表面颜色没有特殊要求，因为 99% 以上的表面层都将被磨掉，仅剩下内外轴承套圈的倒角和密封槽部分有颜色，无妨质量；另外一种意见是表面必须光亮，因为密封槽内的颜色实质是氧化色，轴承在工作时，密封圈会把氧化皮摩擦下来的，它将成为磨粒磨损的源头，导致轴承使用寿命的降低。为此要求轴承的内外套圈整个表面都需要光亮的意见成为主流，南方地区有许多轴承厂都在为提高轴承套圈的表面质量，投入很大的本钱，在热处理完工后进行喷砂（丸）、抛光、抛丸和防锈处理等工序。但是抛光后极少数套圈在清洗时，仍然不能将极微细颗粒彻底清除掉，而微细颗粒子极少量残留在密封槽内，会成为磨粒磨损的根源，这仍然不是很好的办法。

高碳铬轴承钢要求达到光亮热处理，确实有一定的难度，因为含有铬元素，在可控气氛中与 CO 反应，它会产生氧化铬而影响光亮性。

要使轴承套圈得到一个清洁光亮的表面，需要解决一个综合性的问题，即需要从设备、工艺和淬火冷却介质等多方面进行调整才能达到光亮的目的。

1. 淬火炉内的可控气氛

在众多的可控气氛中，目前用得较成熟的气氛是氮气甲醇丙烷制气方式。甲醇采用低温裂解机时产生的炭黑较少，输送带炉内的可控气氛不能有空气和水分出现，碳势应达到 0.9% 左右，输送网带上不能出现炭黑，炉门口的火焰颜色必须呈橙黄色，油幕帘大小调整要呈抛物线交叉，排废气装置需要将废气回收到炉门口，作隔绝炉门口空气进入炉膛的辅助气氛；轴承套圈必须清洗烘干，进料口不能对着车间大门，炉门挡板高度不能开得过高，比进料的产品高度高出 10mm 左右的间隙即可；轴承钢专用淬火油中不能有空气、水分和杂物，最好能配置一台 $KR_{Ⅲ}$ 型离心式净油机，使淬火油长期保持洁净度良好状态。通过这些措施的实施，近十多年来生产的中小型套圈等轴承钢制件基本都是很清洁光亮的，其光亮性比真空炉淬火件略暗一些，如图 4-63 所示。在可控气氛、油幕帘装置、淬火冷却介质及淬火油的洁净度等方面进行调整，相互密切配合才能取得光亮性好的效果。

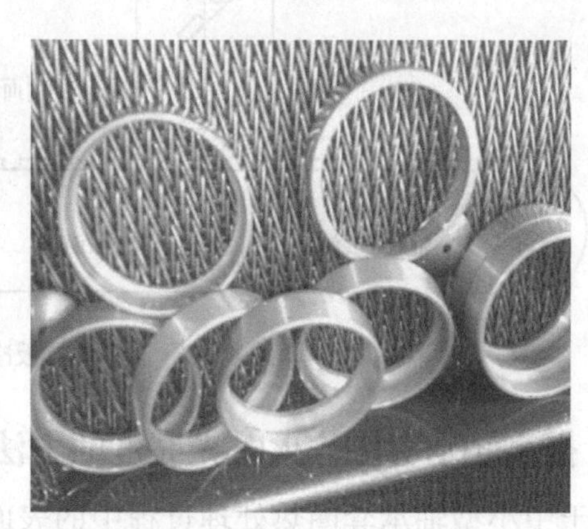

图 4-63　网带炉淬火的轴承套圈

2. 前道清洗液对光亮度的影响

李晓栓认为轴承套圈在车加工后，如果在 1 个月之内就能淬火的，可以进行短期的防锈，一般都是水剂防锈液，它的防锈期较短，也比较容易清洗干净。如果需要等待较长的时间（>2 个月）才能淬火的，就必须采用防锈期较长的防锈油处理，该防锈液中含有钙元素和钡元素复合剂，如石油磺酸钙、石油磺酸钡、二壬基萘磺酸钡（T705）、二壬基萘磺酸钙（T705C）、十二烯基丁二酸（T746）等。这些防锈剂中的钙元素和钡元素在水剂清洗液中，随着轴承套圈清洗量的增加，其前清洗槽内的浮油逐渐变浓，使含钙和钡元素的成分逐渐增多，导致钙和钡元素附着在套圈的表面上，它们是清洗不掉的，随着轴承套圈进入加热炉加热，不论在油中或者盐槽中淬火后，轴承套圈从空气回火炉中出来时，可以看到轴承套圈的表面有不规则的黄斑或者黑斑出现，这就是由于钙元素和钡元素没有被彻底清洗掉而造成的。金属表面变化过程如图 4-64 所示。

热处理炉中的气氛有甲醇分解，将形成还原性气氛：

$$CH_3OH \xrightarrow{\text{高温}} CO+2H_2$$

含钡的添加剂在还原性气氛下分解产物：

$$R\text{-}SO_3Ba \xrightarrow{850^\circ C} BaSO_4 \xrightarrow[H_2\text{ 或 }CO]{850^\circ C} BaS$$

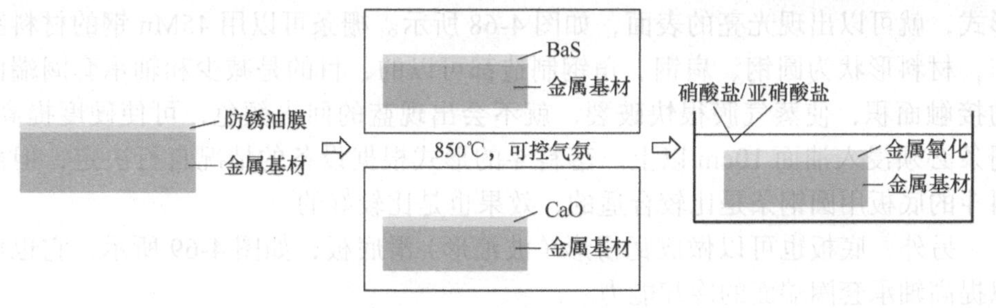

图 4-64　金属表面变化过程

含钙的添加剂在还原性气氛下分解产物：

$$\text{R-SO}_3\text{Ca} \xrightarrow{850^\circ\text{C}} \text{CaSO}_4 \xrightarrow[\text{H}_2\ \text{或 CO}]{850^\circ\text{C}} \text{CaS} \xrightarrow[850^\circ\text{C}\ \text{H}_2\ \text{或CO}]{\text{CaSO}_4} \text{CaO}$$

轴承套圈表面黄斑的表面在电镜下（图 4-65）为一个多层结构，没有形成致密的表层。合格的轴承套圈表面颜色为银灰色，它在电镜下（图 4-66）为一层相对致密的表层。合格的外观表面含氧量比黄斑表面含氧量高出 9.3%。

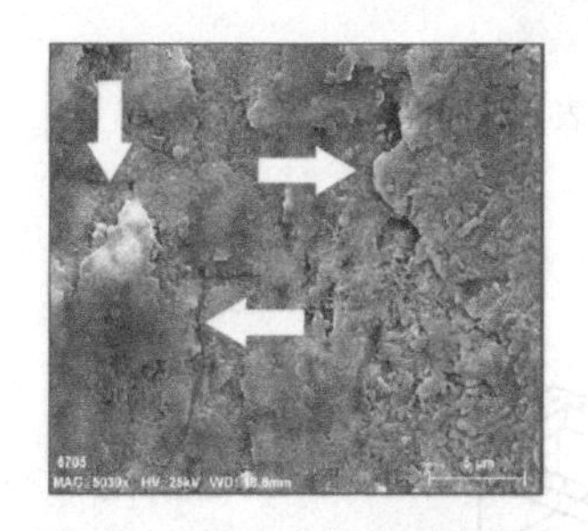

图 4-65　轴承套圈黄斑的表面

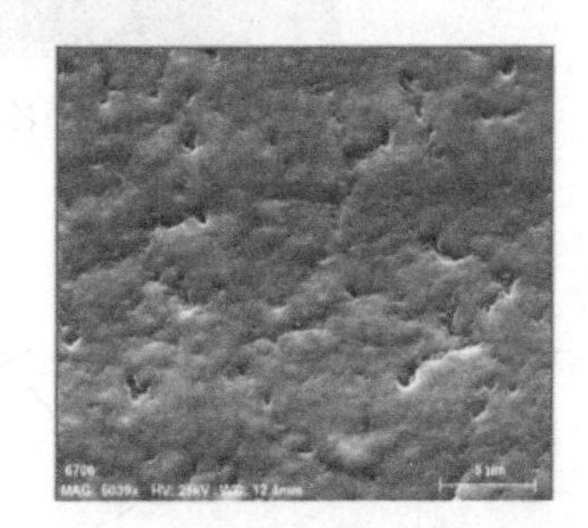

图 4-66　轴承套圈合格的表面

3. 轴承套圈的装炉方式的影响

对于外径≤ϕ20mm 的轴承套圈基本都散装料，因为轴承套圈薄而小，淬火后的颜色基本上是白亮的；对于外径≥ϕ100mm 较大尺寸的轴承套圈需要人工加料方式；对于大直径的轴承套圈应该成 45° 的斜放料，轴承套圈间留有一定的间距，虽然影响一定的产量，但在落料时轴承套圈不会有磕碰伤，不会影响蒸气膜破裂而导致表面出现不规则的花斑现象。

4. 落料方式对轴承套圈表面质量的影响

外径≥ϕ120mm 的内、外轴承套圈淬火时的落料斗，大部分设备采用滑板式，因斜度 <45°，轴承套圈淬火落料时，贴近滑板的这个轴承端面，因为间距太小，油的蒸气膜不易破裂，导致轴承套圈的一个端面的一边出现蓝或黄的回火色拖尾，如图 4-67 所示，这是因为轴承套圈端面部分紧贴滑板处的冷却速度不够，不是整个轴承套圈淬火时油的冷却速度不够，同时贴紧滑板处的端面会出现逆硬化现象，同一件轴承套圈的其他部分则是光亮的。若将滑板改成栅条

形式，就可以出现光亮的表面，如图 4-68 所示。栅条可以用 45Mn 钢的材料制作，材料形状为圆钢、扁钢、角钢制造都可以的，目的是减少和轴承套圈端面的接触面积，使蒸气膜很快破裂，就不会出现蓝的回火颜色，可使硬度提高，栅条必须浸入油面 10cm 以上。落料斗的形式根据设备的情况自行决定，但落料斗的底板用圆钢条是比较合适的，效果也是比较好的。

另外，底板也可以做成瓦楞形（波浪形）滑底板，如图 4-69 所示，它也可以提高轴承套圈端面的冷却能力。

图 4-67　冷却不佳造成的表面蓝色

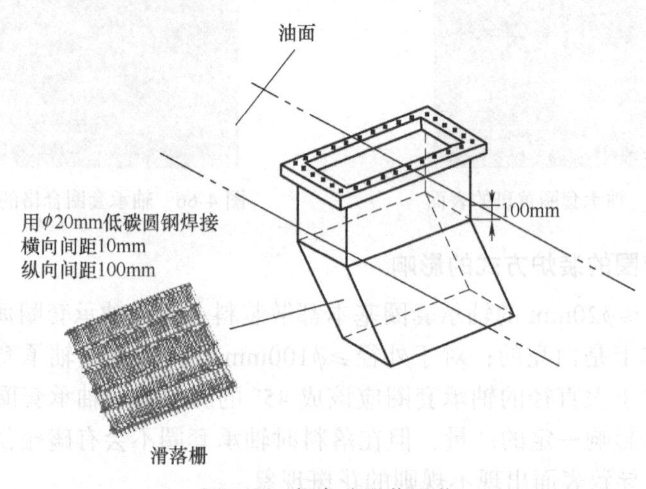

图 4-68　栅条式滑落通道

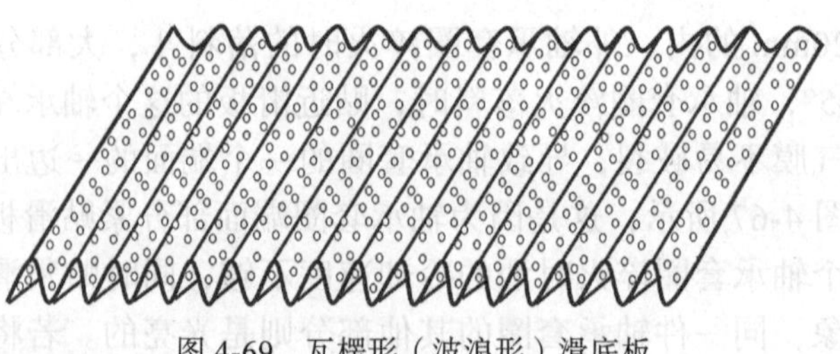

图 4-69　瓦楞形（波浪形）滑底板

5. 淬火油的质量控制、气氛控制及设备更新

淬火油需要用经三次脱氢的、较好的基础油及各种添加剂组成的，它们之间需要经过充分搅拌才能得到良好的淬火性能。并不是将各种物料混合在一起，通过淬火油槽内的循环泵搅拌得到的淬火性能，或者在淬火性能衰退时，加些添加剂就能解决的。

淬火油中的炭黑、污垢等杂质需要定期清理，一般用 $KR_{Ⅲ}$ 离心式净油机能够将炭黑、污垢提取出来，然后补充一些新油效果会很好。$KR_{Ⅲ}$ 离心式净油机的使用不影响淬火油的物理性能和化学性能。

淬火油的冷却性能也需要定期检测，可以用符合国际 ISO 标准的 $KR_{Ⅲ}$ 智能型冷却特性测定仪进行实时检测，确保淬火油的长期稳定。

（1）轴承钢制件的专用淬火冷却介质　淬火冷却介质是保证轴承套圈在冷却过程中获得合格的金相组织、理想的畸变尺寸、光亮的外形表面的前提，所以轴承套圈淬火时需要配专用轴承淬火油。专用轴承淬火油必须具有热氧化安定性要好，闪点燃点高，蒸气膜阶段短，破膜能力强，高温冷速快，低温冷速慢，淬火畸变量小，易清洗，使寿命要长等特点。淬火油要定期用符合国际标准的 ISO 9950 冷却特性测量仪（或是 $KR_{Ⅲ}$ 智能型冷却特性测定仪）进行检测，使淬火油的性能一直符合使用要求，使套圈的金相组织和淬火畸变一直达到技术要求，许多工厂的淬火油能使用十年以上，就是因为平时注意维护保养。淬火油槽内的淬火油需要定期过滤，将油槽内的炭黑、污垢等杂质清理掉，在实际生产线上，许多工厂配备了 $KR_{Ⅲ}$ 离心式净油机，保证了淬火油的清洁度。这些措施都是确保轴承套圈光亮性的必备条件。

（2）轴承套圈淬火用的可控气氛　在众多的可控气氛制造类别中，采用氮气甲醇丙烷为原料制造的可控气氛是最好的。它是国外普遍使用的气种，制气方便，气氛质量好，节省能源。我国在近二十多年来也纷纷采用这种制气方式，而其他制气方式已逐渐减少。在网带炉中应用气源的纯度应该是：液氮≥99.999 %（气源距离大于 300km 的，可以采用机制膜分离方法制氮或用杜瓦瓶装液氮），一级品甲醇水含量≤0.15%，丙烷≥95%。炉内气氛的制备是很关键的，新炉子投产前必须根据厂家的烘炉程序，充分烘干炉体内的水分，通气时要将炉内的氧气彻底清除掉，前期排气工作的好坏直接会影响到轴承套圈的表面颜色和炉内碳势的质量。平时观察炉口火焰颜色时不能有蓝、紫色火焰出现，出现蓝、紫色火焰说明炉内仍然有氧气存在，需要继续排气，直到橘黄色的火焰出现，此时的碳势已经达到 0.9% 左右。关于炉内碳势的控制方面，有的企业只用氮气和甲醇两种原料，这两种原料所产生的气氛碳势≤0.6%，而高碳铬轴承钢的含碳量在 0.95% ～ 1.05%，这样轴承套圈的表面就会出现贫、脱碳现象，这样的气氛不是可控气氛，而是保护气氛了，仅起到了不氧化的目的，达不到不脱碳的作用，这会导致轴承套圈在磨削时产生磨削应力的不均匀，

导致轴承套圈表面有振纹，出现的磨烧伤现象，即出现“变质层”的组织，从而影响轴承套圈的使用寿命。炉内气氛的碳势控制很关键，进行碳势控制的氧探头要经常校准，不允许网带上有炭黑出现，有炭黑出现时需要定期烧炭黑，网带上的颜色应该是金属本色（中灰色）。炉子落料斗处的油幕帘必须畅通，油幕帘的大小能分别进行调整和观察到，即需要在落料斗的两个侧面有观察油幕帘的耐热玻璃窥视孔，耐热玻璃可以拆卸，并且能及时清除玻璃上的油垢。废油烟气能抽出并回收利用，否则油烟气进入炉膛内，造成炉内气氛的碳势偏高的“假现象”，实际上碳势根本没有达到0.9%，致使出现脱碳现象，操作人员一定要注意。炉内气氛的质量是保证套圈热处理质量的关键技术，国外轴承的使用寿命比国产轴承高的原因之一就是我们忽视了轴承套圈的表面热处理质量、磨加工的切削余量和工艺。

（3）网带炉的改进措施（第三代网带炉） 在高端网带炉的设备制造方面，江苏丰东热处理将先进经验创新应用于第三代网带炉，如图4-70所示。它具有下列特征：预热区冷热网带换热设计，有效节能；采用特殊的纳米材料，炉壁保温性能好（≤45℃），炉温均匀性好，热损失少，节能效果明显；碳势控制稳定，可以分区阶梯控制，控制精度高；温度均匀性好，温度可以分区阶梯控制，生产效率高；落料区特殊设计，保证工件落料时不会滞留在端头（这是个突破项目）；特殊的油帘结构设计，有效封闭在落料区的降温措施，保证了淬火油烟的回收；油泵结构设计新颖，密封性好，减少气蚀，保证了淬火产品的光亮性。江苏丰东热处理已向Schaeffler舍弗勒（中国）公司供应了近20台网带炉了。这次第三代网带炉能解决在落料口处没有滞留工件的问题，是一个重大的突破，它牵涉到网带挡边的设计和落料口处收缩量的多少。这些网带炉生产线，全部用于汽车轴承制件的热处理。

图4-70 第三代网带炉生产线

4.6.5 轴承钢淬火时发生的逆硬化现象

在日常操作中，有时会碰到淬火制件的表面硬度不高的现象。对于厚壁轴承钢制件在正常淬火时，应该是表面硬度最高，往心部方向硬度逐渐降低的现象称正常硬化。然而在淬火冷却介质选择不当或者操作不当时，在排除表面脱碳的情况下，出现了淬火后表面硬度低而心部硬度高的现象，表面产生屈氏体或者贝氏体组织，往心部检测时发现屈氏体或贝氏体组织则逐渐减少，而马氏体组织逐渐增多，到达心部时则为全部马氏体组织（对于全淬透性钢而言）的现象称逆硬化现象。发生逆硬化现象的原因需要排除：在渗碳、碳氮共渗时，因为温度过高而导致残留奥氏体过多，出现表面硬度偏低现象，以及在保护气氛或感应加热时，出现表面脱碳现象除外。

关于轴承钢淬火时出现逆硬化现象的原因，日本学者清水信善和田村今男博士的研究结果是：

1. 出现逆硬化的现象

对于 SUJ_2 钢制外径为 ϕ300mm 的轴承套圈，在有保护气氛的多用炉内 850℃加热，保温 70min 油淬后出现了逆硬化现象。测量硬度时轴承套圈内侧的表面硬度为 53HRC，如图 4-71 和图 4-72 所示，距离表面 9.0mm 处，测量心部硬度为 62HRC。金相分析看到表面屈氏体很多，往心部检测屈氏体逐渐减少，相反马氏体由表及里逐渐增多。用电子探针和光谱分析均未发现对淬硬性有影响的化学元素（C、Mn、Cr）的变化，也没有看到最表面 Mn、Cr 的聚集现象。

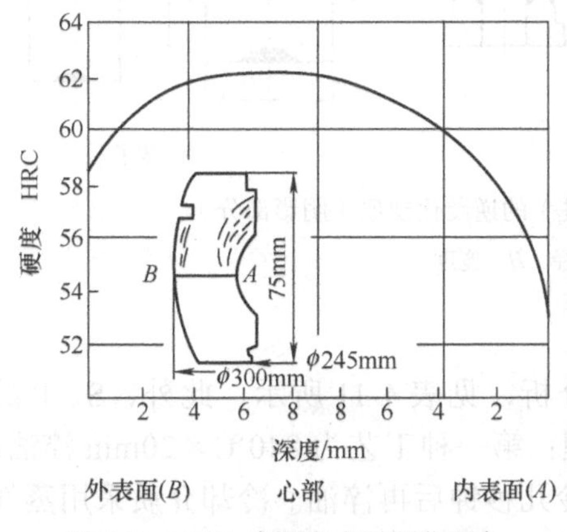

图 4-71　SUJ_2 套圈发生逆硬化现象

图 4-72　套圈的表面屈氏体组织

黑色的屈氏体组织在图 4-73 中可以清楚地看到。用光谱分析 C、Mn、Cr 的化学成分的变化属于正常成分，看不到有异常变化。

2. 逆硬化发生的部位

逆硬化发生的原因是由于淬火油的蒸气膜太长，特性温度低的原因。发生逆硬化是由于轴承钢制件的有效尺寸大于临界尺寸或者制件淬火冷却时堆积在一起而发生的。对轴承套圈而言，逆硬化在轴承套圈的上面部位容易发生，如图 4-74 所示。淬火油的特性温度低，蒸气膜太长，致使表面产生软点。解决办法为加强油的搅拌力度、安装超声波装置或提高淬火油的冷却速度。

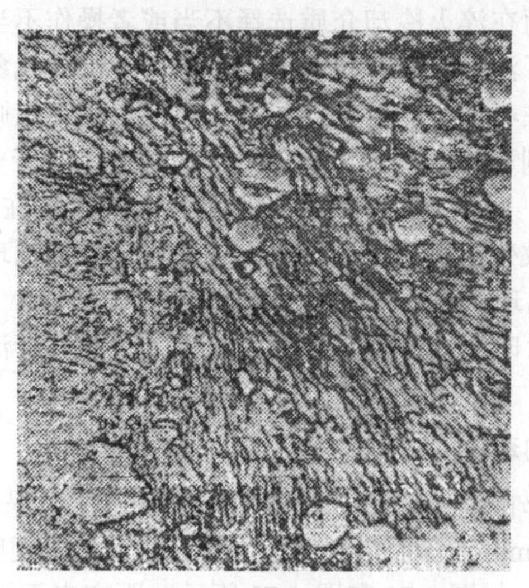

图 4-73　屈氏体组织电镜分析

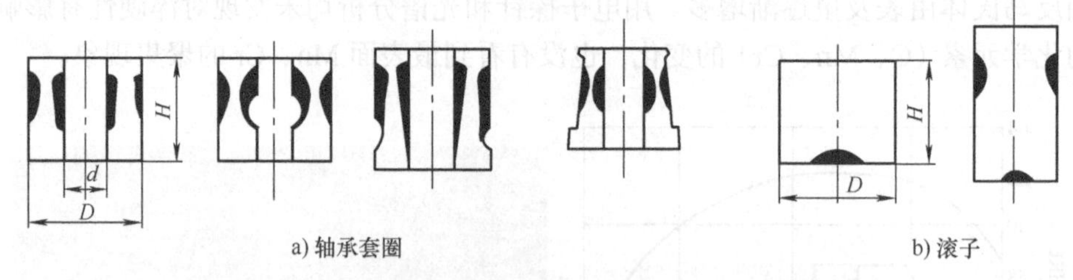

图 4-74　轴承内外套圈和滚子（柱）的逆硬化现象（阴影部分）

D—外径　*d*—内径　*H*—宽度

3. 不同冷却介质的特性数据

将 SUJ_2 钢试样进行主要化学成分分析，见表 4-11 所示，此外，S、P 的质量分数 <0.025%。然后分别进行热处理：第一种工艺为 840℃×20min 淬油；第二种工艺为 840℃×20min，出炉后空冷几秒钟后再淬油。冷却介质采用蒸气膜阶段长短不同的 3 种（快速淬火油、70 # 机械油、锭子油）介质和 5%NaCl 水溶液。淬火油的特性数据见表 4-12。

表 4-11　SUJ_2 钢试样的化学成分（质量分数 w，%）

试　样	C	Si	Mn	Cr
ϕ10mm×40mm	1.01	0.24	0.41	1.46
ϕ15mm×40mm	0.97	0.25	0.42	1.46
ϕ18mm×40mm	0.98	0.26	0.40	1.41
ϕ20mm×40mm	1.02	0.24	0.36	1.36

（续）

试　　样	C	Si	Mn	Cr
ϕ20mm×50mm	0.96	0.27	0.37	1.37
ϕ30mm×60mm	0.96	0.27	0.38	1.35
ϕ36mm×80mm	0.97	0.26	0.40	1.39

表 4-12　不同淬火油的特性

项　　目	快速淬火油	70# 机械油	锭子油
黏度 mm^2/s	71.0	72.5	33.3
闪点 /℃	190	192	126
残留碳分（质量分数，%）	0.25	0.03	—
特性温度 /℃	600	500	400

4. 不同冷却介质的硬化现象

将 ϕ18mm×40mm 的试样，经上述工艺淬火时，其中介质的温度是：5%NaCl 水溶液的温度为 25℃，其他各种油的温度全部是 80℃。淬硬后检测从表面到心部的硬度，得出不论是直接淬火还是预冷 40s 后再淬火，锭子油的淬火从表面到心部金相组织上都是有屈氏体出现。而用快速淬火油和 5%NaCl 水溶液淬火都不会出现屈氏体组织，但若预冷时间超过 50s 的话，表面则会有屈氏体出现。预冷时间的长短根据制件的厚度大小而定，不能一概而论。图 4-75 所示为使用 5%NaCl 水溶液在预冷 50s 时出现屈氏体的现象。

用氯化钠作为水剂淬火介质会使制件生锈，目前已经很少使用。取而代之的 PAG 类型的淬火液，同样可以用不同的浓度淬火得到不同淬火硬度，确保心部不出现屈氏体。对于壁厚较大的套圈，还可以用不含氯化钠的无机盐淬火液，它们都有一定的防锈功能。PAG 在较长时间不用时，特别在环境温度（夏天）较高时，每天需要定时打开循环泵若干小时，使介质处于流动的状态，避免滋生细菌，以防因介质发臭、变质而报废。

5. 不同预冷时间对淬硬性的影响

不同直径试样和不同的奥氏体化温度都会对淬硬性有所影响，同一个直径不同预冷时间也会影响淬硬性。某一个试样直径是 ϕ15mm，奥氏体化后预冷 30s 后淬火，其表面和心部的硬度都是 65.5HRC；若预冷 40s 后淬火，则表面硬度是 60HRC，而心部硬度是 65.5HRC，出现逆硬化现象；若预冷 80s 再淬火，则从表面到心部的硬度都是 24.5HRC。

6. 不同有效厚度对淬硬性的影响

随着有效厚度的增加，虽然表面部分冷却的特性温度没变，但是蒸气膜阶段增长了，影响了表面的淬硬性。所以有效厚度越大时，越要考虑淬火冷却介质的蒸气膜要短，使之不能出现表面淬不硬的逆硬化现象。

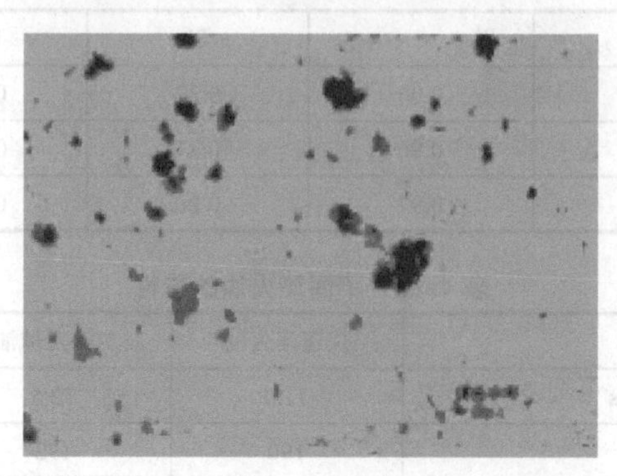

图 4-75 使用 5%NaCl 水溶液在预冷 50s 时出现屈氏体的现象

7. 同时发生逆硬化现象与正常硬化现象

ϕ36mm×60mm 的 SUJ2 钢试样，经 840℃×20min 加热后，预冷 100s 淬入 5%NaCl 水溶液中，检测试样时出现中间硬度值最高，其次是中心部位，表面的硬度最低的现象，即逆硬化和正常硬化值同时存在的现象，此时可以用连续冷却组织转变曲线进行分析。

在同一材质、同一淬火冷却介质情况下，随着试样直径的增加，其表面和心部硬度基本相同，均未淬硬。因此随着直径的增加，硬度分布分为：完全硬化、逆硬化、逆硬化 - 正常硬化、正常硬化、未硬化五种类型。

4.6.6 轴承套圈表面热处理后磨削砂轮的选择

轴承套圈经碳氮共渗或硝酸盐淬火后的表面状态跟常规油淬火的不一样，用常规的陶瓷磨料基体上磨不动。通过改变陶瓷磨料的成分、硬度、粒度和结合剂配方等可成为一种新型的陶瓷烧结刚玉磨料，它可以适用于中低磨削压力的轴承内外圆，与传统的陶瓷磨料相比，磨削力比提高 30% ～ 100%，在不同磨削压力下磨削功率低于其他磨料。新磨料因硬度高、线速度高（可以达到 63m/s），磨削锋利度高而提高了产量。新型磨料的应用解决了传统陶瓷磨料易使套圈发生畸变、出现磨烧伤，形成变质层，降低使寿命的缺点。

在硝酸盐淬火时，轴承套圈表面出现蓝色的 Fe_3O_4 氧化膜，它会影响砂轮的自锐性，使砂轮的颗粒被磨平，或者蓝色氧化膜将砂轮颗粒间的空隙被堵住（满），导致磨削质量变差。轴承套圈在盐槽内的淬火温度是 180℃左右，出槽后的氧化膜厚度在 1μm（一般在 0.5 ～ 1.5μm），它的硬度为 5.5 ～ 6HM（莫氏硬度），这层氧化膜仅能起到防锈作用和一定的耐磨性，比轴承套圈基体的硬度（60 ～ 64HRC）低许多，即极低硬度的氧化膜和 15% 左右的残留奥氏体使常规砂轮磨削时的脱粒效果或锐利作用变差，从而出现振纹等磨烧伤现象。

对于碳氮共渗的表面是细小均匀马氏体 + 弥散分布的碳化物及较多的

（9% ~ 20%）残留奥氏体组织。它的表面软（残留奥氏体）硬（碳化物）分布不均，总体感觉比硝酸盐淬火的难磨，更容易磨烧伤。所以在选择砂轮型号上应该与硝酸盐淬火的型号不同。

砂轮生产企业：国内有几百家大小砂轮制造的中外企业，磨轴承套圈用的砂轮供应中，有外资的诺顿公司和本土的锐尔利磨料磨具有限公司等等砂轮制造供应商，可以根据用户要求提供专用砂轮。

4.7 高碳铬轴承钢的深冷处理

顾开选副研究员在深冷处理上做了许多工作，现将他的成果进行简单介绍。

4.7.1 冷处理及深冷处理的概述

1. 冷处理及深冷处理的定义

冷处理是将被处理工件置于特定的、可控的低温环境中，使材料的微观组织产生变化，从而达到提高或改善材料性能的一种新技术。通常冷处理包含冰冷处理和深冷处理两种方法，当温度降到 -80℃左右的冷处理称为冰冷处理，而在 -100℃以下的称为深冷处理。一般深冷处理的温度可以在 -100 ~ -196℃之间，特殊要求的还可以冷却到更低的温度。通过冷处理的材料在宏观上能够表现为提高了耐磨性、尺寸稳定性、综合力学性能以及耐腐蚀性等方面。随着冷处理技术的发展和试验手段的完善，人们对冷处理的研究逐步深入，除钢铁材料外，现已延伸到粉末冶金、铜合金、铝合金及非金属材料（如塑料、尼龙等）。应用行业遍布于航空航天、精密仪器仪表、摩擦偶件、工模具、量具、纺织机械制件、汽车工业和军事科学等诸多领域。

2. 深冷处理的发展历史

早在 100 多年前，瑞士的钟表制造者把钟表的关键制件埋入寒冷的阿尔卑斯雪山中以提高钟表的使用寿命；而一些经验丰富的工具制造者在使用工具之前，把工具储存在冷冻室内几个月，也可以达到类似的效果。现在看来，他们已经在不自觉中运用了冷处理。随着低温技术的发展，在 20 世纪 30 年代出现了深冷处理技术。1939 年俄罗斯学者首次提出了深冷处理的概念，但由于当时低温深冷技术尚不完善，在较长时间内只是在理论上进行探讨。

美国路易斯安那理工大学 F. Barron 教授在 20 世纪 60 年代末对五种不同合金钢开展了深冷处理研究，通过对比未冷处理、-84℃冷处理和 -190℃深冷处理后钢的耐磨性变化发现，-84℃冷处理后的试样耐磨性比未冷处理的提高 2.0 ~ 6.6 倍，而 -190℃深冷处理试样的耐磨性比 -84℃冷处理试样的耐磨性又提高了 2.6 倍。实际生产过程也证实了 F. Barron 研究结果的正确性，Dayton 公司生产的用于大型涡轮发动机的冲头，采用 -190℃深冷处理后，其使用寿命延长了 1 倍。随着液氮技术的发展，1965 年美国首次将深冷处理进行了产业化。

此后，深冷处理技术才开始引起世界各国研究人员的关注，随即英国、俄罗斯、日本等各国学者都对其进行了较为广泛和深入的研究，许多研究表明，材料经深冷处理后比普通冷处理的耐磨性有较大提高。

我国对深冷处理的研究与应用起步较晚，20 世纪 80 年代末，我国内有关院所才开始关注深冷处理技术，早期主要集中在工具钢、模具钢、轴承钢和高速钢上的研究，20 世纪 90 年代开始对有色金属甚至非金属开展了系统的深冷处理工艺和机理研究，并取得了理想的研究成果。在国内实现了深冷处理设备的产业化应用，建立了完善的深冷处理服务体系，其应用领域有机床装备、航空航天、军工武器、工量刃具、汽摩配件等。随着我国高端制造的不断发展，对材料及零部件性能要求日益提高，深冷处理技术作为材料的先进基础工艺具有广阔的应用空间。

4.7.2 深冷处理机理

不同材料深冷处理机理存在较大的区别，黑色金属（钢铁）的深冷处理机理相对较为成熟，并已达成一些共识，而有色金属及非金属材料的深冷处理机理还处于研究阶段。下面主要以黑色金属的深冷处理为主进行介绍。

首先，深冷处理能促使钢铁材料组织中的残留奥氏体转变为马氏体。材料经奥氏体化后快速冷却，在一定温度下发生无扩散型地马氏体相变，马氏体转变是强化材料的重要手段之一。目前工业生产中，金属材料的淬火工艺主要是将工件加热到材料的 A_{cm} 或 Ac_1 以上 30 ～ 50℃，保温一定时间后，快速在水、盐水或油中冷却。这些淬火冷却介质的淬冷能力虽然都很强，但是由于先转变的奥氏体对未转变的奥氏体具有抑制作用，只有进一步增加相变驱动力，即增加过冷度才能使相变继续进行，所以对于大多数的铁碳合金，淬火后总是存在一部分残留奥氏体。残留奥氏体含量太多不仅会降低轴承、刀具、工模具钢的耐磨性，而且在外界条件作用下还会转变成马氏体，因两种相的比体积不同，会造成制件尺寸变化，影响尺寸精度。因此，淬火后将材料或制件继续冷却到 Ms 点以下温度，促使残留奥氏体转变为马氏体，从而提高了工件的硬度、强度、耐磨性和尺寸稳定性。

对于轴承钢来说，由于其碳含量较高，淬火后容易形成一定量的残留奥氏体，研究表明轴承钢淬火回火后残留奥氏体的含量达到 9% ～ 15%，亚稳态的残留奥氏体由于其具有转变为马氏体的趋势，容易引起轴承尺寸不稳定、不耐磨等问题，因此，在轴承中应尽可能降低残留奥氏体的含量。深冷处理不能促使残留奥氏体完全转变为马氏体，但是经深冷处理后，一部分残留奥氏体转变成稳定的马氏体，剩余极少量的残留奥氏体较为稳定，此时残留奥氏体处于等轴压应力状态，不会引起塑性变形，这部分残留奥氏体很难再发生转变，它在磨损过程中以韧度相出现，起到缓和应力、防止接触疲劳扩展的作用，使材料的韧性增加。所以，深冷处理对降低材料中的残留奥氏体含量，提高材料的硬度及耐磨性起了很大作用，此外轴承钢中一定量残留奥氏体的存在对提高材料的韧性也是有好处的。

此外，深冷处理能够促使马氏体基体中析出超细碳化物颗粒。马氏体基体组织经深冷处理后，一方面，由于体积收缩，铁的晶格常数有缩小的趋势，从而增加了碳原子析出的驱动力；另一方面，低温下残留奥氏体转变为马氏体，材料内应力增加，也促进了碳化物的析出。于是在随后的回火过程中，在马氏体的基体上析出了大量弥散的超细碳化物，从而使材料强化。研究表明，深冷处理不仅能够增加马氏体基体上碳化物颗粒的数量和体积分数，还能促使碳化物颗粒分布更均匀，碳化物颗粒的析出主要是由低温下马氏体晶格的收缩、促使碳原子扩散到新的位置后重新形核所产生。

还有研究表明，深冷处理能细化组织，使材料强韧化，同时能引起材料内部缺陷（微孔，内应力集中部位）的塑性流变。在随后的复温过程中，在空位表面产生残余应力，这种应力可以减轻缺陷对材料局部强度的损害，最终表现为磨粒磨损抗力的提高。原子间既存在使原子紧靠在一起的结合力，又存在使之分开的动能，深冷处理部分转移了原子间的动能，从而使原子结合更紧密，提高了材料的性能。

4.7.3 深冷处理工艺

1. 深冷处理与传统热处理的结合

低温技术的不断发展有力地推动了深冷处理技术的广泛应用，与之相关的机理及工艺方面的研究工作也受到各国学者的重视。深冷处理作为传统热处理的补充，通常需要与传统热处理进行有效配合才能获得最佳的处理效果，一般认为深冷处理应在淬火后进行，进行深冷处理的间隔时间不应该超过 1h，对于工模具钢、轴承钢等材料来说，大多在淬火后回火前进行深冷处理，如图 4-76 所示，淬火后的残留奥氏体处于亚稳态结构，极易发生转变，此时进行深冷处理主要目的是为了最大限度地促使残留奥氏体转变为马氏体。淬火后直接进行深冷处理，通过进一步降低温度，为残留奥氏体的转变提供驱动力，使其中的一部分残留奥氏体转变为马氏体；另一部分由于马氏体相变所需的能量进一步增加，仍以残留奥氏体的形式保留下来，形成稳定的残留奥氏体。

2. 深冷处理工艺参数

深冷处理过程中的工艺参数同样对处理效果具有一定的影响，研究表明深冷处理过程中的最低处理温度、保温时间、降温速率和回火温度对深冷处理效果的贡献从比例上来说分别占到 72%、24%、10% 和 2%。深冷处理温度的重要性已经得到了广泛的认同，这也是区分深冷处理和普通冷处理的主要原因，通常情况下，越低的处理温度除了有利于残留奥氏体的转变外，还更有利于碳化物颗粒的析出，由于液氮的获取更加容易及价格低廉，因此目前广泛采用的最低处理温度为液氮温度（-196℃），然而对于不同的材料来说，其最佳的处理温度也有所不同。

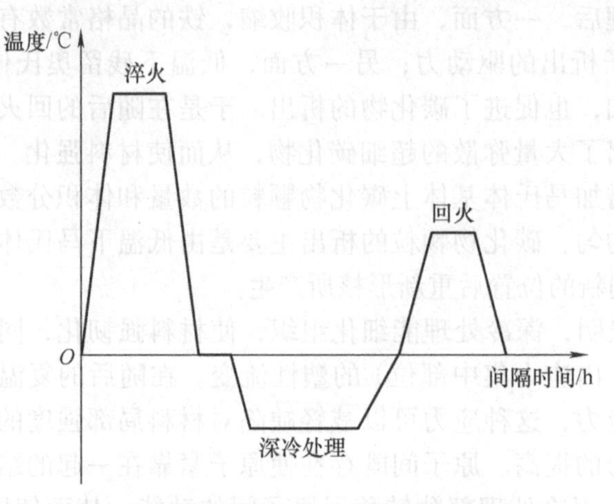

图 4-76 深冷处理与传统热处理结合工艺

保温时间主要决定于工件温度的均匀性和组织转变程度，由于低温下原子运动比较缓慢，其扩散到新的位置需要一定的时间才能完成，然而对于不同的材料，其微观组织转变所需要的时间也存在明显的差别。普遍观点认为，深冷处理保温时间长一些，其处理效果会更好。控制降温速率主要是为了避免冷却速度过快造成的冷冲击，从而导致材料内部由于局部应力过大产生微裂纹等缺陷，因此，理论上降温速率越慢对深冷处理效果越有利。总的来说，对于深冷处理工艺的研究目前还存在很大的局限性，尽管很多研究均表明深冷处理的温度越低、保温时间越长、降温速率越慢，深冷处理的效果会越好，然而针对不同的材料以及所追求的性能不同，其最佳的工艺还有待进一步探索，目前针对深冷处理工艺方面系统性、综合性的研究尚不足。

4.7.4 深冷处理应用效果

1. 深冷处理对材料耐磨性的影响

在机械行业及装备制造业中，零部件的耐磨性能对机械设备性能及寿命影响非常大。在实际生产过程中，提高零部件耐磨性最传统的方法是表面改性处理（渗碳、渗氮、电镀、激光熔覆等），然而深冷处理的出现以提高钢铁材料整体耐磨性能最为显著。Collins 对工具钢开展了深冷处理研究，发现深冷处理对耐磨性有很好的改善效果。大量研究表明，钢铁材料采用深冷处理能够有效提高耐磨性、延长使用寿命，表 4-13 汇总了深冷处理对不同钢铁材料耐磨性的影响，可以看出深冷处理对不同钢铁材料耐磨性均表现出优越的改善效果。

表 4-13 深冷处理对不同钢铁材料耐磨性的影响

年份	研究者	材料	耐磨性提高比例（%）
1982	R. F. Barron	工具钢	200 ～ 660
		不锈钢	10
		碳素钢、铸钢	—
1994	F. Meng	Fe-12-Cr-Mo-V-1.4C 合金工具钢	110 ～ 600
2001	A.Molinari	M2 高速钢	238
2001	L. D. Mohan	T1 高速钢	110.2
		M2 高速钢	86.6
		D3 高速钢	48
2005	A. Bensely	En353 渗碳钢	372
2006	F. J. Da Silva	M2 高速钢	65 ～ 343
2008	V. Firouzdor	M2 高速钢	126
2008	J. D. Darwin	18%Cr 马氏体不锈钢	72
2008	A. J. Vimal	En31 合金钢	75
2009	A. Akhbarizadeh	D6 高速钢	39 ～ 68
2010	D. Das	D2 高速钢	257
2011	M. A. Jaswin	X45Cr9Si3 阀门钢	46.51
		X53Cr22Mn9Ni4N 阀门钢	27.8
2012	R. S. Siva	100Cr6 轴承钢	37
2013	R. Thornton	SAE J431 G10 灰口铸铁	12.1 ～ 22.7
		M2 高速钢	26 ～ 31
		A2 高速钢	13 ～ 26
		D6 高速钢	5 ～ 30
2013	X. G. Yan	W9Mo3Cr4V 高速钢	142

深冷处理可提高钢铁材料耐磨性主要是由于残留奥氏体的分解和超细碳化物颗粒的析出导致的，尤其碳化物颗粒对耐磨性影响较大。尽管国内外学者在深冷处理改善耐磨性方面做了大量的工作，但不同的材料深冷处理提高耐磨性的比例也有一定的差别，说明对于不同材料的深冷处理最佳工艺不尽一致。例如，大多数学者认为深冷处理应在淬火后回火前进行，然而 Molinari 认为，对于 M2 高速钢来说在淬火后回火前做深冷处理基本上没有任何改善，而淬火回火以后经深冷处理的耐磨性能够明显提高。因此，为了有力地推动深冷处理技术的产业化应用，对于深冷处理的最佳效果需要通过大量的实验探索和应用积累，从而达到针对特定的材料形成标准化的处理方法。

2. 深冷处理对材料力学性能的影响

除了改善耐磨性外，深冷处理对材料强度、塑性、韧性以及疲劳等力学性能也有一定的改善效果，但是深冷处理对钢铁材料力学性能（疲劳性能）的改善效果远不如对耐磨性的改善效果明显。值得肯定的是，深冷处理使残留奥氏体转变为马氏体，能够提高材料的强度。一般情况下，深冷处理在提高钢铁材料耐磨性的同时，对材料的强度也会有一定的改善，对钢铁材料塑性的影响相对较小。对于材料力学性能的深冷处理研究，应更多地集中到改善空间大、实际应用价值较高的材料方面，比如有色金属、非金属材料，不断地探索新材料、新方向的深冷处理具有非常重要的意义。

3. 深冷处理对尺寸稳定性的影响

所谓尺寸稳定性是指材料在热处理与加工完毕后，在工作环境条件下不受外力作用或在低于弹性极限的应力作用下抵抗永久变形的能力，以及在加工过程中保持尺寸不变的能力。一般认为，金属材料尺寸的自发变化是由以下两个因素导致的结果是：

① 制件的组织变化制件的相与组织的不稳定性。

② 制件的应力变化制件中的残余内应力及其松弛。

制件在各种热加工与冷加工工艺过程中以及在机械装配操作时，钢铁材料中的残留奥氏体属于亚稳态相，其转变为马氏体会产生体积的变化，从而导致尺寸不稳定，深冷处理一方面通过使残留奥氏体分解来稳定组织，另一方面通过降低材料残余应力来改善材料的尺寸稳定性。轴承钢热处理后残留奥氏体的存在会导致轴承制件在使用过程中由于尺寸稳定性差而发生变形，容易出现制件“卡滞”现象。为此，通过对轴承钢采用深冷处理促进残留奥氏体转变、降低材料内部残余应力来提高制件尺寸稳定性是一种较为有效的方法。

4.7.5 GCr15 轴承钢深冷处理

1. GCr15 轴承钢深冷处理研究

GCr15 钢是轴承领域应用最广泛的高碳铬轴承钢，具有较高的淬透性，热处理后可获得较高的硬度、均匀的组织、良好的耐磨性等。高碳铬轴承钢制件经正常的淬火、回火后，其显微组织中的残留奥氏体占 9% ～ 15%。研究表明，深冷处理可以降低轴承钢组织中的残留奥氏体含量、促进碳化物颗粒析出、细化组织，从而提高材料的力学性能、耐磨性能和尺寸稳定性等性能。

采用直径为 ϕ50 mm 的 GCr15 钢锻造棒材进行深冷处理实验研究，其化学成分见表 4-14。材料的热处理、深冷处理工艺及工艺编号见表 4-15。为了减少深冷处理过程中产生的热应力、组织应力与残余应力，在 CT-2 工艺的深冷处理后进行补充低温回火。热处理采用 DC-B15 型智能箱式高温炉，深冷处理采用中国科学院理化技术研究所自行研制的 SLX-80 程序控制深冷箱，降温速率为 2℃/min。

表 4-14　GCr15 钢化学成分

元　素	C	Si	Mn	P	S	Cr	Cu	Ni
化学成分（质量分数，%）	0.99	0.17	0.33	0.012	0.0014	1.57	0.074	0.024

表 4-15　GCr15 钢处理工艺

工艺编号	工艺参数
HT（普通热处理）	845℃×90min（油淬）+200℃×2h
CT-1（回火前深冷处理）	845℃×90min（油淬）+（-180℃×2h）+200℃×2h
CT-2（回火后深冷处理）	845℃×90min（油淬）+200℃×2h +（-180℃×2h）+130℃×2h

硬度检测采用 SHBRV-187.5 型数显布洛维硬度计进行测量，每个工艺测量 4 个点，取其平均值作为该工艺下的硬度值。冲击试验按照 GB/T 229—2020《金属材料　夏比摆锤冲击试验方法》（无缺口试样）在 JB-300B 型冲击试验机上完成，每个工艺测试 5 个试样，取其平均值作为该工艺下钢的冲击吸收能量。实验钢经电解抛光后采用 X’Pert PRO MPD 型 X 射线衍射仪测试残留奥氏体含量。实验钢的金相试样经不同型号砂纸研磨、抛光、4% 硝酸乙醇溶液腐蚀后，采用 SEM（扫描电子显微镜）与 TECNAI G2 20 型透射电子显微镜（TEM）对其进行微观组织观察。TEM 试样采用 10% 高氯酸 - 乙醇溶液进行双喷制备。

2. GCr15 轴承钢深冷处理实验结果

GCr15 钢经普通热处理（HT）、回火前深冷处理（CT-1）、回火后深冷处理（CT-2）工艺后的硬度、冲击吸收能量及残留奥氏体含量变化见表 4-16。

表 4-16　GCr15 钢的深冷处理结果

工艺编号	硬度值　HRC	冲击吸收能量 /J	残留奥氏体含量（%）
HT（普通热处理）	62.7	63	6.8
CT-1（回火前深冷处理）	64.1	46	2.6
CT-2（回火后深冷处理）	63.2	62	3.1

GCr15 钢无论是回火前深冷处理（CT-1）还是回火后进行深冷处理（CT-2），组织中残留奥氏体的含量都明显低于未深冷处理试样（HT）。CT-1 工艺处理后钢的硬度比 HT 工艺提高了 1.4HRC，冲击吸收能量降低了 30%，该工艺下的残留奥氏体含量仅为 2.6%。这表明 GCr15 钢在淬火后立即进行深冷处理，提供了相变驱动力，使大部分残留奥氏体继续向马氏体发生转变；

CT-2 工艺处理后，残留奥氏体在回火过程中变得相对稳定，其中部分碳以碳化物的形式析出，此时钢中残留奥氏体的转变量要小于淬火后进行深冷处理的残留奥氏体转变量。此外，由于残留奥氏体为面心立方结构，比体心立方的马氏体具有更低的硬度和更良好的塑性，有利于改善钢的冲击吸收能量。所以，CT-1 工艺的冲击吸收能量最低，CT-2 工艺与 HT 的冲击吸收能量基本相同。

采用 SEM、TEM 对不同工艺处理后 GCr15 钢的微观组织进行检测，如图 4-77 和图 4-78 所示。GCr15 钢的组织由板条马氏体、残留奥氏体及马氏体基体上析出的白色碳化物颗粒组成。深冷处理过程中，由于残留奥氏体与马氏体的晶格常数不同，发生转变时一方面会在基体中产生微观内应力，从而使钢的晶体缺陷（位错密度）显著增加，图 4-78b、c 的位错密度大于图 4-78a；另一方面深冷处理使过饱和碳引发的点阵畸变增大，导致析出碳化物的热力学驱动力增大。因此在随后向升温及补充回火的过程中，碳原子的扩散能力增强，导致在晶体缺陷处析出与基体共格的细小次生碳化物。

传统热处理（HT）后，GCr15 钢组织内部的马氏体板条取向清晰、有序，增加深冷处理工艺后，组织中部分马氏体板条束发生了碎化，同时马氏体板条间发生了相互穿插。这主要是由于马氏体与奥氏体之间有多种等价的取向关系，在深冷处理过程中，新转变的马氏体与原有马氏体形成多种不同的取向，且残留奥氏体转变成的马氏体尺度较小，从而使得深冷后组织出现碎化现象。

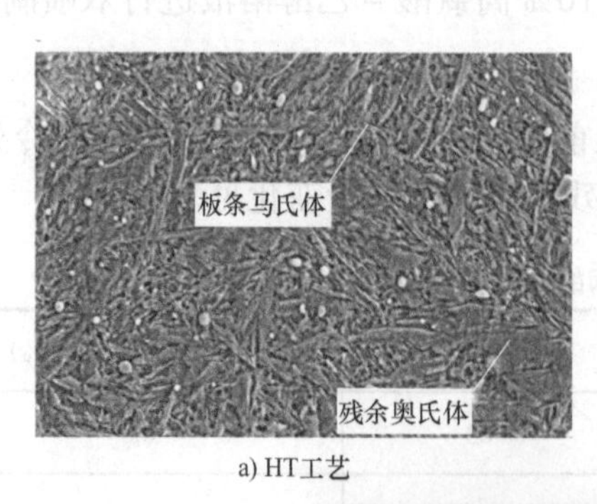

a) HT工艺

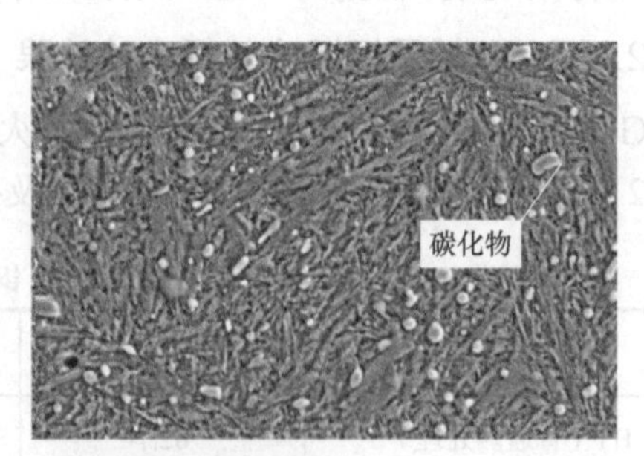

b) CT-1工艺

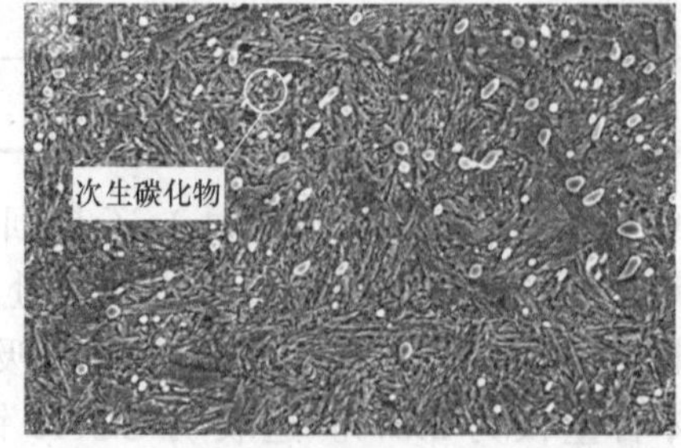

c) CT-2工艺

图 4-77　不同工艺处理后 GCr15 钢的微观组织 SEM 照片

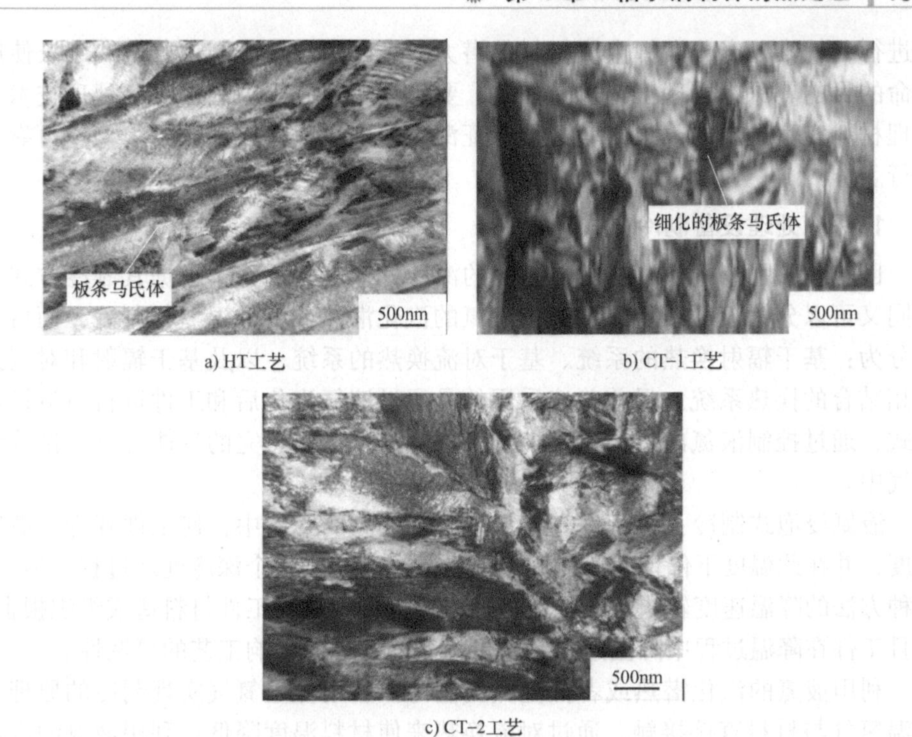

图 4-78 不同工艺处理后 GCr15 钢的微观组织 TEM 照片

综上分析认为，GCr15 钢在淬火后、回火前进行深冷处理（CT-1），大量处于亚稳状态的残留奥氏体发生转变，使得塑性较好的残留奥氏体含量减少，从而使材料的硬度升高，韧性有所降低。也就是说，回火前进行深冷处理，钢的冲击韧性主要是由残留奥氏体的转变决定的。而 GCr15 钢在经过淬火、回火后组织中的残留奥氏体量有所减少，但仍处于热力学的不稳定状态，此时进行深冷处理（CT-2）不仅能够促进残留奥氏体的进一步转变，同时通过后续补充低温回火，促进了大量细小弥散的次生碳化物析出。所以，在淬火、回火后的深冷过程中不仅有残留奥氏体向马氏体的转变过程，还有细小的次生碳化物弥散析出过程。碳化物的析出，马氏体的碎化和穿插，晶界增多，都会使碳化物填充晶格间隙和沿晶界分布的机会增多，这种变化带来了钢的冲击韧性的变化。所以，GCr15 钢回火后增加深冷处理（CT-2）比回火前增加深冷处理（CT-1）的韧性高。实际应用过程中，应根据轴承产品服役过程中对性能的要求进行综合考虑，选择不同的深冷处理工艺。

4.7.6 深冷处理设备

深冷处理设备是实现深冷处理工艺过程的基本条件，深冷处理设备的关键是如何方便、快捷、低廉、可靠且可控地获得低温。深冷处理设备的性能直接影响到深冷处理工艺的准确执行，如同热处理，如果不能保证热处理工艺的合理进行，就难以充分发挥金属材料的潜力，难以达到提高制件质量和延长使用寿命的目的。深冷处理工艺也是如此，要想在实际应用中确保深冷处理技术对处理材料产生预想的效果，就必须保证深冷处理过程按照工艺要求稳定可靠的执行。

1. 深冷处理设备制冷方式

目前，采用液氮（-196℃）制冷的深冷处理较为普遍，根据其制冷方式的不同又可以分为液氮浸泡式和通过液氮的汽化潜热或者低温氮气制冷，而后者又分为：基于辐射换热的系统、基于对流换热的系统，以及基于辐射和对流换热相结合的换热系统。目前普遍采用的是通过液氮汽化后和工件进行对流换热方式，通过控制液氮的进给量来控制工件的温度，换热完的气体可直接排放到大气中。

液氮浸泡式制冷：将工件直接放到装有液氮的容器中，使工件骤冷至液氮温度，并在此温度下停留一段时间，最后复温而完成整个深冷处理过程。但是，这种方法的降温速度较快，会导致冷冲击过大，容易对工件材料造成组织损害，而且工件在降温过程中降温速度是不可控制的，进而影响工艺的可调性。

利用液氮的汽化潜热或者低温氮气制冷：利用低温氮气实现制冷的原理是低温氮气与材料直接接触，通过对流换热来使材料温度降低；利用液氮的汽化潜热的原理是液氮与材料不直接接触而通过间接方式使材料温度降低。

该深冷处理系统的处理室通过对流换热的方式对工件材料进行处理，即液氮经喷管喷出后在深冷箱内直接汽化，利用汽化潜热及低温氮气吸热使处理箱及被冷工件温度降低，通过控制液氮的输入量和风机的转速来控制降温速度，并实现对处理温度的自动调节。用这种系统对材料进行深冷处理，具有换热效果好、降温速度和处理温度可控、温度分布均匀等优点。深冷处理设备的结构如图 4-79 所示。

深冷设备包括深冷箱、风扇、温度传感器、加热器和液氮分散器等。其中，液氮分散器和风扇是为了保证样品箱内温度均匀，减少温度波动的。该设备采用最新的加热技术、控温技术和液氮分散技术，使产品的程控升温、恒温、降温各过程均匀稳定。深冷箱（机）最低工作温度为 -196℃，最高工作温度常规为 200℃（特殊需求也能做到 500℃），温度偏差为 ±2℃以内，升、降温速率为 1 ～ 10℃/ min，基于该结构的深冷处理设备能够实现处理温度、升降温速率的精确控制，从而为深冷处理工艺的实施提供了有力的装备保障。

2. 我国冷处理和深冷处理设备

冷处理和深冷处理技术在我国的发展比较缓慢，因此相应的设备发展也比较滞后。早期工业中普遍采用压缩机制冷的冰箱开展冷处理，其最低温度仅能达到 -80℃。随着我国高端制造业的不断发展，对深冷处理的需求不断增加，由于液氮的温度较低、来源广泛、无污染、价格便宜，因此以液氮为冷却介质的深冷处理设备（-196℃）得到了大力发展。

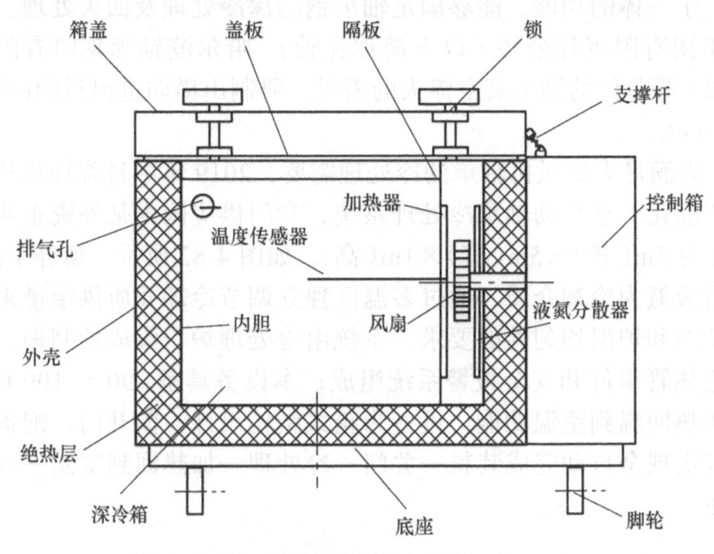

图 4-79 深冷处理设备的结构

我国中科院理化技术研究所从 20 世纪 80 年代末开始进行冷处理和深冷处理设备的研制，并在国内实现了产业化应用。冷处理和深冷处理设备的种类如图 4-80 所示。

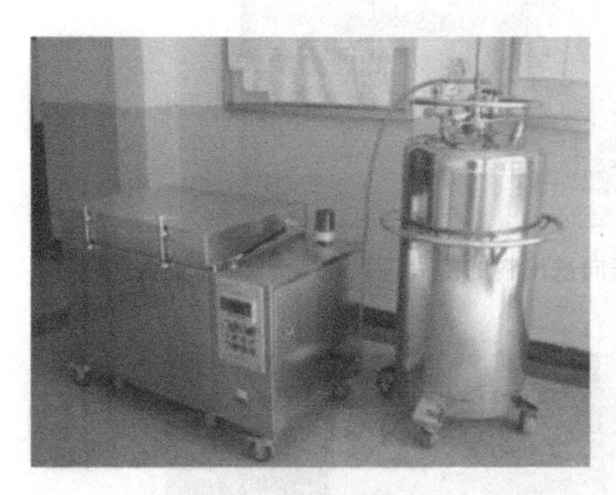

a) 标准箱式深冷处理设备

b) 带触摸屏控制的程序控制深冷箱

c) 大型轧辊深冷处理设备

d) 标准型号深冷箱

图 4-80 冷处理和深冷处理的设备种类

用于精密轴承的冷处理设备，常规的都是具有冷处理和低温回火（≤200℃）于一体的功能，能够满足轴承钢的深冷处理及回火处理。为配合瓦房店轴承集团有限责任公司（以下简称瓦轴）、哈尔滨轴承集团有限公司（以下简称哈轴）等单位的轴承真空淬火的需要，研制出横向进出料的冷处理设备，如图 4-81 所示。

此外，为满足大型风机轴承的冷处理需要，2019 年中科院理化技术研究所已研制出智能化、全自动轴承冷处理系统，专门供应国内某外资企业，设备有效空间尺寸为 5m（长）×5m（宽）×1m（高），如图 4-82 所示，填补了国内空白。该系统采用液氮为冷却介质，通过多温区独立调节冷却介质供给量来实现冷处理的精准控温和炉温均匀性的要求。系统由冷处理炉、集成控制柜、电动载料车、真空绝热管组件和安全报警系统组成；本设备具备 -90 ～ 100℃范围内的冷处理及加热回温到室温功能。设备为箱式结构设计，前开门，配备电动转移载料车，可实现全自动完成装料—关门—冷处理—加热回到室温—开门—出料的操作程序。

图 4-81　横向进出料的冷处理设备

图 4-82　大型风机轴承冷处理设备（国内某外企轴承专用冷处理设备）

《中国制造 2025》指出，经过几十年的快速发展，我国制造业规模跃居世界第一位，但仍处于工业化进程中，与发达国家相比还有较大差距。核心基础零部件、先进基础工艺、关键基础材料和产业技术基础等工业基础能力薄弱，是制约我国制造业创新发展和质量提升的症结所在。轴承作为机械行业的基础核心制件，目前我国与国外还存在较大差距，深冷处理在提高轴承耐磨性、尺寸稳定性方面效果显著，其必然能够成为轴承行业的基础工艺，促进我国轴承朝着高性能方向发展。要想实现冷处理或深冷处理在轴承领域的有效应用，离不开定制化的冷处理或深冷处理的装备和工艺。

4.8　轴承钢的感应热处理

4.8.1　锭杆的感应穿透加热、自动模压淬火和自动矫直生产线

对于用合金钢等材料制造的小规格细长杆件的热处理，其淬火畸变一直是比较棘手的事情，该项目自 2012 ～ 2015 年为方案论证，蔡志强在 2015 年通过多次试验，采用感应穿透加热、自动模压淬火及自动矫直的工艺试验方法解决了这个难题。如用轴承钢（GCr15）制造的纺织机械细纱机上用的锭杆，它是一个表面和心部要求整体都淬硬的、整体各部位有不同锥度的细长形制件，特别是两头锭尖处的硬度必须达到技术要求，其长径比相差很大（直径 ϕ4.5 ～ ϕ11mm/ 长度 177 ～ 330mm），如图 4-83 ～图 4-85 所示。弹性试验的径向圆跳动必须≤0.01mm 的要求。

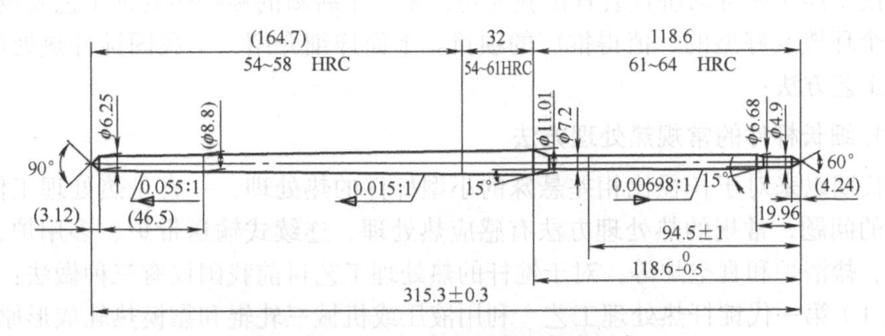

图 4-83　D-7103 锭杆热处理技术要求

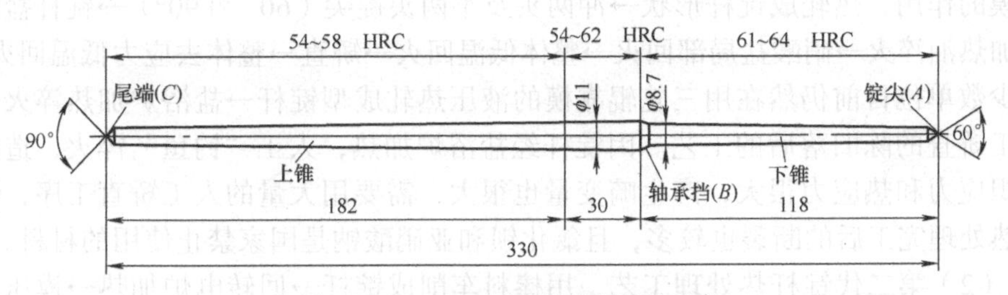

图 4-84　D-3203 锭杆热处理技术要求

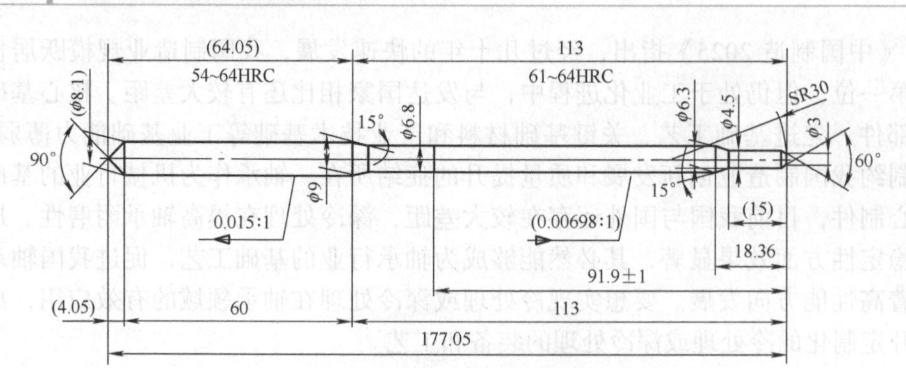

图 4-85　D-6110E 锭杆热处理技术要求

通过对感应器的特殊设计，达到了整体迅速均匀地穿透加热的技术要求，其淬火是利用自动模压淬火和自动矫直的方法，达到相变超塑变的目的，使之满足所有技术要求，即热处理后锭杆的淬火畸变量≤0.15mm 的合格率≥90%，超差在 0.30mm 左右畸变的锭杆用手锤轻松一敲即合格。该项目从 2013 年 6 月先由洛阳三恒感应加热科技有限公司进行可行性研究，后由上海良纺纺机械专件有限公司开始采用感应穿透加热、自动模压淬火及自动矫直的方法进行试验研究，直到 2015 年 4 月研制成功，通过检测已经达到技术要求。可以解决过去几十年以来我国锭杆热处理用盐浴炉淬火畸变太大，需要用气泵人工矫直或用回转炉加热淬火工艺，锭杆表面存在脱碳的风险，设备故障也较多；或用进口感应加热工艺的话，自动矫直机价格昂贵等问题。现在采用感应穿透加热、自动模压淬火和自动矫直装置试验成功，是一个崭新的锭杆热处理工艺及设备，是一个环境友好型的、值得推广的项目。下面详细介绍一下我国锭杆热处理的几种工艺方法：

1. 细长杆件的常规热处理方法

长期以来对于长径比相差悬殊的小型杆件的热处理，一直是热处理工作者探索的问题，常规的热处理方法有感应热处理、连续式输送带炉、多用炉、井式炉、盐浴炉和真空炉等，对于锭杆的热处理工艺目前我国仅有三种做法：

（1）第一代锭杆热处理工艺　利用液压或机械三轧辊和靠模热轧成形原理，对锭杆坯料（如 ϕ12mm×200mm）进行电接触加热到 950℃左右→经三轧辊和靠模的作用，热轧成锭杆形状→冲两头及车两头锭尖（60° 和 90°）→锭杆盐浴炉加热油淬火→硝酸盐局部回火→整体低温回火→矫直→整体去应力低温回火。极少数单位目前仍然在用三轧辊靠模的液压热轧成型锭杆→盐浴炉加热淬火→人工矫直的陈旧落后的工艺。因锭杆经盐浴炉加热，人工“钓鱼”淬火，造成组织应力和热应力很大，产生畸变量也很大，需要用大量的人工矫直工序，锭杆热处理完工后的断裂也较多，且氯化钡和亚硝酸钠是国家禁止使用的材料。

（2）第二代锭杆热处理工艺　用棒料车削成锭杆→回转电炉加热→模压自

动淬火矫直方法。在 20 世纪 70 年代末上海良纺纺机械专件有限公司研制的回转式电加热炉加热锭杆如图 4-86 所示，该设备没有保护气氛或可控气氛装置，锭杆在电加热炉的加热圈中的孔内被加热，其加热圈和主轴如图 4-87 所示。锭杆的原材料采用棒料车削成形，从 1995 年起不再用热轧工艺，直接采用三级球化组织的棒料车削成锭杆形状→模压淬火→硝酸盐局部回火工艺，这是当今锭杆热处理生产的主流工艺装备，属于锭杆热处理的第二代工艺装备。可是硝酸盐局部回火仍然是污染环境的。通过几十年的生产实践证明，该工艺装备中的模压淬火装置是成功的，矫直质量很好，但是电加热炉和链条传动机构上问题较大，在空气中加热，锭杆易脱碳，操作可靠性欠佳，维护工作量较大，用 CrMnN 材料的加热圈的铸造质量和可加工性差，在钻 ϕ18 mm×400mm 锭杆储料孔及主轴孔时，无法保证全部孔都均匀分布，因铸件的致密性不好，会有气孔或砂眼等出现，导致机加工困难，在钻 ϕ18mm×400mm 储料孔时会钻偏，48 个孔不能均匀分布，当送料推杆将锭杆从加热圈中的 ϕ18mm 孔中推出时，不能对准矫直机时会发生故障。

图 4-86　回转式电加热炉及进料机构

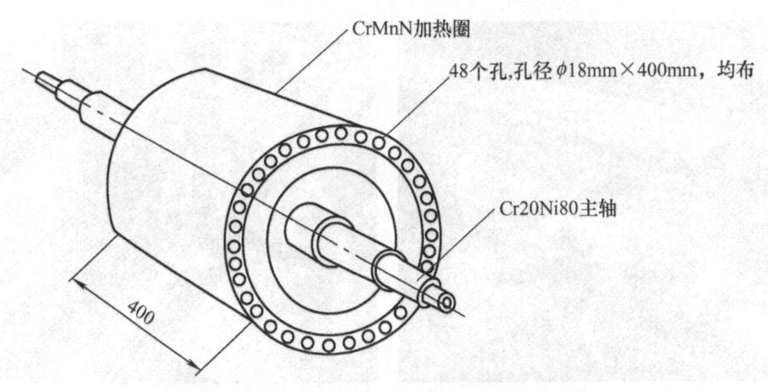

图 4-87　CrMnN 材料的加热圈及 Cr20Ni80 主轴

（3）进口感应淬火回火生产线　用棒料车削成锭杆——从德国 HWG 公司进口的卧式整体贯通式感应穿透加热淬火与回火机床，因淬火畸变太大，需要配置昂贵的进口矫直机床。衡阳纺织机械有限公司在 1987 年从德国 FAG 公司引进 20000r/min 弹力丝假捻器轴承和气流纺轴承制造技术，其中用于芯轴的感应加热设备是从德国 HWG 公司（美国应达公司在德国的子公司）进口的，并向 HWG 公司提出该设备同时也可对锭杆进行感应加热的需求，为此在设备上增加了相应的感应圈和 V 形推料头。后来获悉瑞士 SMM 公司锭杆的感应加热，是从德国 HWG 感应加热公司购买的，用于锭杆的淬火和回火，感应淬火方式是贯通卧式结构，配一台龙门式矫直机。衡阳纺织机械有限公司从德国 HWG 公司进口了一条同样型号的感应加热生产线——电源功率为 24kW，频率为 400kHz；回火功率为 3.6kW，频率为 200kHz 的感应淬火和回火设备，如图 4-88 所示，因锭子技术改造立项还没有批下来，所以没有资金购买矫直机。HWG 感应加热设备用于 GCr15 钢制的气流轴承和弹力丝假捻器轴承上的芯轴感应淬火是成功的，锭杆的淬火硬度可全部达到技术要求，但出现淬火畸变量比较大，需要配矫直设备。该设备的卧式淬火机床设有 4 个可重复使用的输出功率预选器，输出功率为无级连续调节，并用数字显示，适合直径 $\phi8\sim\phi30$mm、长度 50 ～ 400mm 的工件的淬火和回火处理。卧式淬火机床由储料仓、送料机构、推料机构和一对同向旋转的辊轮及操作控制板组成。淬火感应圈为 4mm×4mm×0.5mm 紫铜方管材料绕制成双匝椭圆形，淬火冷却介质为具有≤5% 浓度的聚合物水溶液或清水。回火感应圈为 4mm×4mm×0.5mm 紫铜方管材料绕制成单匝圆形。它们位于同向旋转的轧辊的端面处，推料机构由直流伺服电动机驱动，它由两个（分别是 20mm/s 和 200mm/s）旋转速度、三个（2 ～ 200mm/s 级）调速推进器和两个时间继电器组成，控制锭杆的进给速度和停留时间，连续全自动完成淬回火工序。锭杆经感应淬火后的径向圆跳动在 0.80mm 左右，畸变量较大，3 班连续生产量约为 7 万件 / 月。

图 4-88　HWG 锭杆的加热方式

2. 锭杆的热处理技术要求

锭杆是环锭纺纱机上一个非常重要的制件之一，如图 4-83 ～图 4-85 所示，其热处理要求表面和心部的硬度必须整体均匀一致，其热处理的质量好坏会直接影响到成纱的质量，进而影响到坯布的质量，各类棉、麻、毛、化纤等用的 GCr15 钢锭杆，在纺织厂的使用过程中的失效形式基本上都是以锭杆的锭尖和轴承挡磨损为主，锭尖 *A* 处被磨成葫芦形，轴承挡 *B* 处的磨损成椭圆形。若锭杆的热处理不当，还会造成锭杆的弹性不好，使锭杆的振幅增大，它将影响到锭尖的磨损，增加成纱的断头率，从而影响到纱和织物的质量。锭杆上端的纱管和纱的质量分别为 100g 和 400g，有的还要重一些，锭杆的转速为 5000 ～ 22000r/min(电锭除外)，这些载荷分别由锭尖、锭底和纺锭轴承来承担，整套锭子在高速运转时的振幅要求≤0.01mm，这就需要合理的热处理工艺。检验热处理的质量除了检测硬度，还要对锭杆进行金相组织、硬度检测及弹性试验（图 4-89）。弹性试验方法：将锭杆的 *A* 点和 *B* 点固定，在尾端 *C* 点的位置施加力 *F*，使锭杆的上锥部的尾端弯曲到 *H* 位置，即全长的 1/20，保持 1min 后卸载，然后测量锭杆的径向圆跳动≤0.01mm。

锭杆的热处理技术要求：

（1）硬度要求　锭杆下锥部分硬度在 61 ～ 64HRC；上锥部分 54 ～ 58HRC，过渡区硬度 58 ～ 61HRC。表面不允许有贫脱碳层。

（2）金相组织要求　隐晶、细小结晶或小针状马氏体均匀分布的、细小残留碳化物和少量的残留奥氏组织，须达到（GB/T 34891—2017）中马氏体评级图的 1 ～ 2 级组织。

（3）弹性试验　锭杆的径向圆跳动≤0.01mm。

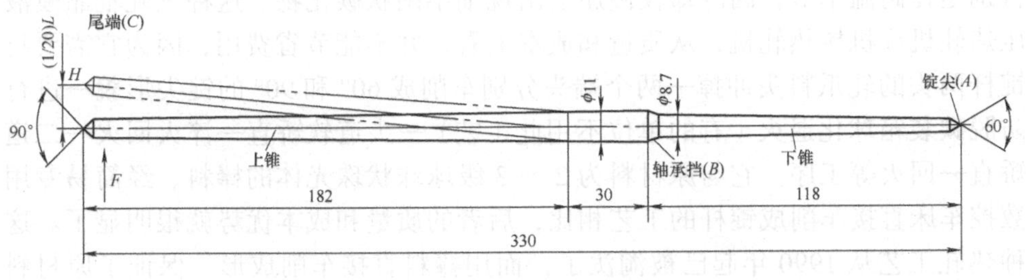

图 4-89　锭杆的弹性试验方法

3. 对于原始组织的要求

（1）球状珠光体组织　在 GB/T 18254—2016 中，锭杆材料选用优质轴承钢（普通轴承钢）就可以了。但原始组织中的碳化物形状和级别应达到 GB/T 34891—2017 中第一级别图中 2 ～ 3 级球化组织要求。不同的碳化物形状对力学性能的影响也不同，原始组织中的碳化物形状对奥氏体形成速度的影响是不同的：碳化物分散度越大，相界面越多，成核率便越大；珠光体层间距离越小，奥氏体中C浓度越大，扩散速度越快；碳化物分散度大，使C原子扩散距离缩短，奥氏体长大速度增加。所以原始组织越细，奥氏体形成速度越快。有关粒状珠光体与片状珠光体对奥氏体形成速度的影响，如图4-90所示。从此可知，细层片状珠光体虽然淬火硬度最高，但是容易过热，因为它的淬火温度范围比较窄，层片状珠光体的抗弯强度也不高，所以应用选用2～3级球化组织。

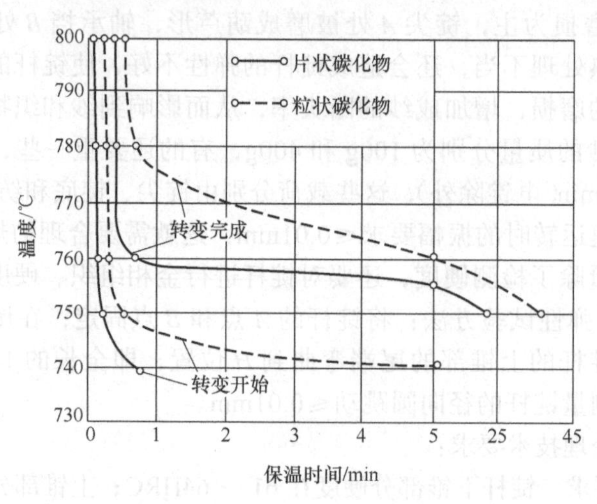

图4-90　粒状和片状珠光体对奥氏体形成速度的影响

注：钢中碳的质量分数为0.9%。

（2）层片状珠光体组织　在锭杆经950～1050℃热轧后，使原材料的原始球化组织被破坏，热轧后的金相组织变为细片状珠光体+片状珠光体+少量细网状碳化物，每根锭杆经热轧后掉落在接料盘中冷却，当堆积到一定数量时，特别是在高温季节，因冷却较慢还会出现细小网状碳化物。这种三轧辊靠模液压热轧机或机械热轧机，从质量和成本上看，并不能节省费用，因为它需要将锭杆两头的轧爪料头冲掉—两个端头分别车削成60°和90°的锭尖形貌—进行防脱碳装箱球化退火（有的单位不用此工艺）—头道软矫直—淬火回火—二道矫直—回火等工序。它与原材料为2～3级球珠状珠光体的棒料、经简易专用数控车床直接车削成锭杆的工艺相比，后者的质量和成本优势就很明显了。这种热轧工艺从1990年起已被淘汰了，而用棒料直接车削成形，保证了原材料2～3级球化组织（应达到GB/T 18254—2016中的要求），这个细小均匀分布的球状珠光体组织很适合感应淬火工艺，在一次感应穿透加热时的加热速度越快，铁素体-渗碳体组织转变为奥氏体的温度就越高，即珠光体转变为奥氏体的温度范围也就越高，而形成时间就越短，晶粒就越细，这对锭杆来说是非常有利的，这样确保了锭杆在轴承挡处的疲劳寿命和锭尖的耐磨性。采用感应淬火工艺对原材料是有要求的，必须是细而均匀的球状碳化物，在快速加热时尽管保温时间短，但因原始组织呈细球状分布，弥散度大，奥氏体形成速度快，可以获得均匀的、细小的奥氏体晶粒，淬火后得到细而均匀的马氏体组织。所以锭杆的原始组织应该选用符合 GB/T 18254—2016 中的 2 ～ 3 级的标准为好（标准规定是 2 ～ 4 级组织），即细小均匀分布的球化组织，不允许有细片状或粗粒状珠光体组织存在。

4. 锭杆的最新热处理方法（第三代锭杆热处理工艺）

电阻炉加热锭杆及五工位夹持自动淬火矫直工艺，取代了第一代盐浴炉淬火工艺已四十余年了，实践证明这是一个很成功的技术改造，经淬火矫直后的锭杆已不需要专业人员人工矫直工序了，其≤0.15mm 的变形量（径向圆跳动）达到≥90% 的合格率，只需一名检验人员对热处理完工后的锭杆进行 100% 的检测即可，若有 >0.15mm 的锭杆，一般在 0.30mm 左右，只要用手锤轻松一敲就合格了，节省了一个矫直班组人员。但是其电阻加热炉和锭杆传送机构不是很理想，还需要做进一步的提高。为此诞生了一次感应穿透加热、五工位卧式自动淬火矫直机的第三代锭杆热处理新的工艺装置。

（1）五工位卧式自动淬火矫直机　对于杆形制件热处理后一定会产生畸变，这是由材料的组织应力和热应力造成的，其影响因素众多，如原始组织、加热和冷却方式、冷却介质、操作技术、设备及仪表精度等。对于形状简单的杆形制件，可以通过夹持淬火的方式来控制它的畸变量，如锭杆的夹持（图 4-91）淬火解决了它的淬火畸变问题。五工位卧式自动淬火矫直机，如图 4-92 所示。该装置在原来夹持淬火装置的基础上，做了相对的改进和提高，使矫直效果更好，这种方法实际就是相变超塑变处理，是个很好的工艺。在几十年的生产实践中证明夹持淬火方法是一个非常成功的技术，现在结合一次感应穿透加热方式（性能要求整体淬透），解决了锭杆热处理难题，通过试验证明这种方法对环境友好，质量可靠，技术为国内外领先的工艺及装备，应该得到重视和推广。

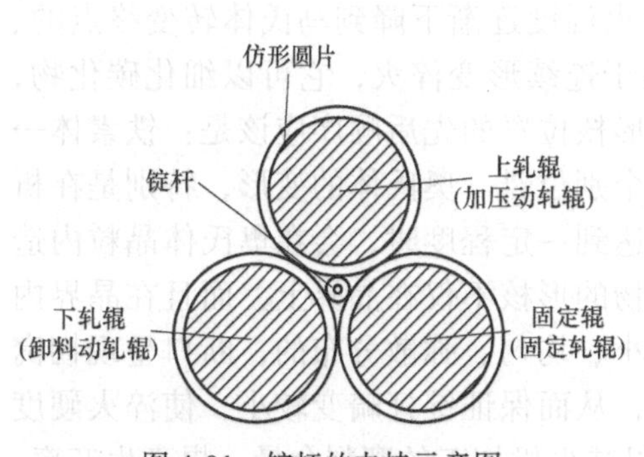

图 4-91　锭杆的夹持示意图

图 4-92　五工位卧式自动淬火矫直机

五工位卧式自动淬火矫直机由五个工位的自动夹持淬火矫直机和淬火油槽及提升机构组成。该五个工位在工作时全部做圆周旋转运动，根据节拍做旋转运转，每个工位由一组三个仿锭杆外形的滚动轧辊片及辊轴组合而成，其结构从图 4-92 可以看出，当锭杆进入一组三个轧辊后，上轧辊作浮动压力旋转，上轧辊上配有九个仿形圆片和一根辊轴，它们是活络的，并靠压缩弹簧来控制压力大小，即控制锭杆的径向圆跳动的大小。也就是说，矫直效果的好坏，由上轧辊的压力大小决定。下面两个轧辊结构同上轧辊一样，一个为固定支撑的固定辊，另一个为下压辊。每个轧辊上也有九个仿形圆片和轧辊轴组成一体，该仿形圆片是固定的、不能调整压力大小的，只承担支承旋转作用，它们的外形同锭杆外形相吻合，仿形圆片的每节外形尺寸和相应的锭杆外形尺寸是一致的，三个轧辊上的各个多节仿形圆片，相互交叉成整个锭杆的外形和长度，这些轧辊始终在不停地旋转，如图 4-91 所示。当锭杆滚淬一定时间后，由两个气缸分别推动两个动轧辊同时张开，即上轧辊（加压动轧辊）和下轧辊（卸料轧辊）同时张开，锭杆就从两轧辊之间落到输送带上继续冷却淬火，在上轧辊的顶部槽子内盛有淬火油，当锭杆进入第一个工位时，淬火油淋在三个轧辊上，上轧辊压住锭杆并和下面两个旋转的轧辊一起迅速地旋转入淬火油槽内，进行边淬火边矫直工序。随后的第二、三、四个工位依次重复第一个工位的动作，当第一个工位到达第五工位时是空位，已完成淬火冷却工序，此时第五个工位继续往上旋转——复位到第一个工位的位置，等待接收感应加热好的锭杆，这样不断循环地运转进行生产，五个工位中有三个工位在进行滚动夹持淬火，第五个工位在迅速卸下锭杆时是空位的。锭杆在机械压力的作用下，使锭杆达到边淬火边矫直的目的，矫直后锭杆的径向圆跳动≤0.15mm 的合格率达到≥90% 好效果。这个边淬火边矫直的过程，实质就是锭杆在进行相变超塑变处理。

用具有均匀、细小分布的球状珠光体的 GCr15 轴承钢制作锭杆，在一次感应穿透加热时，能迅速达到较高奥氏体化（880 ～ 900℃）的相变温度，它不需要进行保温，这样可以保持晶粒不长大，奥氏体化温度越高，时间越短，晶粒越细，这些细小、均匀、等轴状的晶粒在机械力的作用下，具有一定的弹性。锭杆的夹持淬火是一种在奥氏体化的淬火温度逐渐下降到马氏体转变终点的、连续冷却转变过程中的形变热处理，属于连续形变淬火，它可以细化碳化物，因为碳化物只能在晶界和缺陷处形核，形核位置的先后顺序应该是：铁素体→奥氏体相界→晶界→小角度晶界接点→个别位错。奥氏体的变形，特别是在析出碳化物的温度范围内畸变，且畸变度达到一定程度时，会在奥氏体晶粒内造成大量的小角度晶界和位错，因而碳化物的形核不仅在晶界上，而且在晶界内也会大量产生，所以生成的碳化物是细小、均匀、弥散分布的，断口呈现韧窝状，它起到了牵制锭杆发生畸变的作用，从而保证锭杆畸变较小，使淬火硬度均匀，淬火应力小，没有断损现象，可以减少机加工的磨削余量，提高生产率，减少磨削应力，并提高了锭杆热处理的内在质量。轴承钢的加热方式不同，对性能的影响也不同。在马氏体中的碳含量相同时，快速加热与普通加热在淬火后的硬度也不同，如图 4-93 所示。采用快速加热淬火与缓慢加热淬火相比，除了硬度较高，强度提高了 1.5 倍，韧性提高 2 倍，如图 4-94 所示，使高碳铬钢

（GCr15）具有接近中碳铬钢的强度和韧性的水平，体现在经感应淬火的锭杆断损率极少。

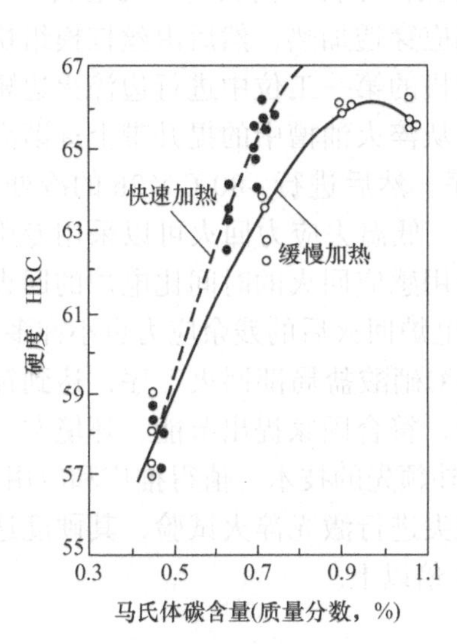

图 4-93 加热方式对淬火硬度的影响

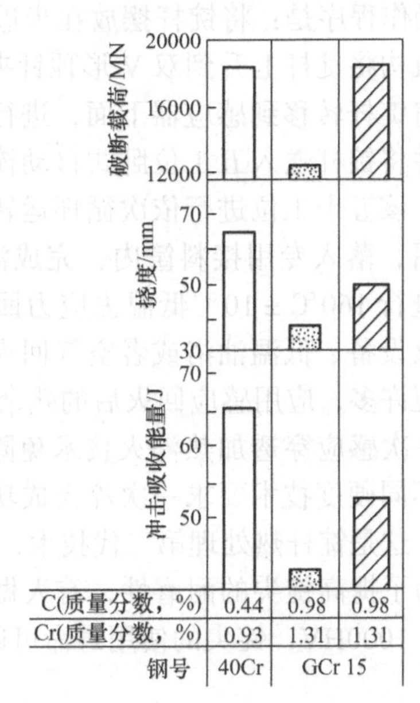

图 4-94 加热方式对强度和韧性的影响

（2）穿透加热感应器的设计及整机组合示意图 由衡阳纺机械有限公司委托上海良纺纺织机械专件有限公司设计的新型感应加热设备，通过多次试验验证已经达到了技术要求。对于锭杆来说，采用一次感应穿透加热（能使整个截面各部位都能达到工艺温度的感应加热称为穿透加热）难度是很大的，因为锭杆外形是有不同锥度的细长形杆件，其两个端头分别为 60° 和 90° 的锥形锭尖，整个锭杆的硬度必须全部达到技术要求，特别是两个锭尖不允许出现欠热和过热组织，下端到锭尖部分的硬度应≥62HRC，而上端弹性部分的硬度应在 54 ～ 58HRC 范围内，这些可以在感应器整体设计时一起考虑进去，不需要再用硝酸盐局部回火了。通过一个感应器解决了整个锭杆的所有硬度要求，这就需要设计一个特殊形状的感应器，而且每种型号的锭杆需要配备相应形状的感应器，对于尺寸相近的锭杆可以做到相互借用，为了与卧式淬火矫直装置相配合，感应器和锭杆也必须水平摆放，所以感应器做成特殊形状尺寸的“一发式感应器”（single shot）。为了使锭杆加热均匀，锭杆必须能够旋转，它是靠两个 V 形顶针通过变频电动机带动，使其转速在 60 ～ 70r/min。感应加热采用 IGBT 电源，功率为 100kW 频率 20kHz，计算机控制（第三代锭杆热处理工艺）。根据产品的技术要求调整相应参数，加热温度的控制通过电流比率来达到，它的透入深度根据导磁比电阻大小调整。在保证各个截面加热穿透的情况下，使加热温度达到 870 ～ 890℃，加热时间为 10 ～ 12s/ 根锭杆。每台设备每月产量可以达 15 万～ 18 万件。穿透感应加热五工位卧式自动淬火矫直生产线如图 4-95 所示。

操作程序是：将锭杆摆放在步进式进料装置上，并自动送入 U 形槽中，由提升机构将锭杆上升到双 V 形顶针夹紧，由丝杠导轨和伺服电动机组成的传送装置将锭杆转移到感应器下面，进行旋转感应穿透加热，然后由丝杠模组快速下降并将锭杆送入五工位卧式自动淬火矫直机的第一工位中进行边淬火边矫直工序，该五个工位进行依次循环运转，锭杆从淬火油槽中的提升带上逐渐离开油面后，落入专用接料筐内，完成淬火工序。然后进行 -80℃×2h 的冷处理，最后进行 160℃ ± 10℃低温去应力回火工序。低温去应力回火可以采用专用感应回火设备、低温油浴或者空气回火炉。应用感应回火的时间比电炉的回火时间会短许多，应用感应回火后的残余应力比电炉回火后的残余应力也小许多。

一次感应穿透加热淬火技术免除了 350℃硝酸盐局部回火工序，达到锭杆多段不同硬度技术要求一次淬火成功的目的，符合国家提出节能、环境友好的要求，这是锭杆热处理第三代技术，为国内外领先的技术，值得推广和应用。

为了提高锭尖的耐磨性，有人做了对锭尖进行激光淬火试验，其硬度达到 900 ～ 1000HV，锭尖的使用寿命可以提高 1 倍以上。

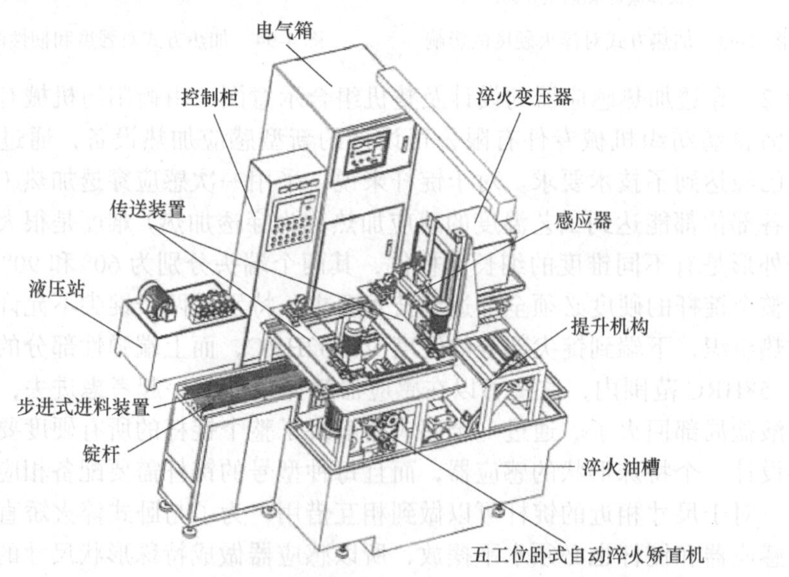

图 4-95 穿透感应加热五工位卧式自动淬火矫直生产线

5. 锭杆的冷处理及残留奥氏体的测量

（1）GCr15 钢锭杆的冷处理及去应力回火 GCr15 轴承钢经常规淬火后，会有 9% ～ 15% 的残留奥氏体。为使锭杆的质量长期稳定，采用冷处理后以减少残留奥氏体量，提高锭尖的耐磨性和锭杆的弹性，使整套锭子在运转时振幅小，做到纱的断头率少、提高生产率的效果。

1）冷处理的温度和保温时间的选择。冷处理温度对 GCr15 轴承钢残留奥氏体的影响如图 4-96 所示，选择 -80℃的冷处理温度；冷处理时间对 GCr15 轴承钢淬火组织中残留奥氏体量的影响如图 4-97 所示，选择保温时间为 2h。

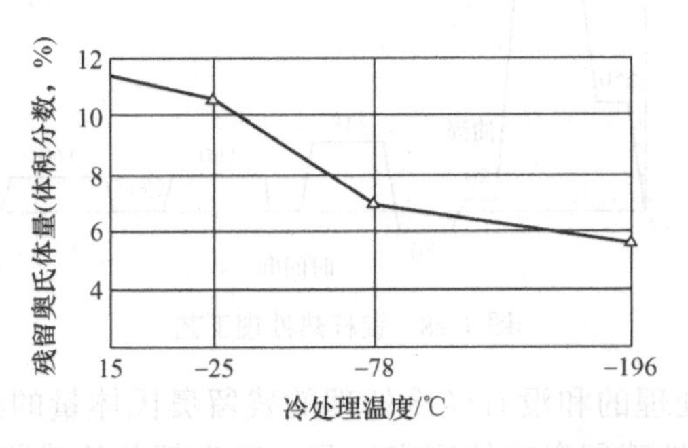

图 4-96 冷处理温度对 GCr15 轴承钢残留奥氏体量的影响

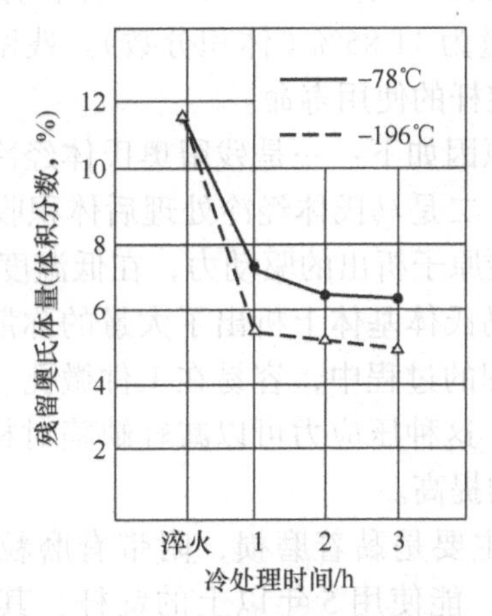

图 4-97 冷处理时间对 GCr15 轴承钢淬火组织中残留奥氏体量的影响

因 GCr15 钢的马氏体转变终点 *Mf* 是 -78℃，为确保锭杆的耐磨性和尺寸稳定性，自 1960 年开始实施对锭杆淬火后进行 -80℃×2h 的冷处理工序，以期获得一定数量的残留奥氏体，提高锭杆的耐磨性。最初担心冷处理后会导致组织应力太大，使锭杆的断损太多，而采取了 340 ～ 350℃中温局部回火和整体 160℃低温回火—-80℃的冷处理——次 160℃补充去应力低温回火—人工矫直—160℃去应力回火。实际上这种工艺的冷处理效果不是很明显，因为锭杆在 160℃整体回火后的残留奥氏体已经被陈化稳定了，后面的冷处理必须用更低的冷处理温度（-100 ～ -196℃）的深冷处理才能减少残留奥氏体的量。原来的冷处理工艺一直沿用到 1966 年才更改为：淬火后在 2h 内将累计淬火满 1000 件的锭杆装一筐（根据低温箱的容积而定），进行 -80℃保温 2h 的冷处理—出低温箱后在空气中缓热到室温—对锭杆的上锥端进行 340 ～ 350℃局部回火—160℃的低温回火—人工矫直—160℃去应力回火，如图 4-98 所示。采用该工艺生产的锭杆质量一直很稳定。

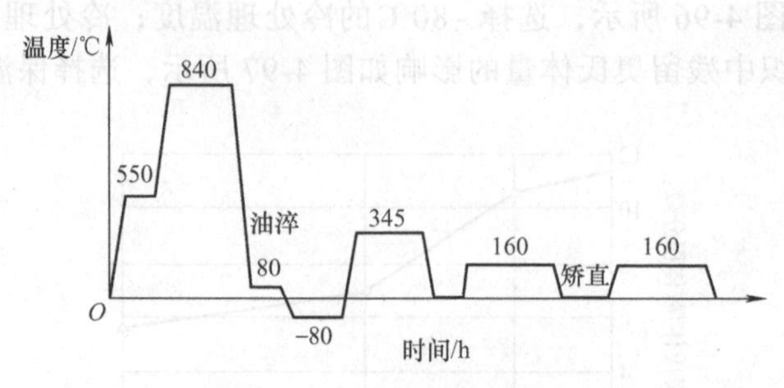

图 4-98 锭杆热处理工艺

2）锭杆经冷处理的和没有经冷处理的残留奥氏体量的测试工作。在 2015 年 9 月采用国产磁性残留奥氏体测定仪测量锭尖部分的残留奥氏体量，其结果是：经冷处理的锭尖的残留奥氏体量在 9.85%（体积分数），而没有经冷处理的锭尖部分的残留奥氏体量为 11.85%（体积分数）。残留奥氏体量的减少可以提高锭尖的耐磨性，延长锭杆的使用寿命。

提高耐磨性的主要原因如下：一是残留奥氏体经冷处理后部分转变为马氏体而提高了锭尖的硬度。二是马氏体经冷处理后体积收缩，Fe 的晶格常数有缩小的趋势，从而增强了碳原子析出的驱动力，在低温度下碳化物扩散更加困难，扩散距离更短，于是在马氏体基体上析出了大量的弥散的超微细碳化物，提高了耐磨性。三是在冷处理的过程中，容易在工件微孔、内应力集中的部位及空位表面产生残留压应力，这种压应力可以减轻缺陷对材料局部强度的损害，最终表现为磨料磨损抗力的提高。

锭尖和锭底的失效主要是黏着磨损，附带有磨粒磨损和氧化磨损。从棉纺厂的反馈意见中得知，能使用 5 年以上的锭杆，其锭尖和轴承挡不磨损及弹性试验仍然很好的产品，使用 -80℃×2h 冷处理工艺，是由衡阳纺织机械有限公司生产的，他们在热处理工艺上采用了球化组织的原材料，合理安排 -80℃冷处理工序。曾在 2001 年左右取消过 -80℃冷处理工序，后来得到棉纺厂的反馈意见是锭子运转不稳定，质量不好，锭尖被磨成芦葫形，锭杆与轴承接触部分磨成椭圆形等问题，这主要是残留奥氏体量较多而使耐磨性变差、强度不够导致弹性不好的原因。为此恢复了冷处理工序。以前的冷处理设备是用 8kg 高压压缩空气制冷或 F12 和 F22 氟利昂制冷，这些制冷设备使用寿命不长而维修工作量又较大，现在改用液氮制冷较方便，可以进行 -80℃的冷处理，还能进行低于 -100 ～ -196℃的深冷处理。冷处理与否需要根据轴承制件的精度等级来分，对于常规普通轴承并不需要进行冷处理，对于一些要求强韧性为主的而又需要一定耐磨性的工程机械用的轴承制件，也不需要进行冷处理工序，可用 200 ～ 300℃的回火工艺，使大量的残留奥氏体分解即可，GCr15 钢残留奥氏体的回火分解过程与温度及时间的关系如

图 4-99 所示。当回火温度在 *Ms* 点以上或者以下时，残留奥氏体转变的孕育期是不同的且不连续的，因此其转变也可能具有不同的机理。前者是残留奥氏体直接转变为贝氏体，后者是残留奥氏体先转变为马氏体，而马氏体通过回火再转变为回火马氏体。

GCr15 钢的淬火，在 *Ms* 点以下残留奥氏体的等温转变情况是在 100 ～ 120℃之间，残留奥氏体转变量最大。这种钢的残留奥氏体在 *Ms* 点以下等温形成的马氏体，既可以在原来的淬火马氏体边界上扩大，也可以沿原来马氏体外侧或者离开原马氏体形成新的马氏体。

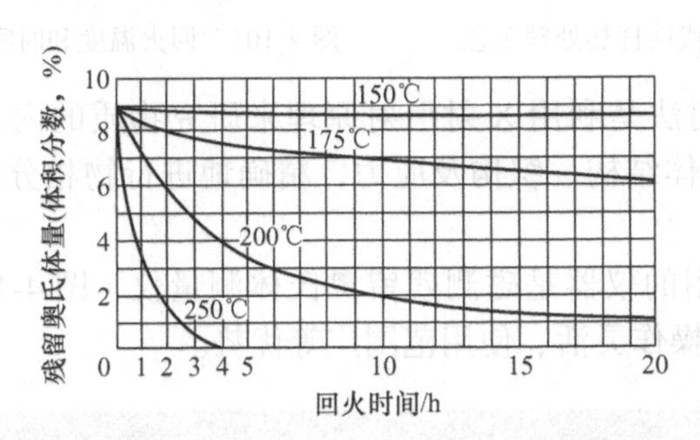

图 4-99　GCr15 钢残留奥氏体量的回火分解过程与温度及时间的关系

对于精度 <P_4 级的残留奥氏体的具体要求，如美国对于航空轴承中残留奥氏体的量要求≤3%，这就需要进行低于 -80℃冷处理或者 -100 ～ -196℃深冷处理，残留奥氏体量的多少要根据产品使用要求而定，并不是残留奥氏体量越少越好，太少的残留奥氏体量，会增加轴承钢内部的组织应力，导致产生微裂纹的风险。GCr15 钢残留奥氏体含量一般在 9% 时的接触疲劳寿命最长。当时测量锭杆的残留奥氏体含量在 9.85%，但是锭杆的残留奥氏体含量到底多少最好，还需要做进一步的验证。

3）第三代锭杆热处理新工艺方案。GCr15 钢锭杆原材料须达到 GB/T 34891—2017 的要求。用一次感应穿透加热，使硬度一次性达到技术要求（不再需要对锭杆的上锥部分进行 340 ～ 350℃局部回火）—五工位卧式自动淬火矫直（淬火畸变≤0.15mm）—冷处理—160℃×2h 低温回火，如图 4-100 所示。锭杆经机械矫直后存在着一定的组织应力和热应力，所以要求进行去应力低温回火处理，随着回火温度的升高，屈服强度和蠕变极限大大下降，弹性变形逐渐变为塑性变形组织也向平衡状态发展，淬火引起的各组织的比体积差缩小，因而会发生弹性松弛，使残余应力减小乃至完全消除。回火温度和时间对残余应力的影响如图 4-101 所示。

（2）残留奥氏体的测量　测量残留奥氏体的方法，一般分为三种：彩色金相计点法、X 射线衍射法和磁测法三种。

1）彩色金相计点法是用试样的二维截面来推断三维空间中显微组织的定量关系，有面积计量法、计点法和截线法之分。

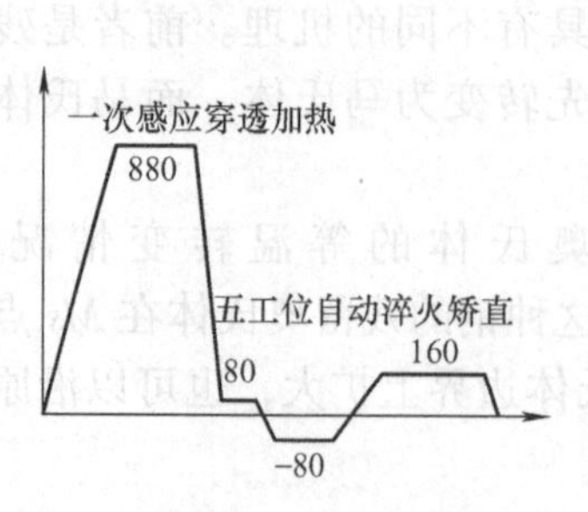

图 4-100　第三代锭杆热处理工艺

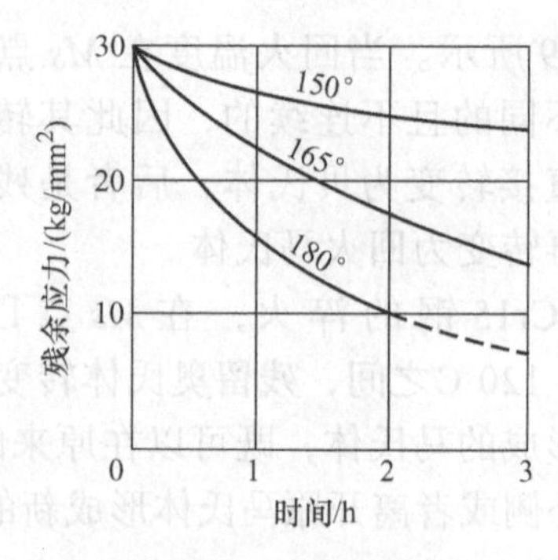

图 4-101　回火温度和时间对残余应力的影响

2）X 射线衍射法是利用 X 射衍射原理来研究物质的内部微观结构，可以精确测定物质的晶体结构、织构及应力，精确地进行物相分析、定性分析、定量分析。

3）磁测法采用的仪器是磁测残留奥氏体测量仪（图 4-102），它有测量质量好、性价比高、操作灵活、使用范围广等优势。

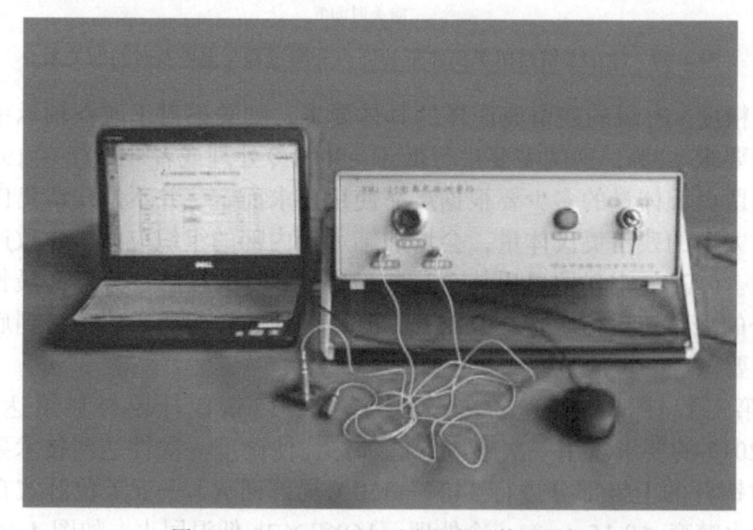

图 4-102　AM1-21 磁测残留奥氏体测量仪

6. 锭杆淬火冷却介质的选择

对于 GCr15 钢做的锭杆，在感应穿透加热时，要保证淬火畸变小，在五工位卧式自动淬火矫直机上，为了保证矫直轧辊等机械制件的灵活性，不能使用清水或聚合物淬火冷却介质，只能使用轴承钢专用淬火油为淬火冷却介质，在众多的淬火油中，应根据工件和设备的特性选择绿色的、环保的、闪点和燃点高的、冷却能力强的、高温冷速快而低温冷速慢的轴承钢专用淬火油，它既能将锭杆表面淬硬，又能将心部淬硬，还能较好地控制淬火畸变能力，淬火时油烟少，淬火后的锭杆易清洗，使用方便，热氧化安定性好。

7. 产品的质量检测

淬火畸变量、淬火硬度、金相组织、弹性试验和甩断试验等考核锭杆质量。通过一次感应加热并夹持自动淬火矫直的小批量试验得到很理想的结果：

（1）淬火畸变量　淬火后的径向圆跳动≤0.15mm 的合格率≥90%；超差部分的径向圆跳动在 0.30mm 左右，经人工用手锤轻轻一敲即可，然后再低温回火一次，减少残余应力，达到稳定化的作用，节省了大量的人力或机械矫直的生产成本。

（2）淬火硬度　经过小批量的试验，整体（根）锭杆的硬度全部达到技术要求≥62HRC 的目的，特别在检测 60° 锭尖部位的硬度，用线切割从锭尖 60° 处纵向切开，测量从锭尖表面往心部每隔 0.5mm 打一点测维氏硬度，其结果全部达到≥766HV（≥62HRC）的要求，如图 4-103 所示。然后再用德国显微硬度计垂直打 60° 锭尖部位测维氏硬度，结果也是≥766HV，如图 4-104 所示。

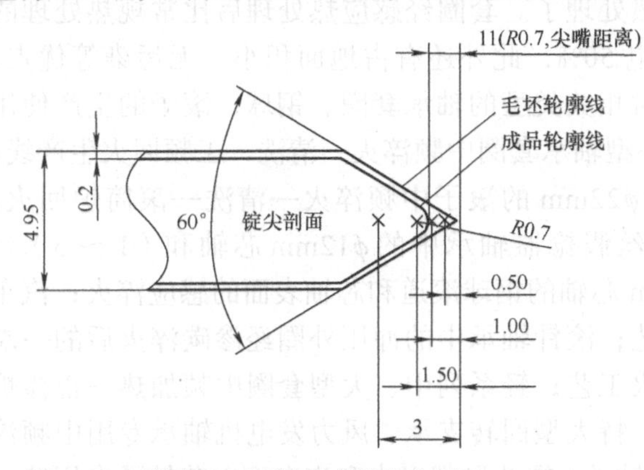

图 4-103　测量锭尖表面与心部的纵向剖面

图 4-104　德国进口的锭尖显微硬度计

（3）金相组织　金相组织达到 JB/T 1255—2014《滚动轴承　高碳铬轴承钢零件　热处理技术条件》中的 2 ～ 3 级隐晶、细小结晶状马氏体，均匀分布的细小残留碳化物和少量的残留奥氏体组织。金相组织在放大 1600 倍的大型卧式蔡氏金相显微镜下检测结果如图 4-105 和图 4-106 所示。

图 4-105　ϕ7.8mm 轴承挡处感应淬火回火后的显微组织（1600×）

图 4-106　锭尖部位显微组织（1600×）

（4）弹性试验　做弹性试验检查，100% 达到径向圆跳动≤0.01mm 的技术要求。

这样为正式生产用的设备提供了理论基础和实践经验。这种技术同样适合于批量很大的、细长杆件的、对变形有严格要求的机械制件。锭杆的整体感应穿透加热和夹持矫直淬火技术属于国际领先的水平，是一个值得推荐的好项目。

（5）甩断试验　锭杆在热处理全部完工后，还需要进行 100% 的甩断试验，即将锭杆≥1.5m 高的位置横向（水平）自由落下，甩到一块 50mm 厚的 L 形铸铁板的斜面上，需要完整不断裂。感应加热的锭杆达到了此技术要求。

4.8.2　薄壁轴承套圈的感应加热、保护气氛、模压淬火新技术

洛阳 LYC 轴承有限公司早在 20 世纪 70 年代起已经对 6308 轴承套圈进行了中频淬火、工频回火的感应热处理了。套圈经感应热处理后比常规热处理的使用寿命长，产量高，节约用电 50%，此外还有占地面积小、无污染等优点。在日本、德国、俄罗斯等国家对相关类型的轴承套圈、钢球、滚子的生产使用感应加热工艺很多，例如：中小型轴承套圈中频淬火—清洗—工频回火生产线；ϕ12 ～ ϕ50mm 的钢球和 ϕ12 ～ ϕ22mm 的滚子中频淬火—清洗—滚筒炉回火；纺机（2 ～ 8）×10^4r/min 弹力丝假捻器轴承中的 ϕ12mm 芯轴和（1 ～ 3）×10^4r/min 气流纺轴承中的 ϕ12mm 芯轴的钢球滚道和芯轴表面的感应淬火；汽车水泵轴承的芯轴超声频淬火工艺；滚针轴承中的冲压外圈经渗碳淬火后的一端因为卷边需要而进行的高频退火工艺；轻系列中、大型套圈中频加热—辊棒炉保温—模压淬火—回火自动线；特大型回转支承、风力发电机轴承专用中频淬火成套设备；外球面轴承（UC 轴承）螺孔局部退火和汽车万向节轴承专用感应热处理生产线等。日本 NTN 公司从 20 世纪 70 年代开始，对轴承套圈的热处理大量使用模压淬火技术，认为模压淬火可以减少淬火畸变，减少残余应力，提高接触疲劳寿命，提高磨加工生产率和套圈的质量。常规淬火和模压淬火在磨削余量的控制上，我国常规淬火的磨削留量是日本的 1 ～ 3 倍，从应力状态来看，这也是影响轴承疲劳寿命的因素之一。日本 NTN 公司规定，直径在 ϕ120mm 以上的套圈全部采用模压淬火工艺，大部分为自动化和机械手操作模压淬火工序，各热处理车间都有庞大的、各种型号的淬火模具仓库，采用计算机自动化管理；直径在 ϕ120mm 以下的套圈经感应淬火后，用在线自动检测装置测量畸变量，并自动分选合格、整形、报废检验，而基本没有看到有报废的产品。模压淬火前的加热可采用多用炉、输送带式辊棒炉、转底炉和感应炉等。带氮气保护的轴承套圈模压感应淬火前景非常广阔，应很好地开发，需引起重视，这是节能、环保、高效、高品质、提高轴承使用寿命的好工艺方法之一。

目前对于形状复杂的 GCr15 钢薄壁件套圈的淬火变形问题，一直是很棘手的事情，如图 4-107 ～图 4-110 所示。

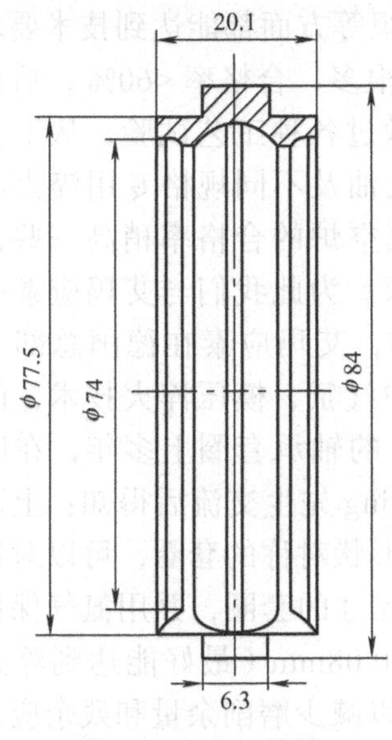

图 4-107　φ84 外圈

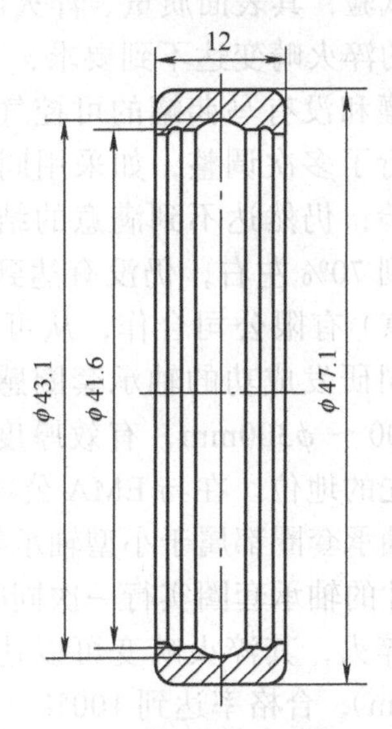

图 4-108　φ47 外圈

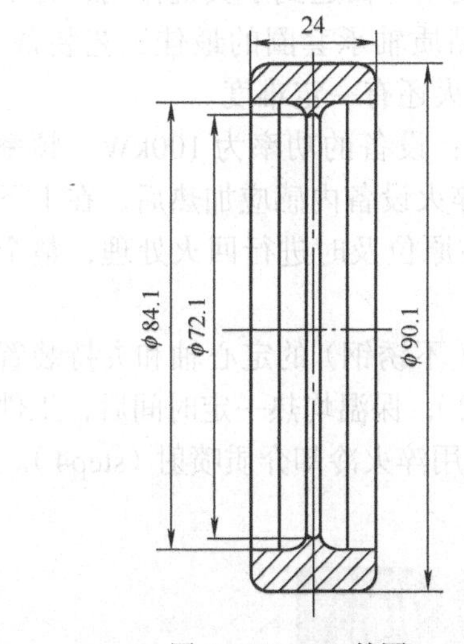

图 4-109　φ90 外圈

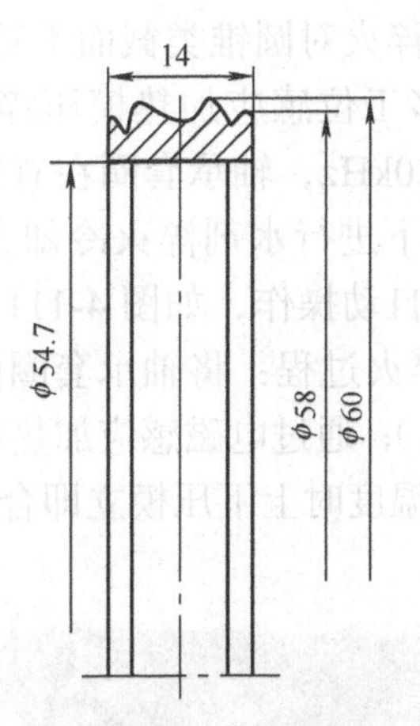

图 4-110　φ60 内圈

1）热处理技术要求：热处理后的椭圆变形小于 0.08mm，每批合格率达到 99.9%；同一炉工件淬火硬度差小于 1HRC；淬火硬度要求 63.5 ～ 65.5HRC，回火硬度 60.5 ～ 62.5HRC；同一轴承套圈表面及心部的淬火硬度及金相组织都要一致，即全部淬透（穿透加热），达到 GB/T 34891—2017 的要求，不能出现屈氏体或粗针状马氏体；表面不能有脱、贫碳现象；回火马氏体组织应符合 2 ～ 3 级标准；残留奥氏体含量为 3% ～ 5%；感应淬火后不允许有裂纹。

这种形状复杂的高碳铬轴承钢薄壁套圈的热处理，在 2019 年曾做过真空炉淬火试验，其表面质量、淬火硬度、金相组织等方面都能达到技术要求，唯有套圈的淬火畸变达不到要求，且畸变量超差很多，合格率<60%；后面又在有马弗罐和没有马弗罐的可控气氛网带炉上做过各种工艺试验，从工艺及设备上进行了多次调整，如采用同一种专用淬火油及不同规格专用淬火油进行工艺试验，仍然达不到满意的结果，但是比真空炉的合格率稍高一些，合格率上升到70%左右，仍没有达到≥99%的要求。为此我们与艾玛应泰感应科技（北京）有限公司合作，从可行性分析得知，艾玛应泰在德国总部为瑞典SKF公司研发成功的轴承套圈感应加热、保护气氛、模压淬火技术，已用在直径ϕ100～ϕ300mm，有效厚度为3～10mm的轴承套圈上多年，在国际上属于领先的地位。在与EMA公司Torsten Doering先生交流后得知：上面四种尺寸的轴承套圈都属于小型轴承类，这种截面形状对称的套圈，可以对每一种规格尺寸的轴承套圈实行一次同时淬4件相同尺寸的套圈，并用氮气保护气氛的模压淬火，其淬火畸变可以达到（圆度）≤0.08mm（最好能达到淬火畸变≤0.05mm），合格率达到100%。淬火畸变小可以减少磨削余量和残余应力，从而提高轴承的稳定性，在显著减少磨削余量的同时，减少了磨削工序，故避免了磨削加工中出现的“变质层”，对提高轴承的使用寿命起到了关键作用，并节省了人工，提高了设备的利用率，这是生产高品质轴承套圈的最佳工艺装备。目前模压淬火对圆锥类截面不对称的套圈感应淬火还有一定难度。

2）多工位感应加热模压淬火回火工作原理：设备的功率为100kW、频率为10～20kHz，轴承套圈在有氮气保护气氛的淬火设备内感应加热后，在上下模的作用下进行水剂淬火冷却介质喷射，然后在原位及时进行回火处理，整个过程为全自动操作，如图4-111～图4-113所示。

3）淬火过程：将轴承套圈固定在非导磁性（不锈钢）的定心轴和夹持装置上（step 1）；通过电磁感应加热到规定温度（step2）；保温均热一定时间后，工件达到淬火温度时上下压模立即合拢（step3），同时用淬火冷却介质喷射（step4）。

图4-111　圈类制件模压淬火装置

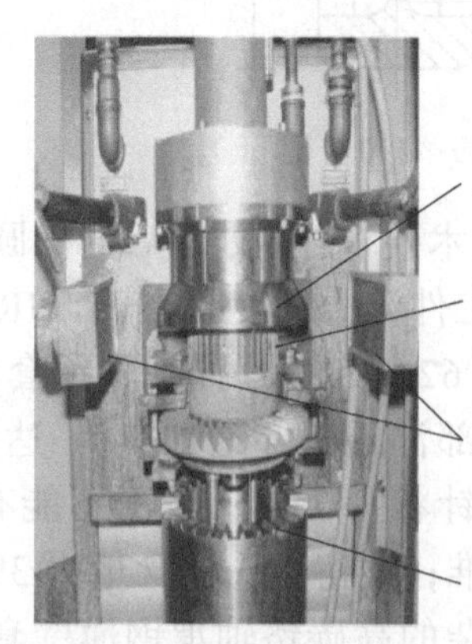

图4-112　模压淬火装置

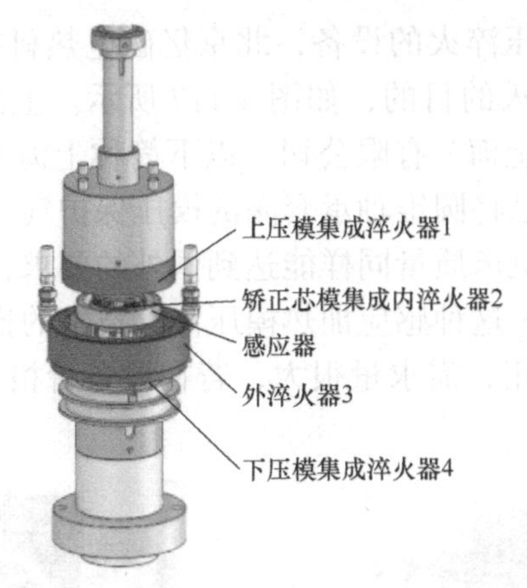

图 4-113 模压淬火（带 4 路独立的喷淬系统）

4）回火过程：将感应器移动到轴承套圈和校正芯模的组合位置（step5）；然后对套圈进行回火加热（step6）；随着温度升高，滑套涨大，虽然涨大量很少，但有小缝隙（step7）；套圈轻松脱模（step8）。如实际生产中的轴承套圈模压感应淬火回火过程，如图 4-114 所示。锥齿轮模压感应淬火回火过程，如图 4-115 所示。

5）感应淬火设备包括：IGBT 变频电源装置和淬火机床两部分。感应模压淬火机床由芯轴、上压模、下支承模、加热感应圈、淬火喷液圈（水基淬火冷却介质）、氮气保护罩等组成，如图 4-116 所示。它的工作过程是：轴承套圈自动送入机床内的芯轴中→下支撑模上升→进入感应加热圈内→氮气保护罩合上通入氮气→感应加热开始→感应加热完成→同时上压模下降、下支撑模上升→压紧轴承套圈→淬火（水剂淬火冷却介质）完成→质量检测→圆度误差 <0.05mm、平行度误差 <0.08mm、垂直度误差 <0.05mm、达到 100% 合格、淬火硬度达到技术要求。该设备可以节省 30% 的占地面积，可以放在生产线上，使淬火回火全部实现感应加热，且时间短，轴承套圈没有氧化皮，淬火畸变量极小（最少≤0.05mm），不需要清洗和抛光工序，提高了质量和生产率，对于高精密轴承套圈的淬火，这是一个很好的工艺手段。目前该模压淬火技术尚不适用于圆锥轴承套圈的淬火。

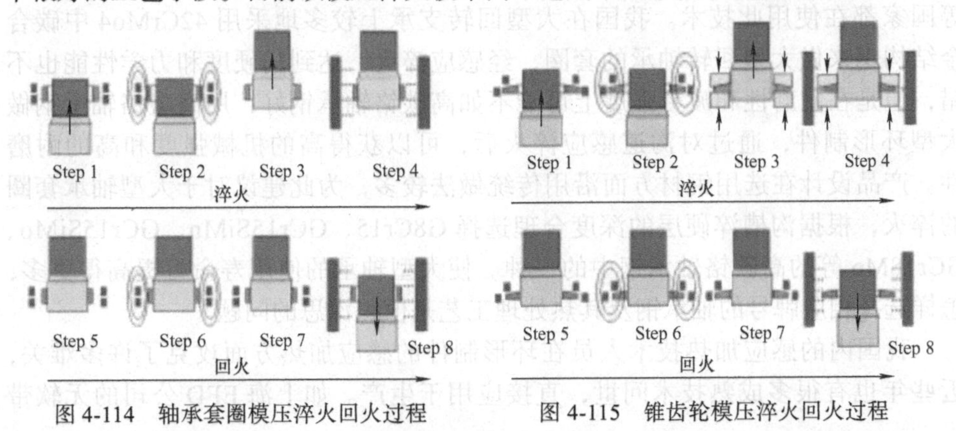

图 4-114 轴承套圈模压淬火回火过程　　图 4-115 锥齿轮模压淬火回火过程

对于多件或单件模压淬火的设备，北京亿磁电热科技有限公司也能制造这样的设备，达到精准淬火的目的，如图4-117所示。上海恒精机电设备有限公司、易孚迪感应设备（上海）有限公司（以下简称上海EFD公司）和湖北十堰恒精机电设备有限公司已将圆锥轴承套圈的模压保护气氛淬火应用于正常生产。国产设备性价比较高，机床质量同样能达到国外的要求，现场服务及时和周到，这也是一个很好的选择。这种感应加热模压淬火技术的推广的关键是价格问题，特别在轴承行业中的应用，需求量很大，若在设备价格上能给予优惠，则市场非常大。

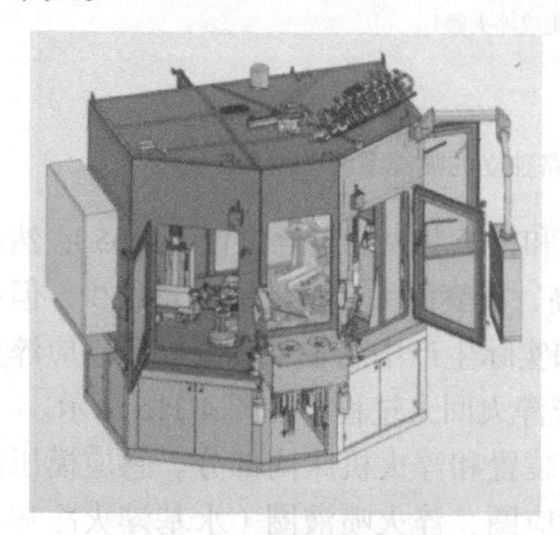

图4-116　艾玛感应模压淬火机床

图4-117　单工位感应模压淬火设备

4.8.3　大型高碳铬轴承钢套圈的无软带感应加热

大型环形工件的感应加热以前一直是个难题，在感应淬火层的衔接处都会产生一定软带区，从而影响机械构件的使用寿命，为此出现了用渗碳或者渗氮等工艺来达到淬硬的目的，但是这些工艺的制造成本较高；近年来用GCr18Mo、GCr15SiMn、42CrMo、100Cr6等高碳铬轴承钢和中碳合金钢制造的大型轴承套圈，经无软带感应淬火后，沟道的淬硬层深度可以达到10mm以上，从而获得高的力学性能和较高的耐磨性能。目前美国、意大利和罗马尼亚等国家都在使用此技术。我国在大型回转支承上较多地采用42CrMo4中碳合金结构钢来做大型回转轴承的套圈，经感应淬火，达到的硬度和力学性能也不错，但是在耐磨性和疲劳强度上可能不如高碳铬轴承钢好，用高碳铬轴承钢做大型环形制件，通过对沟道感应淬火后，可以获得高的机械强度和高的耐磨性。产品设计在选用钢材方面沿用传统做法较多，为此建议对于大型轴承套圈的淬火，根据沟槽淬硬层的深度合理选择G8Cr15、GCr15SiMn、GCr15SiMo、GCr18Mo等的高碳铬轴承钢中的一种。使大型轴承的使用寿命可提高得更多，怎样选择相应牌号的轴承钢及其热处理工艺是值得深思的问题。

我国内的感应加热技术人员在环形制件的感应加热方面攻克了许多难关，近些年也有很多成熟技术问世，直接应用于生产。如上海EFD公司的无软带感应淬火设备已经提供给 SKF 公司和 Schaeffler（舍弗勒中国）公司用于轴承圈沟槽的淬火。南京高速齿轮制造有限公司、萨伊感应设备（上海）有限公司、洛阳轴承研究所等企业都有新的技术出现，现在将它们使用的感应加热方法进行简要介绍。

1. 采用轴向穿过式感应器法

这种方法是南京高速齿轮制造有限公司的方法，这种方法简易可靠，操作方便。目前可对 ϕ800mm 以下的套圈进行无软带感应淬火，质量稳定可靠，高碳铬轴承钢制的轴承套圈采用感应淬火回火后的使用寿命比普通淬火回火寿命提高 10% ～ 20%。

（1）感应加热套圈的技术要求　这种方法对于外径与内径比值≤1.143 的超轻或特轻轴承套圈的感应淬火是实用的，利用常规感应淬火方法则淬火畸变会很大，且会有软带出现，而用无软带感应淬火技术可加以解决上述难题，该企业在 42CrMo 材料的轴承圈上，采用无软带感应淬火技术取得了成功。对于外径为 ϕ740mm、内径为 ϕ710mm、高度为 140mm 的轴承圈，其外径与内径的比值是 1.042，如图 4-118 所示，要求淬火硬度为 52 ～ 58HRC，内径淬硬层深度为 3 ～ 5mm；对淬火畸变的要求为相邻点跳动 <0.50mm，轴向圆跳动 <0.10mm。

（2）淬火加热　采用功率为 500kW、频率为 1 ～ 10kHz 的 IGBT 全固态晶体管电源，在 ϕ1500mm×5000mm 高的淬火机床上进行。感应器由三部分组成：感应加热、淬火喷淋及固定装置（轴承套圈）组成，如图 4-119 所示。

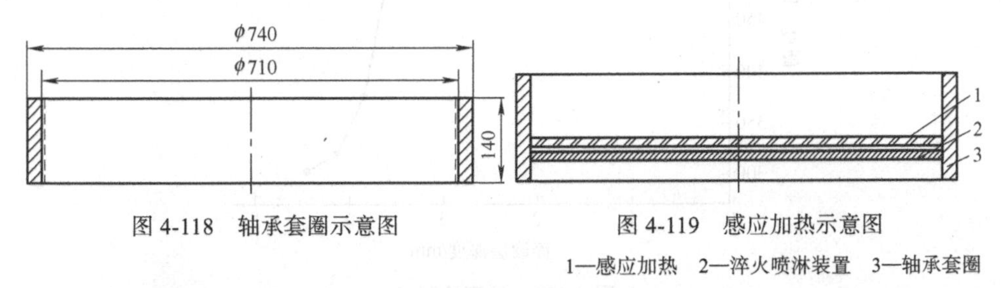

图 4-118　轴承套圈示意图

图 4-119　感应加热示意图

1—感应加热　2—淬火喷淋装置　3—轴承套圈

1）感应加热工艺参数。加热采用沿套圈轴向方向扫描淬火方式进行，感应器固定，套圈随工作盘的转动而进行连续加热。通过加热电源输入功率的调节，即通过调节电流、电压来控制套圈感应加热时获得的比功率，从而控制感应加热速度。轴承套圈感应加热工艺参数见表 4-17，感应淬火后的轴承套圈进入有循环风扇的井式低温回火炉中进行 200℃×3h 回火。

表 4-17　轴承套圈感应加热工艺参数

名称	电压 /V	电流 /A	频率 /Hz	加热扫描移动速度 /（mm/s）	工件旋转速度 /（r/s）
参数	480	800	8000	150	100

2）检测结果及分析。在制件的感应淬火区中部截取一块做试样，检测结果见表 4-18。

表 4-18　检测结果

项　目	有效淬硬层深度 /mm	表面硬度 HRC	金相组织（级）
要求	3 ～ 5	52 ～ 58	3 ～ 9
实测	3 ～ 8	54.5	6

注：1. 有效淬硬层深度的测量按 ISO 3754 进行。

2. 金相组织评定按 JB/T 9204 进行。

实测显微硬度如图 4-120 所示。从上述检测结果看：表面淬硬层深度、硬度、金相组织等热处理技术指标均达到技术要求。由于感应淬火采用沿轴向扫描淬火方法，所以没有淬火软带区。使用便携式里氏硬度计测量实物淬火区的硬度，均在 54 ～ 56HRC 硬度较均匀。变形测量：相邻点跳动为 0.30mm，轴向圆跳动为 0.05mm，符合技术要求。

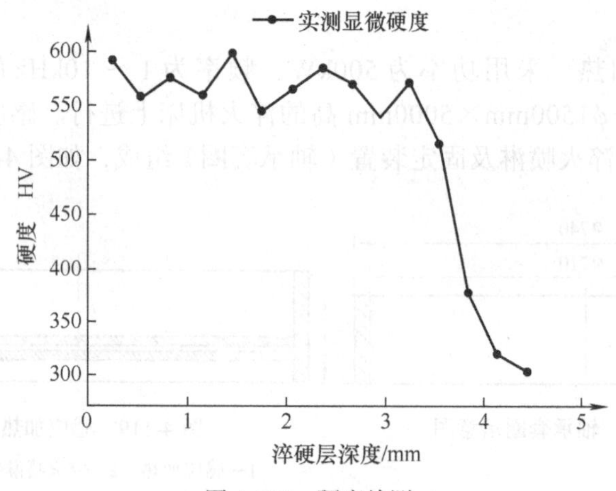

图 4-120　硬度检测

3）电耗测定。按 GB/T 17358—2009《热处理生产电耗计算和测定方法》统计测算一个周期内实际热处理工艺电耗。经测算，一个生产周期内，采用感应淬火工艺的实际工艺电耗约为 0.120kW·h/kg；采用整体淬火的实际电耗约为 0.306kW·h/kg；采用气体渗氮工艺电耗为 0.844kW·h/kg。由此可知，轴承套圈采用感应淬火技术实际工艺耗电比整体淬火节能 >60.8%，比气体渗氮节能 >85.8%。

4）生产率。轴承套圈采用感应淬火的生产率比整体淬火提高 3 倍，比气体渗氮生产率提高 30 倍。

2. 带有独立电源且可以调整加热速率的预加热线圈法

萨伊感应设备（上海）有限公司在无软带感应淬火方面有丰富的经验，它可以将淬硬层深度淬到 10mm 左右。现在介绍一下它们的做法：

采用两个加热组件，每个加热组件配有两个感应器，分别称为预热感应器和加热感应器。每个感应器都有一个独立的电源，可以设置为加热工艺所需要的功率输出。这两个加热组件能够围绕着轴承滚道移动，每个组件覆盖半个轴承套圈。预热和加热感应器均设置为与轴承滚道表面平行，并通过安装在加热组件上与感应器连接的旋转数控芯轴，保证感应器和辊道在任何情况下平行。每个喷淋装置上配备一个主冷却喷淋和一个辅助冷却喷淋。必须根据轴承辊道几何结构专门设计感应器和冷却喷淋装置。主冷却喷淋提供实现马氏体相变所需的快速冷却，而辅助冷却喷淋有助于完成相变并将材料冷却到室温。图 4-121 所示为不同工艺步骤中加热组件的位置示意图。加热从环形工件的一个点开始，两个加热组件相互靠近，在该区域加热过程中，旋转平台在一定范围内带动工件摆动，称为起始区（图 4-121a）。此时所有感应器紧靠在一起进行加热。当起始区达到工艺淬火温度时，感应器停止加热，两个独立的加热组件朝相反方向移动。这时候主喷淋器打开，开始快速冷却起始区表面。在稳定扫描模式下加热时，每个加热组件将围绕轴承套圈一半的圆周移动（图 4-121b）。根据工艺要求设置扫描速度和功率以获得所需的淬硬层深度。两个加热组件沿着轴承辊道相对方向移动，达到与起始区域相对的位置，该区域称为结束区域。当两个加热组件相互靠近时，两对预热感应器彼此紧邻（图 4-121c）。此时，第一个加热组件预热感应器的电源供电中断，该预热感应器从辊道表面移开。移开一个感应器为两个加热组件创造了更近的加热空间。当第二个加热组件的预热感应器与第一个加热组件的加热感器相邻时，再次关闭第二个预热感器的电源，同时该感应器离开辊道表面。第二个预热感应器覆盖的辊道表面，随后由两个相互靠近的加热感应器进行加热（图 4-121d）。当两个感应器彼此相邻靠近时到最近时，电源关闭，并快速移动转动平台使其中一个辅助喷淋器覆盖最后一个加热辊道部分。感应器和辊道表面之间的间隙恒定是获得均匀加热模式的基础。淬火过程的快速冷却和马氏体转变在淬硬层中产生应力，这些应力将导致轴承套圈产生变形，使感应器与辊道之间的间隙在加热过程中发生变化。为了避免这种情况，采用了机械跟踪系统。每个加热组件都配有跟踪装置，跟踪装置与辊道表面保持接触。当加热组件围绕轴承套圈旋转时。跟踪系统会测量轴承套圈表面位置的变化并补偿感应器位置，以保持间隙恒定。

1）工艺开发。对高碳铬轴承钢类的大型轴承套圈进行感应淬火是有一定难度的，表现在表面硬度的均匀性及表面裂纹和淬硬层深度的质量控制等方面，为此必须对每一个特定的轴承辊道的形状和尺寸、感应器和喷淋装置制定专门的工艺参数。辊道的几何形状要求有不同淬火冷却强度，在感应器上须装有导磁体，在需要较高功率的位置使磁力线能聚集，以提高工件上的感应功率。在每个加热组件上装有两个感应器，可以保证在要求的淬硬层深度的基础上，保持较快的扫描速度。在扫描速度为 1mm/s 时，淬硬层深度可以≥10mm。该扫描速度能保证加热工件的表面在被喷淋冷却前不会被冷却。1～5kHz 范围内的加热频率最适合作深淬硬层的频率。稳定扫描过程中每个预热感应器的电源输出已设置为表面温度加热到 920～970℃。对于加热感应器，电源输出设置为保持表面温度，并通过热传导使热量达到所需要深度。主喷淋和辅助喷淋安装在加热组件上，保证在淬火过程中淬火冷却介质覆盖轴承套圈的整个辊道长度，保证正确的淬火冷却介质聚合物的浓度和温度，避免在淬火过程中形成裂纹。起始区和结束区需要有特定工艺参数。在起始区，冷却的第一步仅在主喷淋间进行，以避免辅助淋浴间相互干扰。加热组件离开起始区数十毫米后，起动辅助喷淋，稳定扫描区域沿辊道圆周方向以相同参数进行。在结束区域，当第一个预热线圈从支承面移开时，由于只剩下一个感应器来加热半圆周的其余部分，因此相应组件的扫描速度必须降低。当第二个预热感应器移开时，也会发生同样的情况。扫描速度的这些变化，在被主喷淋器冷却的加热材料中产生延迟，但这并没有导致贝氏体或其他非马组织的产生。由于在起始区和结束区易出现软带的可能，所以在此的感应淬火和检测时要特别小心。

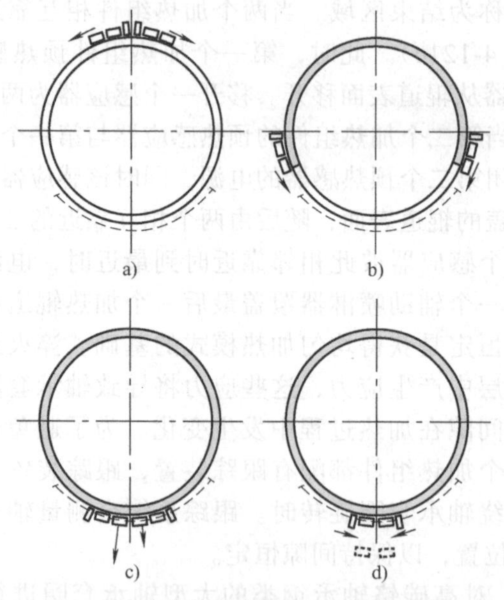

图 4-121　不同工艺步骤中加热组件的位置

2）检测方法。轴承套圈滚道的检测内容主要是淬硬层深度及硬度均匀性、表面硬度、裂纹和淬火畸变，即采用无损检测（NDT）方法对套圈表面进行检测，用超声波检测装置对淬硬层深度进行检测，表面硬度的测量可使用配备了 Leeb-DL 探针的便携式硬度计。根据 ASTM E140 标准，用里氏硬度计测量后换算成洛氏硬度。在滚道中心测量淬硬层深度和表面硬度值。通过对首次加热试验的轴承套圈圆弧段进行测量，并与破坏性检测方法进行比较，验证非破坏性检测方法的有效性。滚道表面经抛光、去除氧化皮后，进行超声波淬硬层深度测量和表面硬度测量，然后用带锯将轴承套圈切割成试块后，用 3%（质量分数）的硝酸溶剂腐蚀试块表面，可以显现淬硬层的轮廓形状。接下来将试块嵌入酚醛树脂内，做成金相试样，经抛光后进行维氏硬度检测，根据 ASTM E140 标准，在距表面 0.40mm 处开始做维氏硬度的测量，再换算成洛氏硬度，维氏硬度计必须用 Leeb 标准块进行校准。最后将腐蚀后的试样做金相分析。

3）检测结果。在起始区和结束区通过无损检测方法，沿着滚道周长方向每隔 10mm 测量一次淬硬层深度和表面硬度。在稳定扫描区域，除起始区和结束区域外，每隔 100mm 在滚道圆弧上测量一次硬度。起始区和结束区的淬硬层深度如图 4-122 所示，稳定区的淬硬层深度如图 4-123 所示。当平均淬硬层深度为 10 mm 时沿圆周方向的淬硬层深度变化为 ±2mm。用 Leeb-DL 维氏压头测量后换算成洛氏硬度的起始区和结束区的表面硬度如图 4-124 所示，稳定区的表面硬度如图 4-125 所示。用 Leeb 法测量的表面硬度在 58 ～ 62HRC（对 42CrMoA 而言），没有软带区出现。这是由于处理这两个区域的加热功率配合较合理、冷却喷淋设计合理、冷却参数设计正确所至。显微组织检查（ASTM E112 标准）：图 4-126 中结束区的马氏体组织晶粒度为 8.5 级；图 4-127 中结束区均为马氏体组织，没有贝氏体等非马氏体组织。

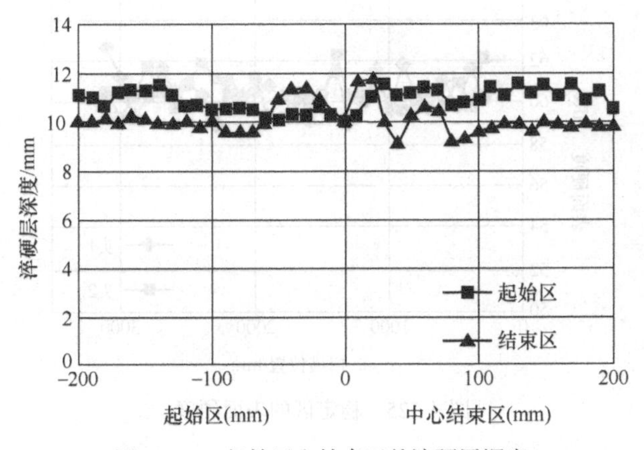

图 4-122　起始区和结束区的淬硬层深度

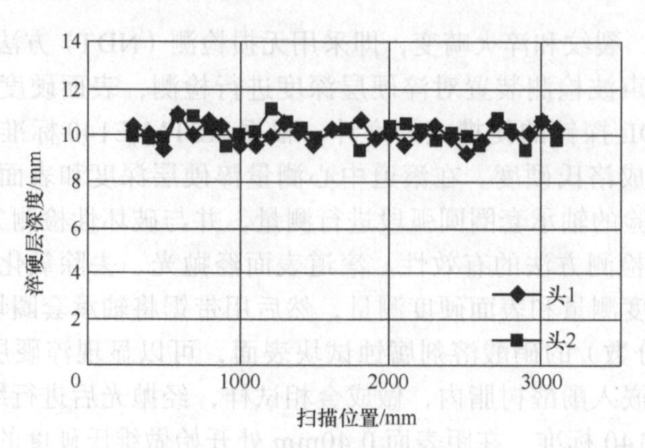

图 4-123　稳定区的淬硬层深度

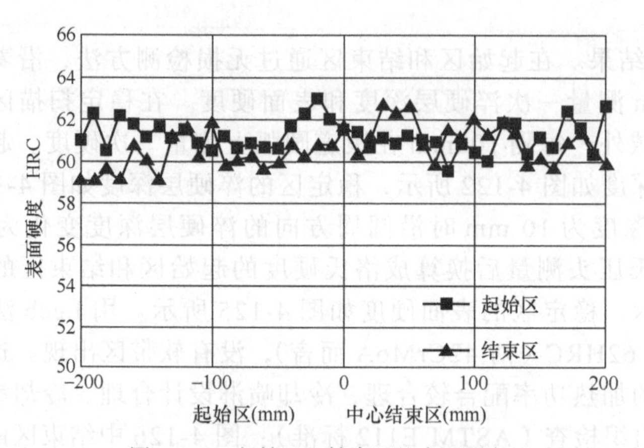

图 4-124　起始区和结束区的表面硬度

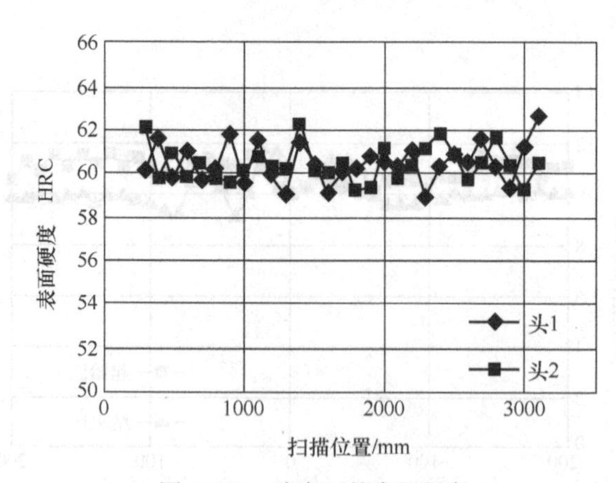

图 4-125　稳定区的表面硬度

图 4-126 在结束区的马氏体组织（500×） 图 4-127 结束区的马氏体组织（100×）

萨伊感应设备（上海）有限公司有多年风电行业零部件感应淬火经验，它们对直径 ϕ2.5m 的大型回转支承，采用感应淬火后的变形可以控制在 0.50mm 以内。

3. 多个感应线圈扫描加热法

洛阳轴承研究所在探讨另外一种多头感应加热线圈的方法，这需要多台电源装置，试图解决大型环类轴承制件感应淬火的软带问题。

（1）三个加热线圈扫描法 选用三个加热感应器（图 4-128），开始时两个感应圈同时加热，等达到淬火温度后，两个感应器随后的冷却器开始喷冷却介质淬火，两个感应加热线圈一个逆时针方向，另一个顺时针方向扫描淬火。临近结束部位，第三个感应加热线圈开始工作，三个感应加热线圈同时工作，将结束部位加热到淬火温度，然后三个感应器同时退出工件，冷却器喷淋冷却液进行淬火。

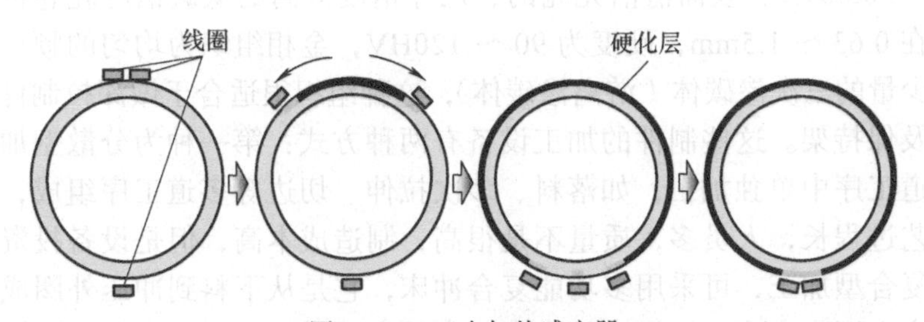

图 4-128 三个加热感应器

（2）多个加热线圈扫描法 这种加热方法是洛阳轴承研究所新研制的六组法设想，或者根据制件尺寸确定更多组的加热线圈、均匀地分布在制件圆周方向。制件高速旋转，感应器开始加热，在制件高速旋转时，使淬火区域均匀地加热到淬火温度，然后喷淬冷却介质进行淬火，如图 4-129 所示。

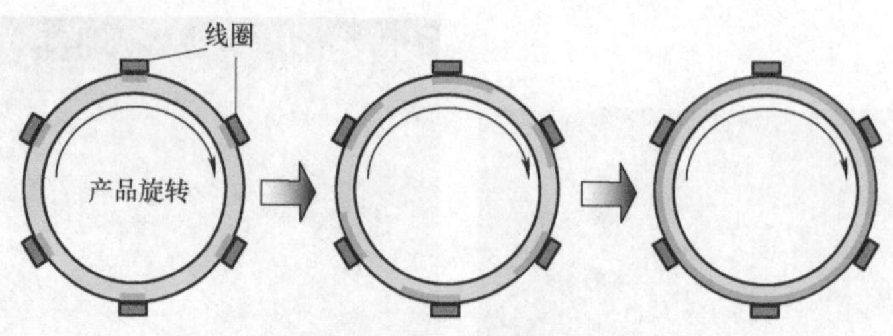

图 4-129 多个加热感应器

4.9 整体（套）冲压滚针轴承的热处理新技术

德国的 Schaeffler（舍弗勒）兄弟研发了用很薄的、碳含量很低的、不同厚度的冷轧低碳钢带，分别冲压成轴承的外圈和保持架，滚动体为针状形貌（该结构不需要内圈），将这些制件组装成一套轴承，通过不断地完善及改进，制成了世界上第一套冲压滚针轴承，并成立了舍弗勒（Schaeffler）公司。

冲压滚针轴承的出现迅速改变了机械、汽车、摩托车、航空、航天、纺机、轻工等行业的机械零部件结构，达到长寿命、轻型化和节能的目的。

在各种轴承产品中，选用以汽车行业为代表的冲压滚针轴承的热处理技术来阐述。要使汽车行驶速度快，在其他条件不变的情况下，就要使整车的质量小。对汽车减速器内部的轴承结构而言，希望其是小型的、轻型化的、长寿命的，为此在结构设计上，除了必须使用的承载能力较大的实体轴承，对那些要求耐磨性较高的，荷载力不太大的轴承，则选用了滚针轴承，这样整体减速器的体积就可以缩小许多，质量也相应减小。故减速器内需要配置一定数量的 HK 型、F 型等冲压滚针轴承。

制造冲压外圈和保持架的材料是用碳含量（质量分数）在 0.006% ～ 0.009%、表面清洁光亮的、尺寸精度极高的低碳钢冷轧卷带，其厚度一般在 0.63 ～ 1.5mm，硬度为 90 ～ 120HV，金相组织为均匀的颗粒状铁素体和极少量的三次渗碳体（游离渗碳体），这种组织很适合于做深拉制件，如冲压外圈及保持架。这些制件的加工设备有两种方式：第一种为分散型加工，需要在各道工序中单独加工，如落料、多次拉伸、切边等多道工序组成，一机一人，工艺过程长，人员多，质量不是很高，制造成本高，但是设备投资少；第二种是复合型加工，可采用多功能复合冲床，它是从下料到冲压外圈成形在同一台机床上逐次完成，该机床精度高、产量高、质量好，一个人可以操作多台机床，这是目前的主流装备。

4.9.1 冲压外圈和保持架的热处理要求

冲压外圈和保持架的材料牌号：DC03M（ST3）、DC04M（ST4）、C15Mn 和 16MnCr5 等。冲压外圈要求渗碳（碳氮共渗）层深度一般在 0.08 ～ 0.33mm。

有效硬化层深度测量方法：从表面垂直测量到 550HV 处为准，渗碳（碳氮共渗）淬火后的硬度为 840 ～ 900HV；保持架的渗碳层深度在 0.02 ～ 012mm。总硬化层深度测量方法：从制件表面垂直测量到与金属基体组织间的显微硬度或显微组织没有明显变化的那一层硬化层距离，渗碳淬火后的硬度为 410 ～ 550HV。两种产品的金相组织：细针状马氏体 + 分散细小的碳化物 + 少量的残留奥氏体。

冲压外圈的渗碳选用有循环风扇的马弗罐网带炉最佳，这种瑞士 Safed 公司炉子，现在可以做到马弗罐宽度达到 1200mm，长度达到 10000mm 的炉子。一般情况下，马弗罐长度在 3600 ～ 7200mm，根据需要，炉子可以做得更长，马弗罐内装有 2 ～ 6 只循环风扇，Safed 公司的这种用于≤0.40mm 薄（浅）层渗碳的渗碳炉拥有多项专利，这是专门做高精度薄层（≤0.40mm）渗碳淬火的炉子，炉型为 T80 型，如图 4-130 所示。对于渗碳层要求 >0.3mm 较厚的、只能选择别的炉型如多用炉等。Safed 公司的 T80 型网带炉在工作中，若因电动机或风扇故障需要更换具有带水冷功能的循环风扇的话，则非常方便。它是将带水冷功能的风扇和电动机一起更换，更换时间极短、速度很快，渗碳的质量基本上不受影响，如图 4-131 所示。它的循环风扇是轴流型的，能使马弗罐内的可控气氛非常均匀地流动，使渗碳质量非常稳定及可靠，德国 Schaeffler 公司总部全部用此炉型对冲压件进行渗碳或碳氮共渗，该公司的冲压轴承产品誉满全球。

图 4-130　Safed 公司有循环风扇的 T80 型网带炉

图 4-131　T80 循环风扇

在 20 世纪 80 年代，我国进口了一批瑞士 Safed 公司的各种小型 T 型保护气氛淬火网带炉，如图 4-132 所示，大部分工厂用于保护气氛淬火，个别标准件厂（紧固件）也用于自攻螺钉浅层渗碳淬火，因为马弗罐宽度一般都≤500mm，所以使用无循环风扇的网带炉。进口 Safed 公司设备中最大的一台是原上海弹簧垫圈厂的 T80/54 炉子用于渗碳淬火（T80 型炉子有循环风扇）。Safed 公司还生产专门做极小件的微型网带炉，如图 4-133 所示。我国现在做没有循环风扇的、马弗罐炉的马弗宽度≤600mm 的淬火网带炉的质量也很好，并有一定的市场供应量。但是有循环风扇的、用于薄层渗碳的马弗罐网带炉，目前我国还没有设备厂家可以供货。

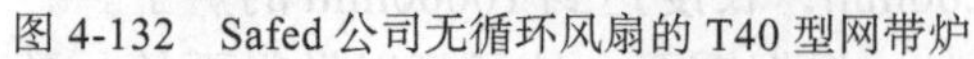

图 4-132 Safed 公司无循环风扇的 T40 型网带炉

图 4-133 Safed 公司的微型网带炉

4.9.2 GCr15 钢滚针的成形方法及热处理设备

1. 滚针的成形方法

冲压滚针轴承的滚动体需要承受较大的载荷，为此只能做成长径比相差悬殊的针形结构，因为冲压轴承的尺寸不能做得太大，所以滚动体只能做成针形。滚针的直径一般≤5mm，最小的在 1mm 左右，其长度是直径的 3 ～ 10 倍，滚针的材料是 GCr15 或 100Cr6，原始组织必须达到 GB/T 18254—2016 标准中 2 ～ 4 级球化组织，硬度在 179 ～ 207HBW。

滚针的成形过程是：将 GCr15 钢丝在高速切断机上快速切成所需要的长度，然后装入倾斜一定角度的八角形滚筒（图 4-134）内，筒内放一定数量的滚针毛料和磨料及抛光溶液，以一定的转速循环运转，滚针经过几十个小时滚动抛光后，在滚针、磨料、抛光液、八角滚筒壁之间相互摩擦，滚针在桶内以一定高度自由落下的冲击后，滚针两端头出现了非常光滑的圆弧形，从投影仪上看到其圆度和直径全部达到技术要求，此方法替代了原来两头车削成形的落后工艺。

图 4-134 八角形滚筒

2. 滚针的热处理设备

（1）小型滚筒炉　品种规格较多而产量又较少的滚动体的淬火设备可以采用小型滚筒炉，如图 4-135 所示。该炉子是进、出料都在前面炉口，后面炉口通入可控气氛，该炉型结构简单，操作方便。它的炉胆（马弗罐）是两端有八角形锥度的、中间呈八角形筒状结构，如图 4-136 所示。在循环旋转时，滚针可以自然翻滚，达到每粒滚针受热都很均匀。加热炉内部装有三支热电偶：一支测炉膛温度，用于控制炉温；一支测马弗罐内部的实际温度；一支为超温警报。炉内通氮气、甲醇、丙烷制成的可控气氛。淬火槽内部有循环搅拌泵及导流装置如图 4-137 所示，也可以用输送带式淬火槽如图 4-138 所示，它们都可以保证滚针的淬火硬度均匀，获得散差很小的淬火硬度。

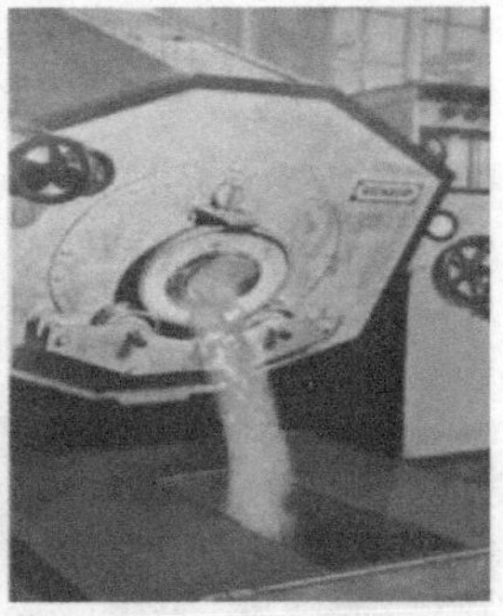

图 4-135　小型滚筒炉

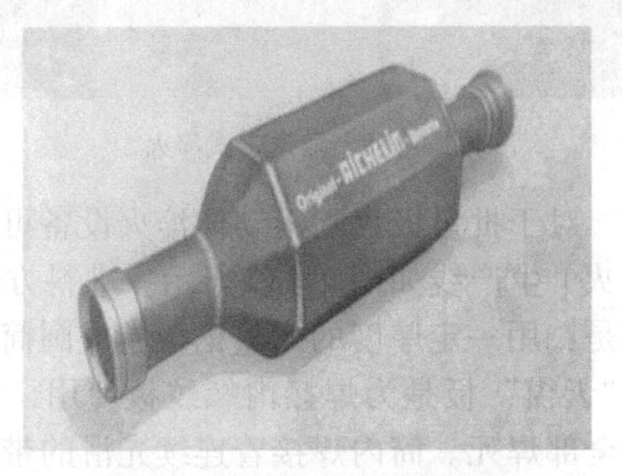

图 4-136　八角形耐热钢炉胆

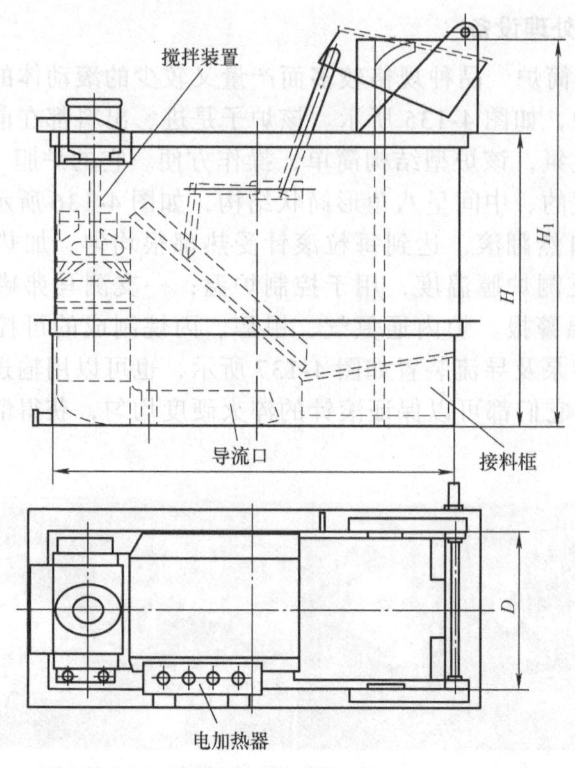

图 4-137　淬火油槽

图 4-138　输送带式淬火

（2）大型滚筒炉　对于批量极大的滚动体淬火设备可以用大型滚筒炉。大型滚筒炉（淬火、回火）生产线如图 4-139 所示。进料方式是后面进料前面出料，其马弗罐的结构是：用一定厚度的耐热钢板卷成圆筒形，在圆筒上开一定规格的“天窗”，此“天窗”板是为焊接内螺纹板使用，等待内螺纹板焊接完成后再将“天窗”板全部焊死。筒内焊接着连续光滑的带内螺纹结构的耐热钢

图 4-139 大型滚筒炉（淬火、回火）生产线

片，这些钢片按螺纹高度冲压或裁剪成“垫圈”形貌，其大圆边和滚筒内壁尺寸相同，小圆边和大圆边之间的尺寸就内螺旋的高度，制作时将圆片地一边剪切开，然后将“垫圈”加热到 900℃左右，出炉后放在螺纹模具（图 4-140）中压出螺距，最后将每个螺纹“垫圈”片平整后焊接在滚筒内，如图 4-141 所示。现在还可以通过单叶片冷轧机或连续叶片成形机来完成螺旋片的制造，其加工质量会更好，用软件计算出尺寸后，激光下料切割，然后冷压成形，加工速度很快。单叶片挤压成形机如图 4-142 所示。这样滚针在循环旋转的滚筒内不断地翻转，逐渐前进，每个滚针（滚动体）的受热很均匀，每批淬火硬度散差在 1 HRC 之内。它的淬火油槽内是由循环导流装置和搅拌泵组成，淬火油槽内有 4 个带密集小孔的不锈钢接料桶，每个接料桶可以定向转移，如图 4-143 所示，其快速淬火油使徐徐落下的滚针进行淬火、逐渐堆积在料筐内的滚针很容易得到较高的淬火硬度。此外，也可以用常规的输送式提升装置。特别提醒：凡是做滚动体类型的产品，如圆锥滚子（滚柱）、圆柱滚子、钢球、滚针等的加热淬火设备，应该首选滚筒炉，这是国外厂家搞好滚动体类型热处理产品质量的关键设备，用这种设备淬火后的滚动体表面和心部的硬度均匀一致，表面没有逆硬化现象，淬火硬度均匀一致。而采用网带炉加热的，加热和冷却都不均匀，在滚针落料时，偶尔还会出现少量滚针在网带回程时滞落在落料口端头的平台上，在某一个时刻内它就会自动落入油槽内，如图 4-144 所示。这时淬下去的滚动体是没有硬度的，混入到正常的产品中就很难发现。国外某著名轴承公司以前在做滚动体时曾经多处、多次出现过此现象，所以国外企业是不准用网带炉生产滚动体的。大型滚筒炉采用天然气加热、火焰加热辐射管的加热方式，使加热速度快而均匀。回火设备同样也是滚筒式，如图 4-139 所示。为使直径≥12mm 的滚动体表面没有磕碰伤，须用料盘炉或多用炉进行热处理。

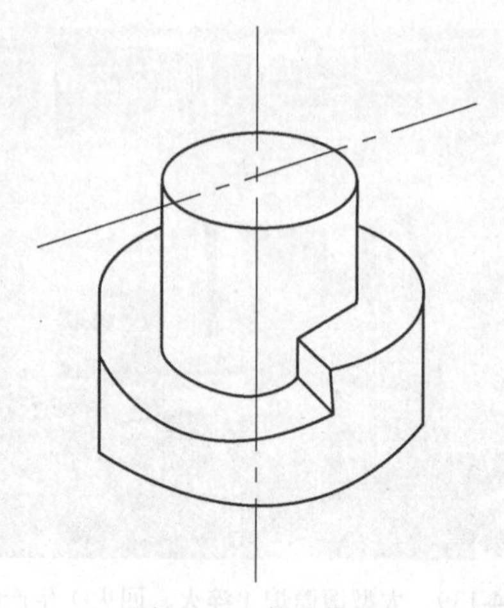

图 4-140　螺纹模具

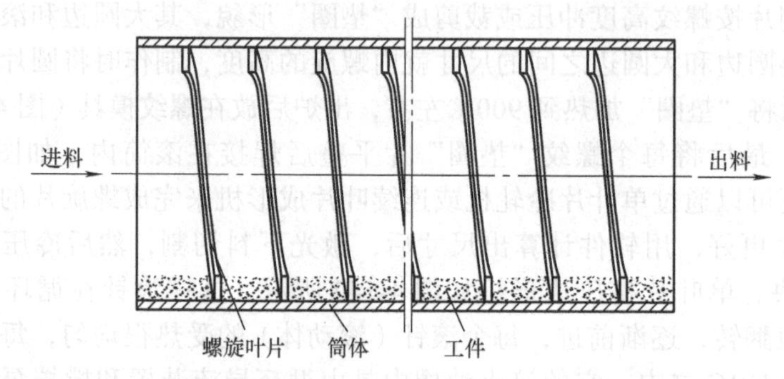

图 4-141　大型滚筒炉炉内结构

图 4-142　单叶片挤压成形机

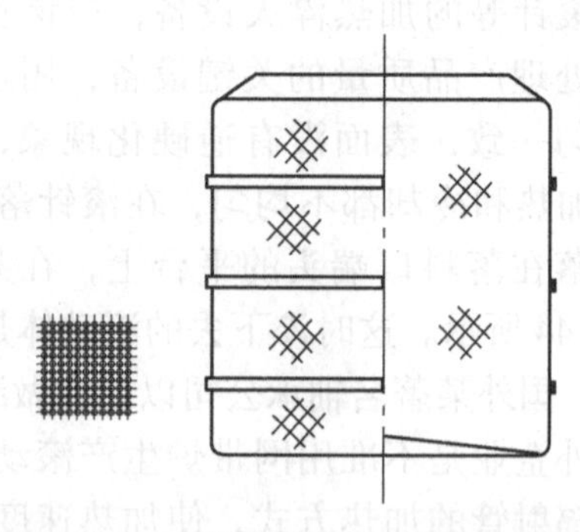

图 4-143　有密集小孔的不锈钢接料桶

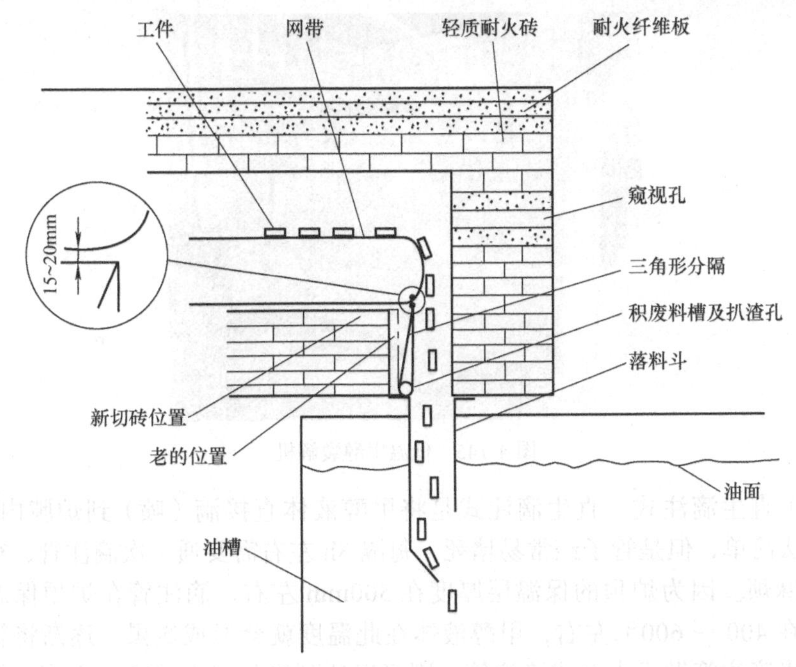

图 4-144 网带炉落料口端头滞留工件

4.9.3 整体（套）冲压滚针轴承的可控气氛应用

整体（套）冲压滚针轴承的热处理是由多个热处理工序组成的，具体如下：

1. 对气氛的要求

整体（套）冲压滚针轴承的热处理所用的可控气氛要求是：整体（套）必须清洗烘干；其各种气源的纯度应该达到液氮≥99.99%，丙烷≥95%，一级品甲醇含水量≤0.15%。1L 液氮可以汽化成 647L 的氮气。采用液氮是很理想的气源，它可以减少甲醇的消耗，降低生产成本，设备维护简单和操作方便。

载体气氛的制作：甲醇气氛制造方式一般有低温甲醇裂解机、直生滴注式、低温甲醇液汽化器、高温裂解炉四种方式；

（1）低温甲醇裂解机　这种方法的产气量和气氛质量比较稳定。它的原理是：用电加热油—用热油再加热甲醇液体—汽化后的甲醇气体—再经过触媒及除去水分—进入工作炉。甲醇液体在 230℃时裂解成 CO、CO_2 和 H_2O 等气氛，裂解后的气体经过触媒净化，再用汽水分离器将水分除掉后的气体可直接通入炉膛内，这种方法只要定期更换或再生催化剂就能保证气氛质量，催化剂的使用寿命在 10 ～ 12 个月。这种方法早在 1985 年由太原工学院杨正德教授首先试制成功，在更换催化剂时可以随机在 1h 内完成更新。现在我国多家制造单位都能生产这种装置，其基本原理是一样的，但是各家的都有自己的特色。图 4-145 所示为低温裂解机，是杭州金州科技研制生产的。

图 4-145　低温甲醇裂解机

（2）直生滴注式　直生滴注式是将甲醇液体直接滴（喷）到炉膛内汽化。这种方法简单，但是管子经常易堵死，每隔 8h 左右需要通一次滴注管，很费力且操作麻烦。因为炉顶的保温层厚度在 500mm 左右，滴注管在炉顶保温层内的温度在 400 ～ 600℃左右，甲醇液体在此温度就会形成炭黑、逐渐将管子堵死。若将滴注管做成水套式滴注管，则可以达到半年以上清理一次滴注管，如图 4-146 所示。这种方法甲醇在 850℃左右裂解不完全，会有部分甲醇液形成炭黑。它属于高温裂解工艺，但是裂解不完全。

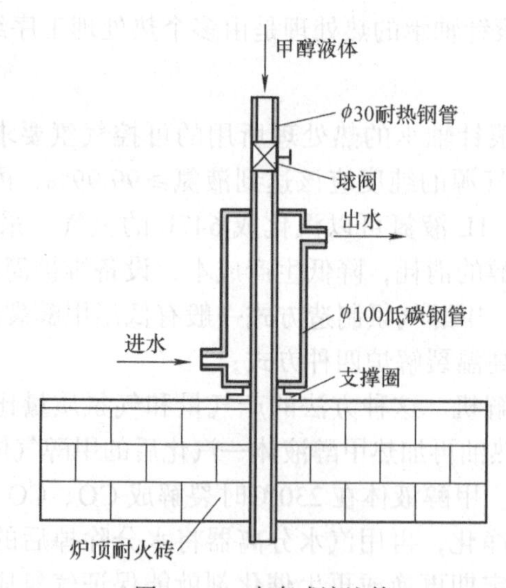

图 4-146　水套式滴注管

（3）低温甲醇液汽化器　它是在网带炉外面通过电加热油，油温在（250±10）℃时将甲醇液体汽化，汽化后的甲醇气体直接通入工作炉内。这种方法并没有将气氛中的水分及其他分子净化处理，而是直接让气氛进入工作炉内，有时还会堵塞气体通入炉内，使甲醇裂解不完全。若将汽化后的气体再通过分子筛处理一下，效果会好一些。

（4）高温裂解炉 将甲醇液体喷入 900±20℃的高温裂解炉内，经裂解后的气体比较纯净，经过过滤器，直接进入工作炉。这种方法气氛质量不错，但是设备耗能比较大，功率在 25kW，耐热钢反应罐寿命低，仅 10 个月左右。这种方式是 1983 年衡阳纺织机械有限公司的 Safied 网带炉生产线配套产品。目前用的单位已经不多了。

2. 炉内碳势的测量

气氛的质量好坏直接影响到产品的质量，碳势是一个很关键的指标，目前炉内碳势有两种测量方法：

（1）称重法 用万分之一的天平作为称重计量标准，用碳含量（质量分数）为 0.06%，厚度为 0.05mm 的低碳钢钢箔（定碳片）来校正，将定碳片用乙醇液体进行除油、除锈、清洗烘干的钢箔称重，把钢箔卷成螺旋状，将它放在专用螺旋铁丝圈内后，送入炉顶通入膛内渗碳 30min，在炉顶冷却管内冷却 10min，出炉的钢箔应该是白色的，再将钢箔清洗干净烘干再用天平称重，然后通过计算公式进行计算后，修正碳势值。

（2）燃烧法 这种方法简单、准确、快速，它的制样方法同前面一样，将试验钢箔从试样管内取出后，经清洗烘干后放入 CS-230 碳硫分析仪（图 4-147）中，将碳硫分析仪同万分之一天平连接在一起，该仪器中通入氮气和氧气，接通开关，钢箔瞬时燃烧，此时产生 CO 和 CO_2，在 1min 内钢箔的碳势就显示出来了。

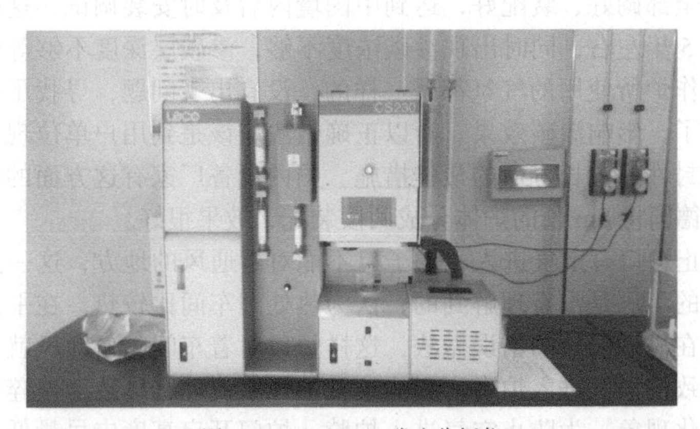

图 4-147 CS-230 碳硫分析仪

3. 对设备的要求

整体（套）冲压滚针轴承根据技术要求，需要用网带炉进行渗碳淬火。在新炉子使用前必须按照设备厂家的烘炉程序进行操作——缓慢烘炉及升温。待炉温升到 650℃时，通入氮气排除炉内的空气，氮气从落料口下面的氮气入口处进入，从落料口尾部进入的氮气将炉膛尾部和炉腔内的空气排出炉膛，这个过程用时超过 3h。在炉温升到 780℃时通入甲醇裂解气氛保持 2h 以上，继续升温到 830℃时通入丙烷气并保持 3h 以上，关闭落料口处的氮气阀门，开启炉膛内的氮气流量计阀门。在制气过程中的时间越长，排除炉膛内的残余废气及水分越干净，这样可以做到一次投产成功，使生产能顺利进行。另外，新炉子的炉膛或马弗罐必须进行空炉预渗碳。当看到炉口火焰有蓝色时说明炉膛内还有氧气，需要继续排除废气，否则产品会呈现花斑及脱碳，金相检查可以看到黑色组织。对于无马弗罐的炉膛来说，它是由轻质耐火砖、硅酸铝耐火纤维材料和黏结剂组成的，其中的空隙较大，需要将孔隙中的氧气和水分排除掉，故需要用可控气氛去置换，让水分全部逸出去，就需要较长的排气过程，这就是网带炉开炉投产后，不能轻易关炉的原因之一。新的炉子在烘炉排气过程中，除了用抽气泵外，还需要打开炉顶盖板排气，这样可以提高烘炉效果，排除炉内水分和空气比较彻底，使炉子一次性投产成功。

对于无马弗罐炉膛来说，要达到炉子密封性好的话，除了炉壳焊接处的密封性要严密以外；耐火砖必须规整，耐火纤维的密度、强度和耐火度都要求达到技术标准，黏结剂的黏度和耐火度必须达到行业标准，最关键的是筑炉地点。对于输送带式炉型，不论网带炉还是辊棒炉，它们的炉子长度绝大多数≥10m，这样长度的炉体从设备制造厂家到用户的几次上、下起重（起吊）、运输、振动都会导致炉衬的松动，特别对于需要渗碳的炉子其密封性受影响更大。国产和进口炉子目前都是在设备制造厂家将炉体砌好后，即炉子全部完工后再运输到工厂的，因为振动而使炉体松动，存在着泄漏的风险。国内某著名外企从国外直接将炉子全部砌好、装配好，运到中国境内后及时安装调试，这两条渗碳生产线运行了 5 年左右，同时出现渗碳浓度不够，渗碳层深度不够等问题，车间内的其他工作炉所使用的气氛都是一样的，没有出现问题，寻找了原因，可能是炉体松动了，影响渗碳效果。所以正确做法应该是到用户单位现场砌炉，是确保炉子密封性好、长寿命的最佳措施。国内设备厂家有这方面的优势，应该积极推广。德国将 8m 长的炉体分成两段装配，效果很好。

为了防止炉口有空气进入，炉子口不能对着通风的地方，这一点在中国境内有相当多的工厂是没有理解到的，认为热处理车间比较热，在平面布置时尽量把炉子放在靠近门口的错误做法，这样炉口对着车间门口，风就会从门口吹进炉膛内，致使氧气进入炉内，影响正常的气氛流动，导致工件淬火时表面有花斑及内氧化现象。为防止空气进入炉膛，炉门开启高度应尽量低一些。另外还需要将落料斗处的淬火油烟气，用抽气泵经油、气分离器后，将它抽到炉门口作为防止空气进入炉门口的保护气氛。

（1）油幕帘的调整　为了保证炉内气氛均匀，在网带炉的落料斗处的油幕帘的两个侧面都需要各装一块 ϕ180mm×20mm 的窥视耐热玻璃，可以比较直观地看清楚油幕帘的流动及产品落下情况，要求两侧的油幕帘要呈抛物线交叉，油幕的大小调整要通过装有压力表的球阀来调整，抽淬火油烟气的位置应在油幕帘的上面和下面（以下面为主），这样油废气可以直接抽走。我国的部分设备制造厂家认为窥视孔的耐热玻璃用一段时间后就会模糊，实际上这个玻璃片是可以随时装拆、擦洗的，非常方便，还可以清除油帘口上的油垢。

（2）淬火循环油的出口位置　淬火油槽中的热油在循环冷却时，应该有变频装置，可以调整油循环的力度，减轻对轴承制件的冲击力度大小。在用风冷却装置（热交换器）冷却后再回到淬火油槽内，经风冷却后的循环油的管子出口应伸入到落料口处，在提升输送带呈水平位置的输送带下面的地方（落料口的下面），此时刚刚落入油槽内的、炽热的工件掉落在水平提升带上面时，碰到的淬火油是经风冷的“冷”油，这样可以提高淬硬性，而不建议将“冷”油直接从上面通入落料斗内，它会导致制件的淬火畸变增大；热油的流出口应该远离落料口，在油槽靠近清洗机的方位。在大油槽的罩板上用抽气泵将油槽液面上的油蒸气抽走，它可以净化车间内的油烟气，减少污染环境的措施。油槽内部用的油帘泵、油循环泵、油冷却泵等的密封圈的质量一定要保证，平时要加强检查，否则因密封不好会漏气，空气进入管道内会造成淬火件出现蓝色或者花斑，影响制件的光亮度。循环油的冷却不应该用板式冷却器或螺旋冷凝器，这两种冷却器都是以水为冷凝降温，它们会在管壁通过毛细管原理析出冷凝水，而导致油中含有水分，影响淬火油的纯净度及出现淬火制件的变形或开裂。

4.9.4　整体（套）冲压滚针轴承淬火冷却介质的选择

1. 滚针用的淬火冷却介质

GCr15 钢的滚针第一次是在大（小）滚筒炉内进行的，滚针的加热方式都是在滚筒内边旋转边连续前进和出料，冷却介质是轴承钢专用快速淬火油，因为它的蒸气膜阶段短，高、低温冷却速度快，可以使逐渐落入油中的滚针迅速淬硬，硬度均匀、分散性小，淬火油的热氧化安定性好，使寿命长，油的带耗少，易清洗，节省成本，滚针表面光亮度好，给磨加工提供方便。

2. 整体（套）轴承的淬火冷却介质

对于组装好的整套滚针轴承的淬火来说，需要使用能达到饱和蒸气压、光亮性、冷却性能、抗氧化性等都要好、易清洗、油的带耗少、使用寿命长等要求的分级淬火油，在渗碳（碳氮共渗）后的淬火过程中，具有很好的淬硬性和极少的淬火畸变量。因为冲压外圈和保持架的厚度很薄，它们和第一次热处理后的滚针组装在一起后，相对渗碳淬火时就需要一个闪点和燃点高，在高温时冷却速度快、低温时冷却速度较慢的轴承钢分级专用淬火油，这是确保整套滚针轴承淬硬的必备条件。

新油在投入使用前必须进行充分的脱气处理，在长期的工作过程中因为炭黑的出现，会导致淬火油中的杂质增加，最好能配置一台离心式净油机，可以经常对渗碳过程中的炭黑进行过滤，确保淬火油的清洁度，离心式净油机对淬火油的理化性能不会造成危害和影响，它们之间没有化学反应，且能提高淬火油的使用寿命。

4.9.5 整体（套）冲压滚针轴承的热处理

整体（套）冲压滚针轴承的热处理工艺过程：

第一步是对 GCr15 钢滚针进行热处理——在滚筒炉内加热淬火及滚筒回火炉中回火。加热温度：（845 ～ 870）℃ ± 5℃。碳势 1.0% ～ 1.1%CP，使用快速淬火油，油温 80℃。淬火硬度：表面 780+160HV，心部 760+80HV。回火温度：160 ～ 180℃。回火硬度≥810HV。金相组织：回火隐晶、细小结晶或小针状马氏体、均匀分布的细小残留碳化物和少量残留奥氏体（GB/T 34891—2017）。

第二步是将热处理完工后的滚针进行磨削、抛光等机加工后，用全自动高速分选机进行外形尺寸分选。根据技术要求，在一台可以将已经热处理过的、经尺寸分选后的滚针和还没有经过热处理的外圈及保持架在全自动组装机组装成整套滚针轴承。

第三步是整套滚针轴承在网带炉内进行薄层渗碳（或碳氮共渗）淬火，根据产品不同，渗碳温度为 820 ～ 870℃，碳势 0.9% ～ 1.2% CP，炉内是氮气、甲醇、丙烷气氛。渗碳时间根据技术要求一般在 30 ～ 100min，冲压外圈的渗碳层深度 0.08 ～ 0.33mm（产品规格不同，渗层深度不同），渗碳淬火硬度 840 ～ 900HV；保持架的渗碳层深度 0.02 ～ 0.12mm（产品规格不同，渗层深度不同），渗碳淬火硬度 410 ～ 550HV。

对于 GCr15（100Cr6）钢滚针而言在渗碳淬火前经正常的热处理工艺进行，金相组织是 2 ～ 3 级回火马氏体组织，基体上分布着细小的、均匀分散的未溶碳化物及少量的残留奥氏体，其晶粒是比较细小的。Kegawa 等人认为对轴承钢球化碳化物的多次淬火回火，能使原始奥氏体晶粒的细化效果显著，多次淬火增加了残留奥氏体量，球状碳化物的成分是铬碳化物，提高了耐磨性和疲劳强度。在加热时新的奥氏体核心大多在原奥氏体晶界和亚晶界产生，这样仍然能得到细化的晶粒，虽然它达不到美国 52100 钢的超细碳化物 0.1μm 颗粒的工艺，但是比常规工艺的晶粒和碳化物要细得多。它们在 820 ～ 870℃渗碳温度下加热，加热时间又不长，不会造成晶粒粗大，在此温度下可以得到很细小（11 级左右）的晶粒度，因球化组织的 GCr15 钢的淬火加热温度范围比较宽大，在第二次加热淬火时能使组织更细化，对于整体冲压滚针轴承淬火后的 GCr15 钢滚针来说，不会产生软点，获得的金相组织中屈氏体比例 <1%（图 4-148）。图 4-149 中屈氏体含量 <1%，此时滚针的渗碳淬火硬度≥910HV，回火后硬度≥810HV，同冲压外圈渗碳淬火回火后的硬度≥840HV 相当。它们的硬度匹配非常合理，从而提高了整个冲压滚针轴承的疲劳强度和耐磨性。此工艺方法在德国已实施 50 余年了。整体冲压滚针轴承渗碳

淬火，经清洗烘干完工的尺寸会缩小 0.01 ～ 0.05mm，为此要求对整体冲压滚针轴承进行 100% 的包络圆检测，并进行挤压矫正。部分冲压滚针轴承产品如图 4-150 所示。分散加工后组装的常规冲压滚针轴承我国已经做了几十年了，整体冲压滚针轴承的热处理方法我国现在也能生产，质量上也在不断地提高。

图 4-148　GCr15 钢滚针金相组织中屈氏体的比例 <1%（500×）

图 4-149　GCr15 钢滚针金相组织中屈氏体的含量 <1%（500×）

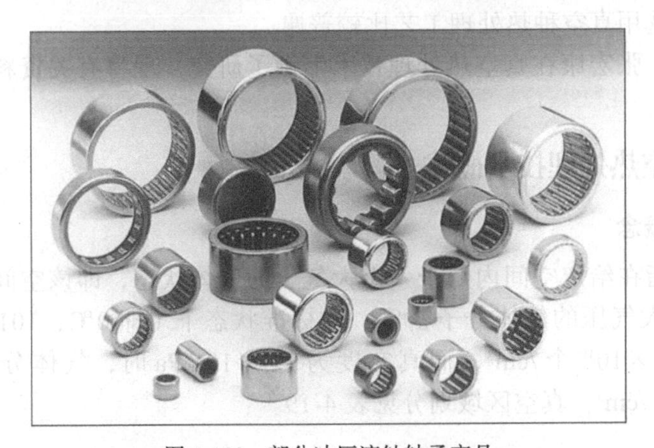

图 4-150　部分冲压滚针轴承产品

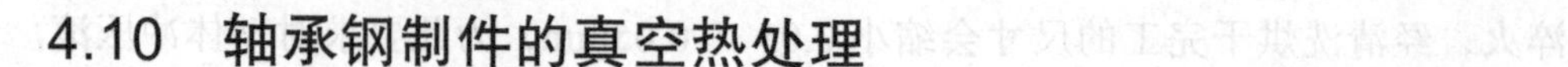

4.10 轴承钢制件的真空热处理

真空热处理的技术在国外应用得较早，美国的海斯公司和日本真空技术研究所在 1968 年先后研制出真空淬火油及水剂淬火冷却介质，从而使真空淬火技术在热处理行业获得迅速发展，从单室炉发展到多组合机群，从一般的真空淬火、退火、回火发展到高压气淬、真空水剂淬火、真空硝酸盐淬火、真空渗碳、真空碳氮共渗及多元共渗等等。在真空技术上，我们国家经过几十年的努力，通过国内真空技术科研人员、操作人员、设备制造单位等的努力，在对引进设备技术消化吸收的基础上，在设备设计、制造质量及工艺调试等方面取得了长足的进步，许多国产真空炉替代了进口设备，从而降低了热处理产品的生产成本。国产真空炉在满足国内需求的同时，还出口到发展中国家及部分发达国家。国产真空炉的发展，促使相关热处理产品质量的提高，目前已经在各种工模具钢、不锈钢、轴承钢、渗碳钢、硬质合金钢、合金钢和高合金钢等方面得到很好的使用效果。真空炉热处理技术的普及，提高了热处理产品的质量水平，它达到了高效（efficiency）、节能（energy-saving）和无污染（eliminating pollution）的绿色清洁热处理技术的要求，符合国家大力推广的方向。

真空热处理的优点是：工件表面清洁光亮、无氧化、无脱碳、无污染、淬火畸变小和自动化程度高等；真空热处理的氮气纯度应达到 99.999%。一般情况下，气源供应在与气体公司的距离 <300km 可以建立液氮气站，>300km 可以采用制氮机方法制氮；或用氮气量较小可以用罐装低温液体钢瓶（杜瓦瓶），杜瓦瓶的规格是装液氮有效容积在 169 ～ 200L/ 瓶，目前有三种规格的钢瓶。液氮供应选用何种方式应根据真空热处理生产量而定，容积选得太大，会造成浪费，虽然储罐内有良好的隔热保温层，但因受环境温度的影响，储罐内的液氮会自动汽化，液氮蒸发损耗容积量为：0.3% ～ 0.6%/ 日耗量。

真空热处理后的产品在耐磨性等力学性能方面比常规热处理要高，所以在精密制品中选用真空种热处理工艺比较普遍。

屠恒悦、张宏康在真空热处理技术上做了研究，现将有关资料及经验分享给读者。

4.10.1 真空热处理技术概述

1. 真空概念

真空是指在给定空间内低于一个大气压的气体状态，即该空间内气体密度低于该地区大气压的气体分子密度。在标准状态下（即 0℃，101325 Pa），分子数为 2.687×10^{10} 个 /cm^3，而真空度为 1.3×10^{-4} Pa 时，气体分子密度只有 3.24×10^{10} 个 /cm^3。真空区域划分见表 4-19。

表4-19　真空区域划分（GB/T 3163—2007）

真空区域	真空度范围/Pa
低真空	$10^5 \sim 10^2$
中真空	$10^2 \sim 10^{-1}$
高真空	$10^{-1} \sim 10^{-5}$
超高真空	$<10^{-5}$

2. 真空技术名词术语（见表4–20）。

表4-20　真空技术名词术语

术语名称	定　义
标准环境条件	温度为20℃，相对湿度为65%，大气压力为101325Pa
标准状态	温度为0℃，大气压力为101325Pa
真空	在指定空间内，低于一个大气压力的气体状态
真空度	真空状态下气体的稀薄程度，通常用压力值来表示
饱和蒸气压	给定温度下，某种物质的蒸气与其凝聚相处于相平衡状态下的该物质的蒸气压力
抽气时间	从某一压力开始抽气直到要求的压力时所需的时间
工作真空度	在真空容器中为实施工艺时需要的压强
极限真空度	真空系统和真空泵给定的条件下，容器经充分抽真空后所达到的稳定的最低压强
抽气速率	在一定的压强和温度条件下，单位时间内真空泵从被抽容器中抽出的气体体积
漏气速率	单位时间内气体通过漏孔漏入到真空容器中的气体量，单位为Pa•L/s
压升率	真空容器在单位时间内因漏气或虚漏（材料放气）而导致压强升高的值
真空计	测量低于一个大气压力的气体或蒸气压力的仪器

3. 真空度测量单位

在真空技术中常用真空度来测量真空状态下，空间气体的稀薄程度。压力值越高，真空度越低；压力值越低，真空度越高。常用的压强单位及换算见表4-21，帕斯卡为国际单位，简写为帕（Pa），国内外已统一采用此标准单位。

表 4-21 常用压强单位换算表

单位名称	Pa（帕）	Torr（托）	μmHg（微米汞柱）	μbar（微巴）	mbar（毫巴）	atm（标准大气压）	at（工程大气压）	inHg（英寸汞柱）	psi（普西，磅 / 英寸 ^{2}）
1Pa	1	7.50062×10^{-3}	7.50062	10	10^{-2}	9.86923×10^{-6}	1.0197×10^{-5}	2.953×10^{-4}	1.450×10^{-4}
1Torr	1.33322×10^{2}	1	10^{3}	1.33322×10^{3}	1.33322	1.31579×10^{-3}	1.3595×10^{-3}	3.937×10^{-2}	1.934×10^{-2}
1μmhg	1.33322×10^{-1}	10^{-3}	1	1.33322	1.33322×10^{-3}	1.31579×10^{-6}	1.3595×10^{-6}	3.937×10^{-5}	1.934×10^{-5}
1μbar	10^{-1}	7.50062×10^{-4}	7.50062×10^{-1}	1	10^{-3}	9.86923×10^{-7}	1.0197×10^{-6}	2.953×10^{-5}	1.450×10^{-5}
1mbar	10^{2}	7.50062×10^{-1}	7.50062×10^{2}	10^{3}	1	9.86923×10^{-4}	1.0197×10^{-3}	2.953×10^{-2}	1.450×10^{-2}
1atm	1.01325×10^{5}	7.6×10^{2}	7.6×10^{5}	1.01325×10^{6}	1.01325×10^{3}	1	1.0333	2.9921×10	1.4696×10
1at	9.80665×10^{4}	7.3556×10^{2}	7.355556×10^{5}	9.80663×10^{5}	9.80663×10^{2}	9.67839×10^{-1}	1	2.8959×10	1.4223×10
1inhg	3.386×10^{3}	2.54×10	2.54×10^{4}	3.386×10^{4}	3.386×10	3.342×10^{-2}	3.453×10^{-2}	1	4.912×10^{-1}
1psi（1b/in ^{2}）	6.895×10^{3}	5.1715×10	5.1715×10^{4}	6.895×10^{4}	6.895×10	6.805×10^{-2}	7.031×10^{-2}	2.086	1

4. 真空热处理适用范围见表4-22。

表4-22 真空热处理适用范围

工艺方法	应用范围
真空退火	铁素体不锈钢、马氏体不锈钢、奥氏体不锈钢、工模具钢、轴承钢、钼、铝、钛、锆、铀、铜钛合金
真空气体淬火、真空高压气淬	高速钢、马氏体铬钢、冷作工具钢、热作工具钢和钛合金铸件等
真空油淬火	合金工具钢、轴承钢、高合金钢等
电子束淬火	活塞环槽脊、汽车凸轮轴及有关制件
辉光离子氮化	铬钢、高速钢、球墨铸铁制件
真空渗碳、真空离子渗碳	轴、齿轮、模具等制件
电子束焊接	难熔金属、活性金属、耐热钢、不锈钢、弹簧钢、高速钢
真空钎焊	不锈钢、铝和铝合金、钛及钛合金、铍与不锈钢、铍－钛、铍－铌、铍－陶瓷
真空固态接合（扩散焊）	镍基超合金、钛合金、Cu-Ni、Ti-钢、Cu-Nb、铜－钢

4.10.2 真空热处理工艺

1. 真空热处理工艺原理

金属材料的热处理，通常在常压条件下进行的，而真空热处理工件是在负压真空状态下加热和冷却的。

（1）金属在真空状态下的相变特点　资料介绍压力每增加10kbar（1bar=10^5Pa）铁碳合金的*Ms*点仅下降40℃，可以看出在一个大气压范围内的变化，即*Ms*点仅产生0.004℃的变化，与大气压仅差0.1MPa范围内的真空下，可以根据常压下固态相变的原理，参考组织转变的机理和数据，制定真空热处理工艺规程。

（2）真空在热处理中的作用　真空对金属材料的作用：真空脱气、真空脱脂、真空中金属元素的蒸发、真空净化和真空保护作用。

1）真空脱气作用。钢铁制件在真空加热过程中，降低炉压（即提高真空度）会使钢中的氢气、氮气、一氧化碳等残留气体逸出（脱气），从而改善力学性能，使塑性冲击韧度有所提高。

2）真空脱脂作用。钢件上的油脂属于普通脂肪族，是碳、氢和氧的化合物，在蒸气压较高的真空中加热时会迅速分解为水蒸气、氢气和二氧化碳等气体，它们很容易蒸发而被真空泵抽走。特别提醒，凡要真空热处理的构件必须经清洗干燥后才能进炉，否则会污染真空室和损坏真空泵。

3）真空中金属元素的蒸发作用。真空热处理时，若炉内真空度高于金属元素的蒸气压时，钢件表面的金属元素会蒸发，从而影响表面光洁度，出现表面粘连或表面粗糙现象，使钢件的淬硬性、耐蚀性、炉膛内的绝缘性受到影响。易蒸发的金属元素有：锌、镁、锰、铝、铬等。为防止金属元素的蒸发，必须选择相应的真空度或向炉内冲入微量惰性气体以降低真空度。炉内不允许用镀锌铁丝绑扎制件。

4）真空净化作用。若金属表面有氧化膜、轻微的锈蚀、氮化物和氢化物等，在真空中加热时，这些化合物即被还原分解或挥发而消失，从而使工件获得光洁的表面。真空净化作用不仅对精密制件的热处理有很重要的意义，而且能为真空化学热处理创造良好的条件，真空净化能增强表面活性，使渗碳、渗氮、碳氮共渗的速度加快，渗层和硬度分布均匀。

5）真空保护作用。金属表面在可控气氛的保护下能得到不脱碳不氧化的目的，但对于一些精密件的热处理还是达不到真空热处理的表面质量，特别是化学性质活泼的钛、锆以及难熔金属钨、钼、铌、钽等只有在真空气氛中才能得到无氧化脱碳的表面质量。真空度越高表面质量越好，但是真空度也不能太高。真空度与相对杂质、露点关系见表 4-23。

表 4-23　真空度与相对杂质、露点关系

真空度	Pa（帕）	1.33×10^4	1.33×10^3	1.33×10^2	1.33×10	1.33	1.33×10^{-1}	1.33×10^{-2}	1.33×10^{-3}
	Torr（托）	100	10	1	10^{-1}	10^{-2}	10^{-3}	10^{-4}	10^{-5}
相对杂质的含量（%）		13.2	1.32	0.132	1.32×10^{-2}	1.32×10^{-3}	1.32×10^{-4}	1.32×10^{-5}	1.32×10^{-6}
露点 /℃		—	+11	−18	−40	−59	−74	−88	−101

2. 金属实现无氧化加热所需要的真空度

金属在真空炉中实现无氧化加热基本条件为气氛中氧的分压必须低于金属氧化物的平衡分解压。但是真空炉的总压力一般不低于 1.33×10^{-3} Pa，为此不能仅仅依靠抽真空解决，还要依靠高温化学反应。炉内抽真空将气体排除以后，剩余的氧化性气体与还原性物质化合，才能使氧的分压降低到金属氧化物的平衡分解压以下，实现金属的无氧化加热。

研究表明，在 10^{-1} Pa 真空炉（冷态）内残存的气体中，空气仅占 0.5% 左右，其余是水蒸气和其他有机物的蒸气。对于采用石墨构件和配有油扩散泵或油增压泵的真空炉，碳的来源十分充足。碳作为脱氧剂对降低真空炉中氧的分压起到很重要的作用。碳在高温下与氧和水化合成一氧化碳、二氧化碳和氢气发生水煤气反应。可以得出一氧化碳分压与不同金属无氧化加热温度的关系曲线。根据有关资料介绍，经计算得出，一氧化碳的分压与真空炉内的工作真空度为同一数量级。考虑到一般真空计的测量精度不高，化学反应的不平衡因素等影响，在实际工作中可以将一氧化碳分压近似看作炉子的工作真空度。将纵坐标一氧化碳的分压改为炉子的工作真空度，从而得出不同金属无氧化加热温

度和真空度的关系曲线，如图 4-151 所示。此曲线可作为各种金属在不同加热温度选择工作真空度的依据。由图可知：

1）为达到金属的无氧化加热，加热温度越高所需的真空度越低，反之加热温度越低所需的真空度越高。所以真空回火时的真空度比真空淬火时高才能得到光亮的金属表面。真空回火时采用扩散泵的高真空机组，而真空淬火则用罗茨泵真空机组就可以了。

2）对于高铬、高锰合金钢，在 850℃以上温度加热，工作真空度在 13.3 Pa 即可以实现无氧化加热，真空度不需要太高，避免合金元素的蒸发。

3）在高真空、高温条件下加热时，如温度高于 1250 ℃，真空度在 1.3×10^{-2}Pa 以上时，某些绝缘材料（SiO_2）会还原（Si），破坏绝缘性而出现危险，应加强关注。近年来，随着技术进步已有更加好的绝缘材料问世，能够满足工艺需要。

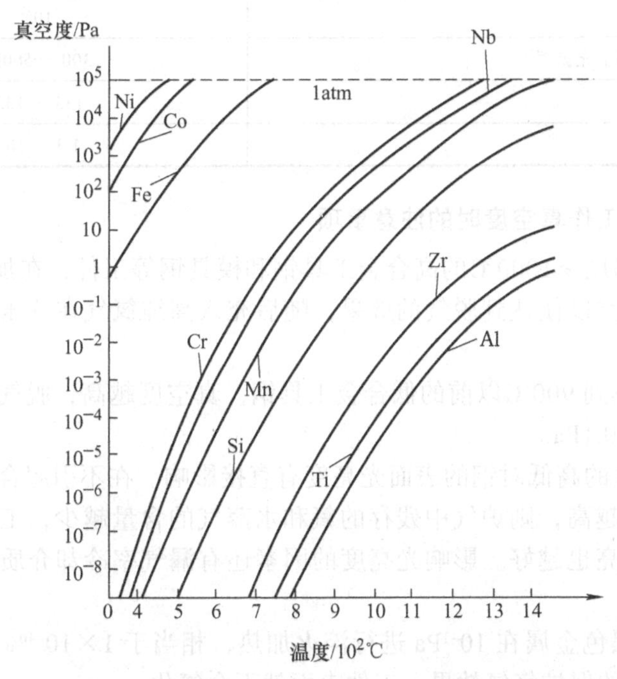

图 4-151　不同金属无氧化加热温度和真空度的关系曲线

4.10.3　真空热处理的加热特点

炉子空载时升温快，工件的加热速度慢。因为真空炉加热室的保温层采用重量轻、隔热效果好的石墨毡或用抛光的多层钼片、不锈钢板材料组成，故炉子在加热时的蓄热量小热损失少，真空炉功率损耗仅为全功率的 1/4 ～ 1/3，空载时从室温升到 1320℃仅需 30min。工件在真空炉中加热时加热速率低，升温时间长，尤其是在 <700℃的低温阶段，工件表面温度与炉膛温差很大，工件实

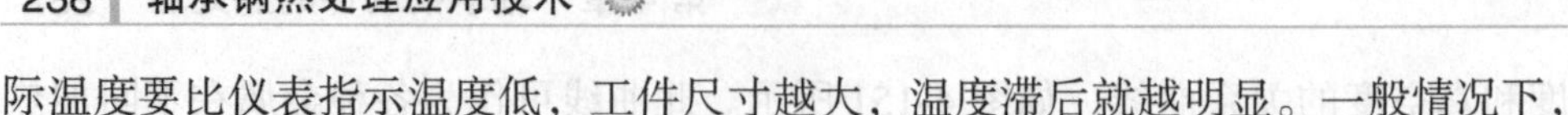

际温度要比仪表指示温度低，工件尺寸越大，温度滞后就越明显。一般情况下，真空加热的时间是盐浴炉的 6 倍，是空气炉的 2 倍。

4.10.4 真空热处理工艺参数的确定

在真空热处理时，选择工作真空度要根据所处理工件材料和加温度，首先要满足无氧化加热所需工作真空度，再考虑表面光亮度、除气和合金元素蒸发等因素。常用金属材料在真空热处理时推荐的真空度见表 4-24。

表 4-24 常用金属材料在真空热处理时推荐的真空度

材　料	真空热处理真空度 /Pa
合金工具钢、结构钢、轴承钢（淬火温度在 900℃以下）	$1 \sim 10^{-1}$
含 Cr、Mn、Si 等合金钢（在 1000℃以上加热淬火）	10（回充高纯氮）
不锈钢（析出硬型合金）铁基、镍基、钴基合金	$10^{-1} \sim 10^{-2}$
钛合金	10^{-2}
高速钢（900℃以上充氮气）	300 ～ 500Pa
铜及其合金	133 ～ 13.3
高合金钢回火	$1.3 \sim 10^{-2}$

1. 在选用工作真空度时的注意事项

1）加热温度≥1000℃的高合金工具钢和模具钢等工件，在加热到 900℃以前，应先抽真空以便达到脱气的效果，随后充入高纯氮气在分压下继续升温到奥氏体化温度。

2）在加热到 900℃以前的低合金工具钢，真空度越高，脱气效果越好，真空度最好低于 0.1Pa。

3）真空度的高低对钢的表面光亮度有直接影响。在不引起合金元素挥发的条件下，真空越高，则炉气中残存的氧和水蒸气的含量越少，工件不易产生氧化，表面的光亮也越好。影响光亮度的因素还有漏气率冷却介质的特性和钢材牌号等。

4）一般黑色金属在 10^{-1}Pa 进行淬火加热，相当于 1×10^{-4}% 以上纯度的惰性气氛中加热的保护气氛效果，工件表面就不会氧化。

5）对充入氮气和氢气的混合气氛进行加热时，如充至 133Pa（50% 氮气 + 50% 氢气）此时氢的分压为 66.5Pa 是安全的，其保护效果比 $10^{-2} \sim 10^{-3}$Pa 的真空还要好。这种方法对高铬钢、高速钢、精密合金箔以及防止扩散泵污染的活性材料的高温退火与特殊材料钎焊都很适用的。

6）一般在 $10^{-3} \sim 133$Pa 真空范围内，真空炉的温度均匀性可维持在 ±5℃，随着分压上升，温度均匀性会下降。因此应合理回充分压，既能保证金属元素不蒸发，又能保持炉温的均匀性。

2. 预热和加热温度

真空加热是以辐射为主，在700℃以下辐射效率低，升温速度较慢，工件的温度滞后于炉腔温度，工件越大，滞后现象越严重，所以在真空炉中加热时需要经过多段预热，使工件各部分的实际温度均匀一致，对于形状复杂的工件同样需要多段预热的工序。预热温度见表4-25。

表4-25 预热温度表

淬火温度/℃	第1阶段预热温度/℃	第2阶段预热温度/℃	第3段预热温度/℃
<1000	500～600	—	—
1000～1100	600～650	800～850	—
>1100	500～650	800～850	1000>1050

3. 真空加热时间

真空加热时的特性温度曲线如图4-152所示。

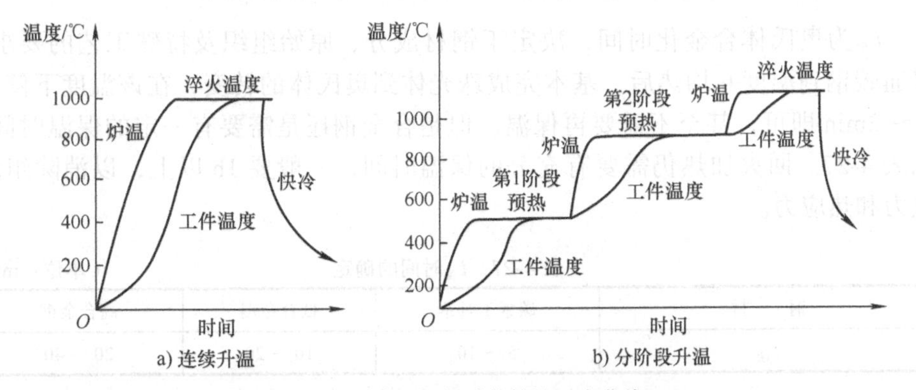

图4-152 真空加热时的特性温度曲线

在周期作业的真空炉中，影响真空淬火加热时间的因素很多，如炉膛结构的尺寸、装炉量、工件形状和尺寸，加热温度、加热速度及预热方式等。如果用热传导原理来进行计算，则极为复杂。一般都通过试验的方法得到加热时间的经验计算公式。试验数据表明，真空炉加热时间通常是盐浴炉加热时间的4～6倍，是空气炉的2倍。

根据真空炉炉温和被加热工件表面与心部的温度曲线如图4-153所示，周期作业真空炉总的加热时间 $t_{总}=t_{升}+t_{均}+t_{保}$。其中，$t_{升}$为工件加热时的升温时间，应以炉膛指示到温为准；$t_{均}$为加热工件的均热时间，其经验计算公式为

$$t_{均}=a'D$$

式中，a'为透热系数（min/mm），取值参见表4-26；D为有效厚度（mm）。

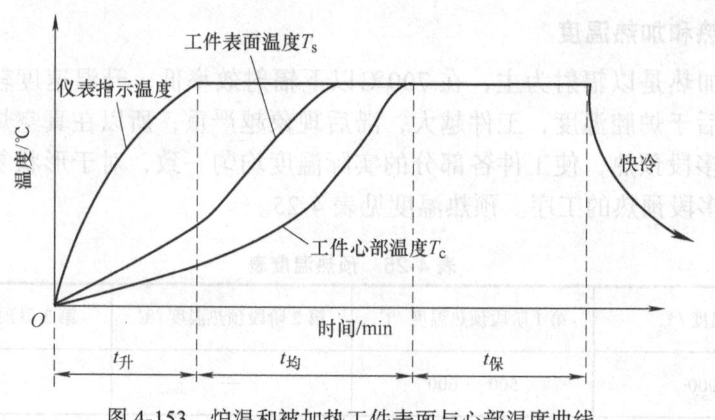

图 4-153　炉温和被加热工件表面与心部温度曲线

表 4-26　a' 透热系数的确定

加热温度 /℃	600	800	1000	1100 ～ 1200
a'（min/mm）	1.6 ～ 2.2	0.8 ～ 1.00	0.3 ～ 0.5	0.2 ～ 0.4
预热情况	—	600℃预热	600℃、800℃预热	600℃、800℃、1000℃预热

注：在没有预热的情况下，如直接加热时，a' 应增大 10% ～ 20% 的加热时间。

$t_{保}$为奥氏体合金化时间，决定于钢材成分、原始组织及特殊工艺的要求，普通碳钢到温度并均热后，基本完成珠光体到奥氏体的转变，在该温度下停留 1 ～ 2min 即可，甚至不需要再保温。但是合金钢还是需要有一定的保温时间，见表 4-27。回火加热仍需要有充分的保温时间，一般要 1h 以上，以消除组织应力和热应力。

表 4-27　$t_{保}$时间的确定　（单位：min）

钢　　材	碳素工具钢	低合金钢	高合金钢
$t_{保}$	5 ～ 10	10 ～ 20	20 ～ 40

单室真空炉可以根据工件热电偶的温度与炉子控温热电偶进行比较确定 $t_{均}$，再适当增加 $t_{保}$即可淬火。双室真空淬火炉可以参考经验方法确定 $t_{均}$，也可以对制件在真空炉中加热的滞后时间，根据实际情况选择典型尺寸试样进行实际测定。

为了提高真空热处理的生产效率，克服真空炉在低温阶段升温速度缓慢的缺点，目前国内外真空热处理炉多数带有对流加热装置，它能将工艺周期缩短 1/3 ～ 1/2。

4. 真空热处理的冷却方法

真空热处理同样是按照淬火工件的材质、形状尺寸和技术要求来确定。冷却介质与冷却方法有：真空淬火油、真空气淬、真空水淬、真空硝酸盐淬等。这里仅对真空淬火油进行讨论。

（1）真空淬火油的技术条件如下：

1）馏程窄饱和蒸气压低，抗汽化能力强，不易挥发，易抽真空。要求蒸气压为 10^{-2} ～ 10^{-4}Pa，以确保真空度在 10 ～ 10^{-1}Pa 条件下，真空淬火油不会明显地挥发。

2）杂质与残碳少，酸值低、淬火后工件易清洗、清洁光亮油的带耗少。

3）临界压强（即得到与在大气压下有相同的淬火冷却能力的最低压强）低，冷却性能好，要求工件在真空淬火油中冷却后，达到与常压下淬火相同的硬度。

4）热氧化稳定性好，即抗氧化性能好，使用寿命长。

5）真空淬火油的酸值、残碳、水分和离子量都会影响光亮度，需要定期按技术要求检测黏度、闪点、冷却性能和水分等指标，其中水分占比应 <0.3%，否则真空油中水分偏高会影响工件表面的光亮度，使工件表面发暗，造成真空淬火油的特性曲线中的低温冷却速度变快，使工件变形加大，有的甚至会开裂。当油面压强降低时，含有水分的真空淬火油在油面将发生沸腾，会影响真空度。根据工件的材料和形状尺寸等技术要求，真空淬火油的冷却速度可以分为快、中、慢三种规格的真空淬火油。目前国内外生产真空油的单位较多，其产品质量都不错，真空淬火油的技术参数见表 4-28，可根据制件的技术要求进行对应的选择。

表 4-28 真空淬火油的技术参数

名称	型号	闪点 /℃（≥）	运动黏度（40℃）/（mm²/s）	使用温度 /℃	典型适用范围
真空淬火油	KR328	190	23 ～ 33	40 ～ 60	Cr12、Cr12MoV、H13、6542、1841 等大尺寸工模具钢
	KR348	200	33 ～ 43	40 ～ 70	GCr15、Cr12、Cr12MoV、H13、6542、1841 等中等尺寸工模具钢
	KR368	220	43 ～ 63	50 ～ 80	GCr15、Cr12、Cr12MoV、H13、6542、1841 等小型尺寸工模具钢

注：饱和蒸汽压（20℃，Pa）≤6.7×10^{-3}。

（2）使用真空淬火油的注意事项如下：

1）油面压强：真空淬火时，油面压强很低，接近油的沸腾状态，会使冷却性能下降，达不到预期的淬硬效果。必须在真空加热后工件入油前或后向炉内充惰性气体，使液面造成一定的压力时，才能实现有足够的淬火硬度和良好的光亮性。图 4-154 为淬火硬度和光亮性随淬火前油液面不同压力变化关系。从图 4-154 可知，对不同淬透性的钢应选择不同的油面压强。淬火时应注意的是淬火室充气与淬火入油的先后顺序，对于淬透性差的钢种应采用先充气后入油方式进行淬火，对于淬透性较好的钢种可以采用先入油后充气的方式淬火，具体的淬火方式取决于钢材特性而定。

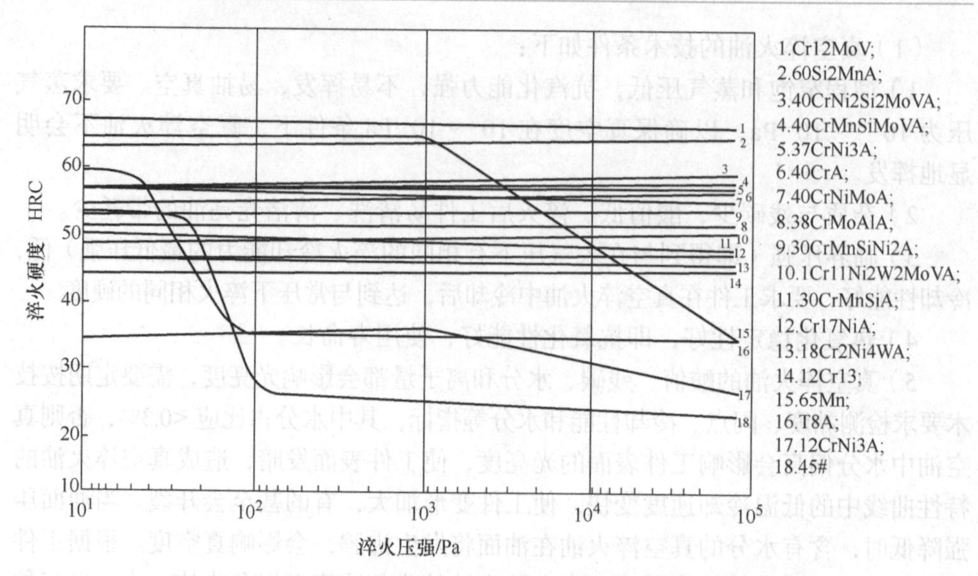

图4-154 钢在ZZ-1真空淬火油中的淬火硬度与油面压强的关系

另外，油面压强对淬火畸变也有较大的影响，降低油面压强，可以改善淬火变形，故在保证淬透及淬硬的前提下，尽量选择低的油面压强。一般淬火前压强应提高到26kPa以上，工艺上常采用向冷室填充高纯氮气的方式，压强在0.04～0.05MPa，高于67kPa对性能的影响已经不明显了。淬火前压力接近一个大气压可以充气还有利于安全操作。

2）淬火油槽容积的确定：一般情况下，工件、料盘或料架等的总质量与油量的比率是1：10～15，尽量使油槽的容积大一些。

3）真空淬火油的使用温度：真空淬火油的油温一般在40～80℃，油温过低，油的黏度大、冷却速度低，淬火硬度不均匀，表面发暗；温度过高，油的蒸发速度快，会提前老化，降低油的寿命。油槽内应装冷却器和搅拌泵，为控制畸变要注意入油时间和搅拌烈度。

4）每次停炉后，应将炉子保持真空状态（39900Pa以下），防止空气和水分进入真空炉内。

5）真空油高温淬火时的瞬间渗碳现象，对于W18Cr4V1等高合金钢类的工件，在装炉量较大、密集堆放或者工件本身尺寸较大时，真空油淬后表面出现大量的残留奥氏体和碳化物组成的白亮层。这是由于淬火油与高温工件（1000～1300℃）接触后分解产生一氧化碳、甲烷，这些渗碳气体将受热分解并析出浓厚较高的活性碳离子，从而渗入到活性较高的钢材表面，产生瞬间渗碳现象，出现的白亮层，厚度达到35～50μm，在工件入油温度越高、淬火油温越高时，出现白亮层就越厚。当油温在20℃时，工件入油温度低于880℃可防止或减少白亮层的产生。这些白亮层需在700℃以上才能消除。

6）真空油淬炉发生爆炸事故绝大部分是由于操作不当造成的，在出炉时应该严格按操作规程进行工作。发生爆炸的三个因素：可燃气体、空气氧气等助燃物达到爆炸极限、明火。当三者同时存在时即发生爆炸。

（3）安全操作规程如下：

1）当工件加热结束时，通过热闸门进入淬火室后，随即关闭热闸门，此时加热室一定要继续抽真空，保证在淬火过中热室真空度始终高于冷室，使两室之间处于良好的隔热密封状态。

2）工件入油冷却过程中，油冷室应充入（4 ～ 6.7）×10^4Pa 的氮气，以保持油面压强，既有利于提高工件的淬火硬度，又抑制淬火油的挥发，降低冷却室油雾浓度。

3）应经常注意油槽中的油位高度，确保工件浸没在油面以下有足够的深度。

4）工件在油中必须充分冷透后，才能出油面并沥干，并对冷室抽真空除去油雾后才能开炉门出炉。

5）对于不能冷透的工件，出油面后工件需要在冷室停留足够时间，使油雾气冷凝成油滴回到油槽。工件出炉前对冷室抽真空，去除油雾气后，再向冷室充入氮气至 0.1MPa，随后开炉门出炉卸料。

6）新的真空淬火油必须进行脱气处理，操作程序如下：将炉门关闭，启动机械真空泵抽真空，开启油槽内的油搅拌泵，从观察孔中观看油面翻动情况，当油面沸腾并上升有溢出油槽的趋势时需要立即关闭真空泵阀门。在真空室压力降低到 46550Pa 时，关闭真空阀门并保持 5min 以上；然后打开真空阀门，使真空室压力再降低到 39900Pa 时，保持 5min 以上。按此方式操作，使真空室中压力逐渐降低下来。在压强降至 6650Pa 之后可以使每次降得少一些，直至降到最低压力值为止。经此工序后的真空油就可以使用了。

5. 真空回火

工件经真空淬火后原则上应该进行真空回火处理，它可以起到除氢处理的作用。对于高速钢之类的高合金工具钢，经真空淬火后再经过三次真空回火提高了它的力学性能，韧性提高明显。真空回火时，真空度抽到 1.3Pa，回充高纯氮（5 ～ 9.4）×10^4Pa 经充分保温后强制风冷即可。若需要保持光亮度，则可以用提高真空度的方法来达到，将其值从 1 ～ 10Pa 降低到 1.3×10^{-2}Pa 是比较好的做法。一般情况下≤200℃的低温回火工艺采用常规的空气或者油浴回火来替代真空回火工艺，油浴回火完全可以达到表面清洁、光亮的技术要求。回火温度的选择要注意不应出现回火脆性的问题。在 200 ～ 350℃第一类低温回火脆性区回火后，可以再提高回火温度，来消除脆性，提高韧性。450 ～ 650℃回火后急冷可以消除第二类回火脆性问题的发生。对表面颜色没有特殊要求时，通常真空淬火后采用常规空气或者油浴回火的做法较多。

4.10.5 轴承钢精密制件的真空热处理

对于轴承钢精密制件，如微或小型轴承制件、纺机锭底、液压制件、工模具、量刃具和精密滚珠丝杠等精密机械制件，采用真空热处理可以提高制件的耐磨性、疲劳寿命等力学性能。

1. 纺机锭底的真空淬火

纺机锭底（图 4-155）采用 GCr15 钢制造的，它的技术要求很高，淬火硬度在 63 ～ 66HRC。它的内孔不允许出现贫脱碳，内孔要求清洁光亮，热处理后锭底内孔只有研磨抛光工序，为此当时只能用氰化钠盐浴淬火，虽然质量很好，但是含有环保要求不能使用剧毒物质，后来改用车间自己设计制造的氨分解震底式自动淬火炉，可是偶尔也出现裂解不好、炭黑较多的现象。为此衡阳纺织机械有限公司于 1983 年 4 月在行业内率先将原首都机械厂的双室真空淬火炉，用于锭底的真空淬火，经真空淬火的锭底在金相组织和硬度上完全达到技术要求，表面清洁光亮，保持金属本色，没有贫碳层，使用的淬火油是 KR328 真空淬火油。锭底真空淬火工艺在行业内一直沿用至今。因为锭底的失效形式是磨损为主，所以需要对锭底的金相组织和硬度提出严格的要求：表面除达到清洁光亮外，不能出现贫、脱碳现象，金相组织中不允许出现欠热和过热组织，所以用真空淬火是最好的选择，从当时经真空淬火和氨分解淬火的锭底产品台架试验证实，真空淬火的使用寿命比氨分解的要高一些，生产成本还低，说明这个产品应用真空淬火是成功的。另外真空淬火具有脱气作用，这是净化钢材质量的辅助办法之一，它可以提高制件的力学性能和使用寿命，经真空热处理后可以使轴承钢制件的耐磨性和接触疲劳寿命提高 2 倍以上。

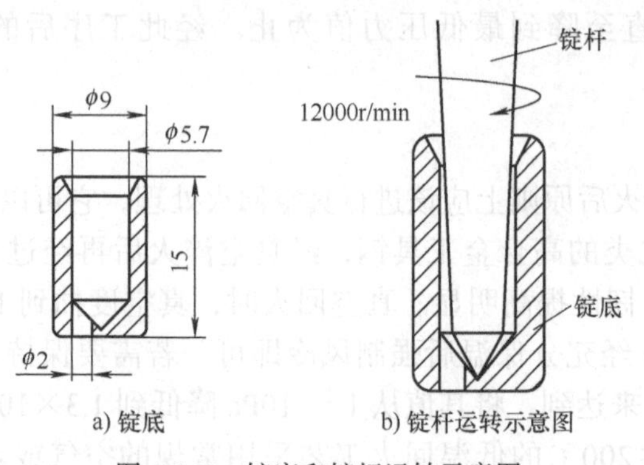

图 4-155 锭底和锭杆运转示意图

2. 微小型轴承套圈的真空淬火

对微、小型轴承套圈的真空淬火工艺：轴承套圈外圈直径 $\phi4$ ～ $\phi50$mm，厚度 0.2 ～ 1.5mm；内圈直径 $\phi3$ ～ $\phi45$mm，厚度 0.5 ～ 1.5mm。淬火硬度≥63HRC，金相组织符合 GB/T 34815—2017《滚动轴承 高碳铬轴承钢制

件 热处理技术条件》中规定的 2 级隐晶、细小结晶或小针状马氏体、均匀分布的细小残留碳化物和少量的残留奥氏体，屈氏体晶粒度≤1 级。同一炉产品硬度≤1HRC，淬火畸变≤0.01mm。对于微小型轴承钢制件的淬火一般选用双室真空淬火炉，淬火冷却介质为 KR368 真空淬火油。如用 WZC-45 双室油气真空淬火炉，加热功率 60kW，炉膛加热尺寸为 450mm×670mm×350mm，额定装炉量 120kg/ 次，最高工作温度 1300℃，炉温均匀性 ±5℃，加热室极限真空度 6.6 ～ 6.6×10^{-3}Pa，压升率 0.66 Pa/h，淬火充气压力 8.7×10^{4} Pa。这种炉型很适合于小、微型轴承钢制件的真空淬火。为了保证淬火质量和产量，在加热工作室内做一个淬火料筐，筐内有三层料盘，料盘上扎有耐热钢丝网布，根据不同型号的轴承套圈，每炉产量为 40 ～ 70kg/ 炉。因为真空加热速度比较慢，真空加热时间是盐浴炉的 4 ～ 6 倍，是空气炉的 1.5 ～ 2 倍，所以要进行预热，使每层料盘上的轴承套圈温度能均匀一致。为此将预热温度设定在 700℃，从室温升到 700℃的时间为 45min，在 700℃保温 40min，真空度在 40Pa，然后用 15min 的升温时间，将温度升到 840℃ ±5℃，保温 50 ～ 90min，真空度 0.1Pa。

3. 微小型滚动体的真空淬火

微小型滚动体（如≤ϕ3mm 钢球）的真空淬火工艺基本和套圈一样，淬火工装也一样的，仅仅是装料方法不同而已，即微小型滚动体需要用耐热钢丝布包扎好，但是料不能装得太厚，要推平，厚度小于 5mm，每包料需要用耐热钢丝扎好，防止堆聚，然后放在料盘上进行加热和淬火即可，这不是很理想的工艺方法。

对于微小型滚动体较好的淬火加热设备，目前是采用可控气氛微型滚筒炉，它对滚动体的加热均匀，淬火硬度分布均匀。

对轴承钢而言在 900℃以下加热，真空度高一些，脱气效果越好，表面光亮度越亮，但是真空度不能太高，否则会产生脱铬现象，套圈会粘在一起。淬火时必须用专用真空淬火油，该设备用的是 KR 型号真空淬火油。从 2005 年使用以来一直很稳定，每次补充一些新油即可。淬火时油槽内充入（4 ～ 6.7）$\times10^{4}$Pa 的高纯氮（99.999%N_2），保持油面压强，以提高轴承套圈的硬度，抑制淬火油的挥发，降低冷却室油雾浓度，轴承套圈冷透后出油槽沥干残油，并对冷室抽真空，除去油雾气后，打开炉门出工件。停炉后加热室应保持真空状态（3.99×10^{4}Pa），防止空气或水分进入炉膛内，在加热室温度 <300℃时，冷室再进行抽真空脱气，加热室温度≤250℃就可以切断水、气、电源了。回火采用温度≤200℃的 KR535 回火油，保温 2h 后出油槽气冷。

国内生产真空设备的外企拥有雄厚的技术力量，在设备的制造质量上一直保持领先地位，占领一定的市场份额，由于国产的真空淬火设备也能达到国外设备的技术质量，对他们来说是相互学习和竞争的机会，也达到共同提高的目的。现在我国真空设备制造厂家的产品质量也都很好，除了供应国内市场外，还出口到国外，并受到好评。对于真空淬火生产批量很大的企业，可以采用全自动真空清洗、真空烘干、真空淬火、真空回火炉生产线，如图 4-156 所示。

图 4-156 大型全自动真空淬火生产线

微小型轴承钢制件的回火除了用真空回火炉以外，还可以从回火硬度均匀性和降低成本的角度考虑。选用油浴回火也是一个很好的选择，用 KR 油回火后产品质量非常稳定，可以充分地消除淬火应力，使产品的尺寸稳定性好，油回火不会导致成品装配后，因回火不充分而发生的畸变。油回火设备需要装有油循环搅拌泵，真空淬火后的制件在油中回火，可以得到非常均匀的硬度和金相组织，充分消除应力，使生产成本比真空回火炉降低许多，比空气回火炉的回火组织更加均匀。回火油的技术要求必须达到闪点高、油烟小、热氧化安定性好、使用寿命长。

4.11 常用制件的淬火畸变和控制

有关专家朱培瑜、许大维等人认为，在机械制造工艺中，热处理是提高制件、工、模具寿命的重要手段。因为材料、机械加工及热处理工艺的不同将发生热应力、组织应力或者两种应力的组合，致使制件发生畸变、开裂，直至报废。所谓畸变是指制件在热处理后的畸变量超过了图样公差要求的一种物理现象，它是一种热处理缺陷。影响畸变的一般因素主要有原材料的化学成分、原始组织、锻轧后的初加工应力、预备热处理、制件的几何形状、最终热处理的加热工艺、设备、操作方法和冷却介质及冷却设备等。在造成诸多产生畸变的因素中，假设其他因素都是合格的情况下，讨论由于应力而产生畸变的影响。本节借鉴一般机械制件的淬火畸变和控制方法的原理，可以对轴承钢制件的热处理工艺进行参考，有利于得到较好的控制手段，从而获得最好的防止畸变质量。

1. 加热时产生的热应力引起畸变

有关文献指出制件在热处理炉内加热时，制件表面立即受热而膨胀，加热温度越高，材料的线胀系数越大，则膨胀量也越多。

现以圆柱体试样在加热时的畸变为例，如图 4-157 所示。当刚开始加热时，试样表层加热快，受热膨胀，使长度伸长；此时心部因加热慢、温度低，所以伸长较少。试样表层受到内层的约束——压应力；而心部受到表层拉长的影响——拉应力，如图 4-157 中 T_1。继续升温时，试样表层与心部的温差逐渐扩大，表层压应力增加，心部拉应力也增加，如图 4-157 中 T_2。再继续升温，由于表层的塑性提高，则屈服强度下降。当应力值大到足以产生塑性畸变时，因表层温度高于心部，首先产生塑性畸变，这就造成了热应力反向，即表层受到拉应力，而心部受到压应力，心部受热膨胀后的长度超过了表层，如图 4-157 中 T_4。当试样表层温度接近炉温时，由于温差悬殊，内应力加剧，外层的拉应力增加，心部的压应力也增加，此时的应力处于最大值，如图 4-157 中 T_5。

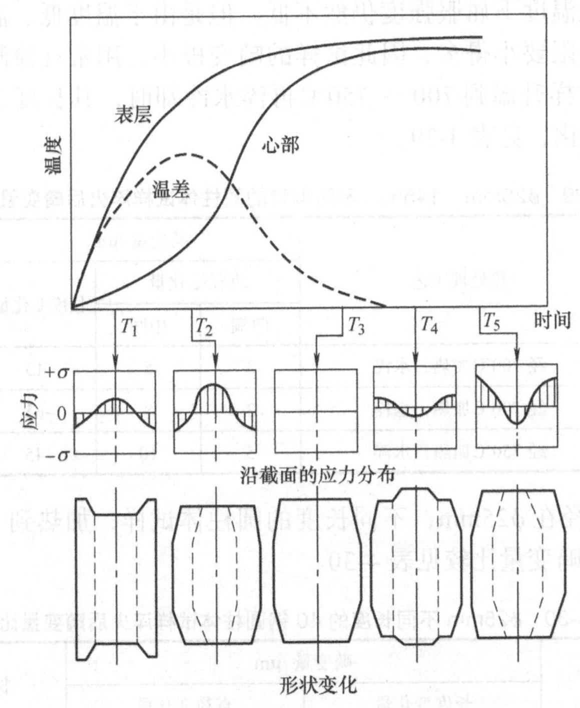

图 4-157　圆柱体试样加热时热应力对畸变的影响

当试样温度到达炉温时，心部温度和表层温度几乎一样，内外层温差极小，应力已基本松弛，残余应力小于屈服强度，此时不再产生塑性畸变。但是实际上由于前一阶段的塑性畸变，心部比表层多胀了一些，因此试样加热之后形成鼓状畸变，即外径中间部胀大，如图 4-157 中 T_3。

制件在加热时会产生热应力，但在生产过程中往往容易被人们忽视。实际上导热性差的高碳合金钢或者高合钢工具钢等，如果不采取多次预热或者缓慢预热，则会产生畸变，甚至开裂报废，这种现象叫热振。实际上是加热过快引起的，为了减小加热时产生的热应力，制件则需要经过缓慢加热或者多次预热后，再加热到高温，以减小热应力的发生。如果制件表面出现脱碳层，它的导热性就比制件心部的导热性要好，在加热较快时也会产生由热应力而引起的畸变。

2. 冷却时产生的热应力引起的畸变

制件在冷却时所产生的热应力比加热时所产生的热应力要大。有人做了试验：把不同的材料做成尺寸为ϕ25mm×145mm的圆柱体试样和25mm×25mm×25mm的立方体试样，分别加热到相变温度以下，然后冷却并测量其畸变量。

1）ϕ25mm×145mm圆柱体试样的畸变情况：将试样加热到500℃，然后在水中冷却。由于试样在500℃以下时，没有发生组织转变，也不会产生组织应力。材料在此温度下屈服强度仍然不低。但是由于温度低、温差小，热应力比材料的弹性极限要小得多，因此试样的畸变极小，用常规检测手段几乎测量不出来。若将试样升温到700～750℃再淬水冷却时，其长度、中间和两端的外部都发生了变化，见表4-29。

表4-29　ϕ25mm×145mm不同钢种的圆柱体试样淬火后畸变量比较

钢　号	热处理工艺	畸变量/μm			硬度　HBW
		直径变化量		长度变化量	
		两端	中间		
65Mn	经700℃加热，水淬	3	5	−13	<225
T12	经700℃加热，水淬	3	8	−65	<225
20Cr	经750℃加热，水淬	5	10	−45	<225

2）40钢直径在ϕ25mm，不同长度的圆柱体试样，加热到700℃在氯化钠水溶液中淬火后畸变量比较见表4-30。

表4-30　ϕ25mm不同长度的40钢圆柱体试样淬火后畸变量比较

试样长度/mm	畸变量/μm		长度变化率（%）
	长度变化量	直径变化量	
125	−86	9	−0.069
62.5	−27	17	−0.043
25	−5	7	−0.020
10	7	−5	0.070

从表 4-29 和表 4-30 可见，圆柱体试样加热到 700℃及水冷却后，总的倾向是长度缩短的，而且中间部分的直径胀得多，两端胀得少。700℃是在相变点以下，因此不发生相变，没有组织变化和组织应力，可以认为完全是由于热应力所引起的畸变。

圆柱体试样冷却时热应力对畸变的影响如图 4-158 所示。

图 4-158 中 T_1 为试样加热到高温时的应力，此时内外层之间没有温差，加热过程中产生的应力已经消除，表面没有拉应力和组织应力。

图 4-158 中 T_2 时，试样已经冷却，表层由于先冷却，开始收缩，而心部因尚在高温阶段，阻止表层的收缩，此时表层受拉应力，心部受压应力。因此心部自然长度比外层长。

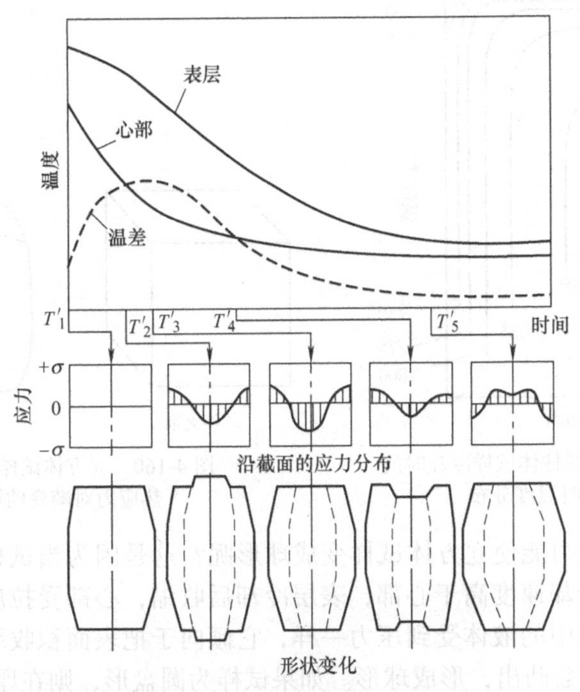

图 4-158　圆柱体试样冷却时热应力对畸变的影响

图 4-158 中 T_3 为内外层温差最大时的表面拉应力（最大值），因为还处在塑性阶段，试样有可能拉长。但是由于心部温度仍然很高，就产生了压缩，此时内外层长度基本相同。

图 4-158 中 T_4、T_5 为试样继续冷却时的应力状况。由于表层在 T_3 阶段被拉长，而心部的自然长度相对比表层短（因为心部和表层是一个整体），先是应力减弱，随后是应力反向，心部受到拉应力，表层受到压应力。这种应力造成变形倾向和反向前应力相叠加，便形成 T_5 应力状态和试样外形。

圆柱体试样冷却的瞬时温度分布如图 4-159 所示，此瞬间当心部温度为

850℃时，表层温度已经降到750℃以下，而棱（倾）角部位的温度更低，只有650℃，端面比表面冷得慢些，图中的等温线是根据试样纵截面上温度相同的点连接而成的。

3）25mm×25mm×25mm立方体试样畸变情况，将碳含量（质量分数）为0.04%的工业纯铁做成25mm×25mm×25mm的立方体试样，将其加热到800℃，然后淬水冷却，并重复50次。由于试样碳含量低，不存在马氏体的相变，因此基本上没有组织应力产生，淬火后的畸变是纯热应力造成的，如图4-160所示。

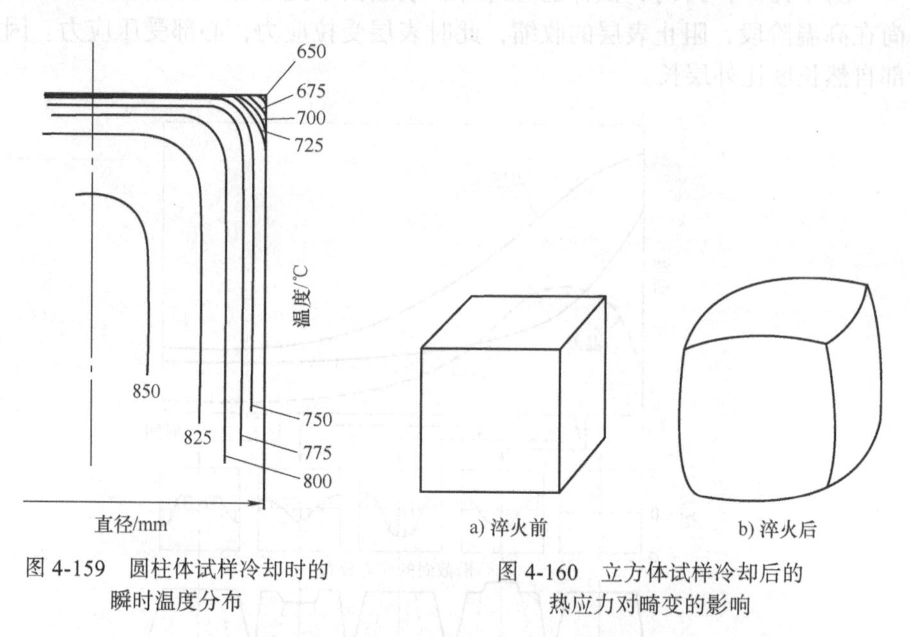

图4-159　圆柱体试样冷却时的瞬时温度分布

图4-160　立方体试样冷却后的热应力对畸变的影响

为什么热应力能使立方体试样变成球形呢？这是因为当试样从高温冷却下来时，表面的冷却速度高于心部，表层冷却后收缩，心部受拉应力。这种情况像一个密闭容器中的液体受到压力一样，它倾向于把表面积收缩到最小，故立方体的6个面就会凸出，形成球形。如果试样为圆盘形，则在厚度方向会胀大，而在径向有所缩小，总的趋向是形成球形。

如果采用ϕ25mm×50mm的圆柱试样做同样试验，则长度方向会缩短，而径向会胀大。但是直径大而长度短的圆柱体试样畸变则正好相反。

4）ϕ100mm圆柱体试样热应力分布情况。图4-161试样为淬水冷却，不产生组织转变，仅存在热应力。图4-161a为试样淬水冷却时表层核心部的冷却曲线，图4-161b为热应力分布情况。由图4-161a可见，表层与心部有明显温差，在W处温差最大，约600℃表层受拉应力，心部受压应力。

如果这些应力只能弹性地吸收时，则冷却过程中在W时，最大拉应力位于表层（曲线a）。随着温度的下降，应力相应减小，直到表层和心部温度达到平衡时，应力下降为零。但是，这种拉应力很大，不可能完全被弹性所吸收，它会使表层在拉应力增长时产生塑性伸长变形。因为在这一瞬间心部温度还很高，不会任其做相应的收缩，通过这个塑性形变应力（曲线 b），不可能达到在正常弹性形变下产生的高应力值。相反的到 U 点时，表层的拉应力降到 0，但此时整个截面的温度仍未达到平衡状态，仍未均匀一致。

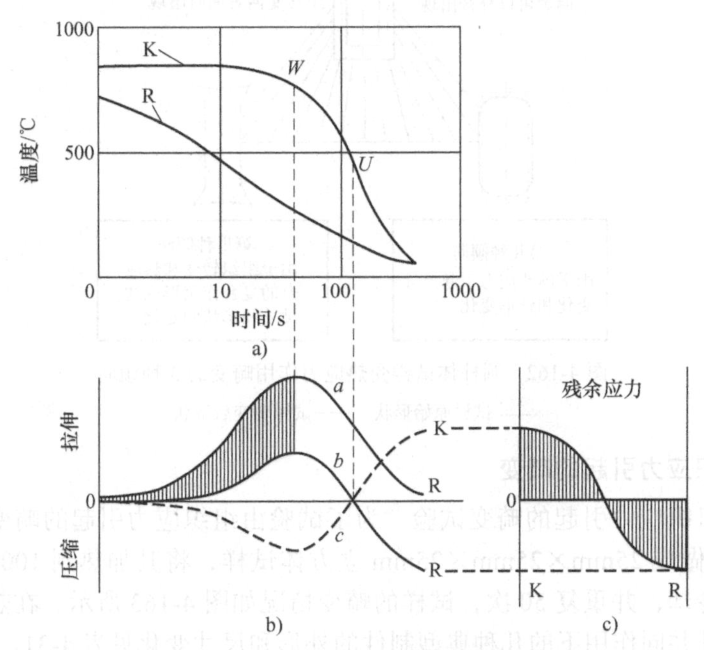

图 4-161　圆柱体试样冷却后心部和表层冷却曲线及其应力分布情况

K—心部冷却曲线及应力分布　R—表层冷却曲线及应力分布

如果试样心部继续冷却，并相应地收缩，由于这时表层已较冷，所以部分受到阻碍，那么从此时开始，应力反向，表层受压应力，心部受拉应力。待温度平衡之后，处于一个相应的应力组织状态，如图 4-161c 所示。

总之，圆柱试样在冷却过程中承受塑性畸变，冷却后尺寸变化趋向是直径尺寸增加，长度缩短，如图 4-162 所示。同时，会出现一个与这个过程完全一致的应力状态。由于在这些例子中都不发生组织转变，因此热应力是造成畸变的唯一因素。

短轴类制件淬火时，由于热应力的作用所产生的畸变，有以下 3 个基本倾向：

① 冷却快的试样表层对于温度高得多的试样心部会产生一个形变压应力。

② 试样表层对于试样心部的压力，其纵向比横向（即轴向比径向）大得多，因此会使制件不断产生镦粗的倾向。

③ 在一个长度、宽度和高度尺寸不同的制件上，在最大尺寸的方向上将会出现收缩，在最小尺寸的方向上将会出现增大。

上述倾向，称为第Ⅱ种倾向，又称为“桶形”倾向。

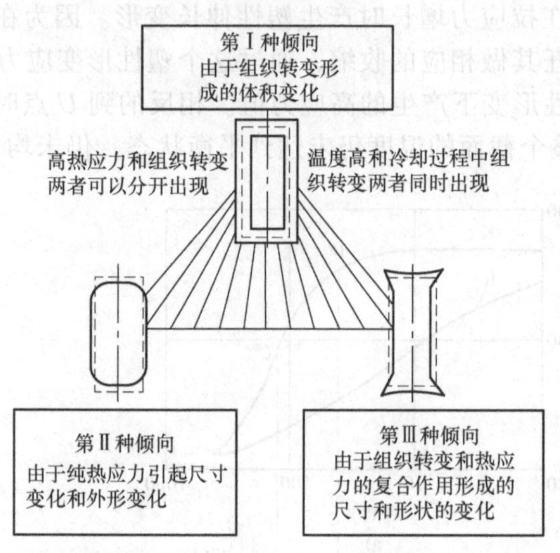

图 4-162　圆柱体试样受热应力作用畸变的 3 种倾向

----- 试样原始形状　——试样畸变后形状

3. 组织应力引起的畸变

（1）组织应力引起的畸变试验　为了试验由组织应力引起的畸变，有人曾用 Cr12 钢做成 25mm×25mm×25mm 立方体试样，将其加热到 1000℃，然后在空气中冷却，并重复 50 次，试样的畸变情况如图 4-163 所示。在热应力、组织应力及其共同作用下的几种典型制件的外形和尺寸变化见表 4-31。

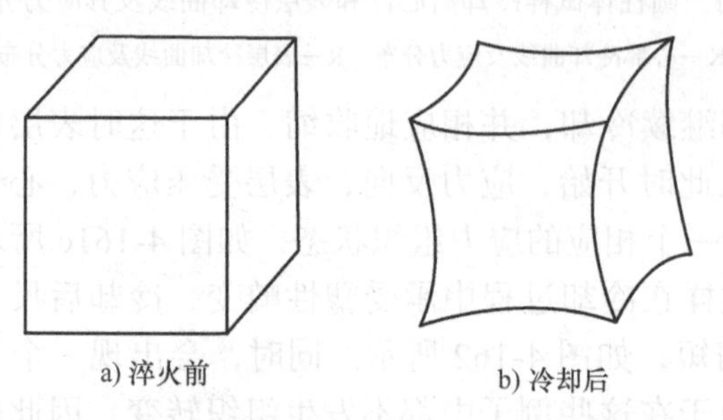

a) 淬火前　　b) 冷却后

图 4-163　立方体试样冷却后组织应力对畸变的影响

表 4-31　在热应力、组织应力及其共同作用下的几种典型制件的外形和尺寸变化

零件类别	轴类	扁平体	立方体	圆（方）孔柱体	圆（方）孔扁平体
原始状态					

（续）

零件类别	轴类	扁平体	立方体	圆（方）孔柱体	圆（方）孔扁平体
热应力作用变形或尺寸变化					
	d^+，L^-	d^-，L^+	趋向球形	d^-，D^+，L^-	d^-，D^+
组织应力作用变形或尺寸变化					
	d^-，L^+	d^+，L^-	平面内凹，棱角突出	d^+，D^-，L^+	d^+，D^-
体积效应作用变形或尺寸变化					
	d^+，L^+ 或 d^-，L^-	d^+，L^- 或 d^-，L^-	d^+，L^+ 或 d^-，L^-	d^+，D^+，L^+ 或 d^-，D^-，L^-	d^+，D^+ 或 d^-，D^-

以上试样加热后在空气中冷却，主要是为了降低冷却速度，减小冷却过程中的温差，消除热应力的影响。因此其畸变可以认为主要是由于组织应力引起的。对于立方体试样，在组织应力作用下，其畸变是 6 个平面向中间凹入而棱角突出，犹如被抽成真空的立方体薄壁容器，与热应力引起的畸变恰好相反；对于圆柱体试样，在组织应力作用下，其畸变是长度增加，直径减小；对于圆盘试样，在纯组织应力作用下，其畸变是盘形的中间厚度减小，而直径增加。

圆柱体试样冷却后组织应力对畸变的影响如图 4-164 所示。其畸变的最后形状及在冷却阶段的瞬时应力变化过程与热应力作用下的畸变情况恰好相反。单纯组织转变的结果造成体积膨胀，长度伸长，这种畸变属于第 I 种倾向。

不同的钢由于组织应力不同，所以畸变形也不同。例如空气冷却的 Cr12 钢的畸变量就只有 CrWMn 钢的 1/4；而碳素钢由于必须淬水冷却，因此其畸变量要比 CrWMn 钢大 2 倍。若采用大尺寸的碳钢试样，由于必须淬水，而淬水又不能淬透，因此畸变情况又有所不同。当然，这里都是指由于体积变化所引起的形状变化。

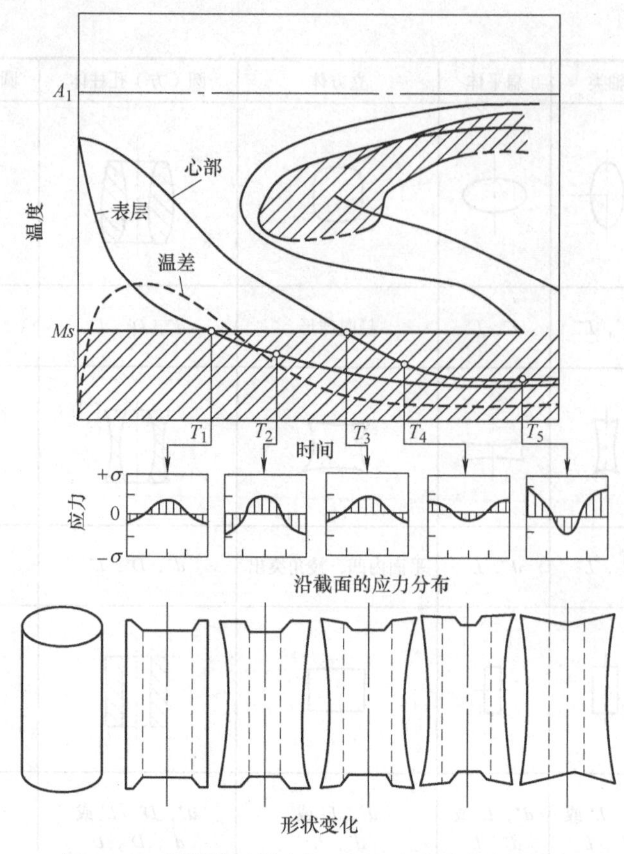

图 4-164　圆柱体试样冷却后组织应力对畸变的影响

在水冷条件下，W 钢（高碳钨钢）的畸变比常用的 T8、T10、GCr15 都要小。这是由于 W 钢的硬化层比较浅，而心部屈服强度又比较高，其畸变量必然比较小些。CrWMn 钢通常称为不畸变钢，主要是由于这种钢在淬火后存在着大量的残留奥氏体，而残留奥氏体的比体积比较小，它的存在可以补偿由于组织转变成马氏体后的体积膨胀，使体积的膨胀量大为减小。但是在截面尺寸较大的情况下，CrWMn 钢的畸变量却比任何其他钢号的钢都要大些。这是由于这种钢的淬透性比较好，因此组织应力比较大，体积膨胀量也多的缘故。相反，如果大截面的制件没有淬透，则组织应力就要小些，畸变也可以大为减小。而 Cr12 一类的高碳高铬钢，由于本身可以利用空气氛冷却的，热应力小。无论是大截面还是小截面，淬火后的畸变量都是比较小的。

（2）对组织应力的分析　体积的变化往往与加热和冷却有关，因为它和钢的膨胀系数有关。当钢的组织由铁素体转变为奥氏体时，则体积会有所收缩，当组织由奥氏体转变为铁素体和马氏体时，则体积又会胀大。这是由于马氏体与铁素体及渗碳体所构成的组织相比，其比体积较大。比体积的变化导致长度的变化。而长度的变化是很容易反映出来的。反映在制件上就是尺寸和形状的变化。

图4-165所示为不同碳含量钢组织转变时对长度畸变的影响。长度畸变是由碳素钢的组织转变形成的，又与铁素体及渗碳体所组成的退火原始状态有关。现以0～700℃过程中的长度畸变作为比较值（如图中上部），从图中可看出，碳含量越低，则由奥氏体转变为铁素体和渗碳体或转变为马氏体的长度越大。

碳含量（质量分数）为0.8%的钢，由奥氏体状态开始转变时，其长度的畸变和由室温加热到700℃时的畸变相似，畸变大小基本相同。但是如果碳含量较低时，长度的畸变就比较大；反之碳含量较高时，畸变就比较小。图4-165中所示的奥氏体在转变时的长度畸变，是指在20℃时的数值。当奥氏体转变为马氏体时，低碳钢的体积变化反而比高碳钢的变化要大些。因此，中碳钢制件在淬火后的畸变量，也比高碳钢要大些。从图4-165中可以清楚地看到，不同残留奥氏体含量对长度畸变将产生较大的影响。

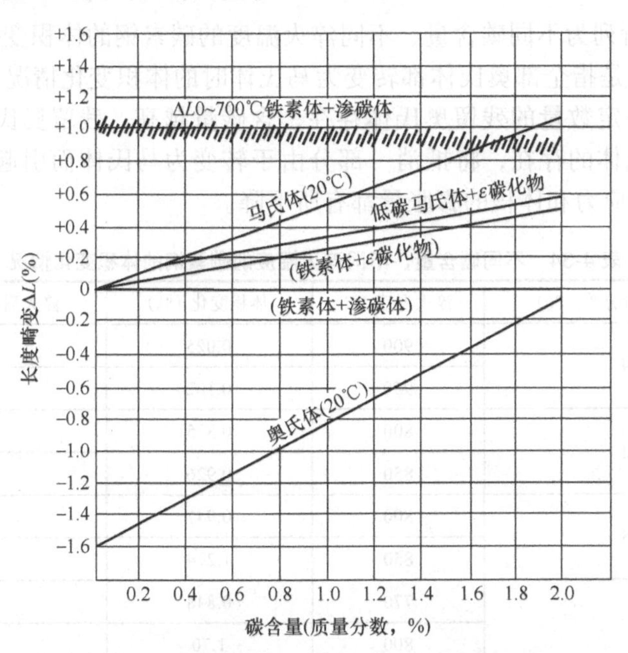

图4-165　不同碳含量钢组织转变时对长度畸变的影响

不同热处理工序、工步的组织转变导致畸变的原因分析见表4-32。

表4-32　不同热处理工序、工步的组织转变导致畸变的原因分析

工序	工步	尺寸畸变	形状畸变
硬化	加热并在奥氏体状态下保温	奥氏体形成，碳化物溶解	热应力产生，热应力松弛
	淬火	马氏体形成，非马氏体产生	热应力、组织应力、残余应力的诱导
冷处理	在0℃以下冷处理，并保持一定时间，再恢复到室温	马氏体转变	热应力、组织应力、残余应力的影响
回火	加热到回火温度，并保持一定时间，再冷却到室温	马氏体的分解，残留奥氏体的转变	应力的消除，热应力、残余应力的影响

不同碳含量的钢在转变成马氏体时的体积变化见表 4-33。

表 4-33 钢的碳含量与密度及体积变化的关系

碳含量（%）	马氏体组织密度 /（g/cm^3）	退火组织密度 /（g/cm^3）	马氏体的体积变化（%）
0.1	7.918	7.927	+ 0.113
0.3	7.889	7.921	+ 0.404
0.6	7.840	7.913	+ 0.923
0.85	7.808	7.905	+ 1.227
1.0	7.778	7.901	+ 1.557
1.30	7.705	7.892	+ 2.376
1.70	7.582	7.880	+ 3.781

表 4-34 所列为不同碳含量、不同淬火温度的碳素钢的体积变化情况，表中的体积变化，是指全部奥氏体都转变为马氏体时的体积变化情况。实际上钢在淬火后总有一定数量的残留奥氏体存在，含碳量越高，残留奥氏体含量越多。由于残留奥氏体的存在，将抵消一部分由于转变为马氏体而引起的体积膨胀，使制件的组织应力和体积的膨胀量都有所下降。

表 4-34 不同碳含量、不同淬火温度的碳素钢的体积变化情况

碳含量（质量分数，%）	淬火温度 /℃	体积变化（%）	淬火后的硬度 HRC
0.19	900	0.025	42.5
	950	0.102	42.5
0.52	800	0.875	61.4
	850	0.926	61.5
0.55	800	0.947	61.4
	850	1.274	63.8
1.06	770	0.848	64.8
	800	1.70	64.2
	830	0.996	63.5
	860	1.020	62.5
	900	0.862	62.0
	950	0.892	62.0

碳素钢在不同温度淬火后的体积变化，碳含量不同的试样，在不同温度淬火后的体积变化量是不同的。碳含量（质量分数）为 1.06% 的高碳钢（T10），从 770 ～ 950℃，在不同温度淬火后的体积变化是不同的，这是由于残留奥氏体发生作用的缘故。因此总的体积变化有所降低，尺寸变化和形状变化大为减小。从淬火后的硬度变化可见，提高淬火温度，淬火硬度反而下降，这也是

受残留奥氏体影响的结果。含碳量（质量分数）为 1.06% 的 T10 钢，其 A_{cm} 为 800℃，当淬火温度超过 800℃后，钢中的渗碳体也开始融入奥氏体中，在淬火冷却后，其残留奥氏体量必然会增加，因而导致淬火硬度的下降。

总的来说，组织应力的产生，归根结底是起源于体积的收缩和膨胀。因此组织应力和体积膨胀是同时起作用的。没有体积膨胀，就没有组织转变的不等时性，也就是没有组织应力引起的畸变。因此我们不能区分这两个因素在单独作用下对畸变的影响，但也不能把这两个因素合而为一。钢中不同组织的线胀系数见表 4-35 所示。

表 4-35　钢中不同组织的线胀系数

组织	奥氏体	铁素体	渗碳体	珠光体	石墨
线胀系数 / （$\times10^{-6}$℃$^{-1}$）	17.0 ～ 24.0	12.0 ～ 12.5	6.0 ～ 6.5	10.0 ～ 11.0	7.5 ～ 8.0

（3）热应力和组织应力共同作用引起的畸变　前面所谈的单纯的热应力或组织应力所引起的畸变，在正常的生产中并不多见的。制件在淬火时既有热应力的影响，又有组织应力的影响，这二者是同时产生且并存的。其畸变也是热应力和组织应力共同作用的结果。不过有时是以热应力为主，有时则是以组织应力为主。而且除了热处理过程中产生的应力外，还将受到其他一系列因素的影响。

从前面的例子可知，对于一个尺寸为 25mm×25mm×25mm 的立方体试样，热应力促使其变成球状，而组织应力则促使其变成犹如被抽成真空的立方体薄壁容器。如果材料是高碳钢，经加热后淬水冷却并采用不会淬裂的冷却介质重复淬火 50 次，则试样既有热应力产生，又有组织转变和体积膨胀的应力，即组织应力存在，其变形恰似热应力和组织应力引起的两种变形的组合，如图 4-166 所示。

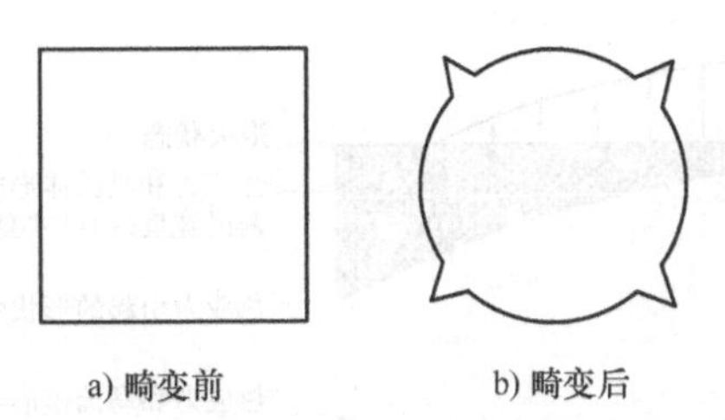

图 4-166　在热应力和组织应力共同作用下的畸变示意图

圆柱体在两种应力作用下的畸变，称为第Ⅲ种倾向，又称为“线团芯”倾向。

对于板状制件，热应力可以使其长度缩短，从而使其面积变小，厚度增加。而组织转组转变时的体积膨胀，则可以补偿面积的收缩。这是在未淬透的情况下。如果材料的淬透性好，被全部淬透，也可能造成面积胀大。也就是说，制件在淬火后的胀缩，还与材料的淬透性以及是否淬透有关。因此制件在淬火后，其面积有可能比退火状态有所收缩，也有可能增大。这对于模具来说，这将直接影响到型腔的尺寸。有人认为，只要选用无变形钢，就能达到淬火无变形的目的。但从这个例子来看，并不是那么简单。由于模具型腔尺寸，有时可能会胀大，有时可能会缩小，这里就要考虑到材料的淬透性大小、锻造和热处理工艺方法等，所以仅选用无变形钢不是唯一适当的途径。板状制件的尺寸变化与宽度的关系如图 4-167 所示。圆柱试样在常规淬火时，既有热应力，又有组织应力，其变化是两种应力共同作用的结果，应力变化的过程分析如图 4-168 所示。

如图 4-168a 所示，时间为 T_1 时，此时只有热应力产生，没有组织转变。因此没有组织应力，温度较低的表面受拉应力，心部受压应力。

如图 4-168b 所示，时间为 T_2 时，表面由于奥氏体向马氏体转变，发生膨胀，受压应力；心部受拉应力。

如图 4-168c 所示，时间为 T_3、T_4 时，表面转变已经终止，还在继续进行冷却，而中间层已开始由奥氏体向马氏体的转变。所以中间层受压应力，表层及心部都受拉应力。

如图 4-168d 所示，时间为 T_6 时，在 $T_1 \sim T_6$ 的时间内，转变一直是向内层进行。在 T_5 时心部发生了奥氏体向马氏体的相变，受到外层的阻止。因此 $T_5 \sim T_6$ 时，心部一直受到压应力，表层、中间层受拉应力。

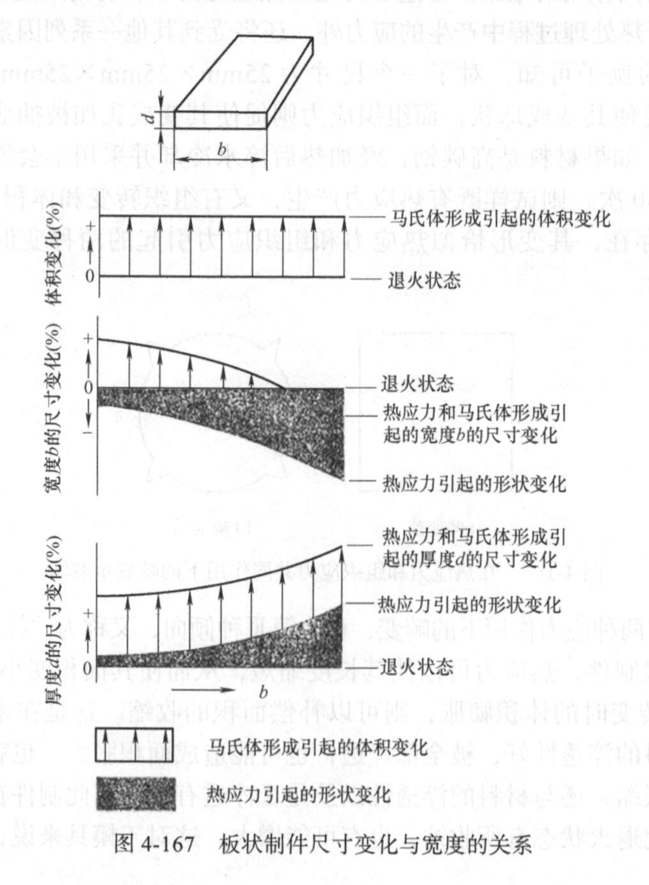

图 4-167　板状制件尺寸变化与宽度的关系

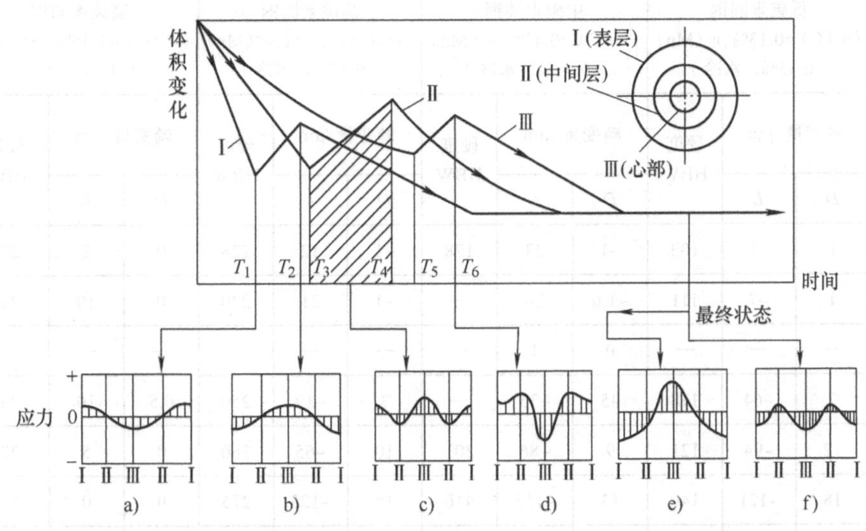

图 4-168 圆柱体试样在热应力和组织应力共同作用下的应力变化过程

如图 4-168e 所示，到了 T_6 之后，表层、中间层及心部均开始冷却，此时因表层温差较小，而心部温差较大、收缩大，故心部受拉应力，而表层受压应力。

如图 4-168f 所示，如果在原来心部转变时曾受过很大压应力，则此后的冷却过程中，热应力只是减小心部压应力及表层的拉应力；如果心部转变时应力不大，则冷却过程中的热应力不仅可以抵消原来的组织应力，而且能使表层受压应力，心部受拉应力，同如图 4-168e 所示的情况。

由此可见，热应力和组织应力综合作用的结果是不定的，可能因冷却条件及淬火温度的不同而产生不同的情况。

有人曾做过这样的试验：采用 ϕ25mm×125mm 的低、中、高碳素圆钢为试样，以不同温度淬火，然后测量畸变量结果，见表 4-36 所示。表中，w（C)、w（Mn）分别表示 C、Mn 的质量分数。

由表 4-36 可知，当试样未淬硬时（低碳钢 800℃以下，中碳钢、高碳钢 750℃以下)，都是热应力为主，所以直径增加，长度缩短。当试样淬硬时，则出现完全相反的情况。说明温度升高后，奥氏体中的碳含量增多，冷却后马氏体量增多，组织应力作用逐渐占了上风，并超过了热应力的作用。

高碳钢淬火温度一般为 770 ～ 780℃。温度过高，达到 900℃时，热应力作用又占上风。这一方面，是因为冷却时温差增加；另一方面，则因渗碳体融入奥氏体中，碳的溶解量增多，冷却后残留奥氏体量增加，补偿了部分体积的膨胀，使组织应力减小。

表 4-36 ϕ25mm×125mm 的低、中、高碳素圆钢在不同温度淬火后畸变情况

淬火温度/℃	低碳素圆钢（w（C）=0.13%、w（Mn）=0.33%，水冷）			中碳素圆钢（w（C）=0.42%、w（Mn）=0.90%，水冷）			高碳素圆钢（w（C）=1.35%、w（Mn）=0.37%，水冷）			高碳素圆钢（w（C）=1.35%、w（Mn）=0.37%，油冷）		
	畸变量/μm		硬度HBW	畸变量/μm		硬度HBW	畸变量/μm		硬度HBW	畸变量/μm		硬度HBW
	D	L		D	L		D	L		D	L	
450	1	−1	103	−1	23	178	−1	12	228	0	2	228
550	1	−7	111	−1.6	24	—	−1	21	230	0	10	225
600	—	—	—	0	1	—	—	—	—	—	—	—
650	7	−64	118	45	−35	—	3	−19	250	0.5	10	230
700	12	−94	121	9	−86	201	10	−65	260	0	5	225
750	18	−121	140	13	−155	416	18	−125	275	0	0	226
800	−3.5	64	180	−14	412	550	48	78	>600	2	71	>600
900	−24	216	350	—	—	—	118	−31	>600	1.5	118	>600
950	−34	318	360	−39	684	575	—	—	—	—	—	—

以上简单介绍了热应力和组织应力的一些概念。在实际生产中，这两种应力的作用是复杂的。总的来说除了淬透性、冷却速度等影响因素外，还要受到制件的残余应力的影响。

热应力是温度梯度的函数，它取决于加热温度、制件的截面厚薄差程度、材料的散热率（散热率 = 钢的热导率 / 密度）、比热、膨胀系数，以及加热冷却均匀性等。热应力越大，则畸变也越大。

组织应力取决于马氏体转变温度，马氏体正方形和残留奥氏体量。此外，钢的化学成分、钢的淬透性、钢的原始组织、淬火温度和冷却速度等也是影响组织应力的重要因素，需要综合考虑。

4.12 解决各种原因造成畸变的案例

机械制件的形状各式各样，所以产生的畸变也没有统一的模式，在这里仅介绍几种解决淬火畸变的案例供参考。

1. GCr15 钢短轴套的硝酸盐淬火

短轴套的尺寸是 ϕ20mm×ϕ13mm×100mm，淬火温度为 850℃，保温一定时间后分别淬入 160 ～ 180℃的硝酸盐和 80℃的热油中，分别测量它们的畸变情况，如图 4-169 所示。

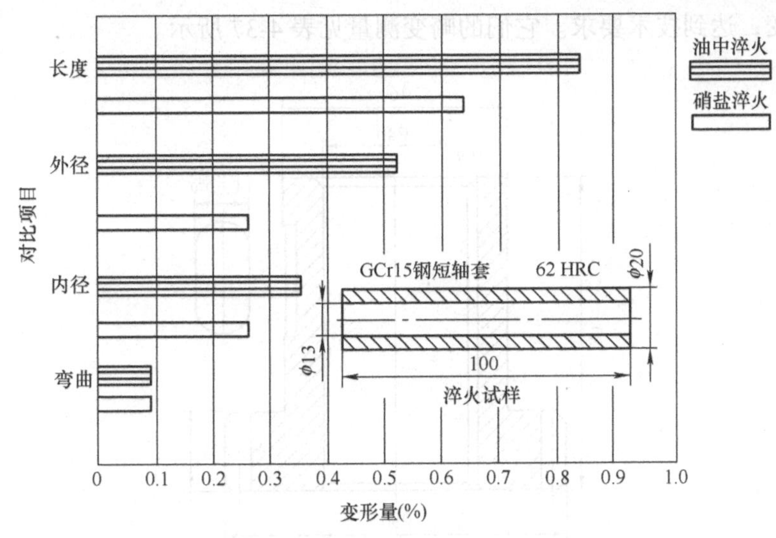

图 4-169 GCr15 钢套管经两种方法淬火后的畸变对比

从对比情况看硝酸盐淬火比油淬火的畸变小许多。但是在使用硝酸盐分级淬火时要注意下列几点：

1）由于制件不断地淬入盐槽中，带入了大量的热量，将使硝酸盐的温度逐渐升高，当温度过高时，就会影响淬火后的硬度。因此盐槽必须配备必要的仪表和水冷装置，或自动通水冷却装置，以降低盐槽内的温度。

2）随着进入盐槽的制件增多或者使用时间过长，槽内会有残渣及污物，需要经常捞渣，以保证硝酸盐的温度均匀和流动性。

3）套管类制件要特别注意操作方法，尤其是长径比相差很大的套管类制件的硝酸盐淬火，要防止硝酸盐从套管内孔冲出，而伤及身体，操作者要穿戴好劳动防护用品。

2. 形状复杂制件的等温淬火

等温淬火温度根据钢的奥氏体等温转变曲线而定，一般在 250 ～ 400℃之间，即在下贝氏体转变温度内选择，若不在此范围内，其力学性能会比常规热处理的差一些。等温保持的时间，应根据奥氏体等温转变曲线中贝氏体转变开始和终了的时间来确定。贝氏体的转变，在开始时是比较快的，以后越来越慢。在实际的生产中可以通过工艺试验缩短等温时间，将其控制在 20 ～ 40min。等温淬火可以减小制件的温差和热应力，其组织为下贝氏体，减小了比体积的变化，即减小了组织应力，畸变量大为减小，比分级淬火后的畸变量还要小。

现以图 4-170 齿轮为例，分别进行等温淬火、油冷淬火和水冷淬火，比较其畸变情况。该齿轮内有 $14_{-0.070}^{-0.035}$ mm 外键槽及 $10_{0}^{+0.03}$ mm 内键槽各一条，要求硬度为 40 ～ 45HRC。原来材料是 45 钢，由于内外键槽的影响，水淬后产生了严重的畸变，改用 40CrNiMo 钢油淬仍然不理想，最后采用等温淬火工艺才控制了畸变，达到技术要求。它们的畸变测量见表 4-37 所示。

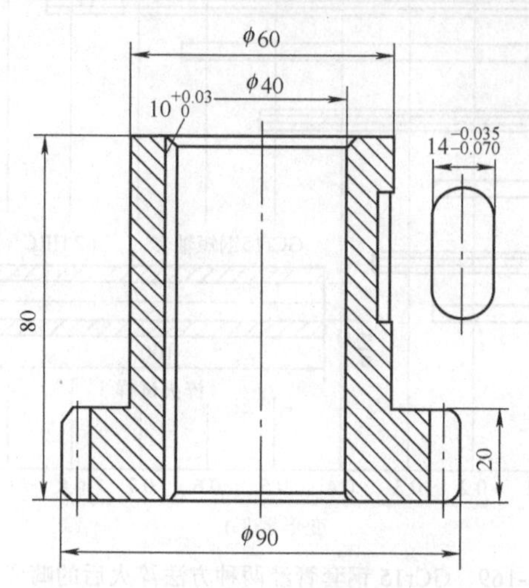

图 4-170　带内、外键槽的齿轮

表 4-37　45 钢和 40CrNiMo 钢经不同淬火工艺后的畸变

序号	钢号	热处理工艺	内键槽 /mm			外键槽 /mm		
			淬火前	淬火后	畸变量	淬火前	淬火后	畸变量
1	45 钢	790℃加热，水淬油冷	+0.03 ～ 0.06	+0.08 ～ 0.13	+0.05 ～ 0.07	−0.035 ～ 0.07	−0.08 ～ 0.21	−0.045 ～ −0.14
2	40CrNiMo	810℃加热，油冷	+0.03 ～ 0.06	−0.02 ～ −0.04	−0.05 ～ −0.10	−0.03 ～ 0.07	+0.01 ～ −0.01	+0.04 ～ 0.06
3	40CrNiMo	810℃加热，淬入 310℃硝酸盐等温冷却 20min 后空冷	+0.03 ～ 0.04	+0.03 ～ 0.05	+0.01	−0.035 ～ −0.07	−0.03 ～ −0.08	−0.05

图 4-171 为 40Cr 钢套，原来工艺是油淬，结果键槽及内外径畸变严重，后续加工困难。改为 830℃淬入 260℃ ± 5℃的硝酸盐等温度 20min，出槽空冷后硬度达到 53HRC，符合技术要求，内孔畸变可以控制在 0.02mm 以内，键槽尺寸基本不变，外形尺寸畸变很少。

等温温度选择和控制非常重要。如果上述制件淬火时，等温槽温度偏高，则淬火后的畸变有向油冷方向发展的趋势，如果温度偏低，在 250℃以下，其畸变向水冷方向发展。

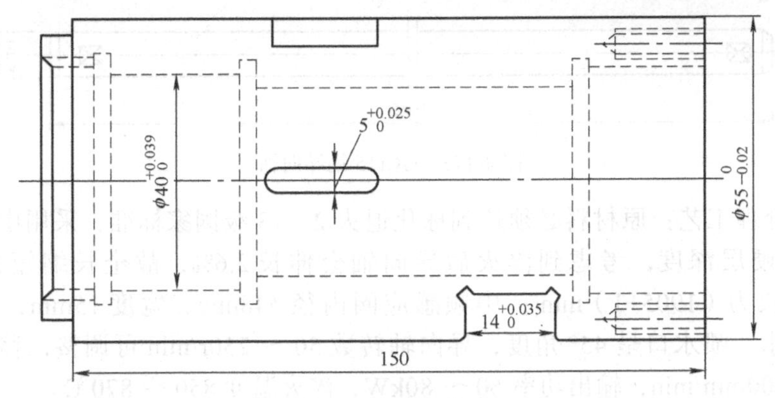

图 4-171 40Cr 钢套

3. 复合淬火工艺

复合淬火原理如图 4-172 所示，以一般 T10A 碳素钢锥柄铰刀为例（锥度 1∶50），直径 ϕ30mm，要求刃部硬度为 62 ～ 65HRC，柄部硬度为 30 ～ 45HRC，弯曲畸变量小于 0.15mm。

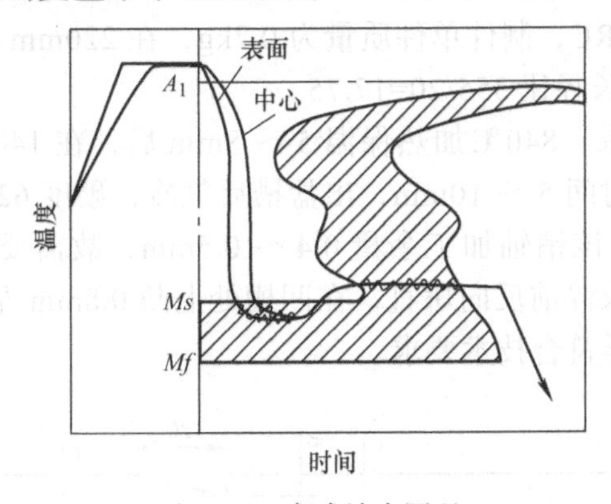

图 4-172 复合淬火原理

热处理工艺：600 ℃ 预热 10 ～ 20min；加热到 780 ℃，保温后先淬入 180 ～ 200 ℃的硝酸盐中停留 30s，然后迅速取出淬入 PAG 介质中冷却 1 ～ 3min；再淬入油中冷却（也可以硝酸盐分级淬火后出炉气冷）；最后在 180℃回火 2h。

淬火结果：硝酸盐冷却能使铰刀内外层均匀一致冷却至 *Ms* 以下，水冷后即转变为马氏体组织，淬入油中冷却是减少淬火应力。其结果，铰刀刃部硬度为 63 ～ 65HRC，弯曲变形小于 0.015mm，柄部快速回火到 45HRC 以下，不需要矫直就可以达到技术要求。

4. 对称形状细长轴类制件的热处理

图 4-173 所示的化纤机械中的 GCr15 钢导向轴，全长 1910mm，直径 ϕ40mm，要求表面硬度 60 ～ 65HRC，淬硬层深度 3 ～ 4mm，畸变量≤0.20mm。

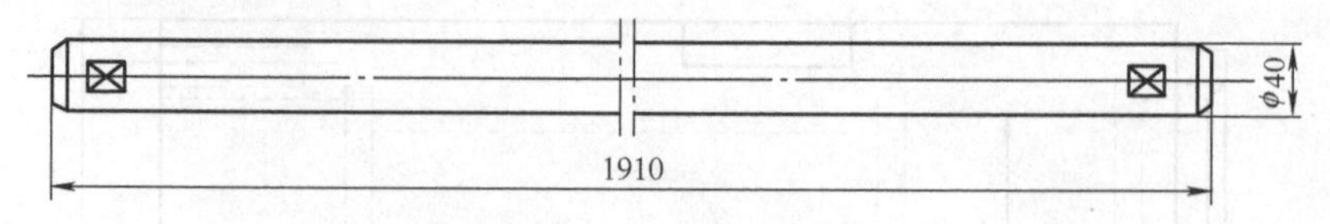

图 4-173　GCr15 钢导向轴

热处理工艺：原材料必须达到球化退火 2 ～ 3 级国家标准，采用中频表面 4mm 淬硬层深度，考虑到淬火后导向轴会伸长 2.6%，故全长缩短 5mm 左右，全长为（1905+1）mm；中频感应圈内径 ϕ48mm，宽度 15mm，单圈加热并喷水，喷水口呈 45° 角度，导向轴转数 50 ～ 250r/min 可调整，移动速度 150 ～ 200mm/min，输出功率 60 ～ 80kW，淬火温度 850 ～ 870℃。

淬火结果：淬硬层深度达到技术要求，弯曲径向跳动量 0.30 ～ 0.50mm，淬火后马上进行矫直，此时有部分残留奥氏体的存在便于矫直，矫直到 0.20mm 以内，淬火和回火后的长度为 1910 ～ 1911mm，符合图纸要求。

5. 不对称形状细长轴类制件的热处理

（1）GCr15 钢销轴的热处理技术要求　GCr15 钢销轴如图 4-174 所示，淬火硬度为 61 ～ 64HRC，制件单件质量为 0.7kg，在 220mm 处有一个斜面凹口，深度 6mm。制件的长径比 355/20=17.75。

热处理工艺结果：840℃加热保温 5 ～ 8min 后，在 140 ～ 160℃的硝酸盐中分级淬火，分级时间 5 ～ 10min，出盐槽后气冷，硬度 62HRC 以上，销轴凹槽处下凹 0.75mm，该销轴加工余量 0.4 ～ 0.5mm，故需要矫直。但是难度很大，经试验只能采取淬前反向矫直，在凹槽处上凸 0.8mm 左右，供淬火时弯曲畸变时的补偿，这样符合技术要求。

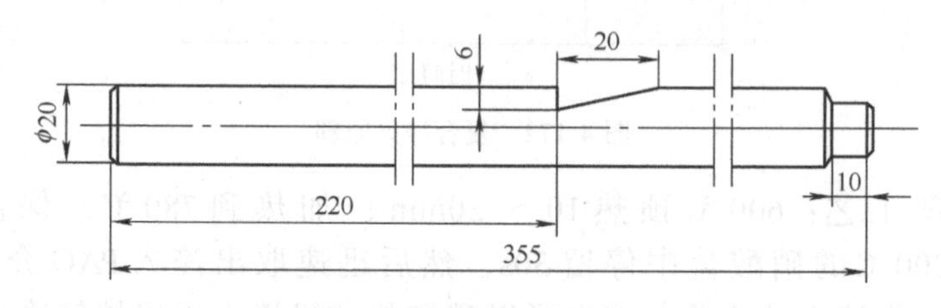

图 4-174　GCr15 钢销轴

（2）GCr15 钢导轨的热处理　图 4-175 所示机床导轨用 GCr15 钢制造，热处理工艺简单易行，解决了用低碳合金钢渗碳淬火的麻烦。

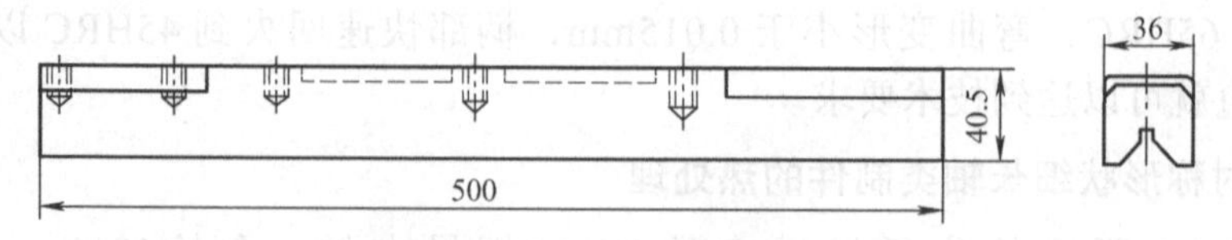

图 4-175　GCr15 钢机床导轨

技术条件：GCr15 钢制造的机床导轨如图 4-175 所示，热处理硬度要求为 61 ～ 64HRC，精度要求较高。

热处理工艺：锻件经等温球化退火，780℃保温 2h，降低温度到 710℃保温 4 ～ 6h，随炉冷却到 500℃后出炉气冷，金相组织要求达到 2 ～ 3 级球化退火组织（GB/T 18254—2016）；机械粗加工，留 3mm 的加工余量；600 ～ 650℃保温 3h 去应力退火，导轨直立悬挂或横放垫平，挂放工序很重要，要认真操作；机械精加工，各个面留余量 0.4 ～ 0.5mm；840℃加热保温 20min 后，出炉淬入 150℃的盐槽内，保持 5min 进行分级淬火，出槽后即刻热矫直，矫到畸变量≤0.30mm 后，进行 -60℃冷处理 2h，出低温箱，导轨回温到室温，再 160 ～ 180℃低温度回火 8h。机械粗磨加工，留 0.04 ～ 0.06mm 的精磨余量；进行 140 ～ 150℃低温人工时效，最后精磨到尺寸。

（3）GCr15 钢制的长块规和硬度计标准硬度块的热处理

1）GCr15 钢长块规的热处理。GCr15 钢长块规的长度为 200 ～ 1000mm，截面尺寸为 9mm×35mm，如图 4-176 所示。

技术要求：长块规两端面表面粗糙度不大于 *Ra*0.012 的偏差值，全长误差不大于 0.001mm。精度偏差极小，要求两端面具有极高的硬度和耐磨性，如图 4-176 所示。长块规要求两端极高的硬度，组织稳定性要好，不变形、不伸长、不缩短。

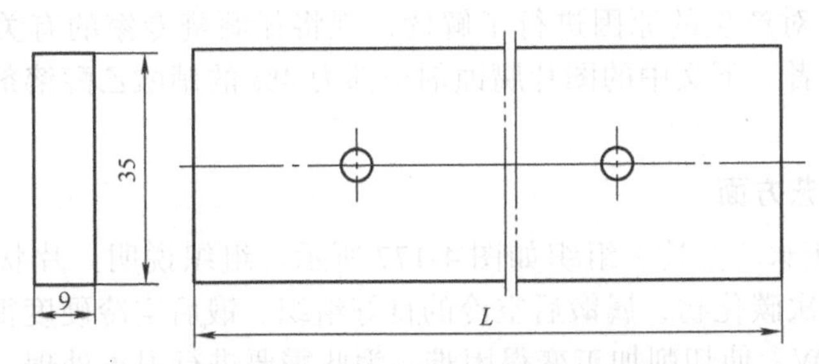

图 4-176　GCr15 钢长块规（块规上的孔是工艺孔）

热处理热矫直工艺：锻件进行等温球化退火后，使原始组织达到 GB/T 34891—2017 规定的 2 ～ 3 级球化退火组织，机械粗加工，热处理整体淬硬，840℃加热保温一定时间后淬油或者 160℃硝酸盐分级淬火，300℃回火 4h，此时块规内的残留奥氏体已经基本转变完成，硬度为 54 ～ 58HRC，块规整体硬度得到保证，有很高的强度及弹性极限，能保持尺寸稳定性；然后长块规经粗磨后，两个端头再高频感应淬火，硬度在 66HRC，再进行 -60℃保温 2h 的冷处理。出低温箱后随块规恢复到室温，再进行 110 ～ 120℃的低温回火出炉气冷，此时的硬度在 67HRC 以上，反复回火 2 ～ 3 次，最后清洗即可，不允许喷砂，以免造成应力。两端高频感应淬火的组织非常细小，是由于第一次的整体淬火后的马氏体组织起到了细化碳化物的作用。

2）硬度计用标准硬度块的热处理。各种等级的标准硬度块，基本上都是用GCr15高碳铬轴承钢制造的，仅在原材料的选择上不同而已，其牌号可在GB/T 18254—2016或GB/T 38885—2020中选择。硬度块有圆形和长方形的，精度等级越高，对原材料要求越高。

热处理工艺：2级球化组织—加热淬油—冷处理—低温油浴回火—粗磨、半精磨—去应力回火—精磨—超精磨—研磨—防锈—包装—入库。

（4）GCr15钢滚珠丝杠的热处理 用轴承钢制造滚珠丝杠的原材料可选择高级优质的GCr15（A）轴承钢，它应符合GB/T 18254—2016，球化级别在2～3级，目前钢厂可以做到原材料直接供货，用户不需要再进行等温球化退火。感应加热设备是IGBT晶体管超音频加热，功率100kW，用PAG水溶性淬火冷却介质。为保证尺寸精度、防止丝杆螺距在淬火后伸长，现在都是在4～6m长的原材料上进行淬火，表面淬硬一定深度后再磨外径及沟槽，然后根据需要切断成相应长度的规格供货。

4.13 轴承钢制件的金相组织分析

GCr15轴承钢是制造轴承的专用钢种，此外在机械制件、工具、量具、模具等方面也大量采用。在使用过程中有时会碰到某一个制件出现损坏的情况，从而影响设备的正常运转。为此对失效的制件进行金相分析，寻找发生故障的原因，对产生的原因进行了解读，现将任颂赞专家的有关金相分析的图片推荐给读者。下文中的图片腐蚀剂全部为4%的硝酸乙醇溶剂，放大倍数为500倍。

1. 锻造工艺方面

1）锻后正火（空冷）组织如图4-177所示。组织说明：片状珠光体和少量分散分布二次碳化物，属锻后空冷的良好组织。锻后空冷硬度很高，一般在255～340HBW，使切削加工变得困难，为此需要进行退火处理。对于大截面的锻件，如冷轧辊、轴类，由于GCr15钢有一定的白点敏感性，锻后必须热装炉去氢退火处理，消除产生白点的可能性。

2）正常的锻造工艺组织如图4-178所示。组织说明：片状珠光体和少量二次碳化物，部分碳化物沿晶界呈薄片层析出，锻造温度正常。若终锻温度偏高，锻后冷却较缓慢，造成二次碳化物沿晶界析出，造成较严重的碳化物网状，在以后的球化退火中碳化物网状将难以消除。

3）锻造工艺缺陷（细网状碳化物）组织如图4-179所示。组织说明：片状珠光体和细网状分布碳化物，大晶粒的晶粒度达到4级。由于冷却较慢，故沿奥氏体晶界析出白色二次碳化物。这是锻造后不正常组织，必须进行高温正火处理，消除碳化物网状，然后进行正常的球化退火处理，才能得到均匀的球化退火组织，以利于淬火处理。

图4-177　锻后正火（空冷）组织

图4-178　正常的锻造工艺组织

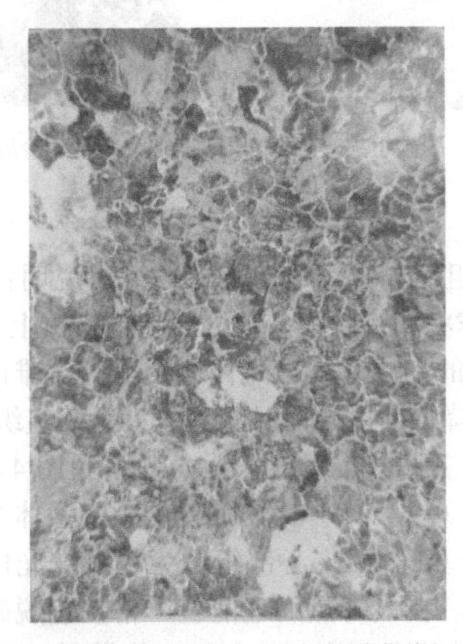

图4-179　锻造工艺缺陷（细网状碳化物）组织

4）锻后淬火、回火处理后严重氧化、脱碳组织如图4-180所示。组织说明：表面氧化（灰色）、次表层（白色）为脱碳层；脱碳层（包括半脱碳层）达到0.55mm。GCr15钢在锻造过程、热处理加热过程中均会发生脱碳现象。连续两次脱碳过程，脱碳十分严重，近表层趋向纯铁素体，其晶粒开始长大。由于最表层被氧化和脱碳（贫碳）层存在，因此在淬火冷却过程中，存在内外不同的组织应力，极易造成开裂。

5）锻后砂冷后的缺陷（粗大网状）组织如图4-181所示。组织说明：细片珠光体和白色沿晶界析出的碳化物网状。由于锻造温度较高、晶粒粗大，同时锻造后冷却较慢，造成碳化物沿晶界析出分布。如果以这种组织状态退火、加热淬火，碳化物网状难以完全消除，将降低钢的力学性能。所以原材料存在着严重的碳化物网状时，需要正火处理消除碳化物网状后，再进行正常温度球化退火，并希望得到均匀的球状珠光体组织，才有利于淬火及回火处理。GCr15钢的正火温度为900～920℃，加热保温时间根据制件的尺寸及数量确定。

图 4-180　严重氧化、脱碳组织

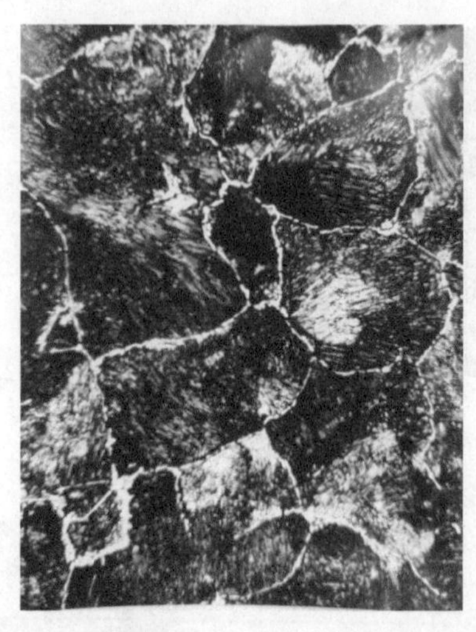

图 4-181　锻后砂冷后的缺陷（粗大网状）组织

2. 退火工艺方面

1）正常球化退火组织如图 4-182 所示。组织说明：球状珠光体（索氏体型）。碳化物呈较小的球状和点状均匀地分布在铁素体上，属于正常的球化退火组织。锻造空冷所得到的细层片状珠光体，硬度高，难以切削加工。为此必须进行球化退火处理，在降低硬度的同时，为淬火做好组织准备。

2）经球化退火后，原材料氧化、脱碳组织如图 4-183 所示。组织说明：表面为氧化和全脱碳层（铁素体）及半脱碳层（铁素体和片状及粒状珠光体），脱碳层总深度为 0.18 ～ 0.20mm。心部组织为粒状珠光体。这是原材料在球化退火过程中造成的脱碳。在最终热处理前应严格控制脱碳层，以免造成淬火缺陷。现在生产的球化退火设备配有可控气氛，能做到不脱碳的要求。

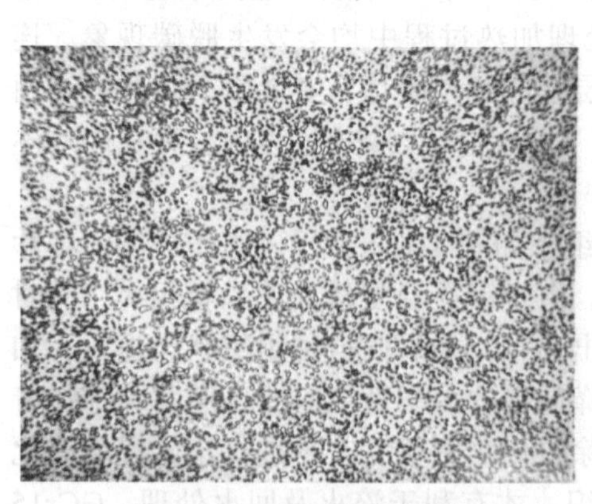

图 4-182　正常球化退火组织

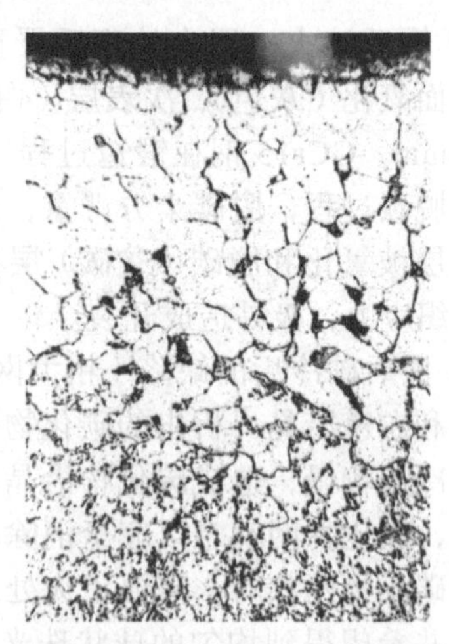

图 4-183　原材料氧化、脱碳组织

3）经球化退火后，原材料带状组织如图 4-184 所示。组织说明：球化不良的组织，基体组织呈带状分布，黑色的片状光体和球状珠光体偏析分布。800℃球化退火是正常的退火温度，但是由于原材料中的原始组织带状偏析严重，造成碳化物偏聚处的合金成分偏高，导致临界点温度升高；而少碳化物处合金成分偏低，临界温度降低，所以在同一温度球化退火时，出现局部退火温度过高的粗片状珠光体组织，同时也存在着具有欠热特征的细片状珠光体。该试样的钢材若先进行 900 ～ 920℃的正火处理，并将其在 790 ～ 810℃加热退火，炉冷到 650℃后的气冷，则它的组织情况可能会得到改善，以致获得均匀分布的球化组织。

4）730℃退火后，球化退火缺陷（欠热）组织如图 4-185 所示。组织说明：欠热的球化退火不良组织，基体为片状或点状珠光体混合分布。由于退火温度偏低，大部分碳化物没有溶解，保存原来的片状珠光体，部分溶解的碳化物，由于温度偏低，碳化物没有完全溶化，只是尺寸减小或片状破断。留下的破断碳化物核心很多，当冷却速度较快时，容易形成点状珠光体，这种组织硬度高，会增加切削加工难度，同时也得不到理想均匀的淬火组织，使轴承的强韧性有所降低。GCr15 钢的球化退火温度一般采用 780 ～ 800℃的退火温度。如果温度过低（低于 760℃），则在退火组织中会保留部分锻造组织。反之，如果加热温度过高，则未溶碳化物减少，冷却后将形成粗粒或粗片状珠光体。

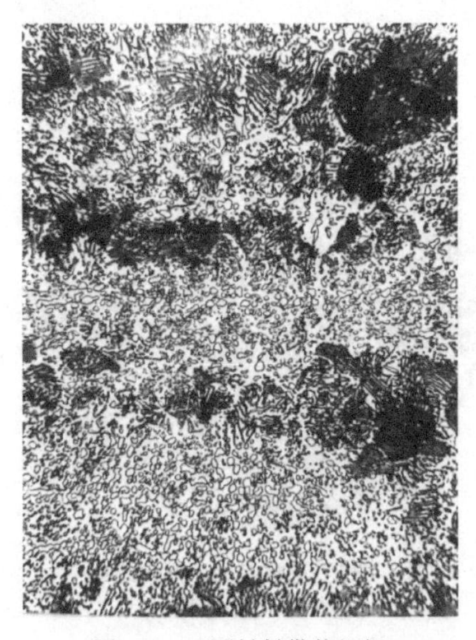

图 4-184　原材料带状组织

图 4-185　球化退火缺陷（欠热）组织

5）750℃退火后，欠热球化退火组织如图 4-186 所示。组织说明：欠热的球化退火不良组织，基体为球状、点状以及细片状珠光体，混合分布。相比图 4-185 的退火温度略高些，使碳化物溶解相对充分些，从而留下的碳化物核心减少，退火冷却后，形成部分的球状珠光体。因退火温度仍然偏低，仍然有部分片状碳化物没有破断而保存下来，同时已破断碳化物核心多处因无法长大而形成部分的点状珠光体。GCr15 钢不允许有片状珠光体，按 GB/T 34891—2017，希望得到 2 ～ 4 级球化组织。

3. 淬火、回火组织

1）经 840℃油淬，170 ～ 180℃回火后的正常淬火、回火组织如图 4-187 所示。组织说明：隐晶马氏体、细晶马氏体、未溶小颗粒碳化物及少量残留奥氏体。GCr15 轴承钢正常淬火、回火组织，在光学显微镜下观察具有均匀分布的暗区和亮区的特征，这是轴承钢的正常组织。因为在淬火加热时奥氏体存在着微观成分的不均匀性，处于奥氏体晶界处的含铬碳化物首先溶解，造成高碳富铬区，它的马氏体转变点（*Ms*）比较低，随后淬火冷却时形成的马氏体在腐蚀时形成亮区（即结晶马氏体区域），而在奥氏体晶粒内由于融入的碳和铬比较少，因此马氏体转变点比较高，在淬火冷却时，在较高温度下，它容易发黑形成黑色暗区（即隐晶马氏体区域）。隐晶马氏体之所以未见明显的针状结构，是由于针的尺寸小到使应用 500 倍的光学显微镜也无法辨认的缘故。

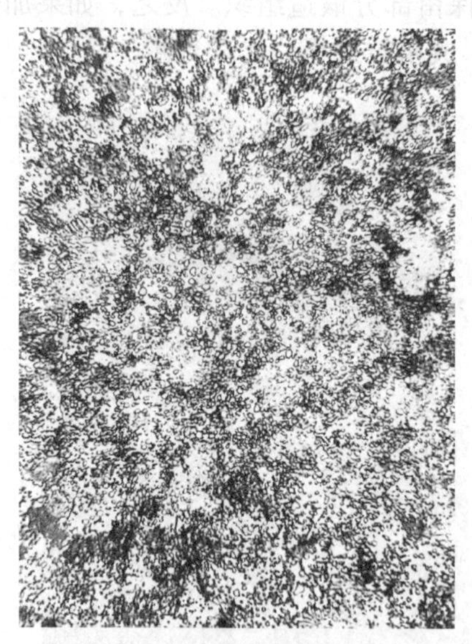

图 4-186　欠热球化退火组织

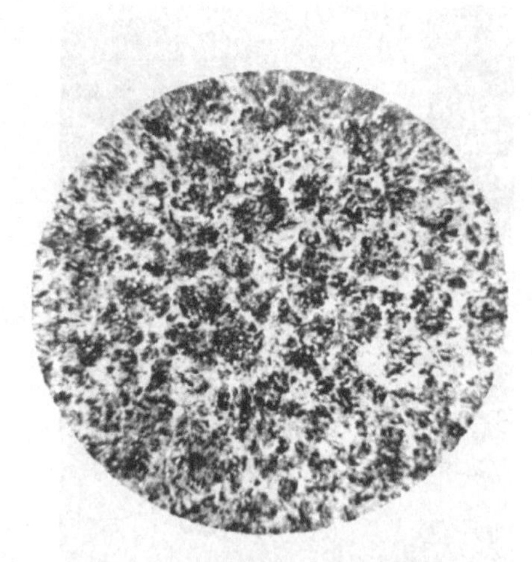

图 4-187　正常淬火、回火组织
（170 ～ 180℃回火）

2）经 850℃油淬，160 ～ 180℃回火 3h 后的淬火工艺上限的组织如图 4-188 所示。组织说明：隐晶马氏体、细小结晶马氏体、未溶小颗粒碳化物及少量残留奥氏体。GCr15 钢的 Ac_1 为 750 ～ 760℃，淬火温度范围为 830 ～ 860℃。GC15 钢的正常淬火组织，亮区稍多一些，能见到一些细小针状马氏体，说明加热温度偏高或加热保温时间偏长了些。其主要原因是含铬的碳化物不易溶解到奥氏体中去，当加热到 800℃时，溶于奥氏体中的碳和铬的量仅为钢中碳和铬含量的 37% 和 36%，即使加热到 900 ～ 950℃，碳和铬也不会完全溶解的。

3）经 840℃油淬，160℃回火，淬火后及时冷处理的正常组织如图 4-189 所示。组织说明：暗区为隐针马氏体，亮区为细小针状马氏体，白色细小颗粒状为碳化物以及少量残奥氏体。这种组织的残留奥氏体量很少，硬度很高而有一定的韧性，从而有利于提高轴承的使用寿命。对于尺寸精度要求高的制件，在淬火后及时进行冷处理，可以保证尺寸的稳定，提高使用寿命。

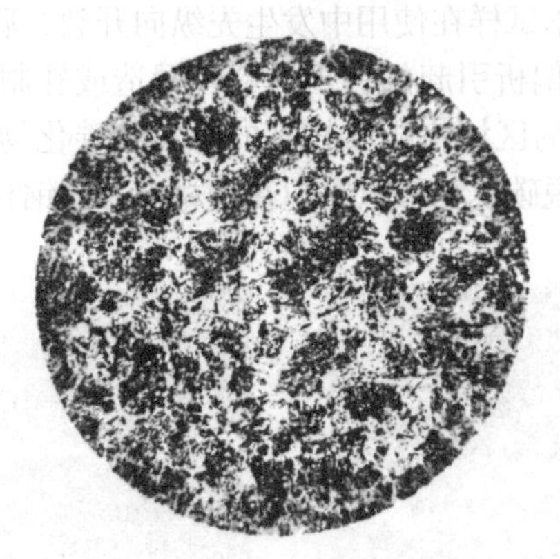

图 4-188　淬火工艺上限的组织

4）经 850℃（实际超温），180℃回火后，过热淬火及回火组织如图 4-190 所示。组织说明：粗针状马氏体、少量隐针状马氏体、少量白色颗粒状碳化物和残留奥氏体，属于过热组织。GCr15 钢随着淬火温度的提高，碳化物融入奥氏体中的数量增多，使晶界逐渐长大，出现明显的针状马氏体，同时碳化物残余明显减少。这种过热组织使钢的韧性明显下降。

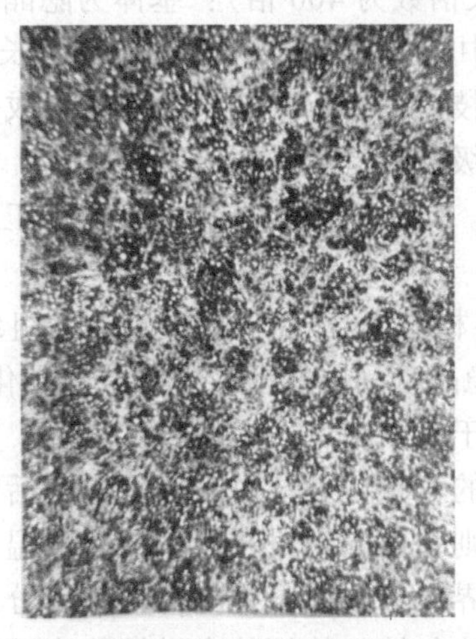

图 4-189　淬火后及时冷处理的正常组织

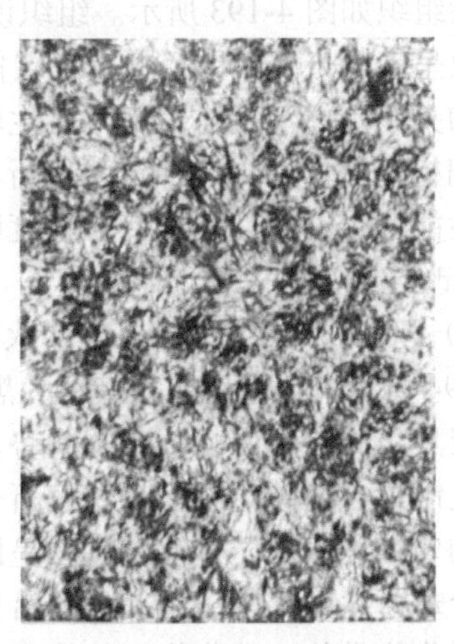

图 4-190　过热淬火及回火组织

5）经淬火、回火处理后，原材料带状碳化物组织如图 4-191 所示。原材料带状碳化物低倍组织如图 4-192 所示。

图 4-191 组织说明：隐晶马氏体、细小结晶马氏体、颗粒状碳化物和残留奥氏体组织。经深度腐蚀后马氏体区分不明显，但白色颗粒状碳化物十分清晰，聚集成带状分布，其中还可以见到灰色条状硫化物。

图 4-192 中，碳化物呈带状分布更为明，粗的带条中夹杂物也十分明显，根据 GB/T 34891—2017 的规定，带状碳化物控制在 2.5 级以内。本试样的级别在 4 级。带状碳化物分布，使制件的力学性能呈现各向异性，热处理过程中会产生附加组织应力，易形成开裂。本试样在使用中发生先纵向开裂，后横向开裂。GCr15 钢中带状碳化物是由于枝晶偏析引起的，当材料在锻造或轧制时，偏析区呈聚集带状分布，其中在富铬富碳的区域将析出较多的颗粒状碳化物，形成钢材纵断面，碳化物呈带状分布。一般说碳化物带状组织在钢材中心比钢材边缘严重。

图 4-191 原材料带状碳化物组织

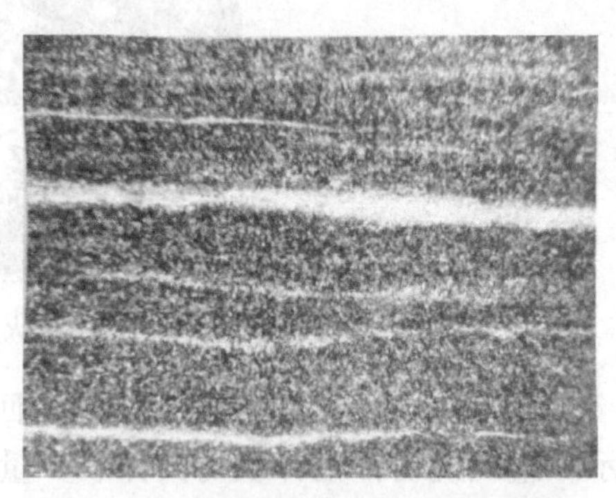

图 4-192 原材料带状碳化物低倍组织

6）经 850℃油淬，160℃回火后，原材料枝晶偏析造成带状碳化物与硫化物夹杂组织如图 4-193 所示。组织说明（放大倍数为 400 倍）：基体为隐晶状马氏体及呈带状分布的白色颗粒状碳化物。图中间一条灰色条状（约 8mm 长）为硫化物夹杂。由于钢材冶炼时产生较严重的枝晶偏析，在轧制后促使形成带状聚集偏析较宽而长。这种带状偏析相当于 4 级，较严重，属于不合格品，它使力学性能产生方向性，使疲劳强度明显下降。碳化物带状只能经压力加工（锻造）来改善或消除。

7）经 840℃油淬，180℃回火的原材料树枝状分布（带状）缺陷组织如图 4-194 所示。组织说明：基体为黑色回火隐晶状马氏体及白色颗粒状碳化物，轻微聚集，并有呈网状分布的趋势。钢材由于凝固时产生的树枝状偏析，在开坯时轧制后会使碳化物呈带状偏析分布。它的存在将使材料在球化退火后难以获得均匀的球状珠光体。碳化物呈网状析出则是由于钢材在锻造时停锻温度较高，冷却速度又比较缓慢，致使沿奥氏体晶界析出二次碳化物，呈网状分布趋势。碳化物带状、碳化物网状均会破坏组织均匀性，使钢的力学性能变差，尤其是材料的疲劳性能将显著下降。

图 4-193　原材料枝晶偏析造成带状碳化物与硫化物夹杂组织

图 4-194　原材料树枝状分布（带状）缺陷组织（180℃回火）

8）经 840℃油淬 160℃回火。原材料树枝分布（带状）缺陷组织如图 4-195 所示。组织说明：基体组织为隐针马氏体、细针马氏体、碳化物颗粒和少量的残留奥氏体。碳化物颗粒粗大且聚集呈带状分布，并贯穿整个视场。碳化物带状组织是钢锭在凝固过程中由于树枝状分布而造成成分偏析。在锻轧过程中沿变形方向排列而形成的组织，一般在钢锭中心成分偏析比较严重。当锻造比不足时碳化物未充分打碎和变形，带状组织更为严重。带状组织的存在使钢的力学性能呈各向异性，在热处理过程中容易产生畸变，严重的带状组织容易产生淬火开裂或使用中开裂。

9）经 840℃油淬 160℃回火后的正常淬火、回火组织如图 4-196 所示。组织说明：基体组织为隐针马氏体（黑色区）、细小针状马氏体（灰亮区）、碳化物颗粒以及少量的残留奥氏体。原奥氏体晶界上和碳化物偏析区由于碳、铬合金成分含量偏高，使马氏体抗回火性能较好，所以回火后呈灰亮区，属一般正常的淬火、回火组织。GCr15 钢具有较高而均匀的硬度，并且有良好的耐磨性和接触疲劳强度。该钢经淬火及低温回火后的组织是：回火马氏体（隐晶状马氏体和细针状马氏体）和未溶碳化物颗粒，少量残留奥氏体，属于正常组织。

10）工艺情况：滚轮片的高频感应淬火，低温回火。图 4-197 所示为原材料退火缺陷（网状碳化物）组织。组织说明：基体组织为细片状珠光体及原材料上的白色碳化物网状沿晶界析出的碳化物。图 4-198 所示为原材料淬火缺陷（网状碳化物）组织。组织说明：隐针马氏体及原材料上的白色网状沿晶界分布的碳化物。其硬度为 61 ～ 63HRC，这个不良组织的存在，会使滚轮片寿命很

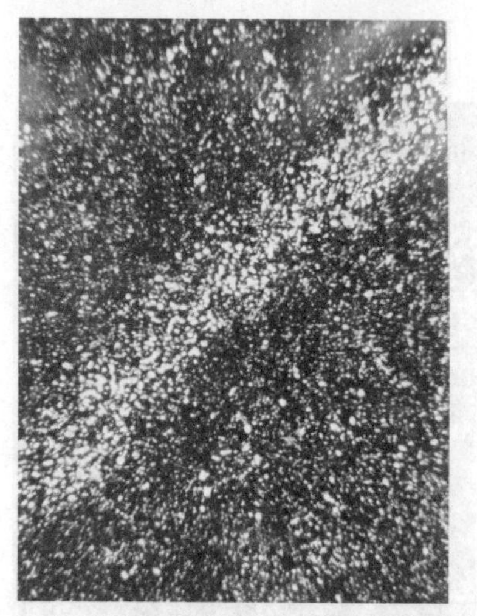

图 4-195 原材料树枝分布（带状）缺陷组织（160℃回火）

图 4-196 正常淬火、回火组织（160℃回火）

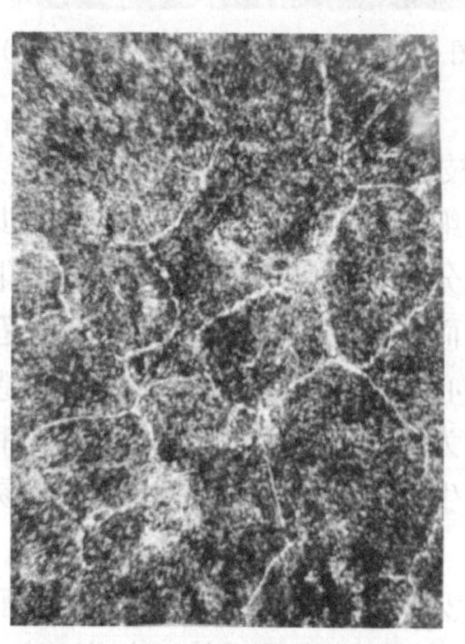

图 4-197 原材料退火缺陷（网状碳化物）组织

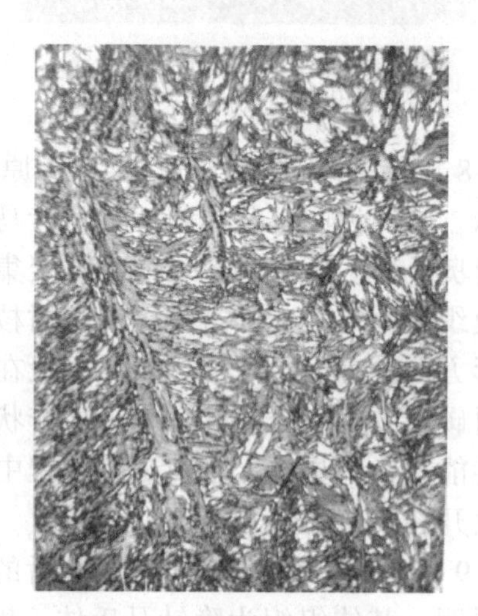

图 4-198 原材料淬火缺陷（网状碳化物）组织

短，使滚轮片尖角处开裂。图 4-199 所示为原材料经高频感应淬火后仍保留网状碳化物组织。组织说明：原材料存在着白色碳化物网状。高频感应淬火属正常工艺，但是无法消除碳化物网状，对于正常高频感应淬火的滚片尖角处，由于尖角效应，故温度偏高而促使网状碳化物全部溶解。

11）高频感应淬火温度偏高的组织如图 4-200 所示。组织说明：隐针状及细针马氏体和颗粒状碳化物。该组织温度偏高一些，组织较粗，属 4 级球化组织（GB/T 34891—2017）。对于高频感应淬火的制作其原始组织、应达到 GB/T 34891—2017 的 2 ～ 3 球化组织。

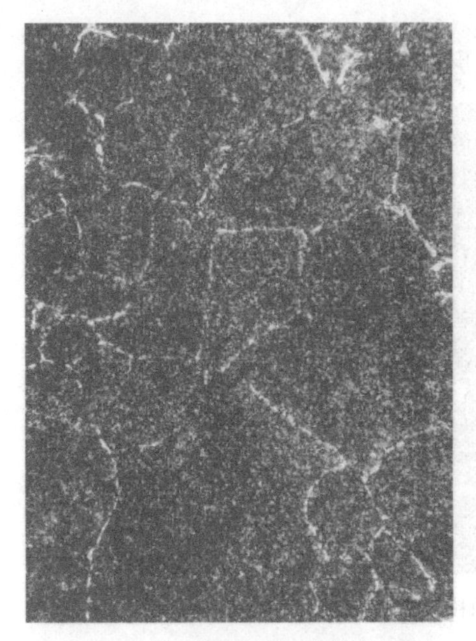

图4-199 原材料经高频感应淬火后仍保留网状碳化物组织

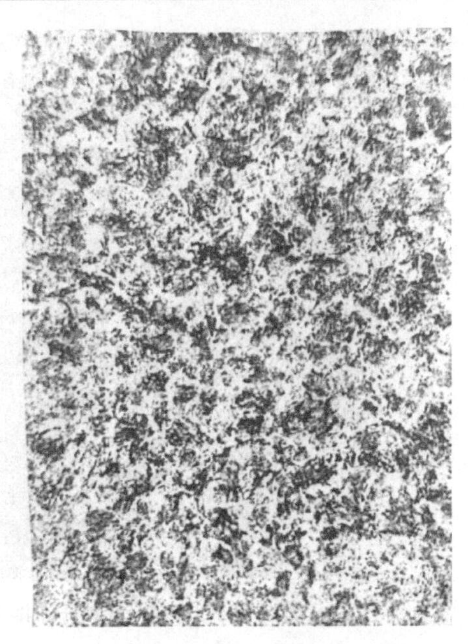

图4-200 高频感应淬火温度偏高的组织

12）经860℃淬火，150℃回火后的针状马氏体+颗粒状碳化物组织如图4-201所示。组织说明：隐针状马氏体在金相显微镜下难以分清针状形态，在电镜的高倍下可看到针状马氏体形态，圆颗粒为未溶碳化物。

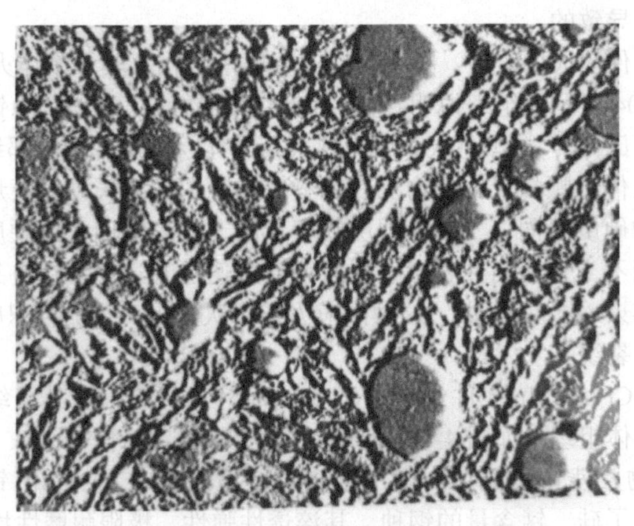

图4-201 针状马氏体+颗粒状碳化物组织（10000×）

13）经860℃淬火，150℃回火后的孪晶马氏体+未溶颗粒状碳化物组织如图4-202所示。组织说明：隐针马氏体的高倍形态，其马氏体主要为孪晶马氏体，并伴有部分位错马氏体，圆颗粒为未溶碳化物。

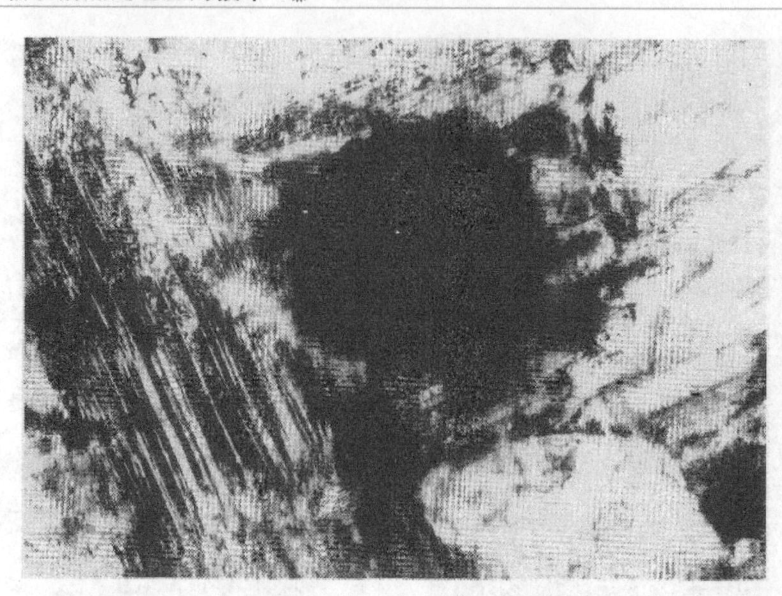

图 4-202　孪晶马氏体 + 未溶颗粒状碳化物组织（30000×）

14）某轴承滚珠在滚道内严重烧损，其二次淬火（变质层）组织如 4–203 所示。组织说明：由于保持架损坏，使该滚珠在滚道内挤压摩擦，产生高温，使滚珠表面二次淬火（白色区域为变质层），心部原淬火组织受热为回火屈氏体，其热量还使次表层二次淬火马氏体成为回火马氏体。表层硬度（白色）为 975 ～ 956HV0.2；回火组织硬度 353 ～ 362HV0.2。此现象是由于缺润滑油或者保持架损坏导致的。

15）某工件淬火回火后，机加工时产生磨削烧伤，其二次淬火（磨削烧伤）组织如图 4-204 所示。组织说明：白色表层为二次淬火组织（隐针马氏体、碳化物和残留奥氏体），深黑色次表层为回火马氏体，图尾部的心部组织为细针状和隐针状马氏体、颗粒状碳化物及残留奥氏体。图中维氏硬度菱形压痕的大小表明各区域的硬度不同，二次淬硬层硬度最高，次表层回火区硬度最低。由于磨削工艺控制不当，使制件表层磨削面温度急速上升过高，在自身冷却过程中发生第二次淬火（即变质层），这种热应力与二次淬火产生的组织应力叠加，往往会造成磨削裂纹。

16）某 GCr15SiMn 工件经 840℃淬火，150℃回火后，其组织为针状马氏体及残留奥氏体组织，如图 4-205 所示。组织说明：隐针马氏体、细针马氏体、小颗粒碳化物及残留奥氏体，属于轻微过热组织。GCr15SiMn 钢是在 GCr15 钢基础上增加了硅、锰含量的钢种，其淬透性弹性、极限耐磨性均比 GCr15 钢好，但切削性、焊接性较差，有白点敏感性和回火脆性问题。

在图 4-205 的基础上，放大到 800 倍下的组织如图 4-206 所示。原白区内可看到细针状马氏体形态。同时可以清楚地看到碳化物颗粒的形态有大有小，大部分圆整，但有多角状，这对疲劳强度不利。

图 4-203　二次淬火（变质层）组织（200×）

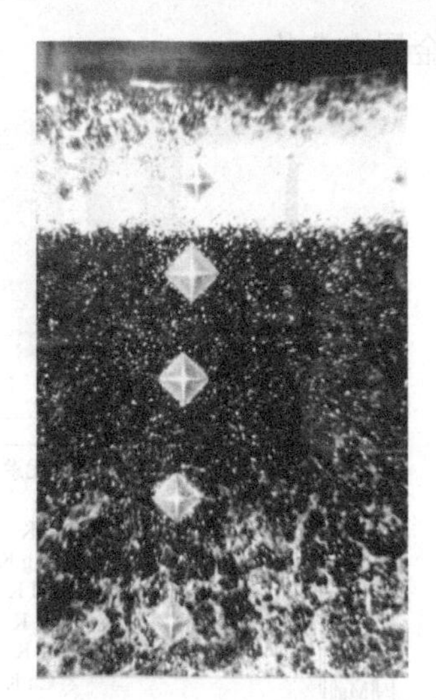

图 4-204　二次淬火（磨削烧伤）组织（400×）

1000 倍的组织形貌应作为组织评定标准，800 倍虽不是标准，但是可以作为参考。GCr15SiMn 钢由于淬透性好，故作壁厚大于 12mm 的套圈和大于 ϕ50mm 的钢球较多，还可以制作工、模具等机械制件。

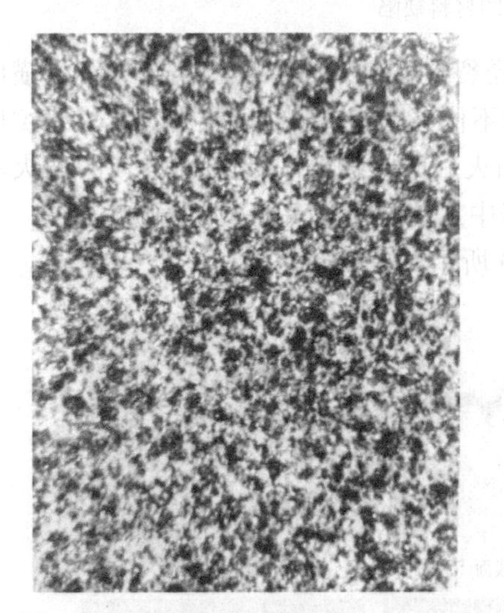

图 4-205　针状马氏体及残留奥氏体组织（1000×）

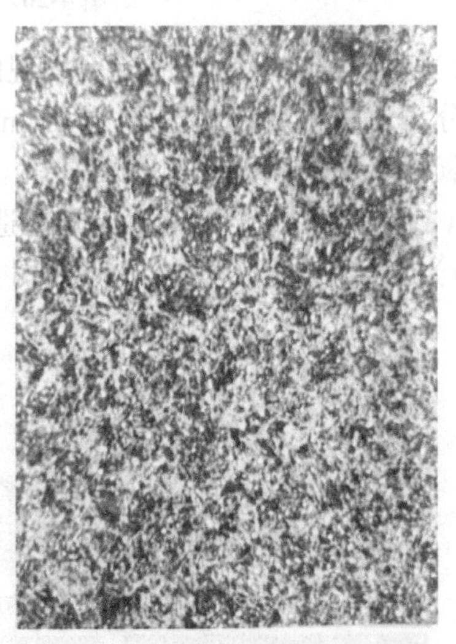

图 4-206　针状马氏体及残留奥氏体组织（800×）

4. 浙江五洲新春集团股份有限公司在生产中发现的问题

张滢专家在检测时发现了产生缺陷的原因：

1）滚子。滚子的材料缺陷如图 4-207 所示。组织分析：垂直于裂纹取样，心部组织为马氏体（2 级），表面裂纹深度为 0.1mm，裂纹周围黑色氧化物，无脱贫碳现象，也未发现磨加工烧伤。从金相组织及外表面观测，该缺陷应为材料的非金属夹杂物。

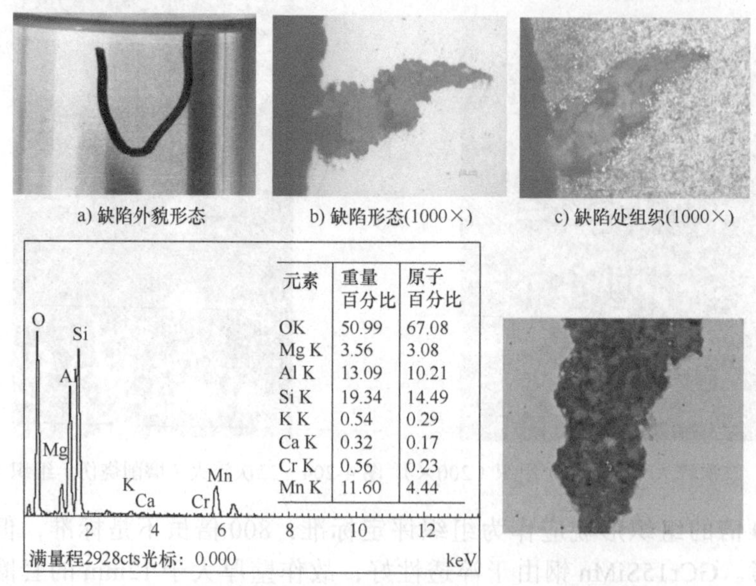

元素	重量百分比	原子百分比
OK	50.99	67.08
Mg K	3.56	3.08
Al K	13.09	10.21
Si K	19.34	14.49
K K	0.54	0.29
Ca K	0.32	0.17
Cr K	0.56	0.23
Mn K	11.60	4.44

a) 缺陷外貌形态　b) 缺陷形态(1000×)　c) 缺陷处组织(1000×)

d) 滚子的材料缺陷，电镜形貌及夹杂物成分分析(4%硝酸溶剂腐蚀)

图 4-207　滚子的材料缺陷

2）套圈。套圈在磨加工后发现的外径裂纹如图 4-208 所示。在裂纹处横向金相分析，横截面距离外径约 4mm 内的不同位置上有沿晶界的裂纹，裂纹周围无氧化、脱碳，无其他材料缺陷。淬回火后的显微组织是细小均匀的回火马氏体（2 级），由此分析该缺陷是锻造过程中加热温度过高形成的过烧。

3）原材料缺陷及锻造缺陷如图 4-209 所示。

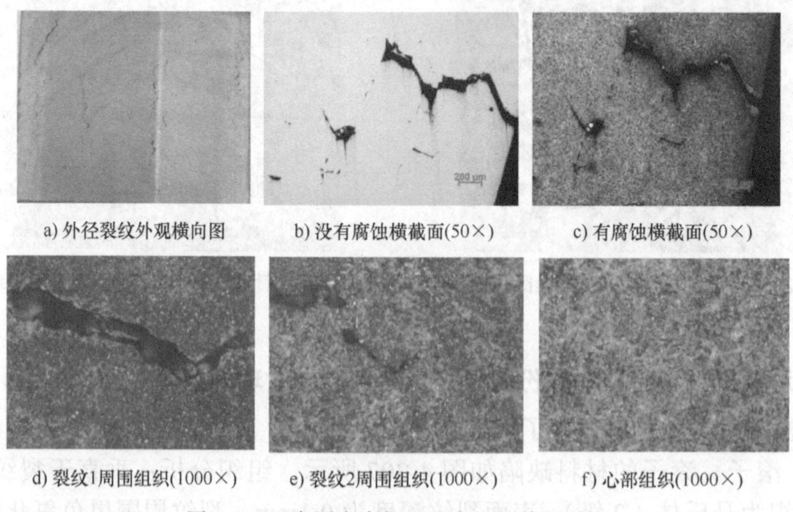

a) 外径裂纹外观横向图　b) 没有腐蚀横截面(50×)　c) 有腐蚀横截面(50×)

d) 裂纹1周围组织(1000×)　e) 裂纹2周围组织(1000×)　f) 心部组织(1000×)

图 4-208　套圈在磨加工后发现的外径裂纹

a) 原始组织裂纹　　b) 原始组织碳化物网状

c) 锻造过热(碳化物)　　d) 锻造过烧(网状及粗针状马氏体)

图 4-209　原材料缺陷及锻造缺陷

5. 精密制件的金相试样夹具

1）金相试样夹具的制造。轴承钢制件因磨削加工等问题而造成表面产生变质层，使表面的显微硬度和显微组织发生变化，其变质层深度由几微米到几十微米不等，在做金相试样时其变质层很容易被磨掉，即在制备试样和抛光时试样的边缘被磨成了“圆角”，从而影响检测。目前常用胶木粉、塑料、树脂等作为填充料，因为它们的强度很低，所以在吻合处往往仍有一定的孔隙，容易使试样最表层处沾污异物，影响真实的检测。通过多次试验，采用9Cr18不锈钢作为机械镶嵌的密合材料最为适用。将它的表面预先磨成形状相同的小块，然后将其一起与制件的沟槽紧密配合，并用夹具将其拧紧，使它们之间结合紧密，从而保证了试样的表面层不被磨成“圆角”。因为9Cr18不锈钢它不易被硝酸、乙醇腐蚀，能保持原来的抛光状态，而轴承制件经腐蚀后，它的显微组织能十分清晰地显示出来，显微观测和显微摄影均很理想，它们的镶嵌方式如图4-210和图4-211所示。显微硬度的载荷为2g，放大倍数为1000倍。

必须注意：在线切割试样和磨制样时，要防止磨烧伤现象，即防止产生变质层。

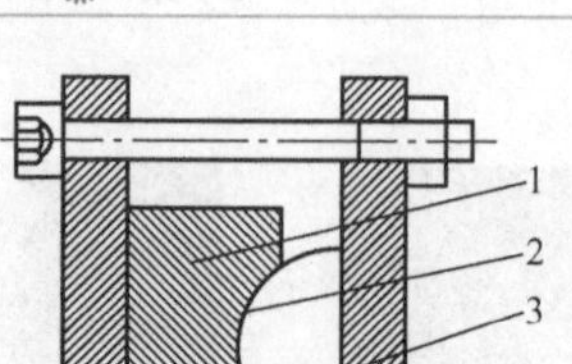

图 4-210　轴承套圈制样示意图

1—轴承套圈断面　2—表面所测部位（吻合处）　3—精密半圆形不锈钢柱（压入轴承套圈内侧，使吻合处紧密接触）　4—夹具

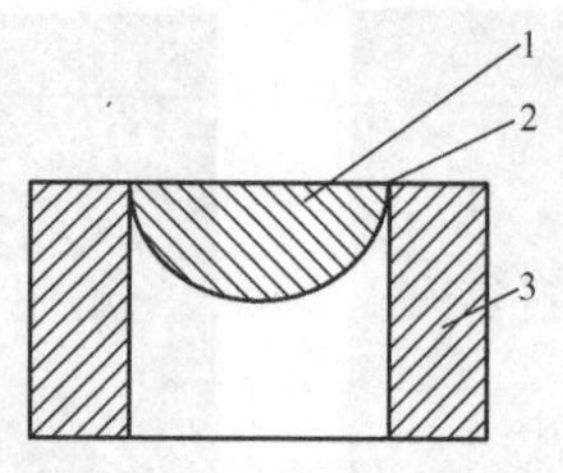

图 4-211　钢球制样示意图

1—钢球　2—吻合处　3—不锈钢套（孔径小于钢球直径 0.010 ～ 0.015mm，将钢球压入。）

注：将已压入的钢球连同钢套用线切割至钢球半径处作为制样的磨面。

2）国内外钢球的实测金相组织、硬度对比。国产 ϕ3.175mm 钢球表面变质层如图 4-212 所示，表面硬度为 626 ～ 640HV。德国 FAGϕ3.175mm 钢球的表面变质层如图 4-213 所示，FAG 的 ϕ3.175mm 表面和心部硬度十分接近，为 760 ～ 792HV。另外对 ϕ1.5mm 国产钢球与日本 ϕ1.588mm 钢球进行硬度的检测；国产 ϕ1.5mm 钢球表面和心部的硬度相差很大，其表面硬度 560 ～ 600HV，心部硬度是 800 ～ 824HV；而日本 ϕ1.588mm 的钢球表面和基体的硬度几乎是一样的，均在 800 ～ 824HV。国产钢球表面硬度低的原因是由表面脱碳或磨烧伤导致的。

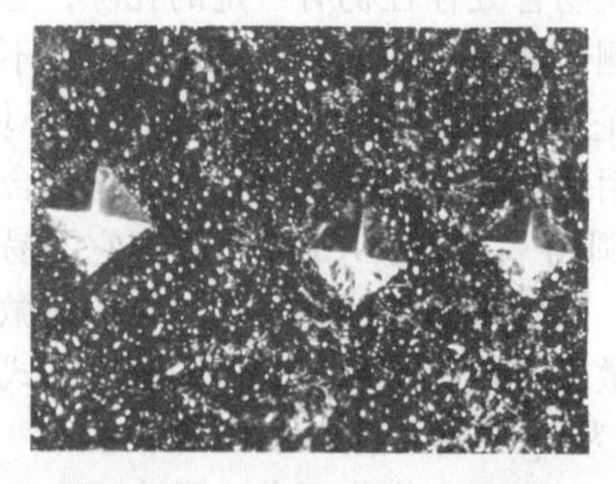

图 4-212　国产 ϕ3.175mm 钢球的表面变质层（1000×）

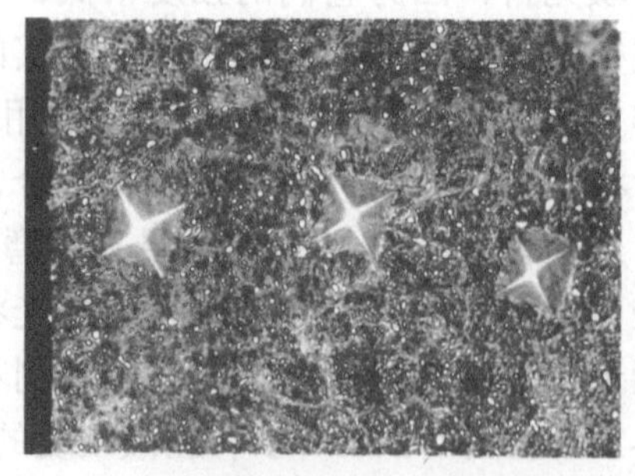

图 4-213　德国 FAG ϕ3.175mm 钢球的表面变质层（1000×）

4.14 轴承套圈和滚动体的热处理缺陷

1. 轴承钢的冶金质量

GB/T 18254—2016 和 GB/T 38885—2020 基本已经达到国际标准，特别在碳化物液析、碳化物带状、碳化物网状、含氧量等方面做了严格的控制，以兴澄特钢等冶金企业生产的原材料钢材，部分高碳铬轴承钢原材料直接供应国外厂商；部分国内企业采用国产钢材将它做成轴承套圈等制件，并将经过热处理后的半成品供应给在中国境内的外企，这说明原材料的冶金质量是合格的。

2. 轴承套圈热处理的表面缺陷

（1）表面脱碳及光亮性问题　轴承套圈的热处理设备基本上都在使用输送带式炉型，并采用氮甲醇丙烷作为可控气氛淬火，用氧探头控制炉内碳势，已是标准配置。但是其中的碳势控制是关键，许多企业为了省钱或者不懂，只用单一的甲醇来做保护气氛，单一甲醇在炉内的碳势 <0.6%，只有用低温甲醇裂解炉的情况下，最高碳势也仅仅在 0.8%，当仪表指示碳含量（质量分数）为 0.6% 时是一个“假碳势”现象，这可能是炉内气氛混入淬火油烟气或者甲醇本身就没有裂解完全而致的。因为高碳铬轴承钢的含碳量（质量分数）在 0.95%～1.05%，这样的气氛仅仅能让轴承套圈表面不氧化，但是不能保证表面不脱碳，也就是说轴承套圈是在脱碳性气氛下加热的，所以轴承套圈表面的碳含量是贫碳型的。淬火后会产生表面硬度比心部硬度低的逆硬化现象，金相组织出现黑色组织。平时用洛氏硬度计测量硬度，洛氏硬度计的 120° 菱形金刚石压头压力比较大（150kg）、压痕深、表面硬度反应不灵敏。体现出来的硬度都是合格的，如果用轻载荷的金相显微硬度计测量，测出表层的硬度可能要比洛氏硬度测出的硬度低，这说明表层是贫碳层。另外，还可以从金相分析上找出表面贫现的现象，外企以维氏硬度为准。故采用单一甲醇作为保护气氛的方法是不好的。高碳铬轴承钢制件的热处理应该是用可控气氛而不是保护气氛，在概念上应该搞清楚。

在保证设备的密封性上，应该关注设备的安装位置，输送带式炉子不是密封箱式多用炉型，输送带炉的炉口是敞开的，所以该炉子的炉口不能对着车间的大门，否则外面的“风”吹进炉膛内，造成炉内有空气的进入，产生氧化性气氛，上述这些因素影响轴承制件的表面质量，易出现脱碳层，这是国外企业特别强调的事情。

控制炉内气氛的准备：应该关注落料口处的废气排放，必须将淬火油烟废气抽走，否则进入炉膛内，造成“假碳势”而直接影响炉内碳势的准确控制。要关注淬火油槽内淬火油中的水分，其水分要求≤0.03%，若超出标准的话，必须通过提高油温到 100℃以上，用加热方式将水分蒸发掉，否则水汽进入炉膛会产生脱碳性气氛。轴承钢制件进入炉膛前的清洗必须烘干，炉门口的炉门板的高度应该根据产品排列高度≤10mm，以减少空气的进入。在甲醇或者丙烷裂解不完全时，炉内炭黑会增多，致使制件表面发黑，但是实际炉膛内的真正的碳势并不高，这种“假碳势”会导致产品出现表面硬度偏低的现象。好的气氛可以从输送带上的颜色判断，输送带表面的颜色应该是金属本色，而不应该是黑色，有黑色说明是炭黑的出现。出现炭黑的时候应该及时进行烧炭黑处理。

新炉子在刚刚开炉初期，不要急于生产，一定要把烘炉工作做好，尽量烘干炉体内的水分。然后一定要把制气工作做好：在750℃以下温度通入氮气，将炉内的空气排除掉，这个时间要长一些，一般在4h左右，炉温达到750℃时开始通入甲醇进行继续排气4h以上，炉温升到840℃左右，继续保持温度1～2h后，最后通入丙烷保持2h后，观察炉口火焰颜色呈橘色黄就可以投入试生产，在试生产产品全部达到技术要求后即可以正式生产。这样一次开炉成功，后面就不会出现气氛不佳的问题。

轴承套圈表面有黑斑的原因：在生产过程中有时候会发现淬火后的轴承套圈，表面颜色很光亮，但是通过清洗回火后就有黑斑或者花边出现，这是由于清洗槽内油污太多及回火炉炉膛内残油太多导致的。需要更新清洗液和对回火炉进行烧残油处理，清除（烧）回火炉内的残油时要注意安全，温度在400℃左右，炉子的进、出口两端要用耐火纤维板挡住，耐火纤维板应比炉口高度低100mm左右，让油烟气跑出来，但是不能有明火在回火炉旁边。需要注意安全，要有专人看管，并应准备石棉布、灭火器等消防器材。

（2）防止淬火油水分超标的措施　新油在投用前要进行脱气处理。在油温度偏高或调整工艺油温时，一般通过油循环泵，将热油抽到淬火油槽外进行冷却，其冷却方式有水循环、板式冷凝器和空气冷却器等几种方法，其中空气冷却器不直接接触到水，所以能确保淬火油不会进入水分。油循环泵的密封圈质量必须得到保证，有时因为密封圈磨损，而发生空气吸进淬火油中，使油面出现较多的气泡，造成淬火制件表面出现蓝黑色。

轴承套圈必须经清洗烘干后才能进炉，淬火油要定期用高速离机过滤炭黑及污物。

淬火油槽上面要求装防尘防水盖板，盖板上装吸油烟机，排除油槽上的油雾气，净化车间内的空气。

通过上述方法，在保证可控气氛质量的情况下，轴承钢制件不会出现脱贫碳现象，从热处理设备和气氛上确保热处理件的质量。

（3）滚动体的热处理设备问题　直径小于12mm滚动体的热处理设备，在大批量生产时都是用滚筒型炉子，在国内的外企使用的大型滚筒炉都是进口的。品种多、产量少的企业一般用八角形小型滚筒炉。如用Aichelin（奥地利爱协林）公司小型滚筒炉，通入可控气氛能对滚动体进行很好的加热保护，仅在出炉淬火时瞬间接触到空气。该炉型在温度控制上有三支热电偶：一支热电偶控制炉膛内、马弗罐外面的温度；一支热电偶控制马弗罐内的实际温度；一支热电偶用于超温报警。淬火油槽内有循环搅拌泵，通过导流装置将淬入油槽内的滚体进行冷却，淬火硬度很均匀。国内生产的小型滚筒炉有圆形结构的，这对滚动体的“翻身”不利，会造成加热不均匀的现象；国产大型滚筒炉很少见，从产品样本及沟通上认为还不是很成熟，有一些技术问题还需要进一步提高。

国内有部分企业用网带炉在做滚动体的淬火，这是很不好的工艺。因为滚动体在网带炉上加热时受热不均匀，淬火时堆积在油槽内输送提升带上的滚动体硬度分布不均匀。关键是淬火网带在回程时会将极少量的滚动体带入到落料口尾部处的耐火砖上，这些滚动体不知何时它又掉入到淬火油槽中，掉入到油槽内的滚动体基本上没有淬硬，属于珠光体类型，这些滚动体混入正常的产品中，没有办法被发现，除非100%的用磁性分选机进行挑选。几十年前用网带炉加热滚动体出现这种混料现象在国外某公司曾经碰到过，它们发现上述问题后，就不准用网带炉生产了，改用滚筒炉生产，并形成滚筒式淬火回火生产线。为此用滚筒炉生产滚动体已成为唯一的选择，世界各国都是这样的模式。

直径 >12mm 的滚动体，考虑加热和淬火时的擦伤和磕碰，多采用多用炉或料盘料等热处理。

国内生产的钢球等滚动体的耐磨性差，接触疲劳强度不够，使用寿命低，制约了轴承的发展，主要是由于热处理工艺及设备不佳造成的。一些关键轴承配件无法采用国产钢球。在滚动体的热处理质量上同先进国家比，我们的差距就在滚筒炉的工艺和设备上。

（4）轴承套圈和滚动体出现表面硬度不高的原因　在保证原材料的化学成分、金相组织和设备都正常运行的情况下，出现表面硬度不够的原因如下：炉内可控气氛的碳势太低，出现氧化性气氛或者气氛中含有水分，造成工件表面脱碳；炉内工件装料太多，致使加热不均匀和淬火时堆积在淬火槽输送带上的工件太多，使高温冷却速度受到影响，蒸气膜变长，表面形成逆硬化层；淬火冷却介质黏度太大同样延长表面蒸汽膜的破裂，使高温阶段冷却速度降低，导致淬火硬度不高；淬火冷却介质中混入其他物质。

3. 磨削加工缺陷

（1）轴承套圈的磨加工缺陷　轴承套圈经热处理完成后的磨加工质量不好，是产生轴承套圈变质层的原因。在正常情况下，整个磨加工工序应该是粗磨—半精磨—精磨—超精磨（研磨）。而且在每道工序中都应该由操作者进行自检与专职检验员相结合才能做好磨烧伤检验，其目的是控制磨削加工余量。

影响磨削质量的因素有：机床精度、高速磨头的转数及刚性、砂轮的粒度及硬度、砂轮在运转中金刚钻砂轮修正器的修正频率、磨削液的种类、浓度及磨削进给量等。为提高表面光洁度，选择砂轮粒度都比较细，砂轮粒度越细，磨削后的轴承套圈表面粗糙度就越高，磨削表面的接触面积就越大，在冷却介质－磨削液不变的情况下，烧伤（出现变质层）的面积就越大，磨削量太大、砂轮变钝、高速磨头有振动等都会造成磨烧伤及振纹。现在有些企业为了提高生产率，将4道磨改成3道磨或者2道磨，减少1～2次磨削工序，为此增加了磨削进给量，在磨削时的切削温度会达到800～1100℃，造成轴承套圈表面的二次淬火。在酸洗时可以看到白色的二次淬火组织，灰色的回火屈氏体，出现了表面硬度不合格的情况。对于薄壁套圈的磨加工，建议在半精磨后增加一道去应力回火工序，去应力回火工艺是：在120～130℃回火2～3h。这样可以使成套轴承出厂后不会再产生畸变或开裂。

（2）滚动体的磨加工　以钢球为例，在磨削工序中同样存在着磨削量太大的问题，生产中由于磨量大，增加了磨盘压力或转速，磨削产生的热量很难散发出去，从而形成二次淬火或高温回火组织的变质层。

4.15　轴承钢的盐浴热处理

盐浴热处理是指加热介质通过熔盐为载体，对制件进行加热的方法。它是一个古老而有效的方法，它的起源很早，为各种钢材制件的热处理做出了卓越贡献。根据钢材的化学成分和特性，可以解决高合金钢、高速工具钢在980～1350℃的高温盐浴处理；对于碳素钢、合金钢和轴承钢的淬火则用780～900℃的中温盐浴处理；对于淬火畸变要求较高的高速工具钢、轴承钢套圈等可以采用120～180℃的马氏体分级盐浴淬火或210～240℃的贝氏体盐浴等温淬火工艺。

轴承钢采用中温盐浴的温度，可以解决各种形状制件的加热问题，且加热速度较快，盐浴的流动性较好，制件被加热时受热均匀，盐浴加热时制件表面没有氧化皮，在盐浴配方得当的情况下没有脱碳层的整体热处理。另外还可以对轴承钢制件进行盐浴碳氮共渗或渗碳等盐浴表面强化处理。盐浴热处理的设备投资少、回报率高，但是操作强度大、污染环境，盐浴热处理的废气、废水很难达到国家环保规定的要求，所以使用时会受到一定的限制。

1. 轴承套圈盐浴加热的工装（装料方式）

盐浴加热除了定型的产品（主要指高速工具钢淬火生主线）可以用盐浴自动生产线以外，现在的高速钢热处理基本用真空炉淬火得较多。一般情况下盐浴炉都是人工操作，它有一根ϕ12mm×2000mm长的用于进出料的挑钩和挂钩组成，如图4-214和图4-215所示。轴承钢制件的品种规格繁多，根据产品形状不同，装料容、器具形状也不同，根据技术要求可以设计不同类型的装料容、器具。

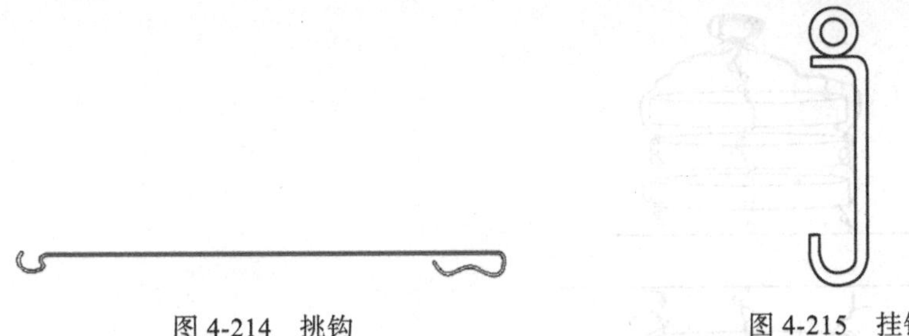

图 4-214　挑钩　　　　图 4-215　挂钩

微型轴承套圈的装料用橄榄形料桶的方式，如图 4-216 所示；$\phi5 \sim \phi15$mm 的小套圈加热，一般都是用镀锌细铁丝串套圈的形式，如图 4-217 所示；$\phi15 \sim \phi50$mm 的中套圈串料架，如图 4-218 所示；$\phi50 \sim \phi120$mm 的大套圈铁丝绑扎，每个套圈 3 等分，分别用 3 根细铁丝绑扎每个套圈后，再继续绑扎第 2 个套圈，若干个套圈为一串，如图 4-219 所示。

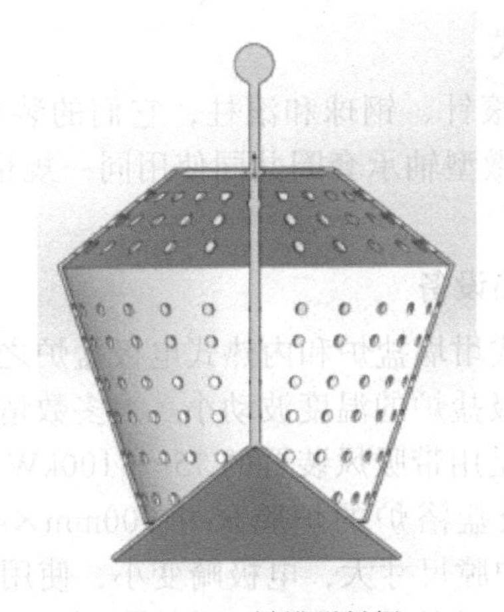

图 4-216　橄榄形料桶

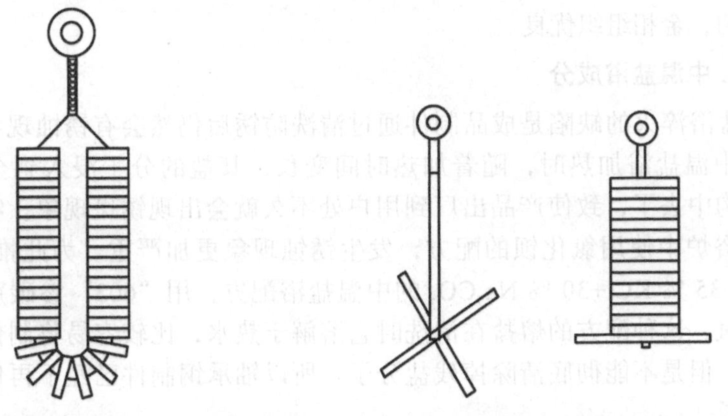

图 4-217　小套圈（$\phi5 \sim \phi15$mm）　　　　图 4-218　中套圈（$\phi15 \sim \phi50$mm）

图 4-219 大套圈（$\phi50\sim\phi120$mm）

2. 滚动体的装料方式

滚动体包含滚子、滚针、钢球和滚柱，它们的装料方式只能用橄榄形装料桶比较合适，它们跟微型轴承套圈共同使用同一规格的装料桶，如图 4-216 所示。

3. 中温盐浴炉的加热设备

中温盐浴炉有外热式坩埚盐炉和内热式电极盐炉之分，外热式坩埚盐炉的温度波动大，内热式电极盐炉的温度波动小。大多数情况下，加热炉采用内热式电极盐浴炉，一般都是用带吸风装置的 75 ～ 100kW 三相四极侧埋式电极盐浴炉，其中 100kW 电极盐浴炉的炉膛尺寸 900mm×450mm×650mm（长 × 宽 × 深)，这种炉型的炉膛尺寸大，电极畸变小，使用寿命长，电极接铜排处的水冷套能将电极和耐火砖的接缝处的熔盐堵住，侧埋式电极盐浴炉的流动性好，炉膛内上下盐浴温度均匀，使轴承套圈或滚动体的受热均匀，淬火后的硬度均匀，金相组织优良。

4. 中温盐浴成分

盐浴淬火的缺陷是成品制件通过清洗防锈后仍然会有锈蚀现象，主要是因为在中温盐浴加热时，随着加热时间变长，其盐的分子浸入到金属基体的内部结构中去了，致使产品出厂到用户处不久就会出现锈斑现象。特别是高、中温盐浴炉中使用氯化钡的配方，发生锈蚀现象更加严重。为此推荐使用 35 % NaCl+35 % KCl+30 % Na_2CO_3 的中温盐浴配方，用“603”渗碳剂或专用脱氧剂脱氧，这种配方的熔盐在清洗时它溶解于热水，比较容易将制件上的残盐清洗掉，但是不能彻底清除掉残盐分子。所以轴承钢制件已经不再使用熔盐加热工艺了。

5. 低温盐浴成分

低温浴炉的化学成分同前面所说的马氏体分级淬火及贝氏体等温淬火的化学成分是一样的，此外不再赘述。

4.16　轴承钢制件的特殊热处理

根据疲劳机理中的最大切应力理论，球轴承在承载运转时，疲劳源最容易在表面下最大切应力深处产生，而后在交变应力作用下，裂纹向表面扩展，最后导致剥落。若能在最大切应力深处造成残余压应力，将会抵消促进裂纹产生并扩展的张应力的作用，从根本上改善材料的疲劳强度，提高使用寿命。

对一般渗碳钢表面进行渗碳淬火后，表面会形成压应力，其成因是：淬火时，因富碳的表层 *Ms* 点低于低碳的心部，心部先达到 *Ms* 而变为马氏体，体积膨胀 3% ～ 4%，但表层未达到 *Ms* 点而处于奥氏体状态，表层受心部所拉容易屈服变形，处于松弛受拉状态；随着冷却，当表层达到 *Ms* 点时，同样因转变而体积膨胀，对已硬化了的心部产生拉应力，淬硬了的心部不易屈服，相对而言，心部对表面产生使之压缩的力，即压应力。

对于高碳铬轴承钢进行渗碳的意义并不大。若对其进行渗氮或碳氮共渗，则因氮原子的渗入则可以降低 *Ms* 点，利用氮化作用可以提高硬度、耐磨性、抗回火性和耐腐蚀性等等，这就是国内外普遍采用的马氏体应力淬火。

国内外的热处理专家对于如何进一步发挥 GCr15 轴承钢的潜力，提高接触疲劳强度和使用寿命方面，进行了大量的试验研究。目前在提高轴承钢的使用寿命方面有以下几种方法。

4.16.1　轴承钢的碳化物颗粒细化法

20 世纪 60 年代末，C. A. Stickles 设计了一种获得超细碳化物（直径为 0.1μm）的热处理工艺，可以使轴承钢的疲劳性能提高 1 ～ 2 倍和耐磨性提高 36%。这个工艺分两部分：细化碳化物颗粒（碳化物超细化处理）和常规热处理的加热淬火低温回火。为此国内外许多学者进行了试验。作者在 1981 年做了下述试验。

1. 原始组织的预处理

将轴承钢碳化物超细化处理分解为三个过程：碳化物全部溶解；奥氏体在 620 ～ 700℃温度范围内的珠光体转变，或在 370 ～ 590℃温度范围内的贝氏体等温转变；把上述等温转变产物作为原始组织，按常规奥氏体化的淬火和回火处理。

为此首先进行原始组织的预处理，如图 4-220 ～图 4-223 所示。

从上述 4 种预处理工艺中，（a）试样在 1040℃保温 30min 后直接淬入热油中，由于未及时回火，致使淬火组织应力较大，在磨削时出现了微细裂纹。（b）

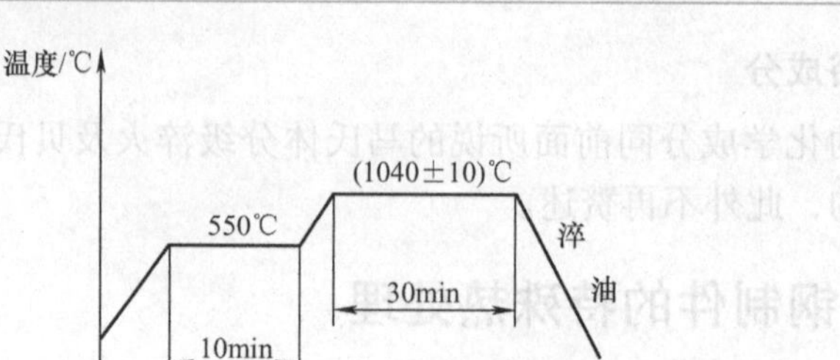

图 4-220　原始组织（a）预处理：显微组织是针状马氏体 + 点状碳化物 + 残留奥氏体

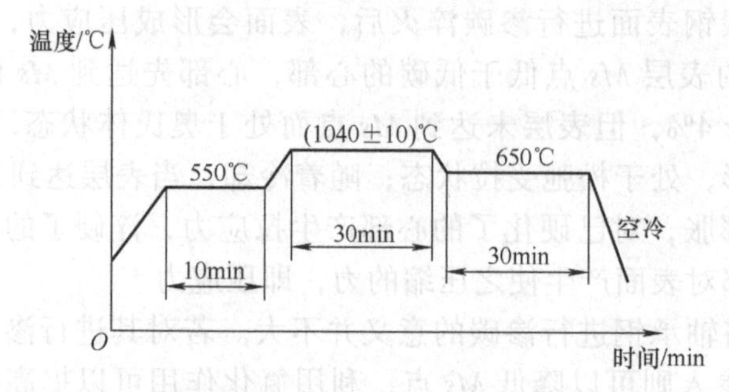

图 4-221　原始组织（b）预处理：显微组织是片状珠光体 + 细片状珠光体 + 碳化物网状

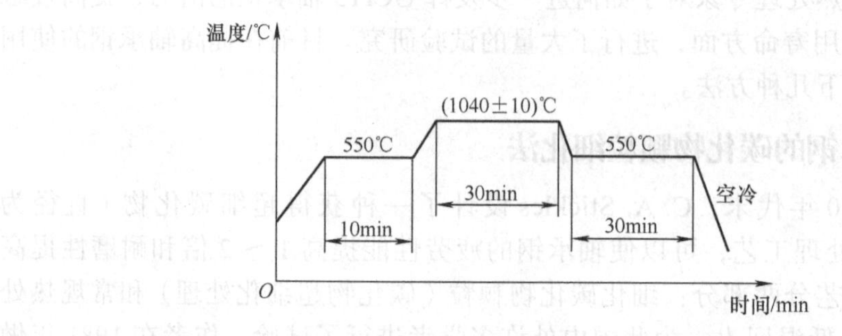

图 4-222　原始组织（c）预处理：显微组织是贝氏体 + 碳化物网状

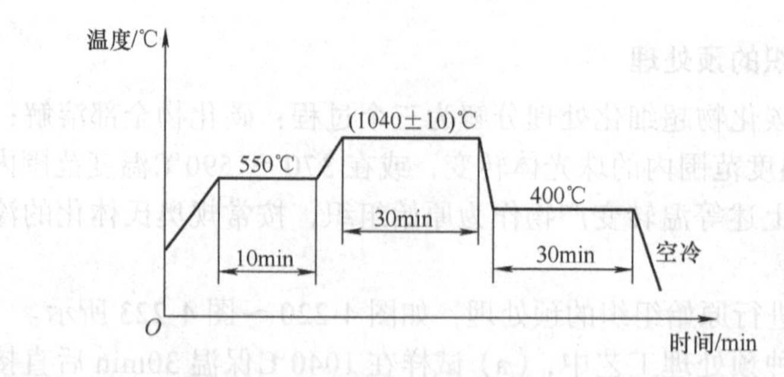

图 4-223　原始组织（d）预处理：显微组织是贝氏体 + 点状碳化物

试样在 650℃等温后出现了细的碳化物网状，不过这个细碳化物网状在以后的加热时可以被溶解掉的。如果钢中的 Mo、Cu、Ni 含量较高的话，则碳化物网状在淬火加热时就很难消除。（c）试样在 550℃等温后是贝氏体组织和细碳化物网状。（d）试样在 400℃等温 30min 后的显微组织是贝氏体和点状碳化物。从 4 种试样结果分析，认为（d）试样作细化碳化物的原始淬火组织较好。它可以防止轴承钢中过剩碳化物形成元素含量较高时，出现片状碳化物造成再次熔解困难的问题。因为在 400℃等温下能抑制碳化物片的生成，但与珠光体转变相比，转变应该缓慢一些，否则会出现奥氏体没有完全转变的趋势，这些未完全转变的奥氏体是导致微细裂纹的起源。

2. 将预处理后的试样进行常规淬火

为了比较碳化物超细化处理，（d）试样的原始组织比球化组织和正火组织优越，选择了下面 3 种不同原始组织，经淬火、冷处理、回火后做耐磨试验对比、冲击试验和回火稳定性试验。它们的工艺曲线如图 4-224 ～图 4-226 所示。

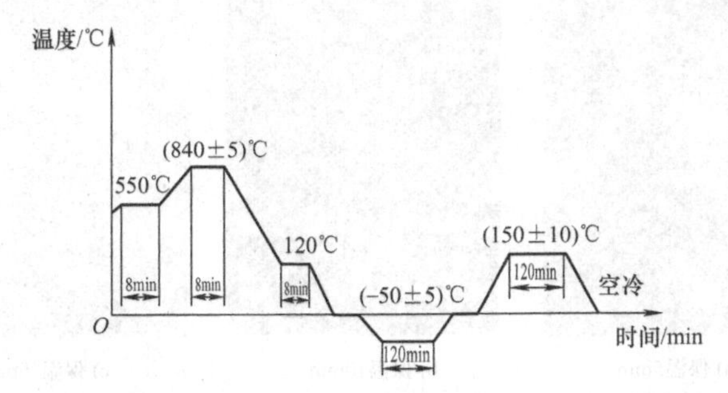

图 4-224　预备热处理：超细化处理工艺后经正常工艺淬火、冷处理和回火

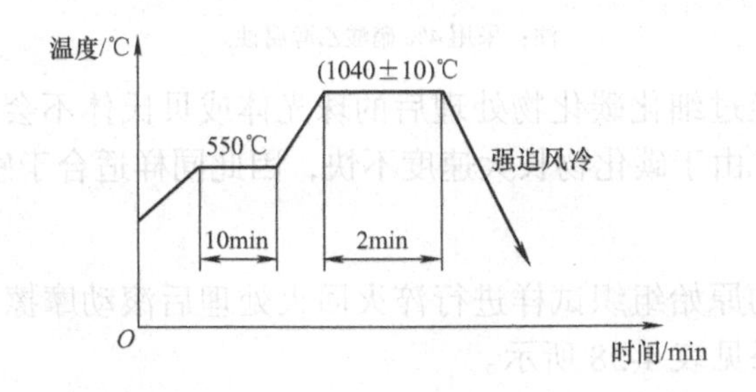

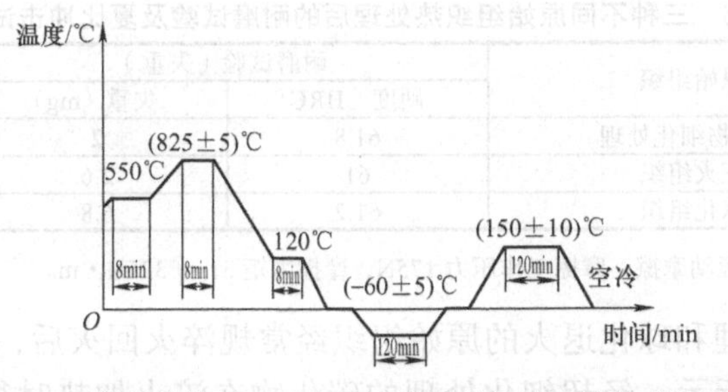

图 4-225　预备热处理：1040℃正火后经淬火、冷处理和回火

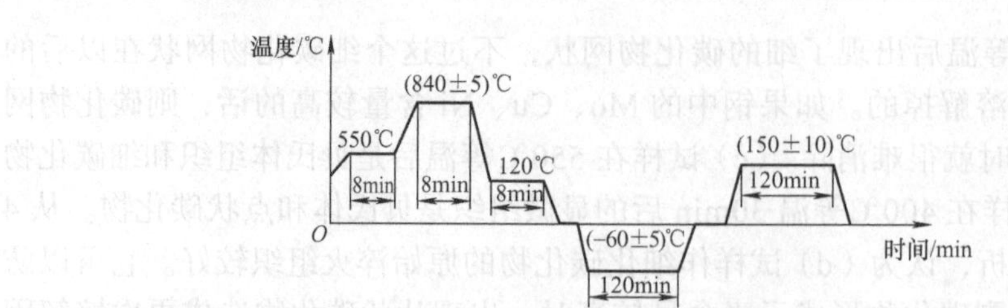

图 4-226 预备热处理：原材料 3 级球化，经正常工艺淬火、冷处理和回火

对于奥氏化的保温时间，据资料介绍，加热温度在奥氏体化时，不到 15s 奥氏体会被碳所饱和，大约 8min 时碳化物便开始长大，保温时间长达到 30min，仍看不出有显著的区别。为此对（d）试样经 1040℃×30min 在 400℃×30min 等温后气冷的原始组织，进行常规热处理。即常规温度 840℃加热，保温时间分别是 5min、10min、30min 后进行淬油及 160℃×2h 回火，它们的显微组织基本没有区别，如图 4-227 所示。

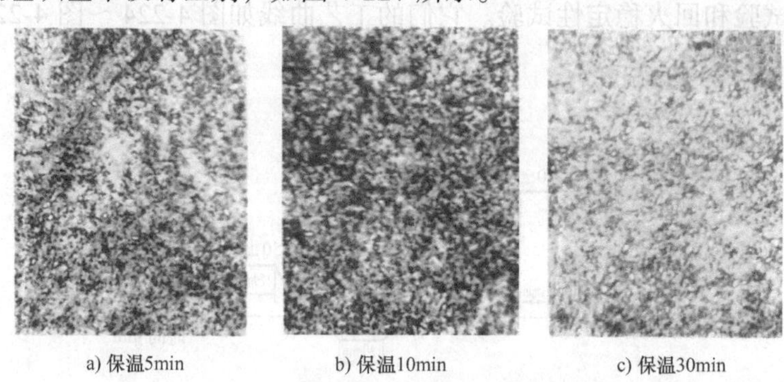

a) 保温5min　　b) 保温10min　　c) 保温30min

图 4-227 常规工艺加热的不同保温时间的显微组织（1600×）

注：采用 4% 硝酸乙醇腐蚀。

从而可知，经过细化碳化物处理后的珠光体或贝氏体不会很快变粗，它们适合于常规淬火，由于碳化物长大速度不快，因此同样适合于感应加热。

3. 试验结果

对三种不同的原始组织试样进行淬火回火处理后滚动摩擦的耐磨试验及夏比冲击试验，结果见表 4-38 所示。

表 4-38 三种不同原始组织热处理后的耐磨试验及夏比冲击试验结果

序号	原始组织	耐磨试验（失重）		夏比冲击试验
		硬度 HRC	失重（mg）	
1	碳化物细化处理	61.8	2	3.1
2	正火组织	61	2.6	—
3	球化组织	61.2	6.8	1.2

注：耐磨试验为滚动摩擦，摩擦工作压力 175N，摩擦力矩 31 ～ 325N・m。

将超细化处理和球化退火的原始组织经常规淬火回火后，做金相观察比较，如图 4-228a、b 所示。经超细化处理的碳化物在淬火加热时很快地熔解了，致使奥氏体成分比较均匀，碳化物细小又弥散，组织中不再因碳化物溶解不均匀而造成富碳富铬的“白亮区”和贫碳贫铬的“黑区”之分；而原始组织是球状珠光体的奥氏体化时，因富铬的球状碳化物逐渐溶解且不均匀，造成碳化物颗粒比较粗大，颗粒间距比较大。

a) 超细化-淬回火　　b) 球化-淬回火

图 4-228　超细化和球化组织显微组织对比（1600×）

注：采用 4% 硝酸乙醇腐蚀。

分析国外瑞典 SKF_1 钢和日本 SUJ_2 钢的显微组织（颗粒直径、数量和碳化物间距）。碳化物颗粒直径：瑞典 SKF_1 钢碳化物颗粒直径为（0.57 ± 0.2）μm，日本 SUJ_2 钢碳化物颗粒直径为（0.74 ± 0.6）μm。每 10 个正方格子内的碳化物颗粒数：瑞典 SKF_1 钢为 30.7 颗；日本 SUJ_2 钢为 16.6 颗。碳化物颗粒间距：SKF_1 钢为 1.8μm，日本 SUJ_2 钢为 2.4μm。由此可见，SKF_1 钢的使用寿命高的原因就是碳化物细小且均匀。

回火稳定性试验：在 250 ℃ 回火 30min 后，碳化物超细化的硬度为 61.2HRC，而正火和球化组织的硬度 <61HRC。

本试验还有残留奥氏体测量、耐疲劳试验、电镜分析和精细的碳化物超细化处理工艺需要更深入细致地开展工作，由于篇幅所限，此处不再展开介绍。

碳化物超细化工艺在轴承中的应用，目前看到的资料并不多。将坯料进行碳化物细化处理后的硬度比常规的球化组织要高出许多，使车削加工有一定的难度；若用车削好的轴承套圈作碳化物超细化坯料，则淬火畸变量会很大，还存在一些问题；从经济效益上分析，有待进一步的研究。对于做特殊形状要求的制件，可以推荐用此工艺。1983 年德国技术人员认为对于常规轴承套圈的应用还需要一个过程。

通过本次试验可以说明：碳化物颗粒度虽然没有达到 0.1μm 的指标，但对于碳化物颗粒度越细小，淬火后的显微组织均匀性就越好，其疲劳寿命就越高。为此在工艺上就需要对原始组织提出一个具体要求，希望在保证原材料球化级别的基础上，尽量选择 2 ～ 3 级球化组织，还需要对淬火工艺的进行严格控制。要保证碳化物及淬火组织的细小和均匀，轴承钢的疲劳寿命才会得到提高。

4.16.2 轴承钢的温挤压形变处理

轴承钢的温挤压形变处理又称为双细化处理，是对碳化物细化和晶粒细化的处理，利用形变强化和相变强化的办法达到双细化的目的。

在轴承内外套圈的热成形工艺中，在采用中频加热时，将温度控制在780℃左右，进行温挤压成形，这样可以达到碳化物细化和晶粒细化的目的，能显著提高接触疲劳寿命。最佳工艺是：在780℃温度下温挤压后的碳化物平均颗粒粒径 d=0.55μm，温挤压后在690℃×3h 的温度下进行高温回火，然后在855℃淬火并在160℃回火。其晶粒度为10～10.5级，碳化物平均粒径为0.65μm。这与常规锻造工艺的退火、淬火和回火的疲劳寿命相比分别 L10 提高50%、L50 提高34%。

1）温挤压后经低于 Ac_1 点的温度进行高温回火，不仅使碳化物细小均匀，而且继承温挤压形变的遗传性，从而获得较佳的接触疲劳寿命；高于 Ac_1 点处理反而会降低疲劳寿命。

2）温挤压后的碳化物颗粒度为0.5～0.6μm，其淬火温度选用850～855℃，不仅提高了马氏体基体的合金化程度，而且改善了碳化物浓度的不均匀性，在细晶体的马氏体基体上，分布着细小的碳化物质点，可以显著提高接触疲劳寿命。

3）GCr15 钢碳化物细化后，采用高温短时加热淬火可以使钢具有较好的强韧性和最佳的接触疲劳寿命，是一种很有研究价值的新工艺。

4）对于大批量生产的中、小型轴承套圈，采用热锻（轧）后不进行球化等温退火工艺，缩短了生产周期，提高了生产率，节约了能源，是一个很有前途的技术，应大力推广。

5）双细化工艺中，在淬火组织中不含非马氏体转变产，特别是珠光体转变产物。而且马氏体中碳含量（质量分数）为0.5%～0.6%，浓度均匀，所以获得可最佳的疲劳寿命。

4.16.3 轴承钢的渗氮与碳氮共渗处理

轴承制件进行渗氮或者碳氮共渗对于污染环境中的轴承是一个很好的工艺，经碳氮共渗后的轴承套圈增加了残留奥氏体量，当异物混入润滑油中，使压痕周边区域受到高度应力集中作用，立即引起残留奥氏体的塑性变形，同时也产生应力诱发相变，生成马氏体，使压痕边缘部分硬度上升。残留奥氏体可缓和应力的作用和马氏体相变，提高了轴承钢的疲劳强度，延长了使用寿命。

1. 轴承钢的渗氮处理

近些年我国也做了轴承钢用渗氮热处理方法来提高制件的耐磨性和疲劳强度的试验。其中王滨生、常晓智做了“GCr15 钢渗氮 + 淬火 + 冷处理”工艺试验方案取得了较好的效果。复合热处理（渗氮 + 淬火）+ 冷处理 + 回火工艺见表4-39。

表 4-39 GCr15 钢复合热处理 + 冷处理 + 回火工艺

工艺	渗　氮	淬　火	冷处理	回　火
1	560℃×20h	860℃×20min	-80℃×3h	不回火
2	560℃×20h	860℃×20min	-80℃×3h	150℃×6h
3	560℃×20h	860℃×20min	-80℃×3h	180℃×6h
4	560℃×20h	860℃×20min	-80℃×3h	195℃×6h
5	没有进行渗氮	860℃×20min	-80℃×3h	120℃×36h

（1）试验证结果　GCr15 钢经不同工艺处理后的硬度梯度如图 4-229～图 4-232 所示。

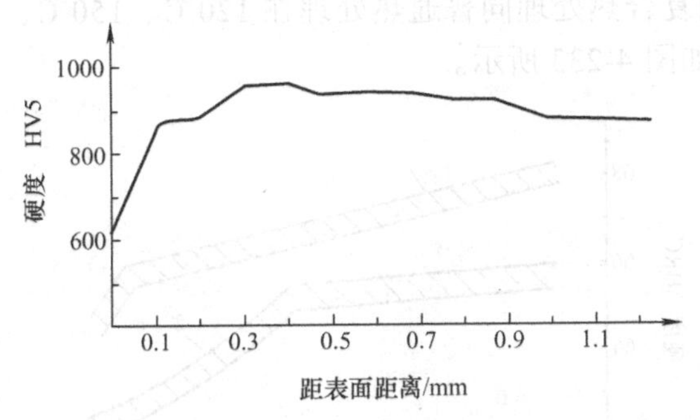

图 4-229　工艺 1：复合热处理 +（-80℃）冷处理后的硬度梯度曲线

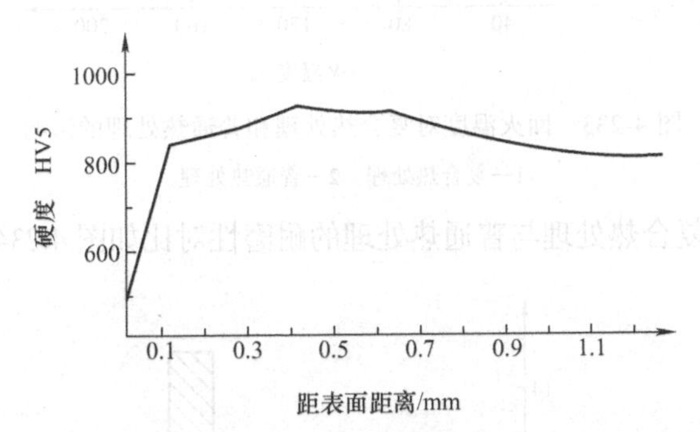

图 4-230　工艺 2：复合热处理 +（-80℃）冷处理 +150℃回火后的硬度梯度曲线

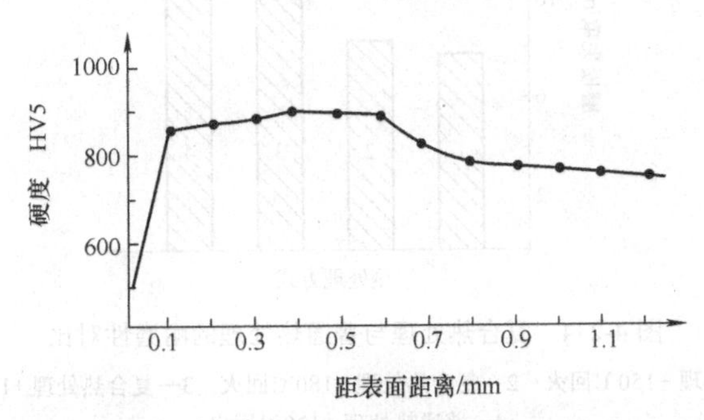

图 4-231　工艺 3：复合热处理 +（-80℃）冷处理 +180℃回火后的硬度梯度曲线

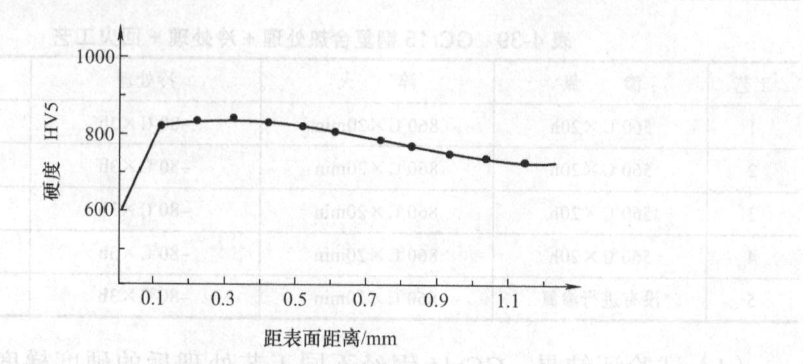

图 4-232 工艺 4：复合热处理 +（-80℃）冷处理 +195℃回火后的硬度梯度曲线

1）GCr15 钢复合热处理同普通热处理在 120℃、150℃、180℃和 195℃回火后的硬度比较如图 4-233 所示。

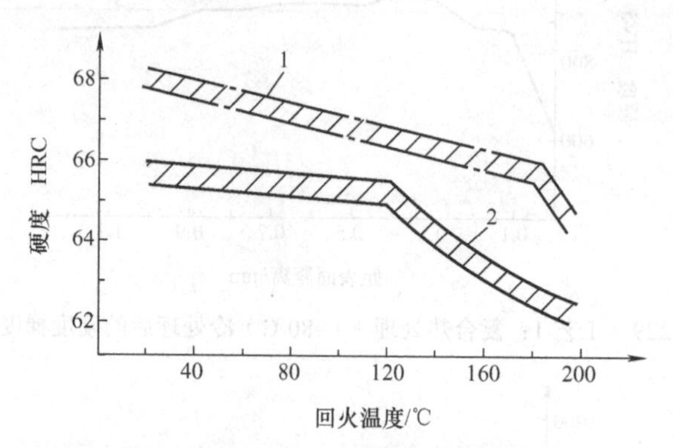

图 4-233 回火温度对复合热处理和普通热处理的影响

1—复合热处理 2—普通热处理

2）GCr15 钢复合热处理与普通热处理的耐磨性对比如图 4-234 和表 4-40 所示。

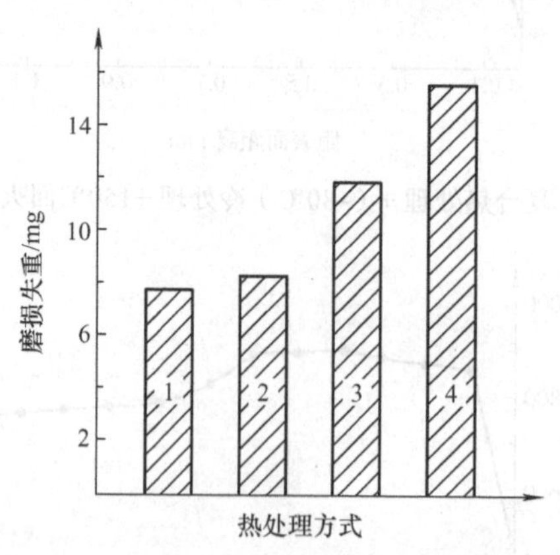

图 4-234 复合热处理与普通热处理的耐磨性对比

1—复合热处理 +150℃回火 2—复合热处理 +180℃回火 3—复合热处理 +195℃回火

4—普通热处理 +120℃回火

表 4-40 复合热处理与普通热处理的耐磨性对比

工艺	距表面 0.25mm 处硬度 HV5	磨损失重 /mg
1	870	0.0078
2	870	0.0084
3	825	0.0116
4	856	0.0150

注：磨损试验前，试样表面磨掉约 0.25mm。

（2）结果分析

1）图 4-229 ～图 4-232（工艺 1 ～ 4）的 GCr15 钢试样经渗氮后，采用剥层法测量的硬度梯度曲线。可以看出，硬化区最外层硬度偏低且疏松。图 4-229（工艺 1）的硬度梯度曲线，在没有回火的情况下，距表面距离 0.2 ～ 1.0mm 处硬度 >890HV，峰值硬度 927 ～ 966HV；其他工艺组别在低温范围内，随着回火温度的升高而维氏硬度下降。

2）由图 4-233 可知，在相同的淬火回火条件下，复合热处理硬化区硬度值高于普通热处理的硬度值。如在相同的回火温度 180℃下，复合热处理的硬度值为 65.5 ～ 66HRC，而普通热处理的硬值仅为 62.5 ～ 63HRC。由此可见，GCr15 钢经渗氮后重新加热淬火提高了含氮马氏体硬化区的抗回火性能。

3）渗氮后重新加热过程中，制件表面渗氮层在 650℃开始分解，700℃以上完全分解，表面层氮原子损失掉一部分，一部分氮原子向内扩散融入奥氏体晶格内，冷却后获得含氮马氏体组织。正是由于氮原子融入晶格内，氮固溶强化了 α 相，使硬化区含氮马氏体硬度值显著提高。合金元素的作用在于通过影响碳的扩散而影响马氏体分解过程，阻碍马氏体的分解。α 相中若有强化碳化物形成元素时，它们同碳的强大结合力，将阻碍碳从固溶体中脱溶而使钢件保持高硬度，提高钢的抗回火性。由于氮与合金元素之间的结合力大于碳，氮固溶到合金碳化物后可以增加稳定性。所以氮溶入晶格中由于氮碳复合作用，氮阻碍碳原子在马氏体中扩散，阻碍碳从 α 相固溶体中脱溶，故含氮马氏体组织在 180℃（甚至 195℃）回火后仍具有较高的硬度值。

4）尺寸稳定性和硬度值是衡量精密工件的主要性能指标。影响尺寸稳定性的因素是组织内回火马氏体和残留奥氏体的分解与转变，及残余应力的存在。提高回火温度可改善尺寸稳定性，复合热处理能解决硬度降低的问题。复合热处理比普通热处理的抗耐磨性能好，是由于马氏体中高浓度氮对 α 相的固溶强化（实质上是氮碳共渗复合强化 α 相）作用，使渗氮淬火复合热处理耐磨性较高，但是若超过一定回火温度，它的硬度也会降低的。

5）除了渗氮工艺外，碳氮共渗同样可获得马氏体应力淬火的效果，碳氮共渗的温度比单一渗碳的温度要低很多，对轴承套圈的渗碳淬火后的畸变要小许多。连续炉进行碳氮共渗的一般方法：在丙烷或丁烷的富化气＋载体气 +5% ～ 15% 的氨气，变成碳氮共渗气氛进行处理，共渗温度在 800 ～ 850℃，此时使碳和氮同时渗入轴承套圈内并进行扩散，再实行淬火。

6）碳氮共渗层的碳、氮比率取决于处理温度及氨气的添加量。当处理温度低时，表层的碳、氮量均较高；当处理温度高时，只有碳量较高。渗入碳后硬化的原因是碳化物的生成和马氏体相变的结果，而渗氮硬化是由于化合物的生成。硬化程度主要取决于马氏体相变，此时氮使 Ar_1 点降低，同时使相变迟缓，则在低温下也容易淬硬。

7）表层的氮使残留奥氏体增加和稳定化，因回火稳定性提高。将 GCr15 钢进行 820℃×3h 碳氮共渗，渗后直接油淬，250℃回火 2h。测量其表层硬度和碳、氮浓度明显升高，并产生残留压应力，如图 4-235 所示，碳氮共渗的淬火硬度比普通淬火的硬度提高 3 ～ 3.5HRC，改善耐磨性、耐腐蚀性和耐热性，从表层到心部的硬度下降平缓。碳氮共渗过程中形成的碳氮原子弥散分布在共渗层内，增加了耐腐蚀性和耐热性。

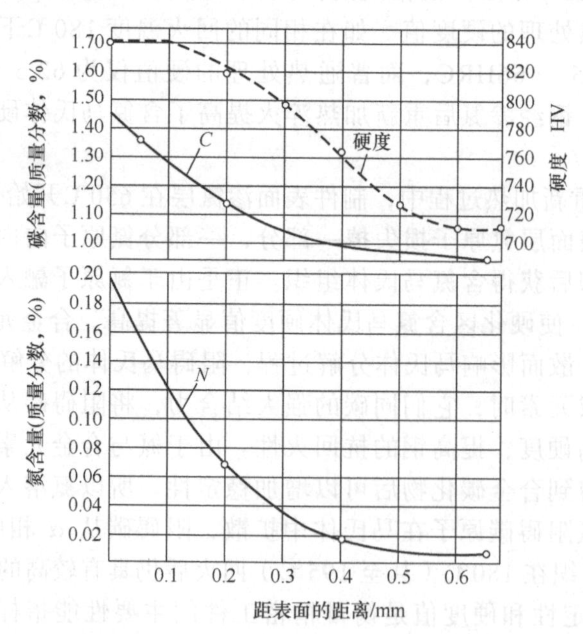

图 4-235　试样表层硬度分布和 C、N 浓度分布

2. 轴承套圈的渗氮处理

近年来做轴承套圈的渗氮工艺试验的企业也很多，对 B7011C/01 外圈进行渗氮预处理后的热处理工艺中的不同回火温度对轴承钢性能的影响。

（1）轴承外圈渗氮工艺　B7011C/01 轴承外圈渗氮工艺见表 4-41。

表 4-41　B7011C/01 轴承外圈渗氮工艺

工　艺	渗氮工艺	淬　火	冷处理	回　火
1	540℃×30h	835℃×52min	-60℃×1h	150℃×4h
2	540℃×30h	835℃×52min	-60℃×1h	200℃×4h
3	540℃×30h	835℃×52min	-60℃×1h	250℃×4h
4	540℃×30h	835℃×52min	-60℃×1h	300℃×4h

（2）试验结果

1）显微组织。经渗氮预处理后的轴承外圈表面有 0.01mm 的 ε 氮化物白亮层，硬化层深度为 0.50mm，组织为碳氮马氏体和残留奥氏体，细小的碳氮化合物颗粒均匀分布在基体上；心部组织是马氏体 + 均匀分布细小碳化物颗粒 + 少量残留奥氏体。如图 4-236 所示。

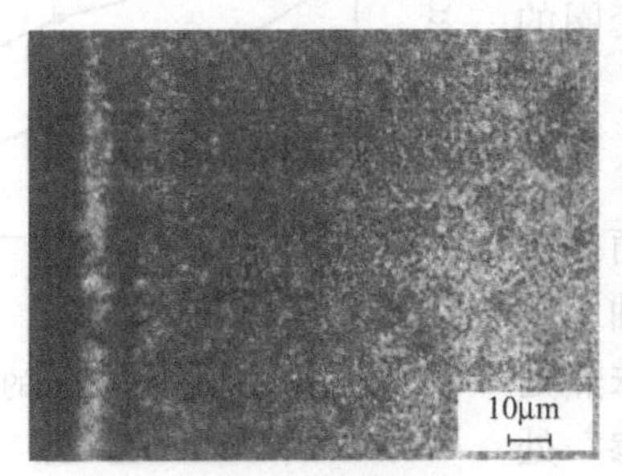

a) 渗氮处理表面(500×)

b) 渗氮处理心部(500×)

图 4-236　渗氮预处理的显微组织

2）不同回火温度对硬度的影响。不同回火温度下的渗氮层的硬度如图 4-237 所示。从图可知，在距表面距离一定时，硬化层硬度随回火温度升高而降低；在回火温度一定时，硬化层的硬度随表面距离的增加而降低。150℃回火试样的硬化层硬度在距表面 0.50mm 以上趋于平稳；200℃、250℃、300℃的回火试样在距表面 0.90mm 以上趋于平稳，并且表面的硬度比心部高出 1 ～ 2HRC，这是因为含氮马氏体具有较高的过饱和度，在回火时会析出更多的碳氮化合物，从而提高基体硬度。

3）回火稳定性。渗氮处理和没有渗氮处理的轴承外圈在不同温度下回火 4h 的表面硬度如图 4-238 所示。从图可知，渗氮处理的硬度比没有渗氮处理的硬度高。这是因为渗氮件表面富含大量的氮元素，在淬火加时固溶到马氏体基体中去，形成含氮马氏体，对钢起着固溶强化作用。氮与合金元素之间的结合大于碳，氮原子固溶到基体中可以增加稳定性，延缓分解过程。未溶及回火析出的细小氮化物弥散分布于马氏基体上起到弥散强化作用。

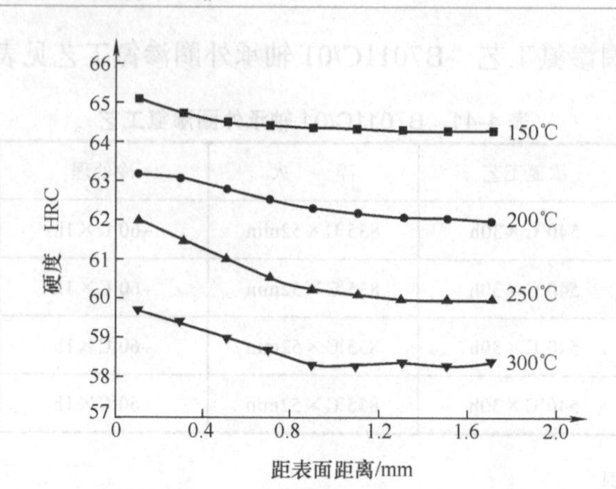

图 4-237 不同回火温度下的渗氮层的硬度

渗氮硬化层的回火稳定性较高，轴承制件进行高温回火能够提高尺寸稳定性及心部韧性，也可以使马氏体中的ε碳化物析出，降低马氏体内应力，有利于提高轴承套圈的使用寿命。

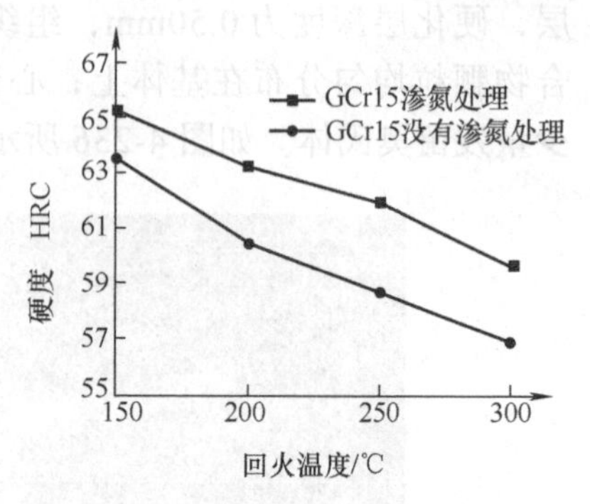

图 4-238 不同温度下回火的表面硬度

3. 轴承钢的碳氮共渗

关于轴承的使用寿命和可靠性方面提出较高要求的方法，国外的轴承公司对轴承钢的工艺进行了改良，推出所谓的“特殊热处理”，实际上是对轴承钢进行“碳氮共渗”处理，其核心理念是利用碳氮共渗获得共渗组织淬火后，在表面层保留大量的残留奥氏体（约 30%），并形成较多的、细小弥散的碳氮化合物，大幅提高轴承在污染润滑环境下的接触疲劳寿命。

早在 1981 年，洛阳轴承研究所已经完成了“GCr15 钢碳氮共渗工艺的研究”工作，其工艺是在含有碳、氮原子的可控气氛中，以较低的温度（810 ～ 840℃），进行长时间的加热保温（2 ～ 8h）后淬火，在制件表面获得化合物层 + 固溶层（含氮马氏体）+ 过渡的渗层组织。利用碳氮共渗后在表层获得的较高的碳、氮含量，使表层的马氏体转变时间迟于心部，从而在表层下 0.20 ～ 0.40mm 处获得较大的残余应力（约 300MPa）。从洛阳轴承研所的研究可知，高碳铬轴承钢经碳氮共渗淬回火后与常规马氏体淬回火相比，回火稳定性提高了许多，在 160℃回火后硬度提高了 2 ～ 2.6HRC，在 250℃回火后硬度提高了 4.5HRC；接触疲劳寿命 L10 提高了 1.4 倍；微变形抗力，在碳氮共渗后不进行冷处理可提高 1.2 ～ 1.6 倍，在碳氮共渗后进行冷处理的可以提高 2.2 ～ 2.6 倍。

在 2017 年，洛阳 LYC 轴承有限公司与航空精密轴承国家重点实验室也做了“GCr15 钢制轴承气体碳氮共渗组织及性能的变化”工作。它们是在氮、甲醇、丙烷、氨气的可控气氛中进行轴承钢套圈的碳氮共渗，其温度是（820±5）℃，时间为 6h，之后淬油，回火温度选用 170℃、200℃和 240℃三种。碳氮共渗后的渗层深度为 0.60mm，表面硬度为 889HV（相当于 66.0HRC），200℃回火后的表面硬度为 833HV（相当于 64.3HRC），240℃回火表面硬度 773HV（相当于 60.0HRC）；共渗后的轴承套圈经 170℃回火后，磨加工到成品尺寸，测得共渗层的深度约为 0.40mm，表面硬度为 785HV（相当于62.7HRC）。

对 GCr15 高碳铬轴承钢进行碳氮共渗，通过控制气氛中的碳（氮）势，提高了表层的碳氮含量，降低了表层的 *Ms* 点，在淬火过程中表面发生转变而形成表面压应力，提高了耐磨性和滚动接触疲劳性能，同时保留一定量的残留奥氏体，有利于畸变时降低压痕的边缘效应，使起源于压痕边沿的表面疲劳源不易形成和扩展，从而提高轴承的接触疲劳寿命。

从碳氮共渗层表面碳、氮含量来看，其含量高于未进行碳氮共渗处理的。碳氮共渗处理后的工件表面形了一层致密的碳氮化合物，在表面一定深度（约 0.60mm）存在着弥散的碳氮化合物，碳氮共渗层的弥散碳化物颗粒明显大于心部正常的碳化物颗粒，而这种碳氮化合物析出相不仅起了很大的弥散强化作用，而且增加了材料的加工硬化率；通过控制碳氮共渗处理的渗碳时间及碳势、氮势的控制，在保证基体组织的前提下，使得工件表面形成一定深度碳氮化合物层，这种碳氮化合物层本身具有较高的硬度，从而保证轴承套圈获得较深的、弥散的碳氮化合物层，使轴承的性能得到提高。

刘斌、顾剑锋基于碳氮共渗热力学与动力学，研究了轴承钢气体碳氮共渗时的热处理工艺（氨浓度、共渗温度和碳势）对渗层组织、硬度分布、残余应力特征、残留奥氏体量的影响。

4. 碳氮共渗中的注意事项

王明舟在碳氮共渗技术方面积累了丰富的经验，现与读者分享。

（1）防止非马组织屈氏体的出现　工件的装料不能太密集，否则会因加热不足产生块状屈氏体；在装料太多或淬火冷却介质的冷却速度太慢时将出现针状屈氏体。

（2）防止表面内氧化组织的出现　工件在进炉前的炉内气氛要调整好，炉内氧势不能太高，否则氧原子从工件表面向工件内部聚集，而轴承钢中的合金元素由里向外扩散，两者相遇后结合成合金氧化物，并沿晶界分布，形成黑色网状的内氧化组织。

（3）碳氮共渗层的渗层深度确定　根据轴承套圈的技术要求，共渗后的轴承套圈会发生畸变，需要留出渗层总深度 1/5 ～ 1/4 的磨削余量。

根据疲劳机理中的最大切应力理论，球轴承在运转时，疲劳源最容易在表面下最大切应力深处产生，而后在交变应力作用下，裂纹向表面扩展，最后导致剥落。如在最大切应力深处造成残余压应力，将会抵消促进裂纹产生并扩展的张应力的作用，所以需要从根本上改善材料的疲劳强度。

渗碳钢表面渗碳淬火后，会在表面形成压应力，其原因是：淬火时，因富碳的表层 *Ms* 点低于低碳的 *Ms* 心部，当骤冷时，心部先到达到 *Ms* 点而变成马氏体，体积膨胀 3% ～ 4%，但表面未达到 *Ms* 点而处于奥氏体状态，表面受到心部所产生的拉力，容易出现屈服变形，而松弛受到拉应力状态；随着冷却，当表层达到 *Ms* 点时，同样因转变而使体积膨胀，由于硬化了的心部不易屈服，相对而言，心部对表面产生压缩力，即压应力。

轴承钢本身已是高碳低合金钢，再进行渗碳并无明显效果，但是表面层增氮可以降低 *Ms* 点，同时含氮马氏体具有其独特的优育性能。所以考虑将轴承钢进行渗氮或碳氮共渗处理，并通过淬火来提高容易出现疲劳源的表面层硬度，提高最大切应力处的压应力，从而提高轴承钢的疲劳强度，并利用氮化作用来提高其硬度、耐磨性、抗回火性和耐腐蚀性等。

轴承钢的马氏体应力淬火在 20 世纪 70 年代时世界轴承强国如美国、西德、苏联和日本等采用先渗氮后淬火的方法，即渗氮后得到厚度为 0.02 ～ 0.04mm 的 ε 氮化物层及含有针状氮化物的扩散层，随后再奥氏体化使氮化物溶解，油淬后的表面获得细小马氏体组织，心部马氏体无变化。表面硬度为 63 ～ 64HRC，在距表面 60μm 处的残留奥氏体的量为 4%，残余应力为 50MPa。疲劳强度提高了 2 倍，耐磨性也显著提高。

5. 碳氮共渗特点

碳氮共渗的概念是以渗碳为主，氮原子的渗入可以降低奥氏体化温度，也就是说碳氮共渗可以在低于渗碳温度下进行，从而使基体晶粒长大趋势和共渗后的淬火畸变减少。氮原子的渗入还使等温转变图中的马氏体点（*Ms*）下降，氮原子的渗入可以提高渗层的淬透性，同时使渗层中的残留奥氏体量增加，氮原子的渗入可以提高共渗层的抗回火性能。

（1）轴承套圈碳氮共渗的特点

1）温度对共渗层表面碳、氮含量的影响：随着共渗温度的升高，共渗层中氮含量降低，碳含量先是增加，到一定温度后降低。

2）共渗时间对共渗层中碳、氮含量的影响：共渗初期（≤1h），渗层表面的碳、氮浓度随着时间的延长而提高；继续延长共渗时间，表面的碳浓度继续提高，而氮的浓度会下降。

3）碳、氮的相互影响：共渗初期氮原子渗入制件表面，使其 Ac_3 点下降，有利于碳原子的扩散；随着氮原子的不断深入，渗层中会形成碳氮化合物相，阻碍碳原子的扩散。碳原子会减缓氮原子的扩散。

（2）轴承套圈碳氮共渗的应用效果

1）碳氮共渗处理温度低，可以减少制件的畸变，降低能耗。

2）碳氮共渗的渗层有较好的淬透性和耐回火性。

3）碳氮共渗能提高疲劳强度和耐磨性。

4）碳氮共渗初期有较快的渗入速度，一般都将共渗层控制在 0.20 ～ 0.75mm 范围内，对于高碳铬轴承而言，一般为 0.20 ～ 0.40mm。共渗层表面的碳含量 w（C）>0.6%，氮含量 w（N）=0.10% ～ 0.40%。

5）在众多的共渗剂中，以氨气为供氮剂的方案最理想，这类共渗剂由 NH_3+CH_3OH+C_3H_8 组成。氨气的加入量为 2% ～ 12%（体积百分数）。液氨必须通过汽化装置除去水分和杂质。

6）气体碳氮共渗气氛的测量与调整：碳势的测量可用氧探头；氮势测量还没有好的方法，目前用控制氨气的质量流量计来调整氮势的大小。

7）碳氮共渗的温度和时间对渗层深度的影响。对于 GCr15 钢而言，碳氮共渗温度在 810 ～ 840℃，若碳氮共渗的温度太高，则碳氮共渗淬火畸变较大。碳氮共渗的时间由渗层深度决定，它们的关系可以表述为

$$x = K\sqrt{t}$$

式中，x 为碳氮共渗的渗层深度（mm）；t 为碳氮共渗的保温时间（h）；K 为常数。

碳氮共渗的温度和时间对共渗层深度的影响如图 4-239 所示。

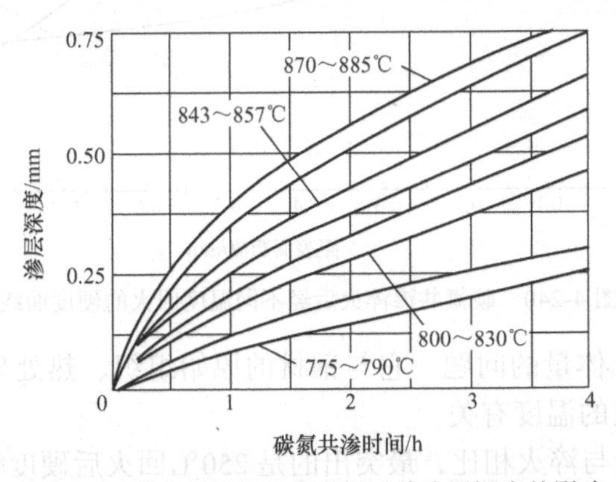

图 4-239　碳氮共渗温度和时间对共渗层深度的影响

8）GCr15 钢碳氮共渗淬火后，经不同温度回火的表面硬度见表 4-42，经不同温度回火的硬度曲线如图 4-240 所示。由图可知，在距离表面 0.30mm 处的硬度值最高。

表 4-42　GCr15 钢碳氮共渗淬火后，经不同温度回火的表面硬度

回火温度 /℃	—	160	180	200	220	250	260
高浓度碳氮共渗后的硬度　HRC	65.7	64.3	64.3	64	63.6	63.2	62.3
正常淬火工艺的硬度　HRC	—	64.3	—	—	—	58	—

6. 碳氮共渗层的组织和性能

碳氮共渗层的组织决定于共渗层中碳、氮的浓度，钢种，以及碳氮共渗的

温度。钢中合金元素含量越多，残留奥氏体量越多，亚表层硬度下降越多。其显微组织无论是碳氮共渗直接淬火，还是经不同温度回火，距表面一定距离都会出现硬度峰值，峰值的大小及位置与相应的显微组织变化密切相关。

共渗直接淬火，最高硬度值距表面 0.25 ～ 0.30mm 处，可见到表层碳化物较粗大，马氏体基体只达到一定的饱和度，因此固溶强化和弥散强化的作用不是很明显，再加上一定数量的残留奥氏体，表面硬度不高。距表面 0.15mm 处的残留奥氏体最多，向里逐渐减少。当距表面 0.30mm 时，残留奥氏体最少，此时碳化物弥散细小，马氏体基体饱和度较大，所以出现硬度峰值。经碳氮共渗处理的表层，残留奥氏体的含量在 16% ～ 25%，常规淬回火处理的残留奥氏体含量在 15% ～ 35%。由于碳氮共渗工艺不同，得到的残留奥氏体量也不同。

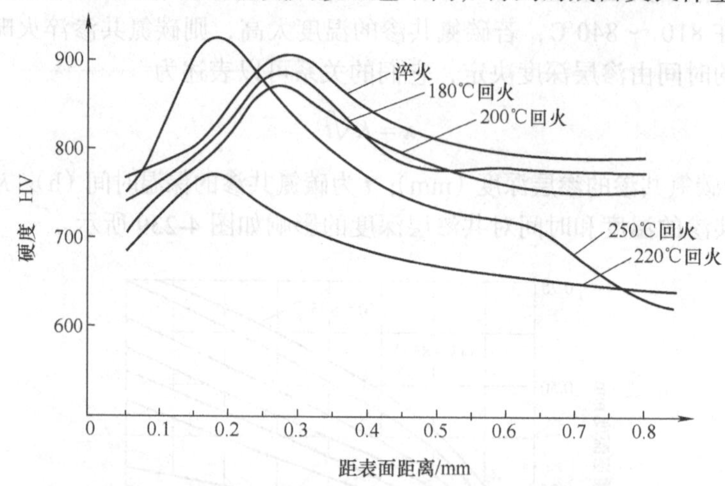

图 4-240　碳氮共渗淬火后经不同温度回火的硬度曲线

有关残留奥氏体量的问题，它与钢材的原始组织、热处理时的奥氏体化温度、淬火冷却介质的温度有关。

不同温度回火与淬火相比，最突出的是 250℃回火后硬度峰值增高，且峰位向前移动到距表面 0.15mm 附近，在 250℃回火后，残留奥氏体基本完全分解转变为回火马氏体，故硬度的升高超过了马氏体分解，造成的硬度的下降的作用。

7. 轴承钢的渗氮、碳氮共渗工艺过程

王明舟认为轴承钢经渗氮、碳氮共渗后的好处：可提高共渗层的淬硬性，获得富氮和富碳的马氏体，具备更优良的耐磨性；表面渗层可获得很高的残留奥氏体含量，提高抗裂纹萌生、扩展的能力，提高疲劳寿命；含氮奥氏体可提高残留奥氏体的稳定性；可获得新相组织，如氮化物、碳氮化合物，进一步提高耐磨性、断裂韧性和接触疲劳性能；可获得很高的残余压应力和更高温度下稳定的残余应力，防止磨削裂纹及安装开裂的产生。国外有关轴承公司已经将残留奥氏体与残余应力列入热处理质量控制的考核指标。

（1）碳氮共渗工艺设备　碳氮共渗工艺设备有井式气体渗碳炉、连续式辊棒炉或网带炉、箱式多用炉、真空炉等。目前用得较多的是箱式多用炉，对于生产批量很大的企业选用连续式推盘炉的较多，而生产批量不太大、品种又比较多的企业则多采用箱式多用炉。箱式多用炉的工艺流程如下：

产品装料→预清洗、烘干→预氧化→加热升温→奥氏体化温度→保温（碳氮共渗）→直接淬火或炉内以一定冷速冷却到 550℃→重新加热到奥氏体化温度→保温→淬火→冷清洗→热清洗→回火→防锈→包装。

（2）轴承套圈碳氮共渗的主要控制技术指标

1）表面质量：共渗层深度、表面硬度、基体硬度、表面自由铁素体和无碳化物渗层。

2）表面缺陷：空隙、晶界氧化、脱贫碳、屈氏体网。

3）共渗层的均匀性：共渗层氮、碳含量，共渗层氮化物和碳、氮化合物大小及形貌。

4）共渗层及心部基体组织：屈氏体、马氏体和残留奥氏体级别。

（3）碳氮共渗后的质量检测

1）碳氮共渗的渗层深度检测：应用维氏硬度计测量 550HV1 处的渗层深度（480℃高温回火后检测）。检测部位为滚道底部。

2）滚道表面硬度检测：应用维氏硬度计（HV1）检测，检测部位为滚道 0.2mm 深度处检测。

3）基体显微硬度检测：应用维氏硬度计（HV10）检测，检测部位为滚道下 1 ～ 3mm 深度处。

4）渗层的碳、氮含量检测：应用直读光谱仪（OES）检测，检测部位为距表面 0.2mm 处。

5）显微组织检验：采用金相显微镜测量共渗层深度与滚道下 1 ～ 3mm 深度处马氏体的显微组织。外观检查部位与放大倍数按要求进行。

6）残留奥氏体检测：用 X 射线衍射技术测量，检测部位在碳氮共渗层表面 0.2mm 处测残留奥氏体量；在滚道下 1 ～ 3mm 深度处测量基体残留奥氏体量。车间现场也可以用磁性法检测，该方法简捷方便。

7）在多用炉和推盘炉中，轴承套圈碳氮共渗处理后的表面质量和金相组织如图 4-241、图 4-242 所示。

8. 碳氮共渗的常见缺陷

碳氮共渗制件常见缺陷有表面脱碳、表面脱氮、粗大的碳氮化合物、黑色组织出现非马组织、层深不够或者不均匀等。

（1）表面脱碳、表面脱氮　碳氮共渗层出现表面脱碳、脱氮等表面质量问题主要是因炉内气氛没有调整好，含有空气或者炉温太高而致。

图 4-241　轴承套圈碳氮共渗处理后的表面质量

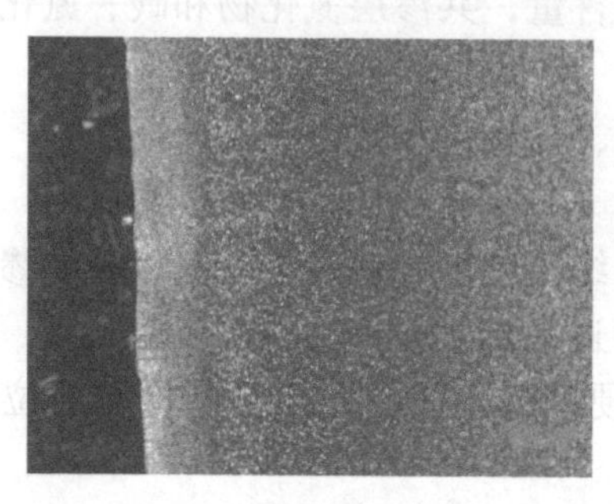

a) 表面组织

b) 心部组织

图 4-242　轴承套圈碳氮共渗处理后的金相组织

（2）粗大的碳氮化合物　在表面碳氮含量过高或碳氮共渗温度较高时，工件表面会出现密集的粗大条块状碳氮化合物。共渗温度较低，炉气氮势过高时，工件表层会出现连续的碳氮化合物。要严格控制碳势和氮势，特别是在共渗初期，必须严格控制氨的加入量。液氨必须通过汽化装置去除杂质和水分，目前神乐燃气设备（上海）有限公司生产的装置效果很好，提高了共渗层的质量，使用率很高。

（3）黑色组织　在未经腐蚀或轻微腐蚀的碳氮共渗金相试样中，有时可在距表面不同深度处看到一些分散的黑点、黑带、黑网，统称黑色组织。若碳氮共渗层中出现黑色组织，将导致弯曲疲劳强度、接触疲劳强度及耐磨性下降。

1）点状黑色组织。它主要发生在距表面 0 ～ 40μm 范围内，产生的原因可能是共渗初期炉内氮势太高，渗层中氮含量过大，碳氮共渗时间较长时碳浓度增高，发生氮化物分解及脱氮过程，原子氮变成分子氮而形成孔洞。

2）表面黑带。它出现在距表面 0 ～ 30μm 的范围内。由于形成合金元素的氧化物、氮化物和碳化物等小颗粒，使奥氏体中的合金元素贫化，淬透性降低，而形成屈氏体。

3）黑色网。它位于黑带内侧伸展深度较大的范围（达到 300μm）内。这是由于碳、氮晶间扩散，沿晶界形成锰、钛等合金元素的碳氮化合物，降低了附近奥氏体合金元素的含量，使淬透性降低，形成了屈氏体网。

4）过渡区黑带。它主要是由于过渡区的铬和锰生成碳氮化合物，使局部合金化程度降低，从而出现屈氏体。这种黑带不在表面层出现的原因是表层的碳、氮浓度较高，易形成马氏体组织。为了防止黑色组织的出现，渗层中氮的含量不宜过高，一般不超过 0.5%（质量分数），否则就容易出现点状黑色组织，共渗层中氮含量过低，容易出现屈氏体网，氨的加入要适中，氨量过高，炉气露点降低，会促使黑色组织再现。为了抑制屈氏体网的出现，可以适当提高淬火温度或采用冷却能力较强淬火冷却介质。产生黑色组织的深度 <0.02mm 时也可以用喷丸强化来补救。

9. 轴承钢碳氮共渗中出现的黑色组织的分析

门香兰等人提出了解决黑色组织问题的方法，以下进行简要介绍。铬轴承钢属于高碳低合金类型钢种，对它进行渗碳或者碳氮共渗是比较困难的，但是只要气氛控制得当，也是可以做出合格产品的。在生产中碰到的黑色组织问题一般是在连续炉或者多用炉开炉初期时的制气阶段，由于炉内气氛中的氧气没有排除干净而造成的脱碳，或者碳氮共渗时炉内碳势、氮势过高，或者淬火冷却介质的冷却速度不够而致；对于采用甲醇、丙烷、氨气的可控气氛做碳氮共渗时，液氨经气化后的使用效果会更好。它们的纯度必须达到技术要求，不能含有过多的水分，若炉内含有氧气和水分，则会造成脱碳气氛，致使黑色组织的出现。如图 4-243 所示，黑色组织轻微时只形成网络状，深度为几十微米到几百微米。另外在强渗初期，碳势或氮势过高也会出现黑色组织。如图 4-244 所示，黑色组织在光学显微镜下呈现网络状或层片 + 网络状的形态，其上分布着剩余碳化物颗粒。黑色网络是沿奥氏体晶界形成的。从图 4-243 和图 4-244 可以看出，层片状黑色组织是由黑色网络扩大变粗，几个邻近的网络连接成小黑块，再由小黑块间彼此连接成层片状而形成，所以黑色组织的形成经历了网络状→小块状→层片状的发展过程。

图 4-243　GCr15 钢表面脱碳的网状黑色组织（500×）

注：采用 4% 硝酸乙醇腐蚀。

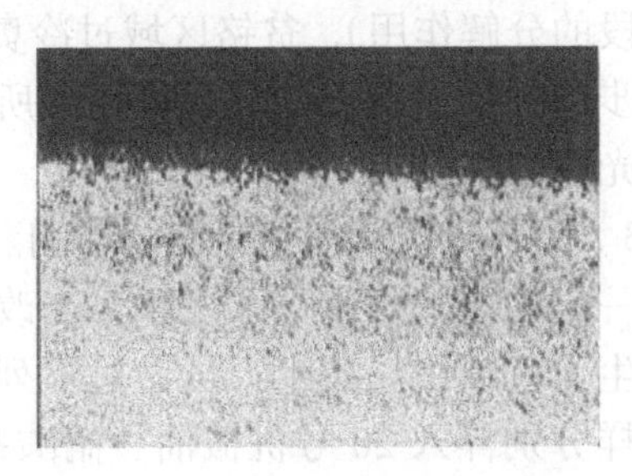

图 4-244　GCr15 钢表面增碳时的黑色组织（500×）

注：采用 4% 硝酸乙醇腐蚀。

（1）黑色组织和马氏体的硬度　黑色组织和马氏体的硬度检测对照见表4-43所示。黑色组织在淬火时发生的相变产物是屈氏体组织。

表4-43　黑色组织与马氏体的硬度检测对照

组织形态	维氏硬度　HV	洛氏硬度　HRC
层片状黑色区	474	48.7
网状黑色区	718	60.4
淬火马氏体	879	68.6

（2）GCr15钢黑色组织形成的原因

1）GCr15钢淬火冷却时必须制止珠光体类型的组织出现，所以在连续冷却的第一阶段，即等温转变曲线的鼻子部分要快，抑制珠光体转变的临界速度取决于钢的成分，首先取决于碳在固溶体中的浓度，淬火时临界冷却速度的大小，随着固溶体中碳含量的多少而变化，在GCr15钢加热时，出现表面脱碳现象，则脱碳区内固溶体的碳浓度相应降低，此时GCr15钢正常淬火冷却速度对于脱碳区来说已显得过小，这个冷却速度已不能制止珠光体的转变。这部分碳浓度低的过冷奥氏体处于很不稳定的状态，在淬火时最先分解成珠光体产物（奥氏体高温分解产物），也就是临界冷却速度标线与等温转变曲线相交，而不脱碳的区域（奥氏体碳浓度较高）同样的冷却速度已经能保证在淬火时发生马氏体相变，从而不使过冷奥氏体在早期分解成珠光体。

由于奥氏体的晶界面处于能量较高的不稳定状态，碳浓度的贫化往往由晶界面发生并向晶内扩展，所以随碳浓度的贫化程度由轻到重，淬火后出现的黑色组织也由网络状（晶界面）扩展为层片状（晶粒）。

2）GCr15钢表面增碳时，碳浓度得到提高，铬是碳化物形成元素，铬与碳易形成含铬碳化物，在高温下碳源不断扩散，渗入GCr15钢表层，处于不稳定状态的奥氏体晶界面上的铬浓度降低，随着碳的扩散，含铬碳化物也不断增多，贫铬区域逐步由晶界面向晶粒内发展，导致晶粒内的贫铬，即所谓的“增碳贫铬”现象。

合金元素铬具有明显地增大过冷奥氏体稳定性作用（特别是抑制奥氏体第一阶段的分解作用），贫铬区域过冷奥氏体变得不稳定，钢中未溶的剩余碳化物进一步起到加速奥氏体分解作用。所以当淬火时“增碳贫铬”区域最先分解得到珠光体产物。

3）冷却介质对黑色组织的影响。GCr15钢在淬火时表层黑色组织的形成需要在一定的冷却条件下才发生，当改变冷却条件，增大冷却速度，淬火后就不会产生黑色组织。技术人员做过下列验证：将加热时形成脱碳或增碳的GCr15钢试样分别淬入20号机械油、硝酸盐（50%$NaNO_2$ + 50%KNO_3）和水中进行淬火。结果是：油淬的表层有较多黑色组织；淬硝酸盐的表层仍有少量的黑色组织；淬水的表层没有黑色组织。

4）碳氮共渗时对于碳势和氮势的测量仪器：目前对于渗碳或者碳氮共渗工艺中碳势的测量基本上都是用氧探头；而对于氮势的测量没有直接的测量办法，用得较多的是将工件随炉试样进行光谱分析，或用氢探头，或用残氨分析仪在线测量，即控制进氨气的流量。

4.16.4　轴承钢的其他表面强化技术

轴承钢制件的表面强化技术还可采用表面涂层技术和在表面改性技术，除前面已经提到的对表面进行渗氮、碳氮共渗以外，还可采用物理、化学方法的表面改性技术和表面机械强化技术。

1. 三种表面强化技术

（1）表面涂层技术　在轴承制件表面涂覆一层或者多层不同材料的薄膜，有机地将基体表面和涂层的性能特点结合在一起，发挥两种材料的优势，同时满足对强度、耐磨性、耐蚀性等性能的要求，达到强化轴承的目的。表面涂层技术主要包括热喷涂、黏结固体润滑涂层、高分子涂层、堆焊、溶胶－凝胶法等。工程中常用于制造涂层的材料很多，主要包括陶瓷材料、类金刚石、金属碳氮化合物以及复合材料等。表面涂层技术的最大优势是能够以多种方式制备出优于基体材料性能的薄涂层，技术设计关键在于涂层与基体的结合牢固度、热膨胀特性与断裂韧性。

表面涂层技术的优点是可以提高滚动轴承的硬度、耐蚀性、耐磨性、改善摩擦条件等；其不足之处是涂层与基体的结合力不是很理想，镀层厚度不均匀，镀剂的使用寿命不长，设备成本较高等。

（2）表面改性技术　它是利用物理、化学等技术使制件表面的组织、化学成分、微观结构等发生改变，达到表面强化的效果，来提高轴承钢制件的耐磨性及使用寿命。常用的表面改性技术为：化学气相沉积（CVD）、物理气相沉积（PVD）、物理化学气相沉积（PCVD）、离子注入、激光表面强化和等离子扩渗处理等。

上面几种方法虽然很好，但是还有以下问题需要解决：化学气相沉积中产生的有害气体需要解决，有凹凸外形的复杂形状制件工艺过程较长，GCr15钢基体强度和表面高耐磨层的结合力问题，设备维护及利用率提高了涂层产品的成本。

（3）表面机械强化　近年来在表面机械强化技术中，将大功率超声技术用于轴承表面强化的方法迅速发展，它包括超声喷丸强化、超声挤压和超声滚压等技术。将超声技术用于轴承制件表面强化可以避免由于静压力过大造成的轴承表面划伤，还能增加残余压应力，在细化晶粒的同时产生表面抛光的作用，因此可以对薄壁类轴承套圈进行表面强化处理。

轴承钢制件表面强化技术的优缺点见表4-44。

表4-44 轴承钢制件表面强化技术的优缺点

强化方法	优 点	缺 点
表面涂层技术	可提高硬度、耐磨性、耐蚀性	涂层易脱落、设备成本高
表面改性技术	可提高耐磨性、疲劳强度、耐蚀性、抗氧化性	工艺复杂、成本高、污染环境
传统表面机械强化	可提高硬度、疲劳强度	过硬化、表面粗糙度差
超声表面机械强化	可提高硬度、耐磨性、疲劳强度	成本高

2. 国内外在轴承钢表面强化方面的动态

（1）国外研究现状 在表面改性强化方面，采用等离子渗氮技术对三种不同热处理后的AISI 52100钢试样进行改性处理，结果发现：在相同条件下，淬火和淬火+回火试样在等离子渗氮处理后表面硬度有所降低；退火试样在等离子渗氮后，表面显微硬度却明显提高，经X射线衍射分析表明，表面生成了Fe_4N等氮化物。用离子注入方法对轴承钢表面进行处理，研究发现大量的钼和氮注入轴承钢表面可以有效提高轴承的寿命。采用激光熔凝的方法对100Cr6钢表面进行了试验，通过扫描电镜、光学显微镜观察了改性后的钢表面的显微组织，结果发现，选取合适的参数，100Cr6钢表层组织发生了变化，表层重新奥氏体化后的涂层达到23μm。

国外关于表面机械强化等方面的研究，在有色金属及不锈钢方面有相关报告，但在轴承钢方面技术资料发表得不多。

（2）国内研究现状 国内关于表面涂层表面改性技术在轴承钢强化方面的研究不少。其中对牙轮钻滑动轴承表面强化工艺和材料的系列开展了试验研究：采用等离子堆焊DH–60粉末后，轴承表面具有涂层致密，空隙率低，组织结构致密，涂层与基体材料结合强度高等优点，其磨损量小，耐磨性提高30%左右，提高了牙轮钻头轴承的使用寿命。还有采用等离子体浸没离子注入与沉积技术，在AISI 52100轴承钢表面合成了高硬度耐磨的TiN薄膜，对合成薄膜前后试样的滚动接触疲劳寿命和摩擦磨损性能做测定，结果表明：TiN膜层致密均匀，与基体结合良好，轴承钢的硬度和疲劳寿命得到了提高。另外使用离子注入和离子束混合技术对GCr15、9Cr18、9Cr18Mo等钢分别进行处理，结果表明：处理后显著提高了试样的耐腐蚀性、耐磨性和抗疲劳寿命。对比研究等离子渗氮GCr15钢与GCr15钢基材在含氮硼酸酯润滑条件下摩擦磨损性能试验，结果表明：渗氮钢在质量分数为1.25%氮硼酸酯的润滑条件下摩擦系数很小，比没有渗氮钢的摩擦系数降低了34%～45%。

关于表面机械强化方面的工作，对未加工和经过表面强化加工的轴承钢球的应力分布状态进行测试，通过强化加工后，钢球的次表面出现了残余压应力，强化峰值很明显，有利于提高钢球的寿命。对薄壁套圈的滚压成形过程进行了仿真和成形试验，对试件变形区的力学特征及应力、应变分布规律进行了分析，证明了采用滚压强化处理薄壁套圈的可行性。在对滚压强化高碳铬轴承钢超长寿命的研究中发现：在高应力低寿命区，试样处理前、后，疲劳裂纹均产生于试样表面，由于存在表面残余压应力，疲劳强度有所提高；在低应力高寿命区，试样处理前疲劳裂纹产生于次表面，试样处理后疲劳裂纹产生位置发生转移，移动至内部硬化层和无残余应力的部位，较大地提高了疲劳强度。

4.16.5 感应熔涂－等温淬火的新技术

轴承钢的表面强化技术有许多，如喷丸强化、表面热处理强化、表面冶金强化、表面化学热处理强化、表面镀膜强化、激光相变硬化、热喷涂等。在实际应用中，有些方法存在着涂层或者薄膜与 GCr15 钢基体界面结合强度低、致密性差等问题。但是感应熔涂镍基自熔性合金的结合力很高，并具有优良的耐磨、耐蚀、抗氧化和抗高温磨损等综合性能，熔涂后的轴承钢通过等温淬火，具有较高的冲击韧性、断裂韧性和尺寸稳定性，从而受到关注。

翟长生团队对 GCr15 钢基体表面进行熔涂层－等温淬火的复合强化工艺，可以显著提高耐磨性和疲劳寿命，现将此试验方法做简单介绍，以期成为轴承钢复合强化提供一种新的路径。

1. 实验方法

选用 NF201 镍基自熔性合金粉末作为涂层材料，化学成分见表 4-45 所示。其粒度为 45 ～ 106μm。喷涂前先将 GCr15 钢基体表面先进行喷砂加表面粗糙度处理，达到活化表面、增加结合力的目的，然后通过 HG-FMS-Ⅱ型高能火焰喷涂系统进行喷涂，其工艺参数见表 4-46。

表 4-45　NF201 粉末的化学成分

元　素	C	Cr	Si	B	Fe	Ni
含量（质量分数，%）	0.5 ～ 1.0	14 ～ 19	3.5 ～ 5.0	3.0 ～ 4.5	<8.0	—

表 4-46　高能火焰喷涂工艺参数

名称	氧气压力 / MPa	乙炔压力 /MPa	空气压力 / MPa	氧气通量 / (m^3/h)	乙炔通量 / (m^3/h)	空气通量 / (m^3/h)	粉末进料速率 / (kg/h)	喷洒距离 /mm
参数	0.45	0.08	0.25	1.6	0.8	1.5	6	185

高效智能感应熔涂－等温淬火一体化工艺：感应重熔设备为自制设备（HE Ⅱ－cladding system），高效感应熔涂的制备过程为基于 PLC 温度反馈控制过程，通过感应加热功率与设定重熔温度的自适应 PID 闭环控制，使 PLC 根据熔涂层材料的重熔温度、自动调节感应加热的功率输出，以实现重熔层质量的一致性。

NFL201 材料的高效智能熔涂工艺为：预热温度为 300℃，重熔温度设定为（1012 ± 3）℃，等温淬火是将高效智能感应熔涂的试样在线空冷到（840 ± 10）℃后，迅速将试样淬入 220℃的淬火冷却介质中去，在淬火冷却介质中保温 180min，最后从介质中取出气冷到室温。

GCr15 钢按常规轴承钢的热处理工艺进行。为了同感应熔涂等温淬火一体化工艺对比耐磨性，按标准的等温球化退火和淬火回火处理执行。

性能测试方法：

1）摩擦磨损实验。在 MM-W1A 万能摩擦磨损实验机上进行。对偶材料为 GCr15 钢，硬度为 63HRC，销尺寸为 ϕ4.5mm×13mm。摩擦试样尺寸为 ϕ30mm×10mm 的盘状试样。摩擦条件：室温，主轴转速为 50r/min，试验力为 50N，摩擦时间为 60min。

2）显微硬度测试。用 HXD-1000 型显微硬度计测量显微硬度，压头载荷 500g，保荷时间 15s。

3）电镜及 X 射线衍射仪。采用 Quanta250FEG 型场发射扫描电镜（SEM），内配电子背散射衍系统和能谱仪（EDS），对熔涂层及压痕进行微观组织观察和元素分析。采用 D/MAXLL-A 型 X 射线衍射仪对熔涂层物相进行分析，其基体工作参数：扫描速度 2°/min，扫描范围 30° ～ 80°，步长 0.02°。

2. 结果与分析

（1）涂层微观组织分析　图 4-245 所示为三种涂层断面的显微组织。高能火焰喷涂颗粒明显扁平化（如图 4-245a 中 1 处），这是由于高速火焰射流冲击的结果。涂层内部存在着大量的孔洞，氧化夹杂（如图 4-245a 中 2 和 3 处），基体和涂层之间出现了贯穿或连通的界面缺陷（如图 4-245a 中 4 和 5 处），呈现典型热喷涂层特性及界面的机械结合特征。喷涂层经感应重熔后形成的熔涂层组织明显细化，仅存在着少量的、尺寸相对较小的孔洞和裂纹（如 4-245b 中 1 ～ 3 处）和少量的闭合微孔和微裂纹（如图 4-245b 中 4 和 5 处），基体和涂层在界面处发生融合，形成了紧密的冶金结合。感应熔涂层经等温淬火后，涂层进一步致密化，晶粒明显细化，仅存在极少的孔洞和界面缺陷（如图 4-245c 中 1 和 2 处），熔涂层内部晶粒晶界变得模糊。因此，经等温淬火后，熔涂层本身及界面得到显著改善。

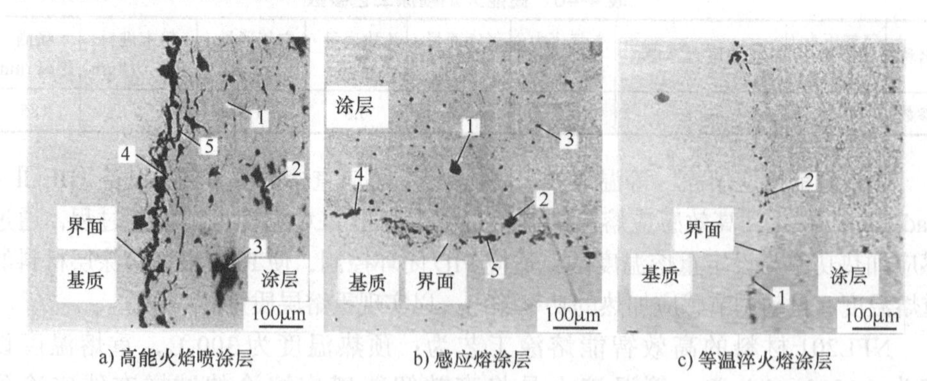

a) 高能火焰喷涂层　b) 感应熔涂层　c) 等温淬火熔涂层

图 4-245　三种涂层断面的显微组织

GCr15 钢经不同热处理工艺后的电镜形貌如图 4-246 所示。感应熔涂过程，实质是对 GCr15 钢基体正火热处理的过程，其组织主要是由索氏体、网状、条状及颗粒状渗碳体组成。经等温淬火后的 GCr15 钢基体晶粒明显细化，获得的是下贝氏体 + 均匀分布的碳化物颗粒。该组织具有较高的硬度和耐磨性，且具有良好的冲击韧度，可以使轴承套圈有足够的抗冲击能力。经预备热处理—等温球化退火—最终热处理后的轴承钢主要由隐晶马氏体和细小碳化物组成。

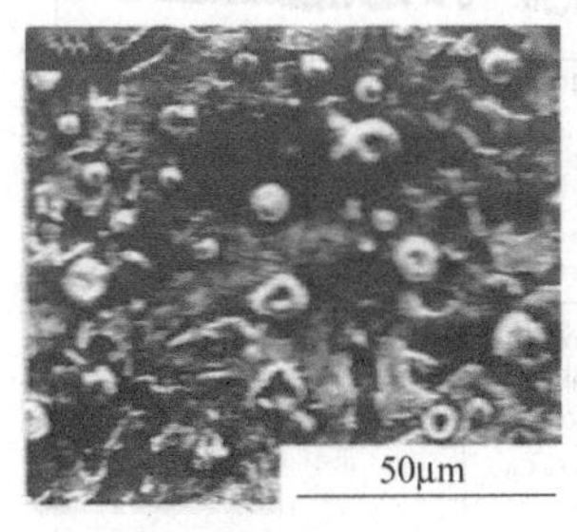

a) 感应熔涂

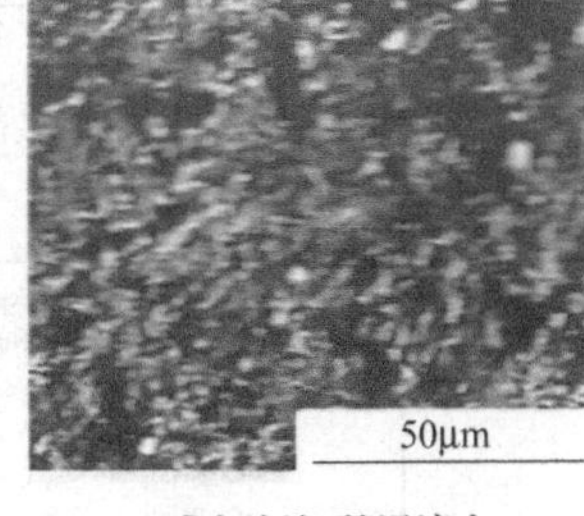

b) 感应熔涂–等温淬火

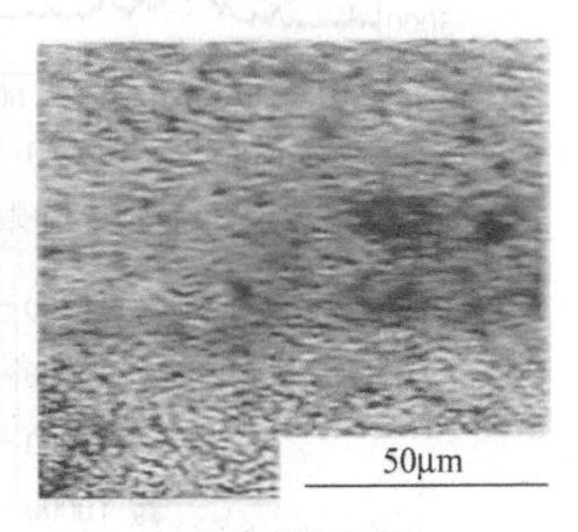

c) 常规热处理

图 4-246　GCr15 钢经不同热处理工艺后的电镜形貌

（2）涂层 XRD（x 射线衍射）分析　图 4-247 所示为三种涂层的 XRD 图谱。高能火焰喷涂层主要由 γ-Ni 固溶体、Fe_7C_3、Cr_7C_3、Fe_{23}（C，B）$_6$、Cr_7BC_4 碳化物和硼化物硬质相以及 Ni_3Si_2、Ni_4B_3、Cr_3Si、Fe_5SiB_2、$Fe_{4.5}Ni_{18.6}B_6$、$Cr_3Ni_5Si_2$、FeCr、Fe-Si-C、$Cr_{5-x}Si_{3-z}C_{x+z}$ 等 15 种共晶相及金属间化合物组成。经感应重熔后的熔涂层的物相构成发生了较大的变化，出现了（Cr，Fe）$_7C_3$ 等硬质新相，而 Cr_3Si、B（Fe，Si）$_3$ 等多种共晶物相及 Cr_7BC_4 消失，形成了新的物相体系。熔涂层经等温淬火后，物相体系又有新的演变，$Fe_2Si_{0.4}B_{0.6}$、$Fe_{4.5}Ni_{18.6}B_6$、Fe_7C_3 消失，同时生成了新的硬质项 Cr_7BC_4、CrB_4 和 Fe_3C。高能火焰喷涂仅能使粉末颗粒处于半熔化状态，其物相中以 γ-Ni 固溶体及其他元素形成的共晶体为主，仅存在着少量的碳化物及硼化物。高效智能感应熔涂是以感应加热为热源，其特有的电磁涡流使其形成特有的涂层，合适的重熔温度才能促成镍基自熔性合金的充分反应，促进涂层的熔化和再结晶，使熔涂层富含大量的硬质相，并形成合金化合物和固溶体。而等温淬火过程，实质是熔涂层的快速凝固过程，能够促进晶粒细化，Cr、C、B 等元素在晶界富集，生成更多的陶瓷性质的强化相。

（3）涂层表面 SEM 形貌及 EDS 分析　三种涂层表面的 SEM 形貌如图 4-248 所示。高能火焰喷涂层呈现多孔、多裂纹的典型的热喷涂层特征。感应熔涂层主要由白色组织、弥散分布的黑色组织（如图 4-248b 中 1 ～ 3 处）和灰色组织（图 4-248b 中 4）组成。对三种组织分别进行了 EDS 微区扫描，结果如图 4-249 和表 4-47 所示。由此可见，白色组织和黑色组织分别以镍、铬元素为主导。

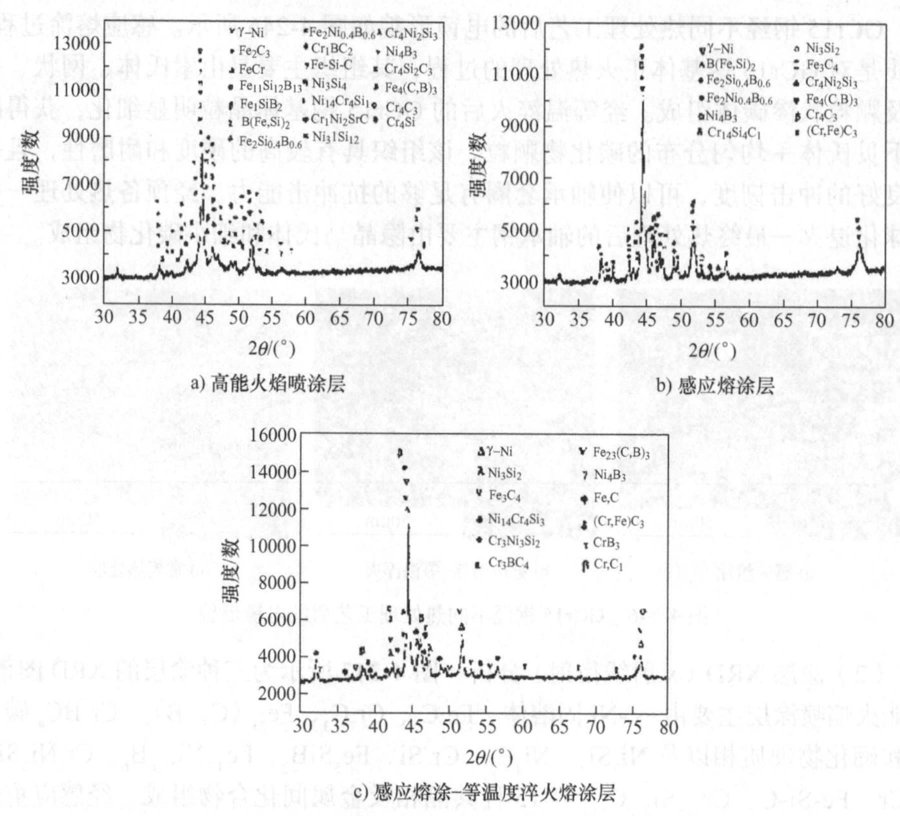

图 4-247　三种涂层的 XRD 图谱

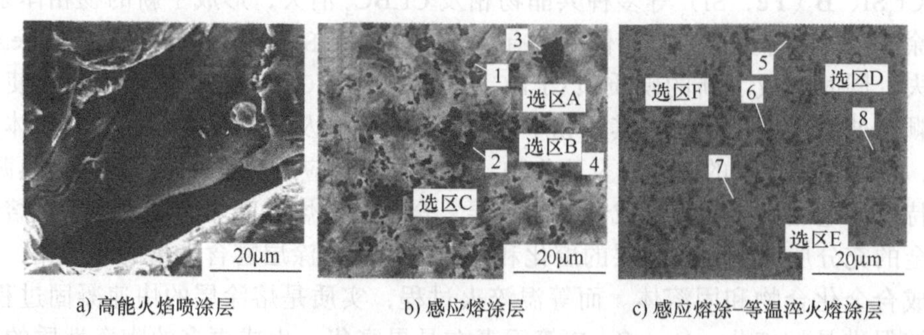

图 4-248　三种涂层表面的 SEM 形貌

而灰色组织 Cr 元素介于两者间，并富含大量的镍。结合杨效田等的研究成果可知，白色组织为镍固溶体，灰色组织为镍、铬合金的软质共晶组织，而弥散分布的黑色组织则为碳化物、硼化物硬质相。感应熔涂层经等温淬火后，黑色硬质量相（如图 4-248c 中 5 ～ 8 处）更为均匀弥散分布，晶粒明显细化，组织更为致密，而软质灰色组织大幅度减少。图 4-249 和表 4-47 同时给出了等温淬火熔涂层的 EDS 微区扫描分析的结果，其白色组织、灰色组织和黑色组织微

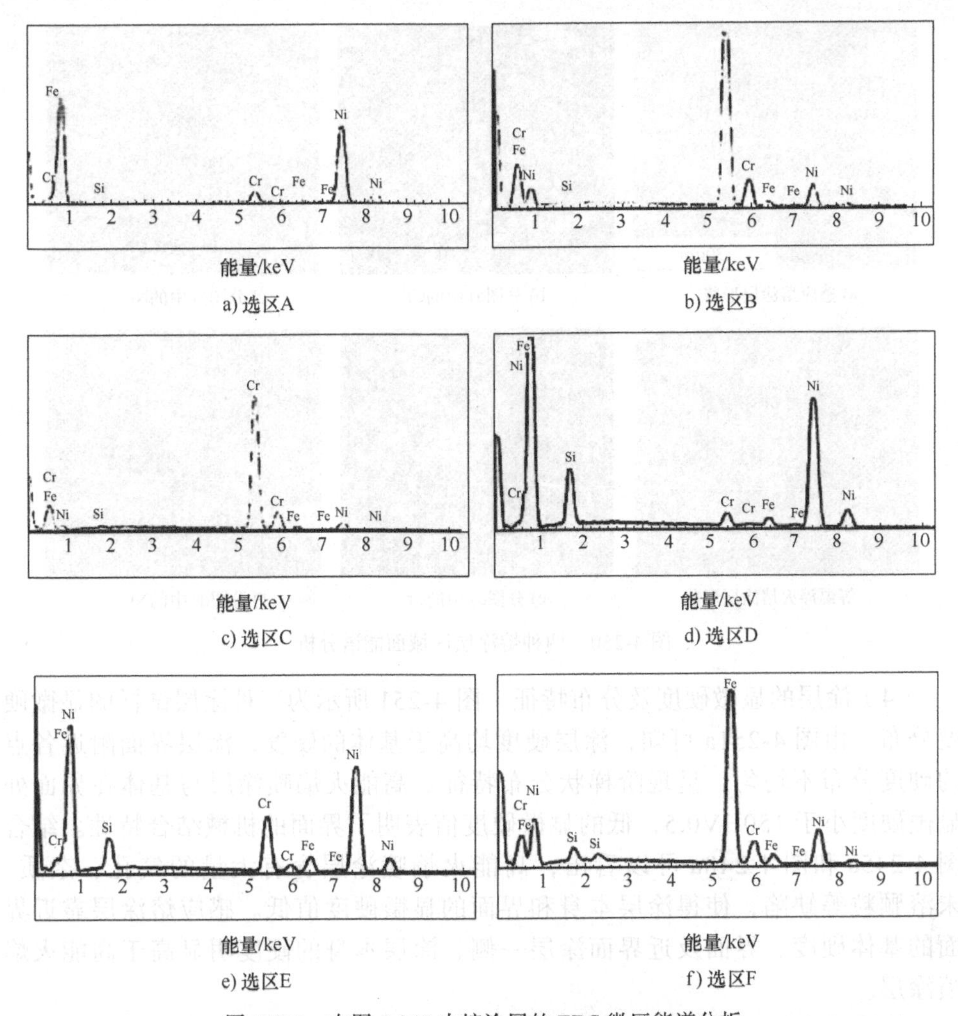

图 4-249　在图 4-248 中熔涂层的 EDS 微区能谱分析

表 4-47　在图 4-248 中熔涂层的 EDS 微区能谱分析结果（质量分数，%）

元　素	选　区					
	A	B	C	D	E	F
Si K	0.16	4.90	0.45	11.03	6.26	2.31
Cr K	5.64	16.67	79.34	3.74	16.6	0.79
Fe K	4.37	6.32	2.50	2.73	5.22	65.60
Ni K	89.82	72.11	17.71	82.50	71.92	4.29

区元素分布类似于效智能感应熔涂层。为了更进一步分析微观组织与摩擦性能的关系，对两种熔涂层进行了区域面能谱分析，如图 4-250 所示。感应熔涂层铬元素局部富集，形成了贫铬区和富铬区，反映了涂层硬质相分布的不均匀性。而熔涂层经等温淬火后，镍和铬元素的均匀性得到了改善，说明了各相具有更优异的弥散分布特征。

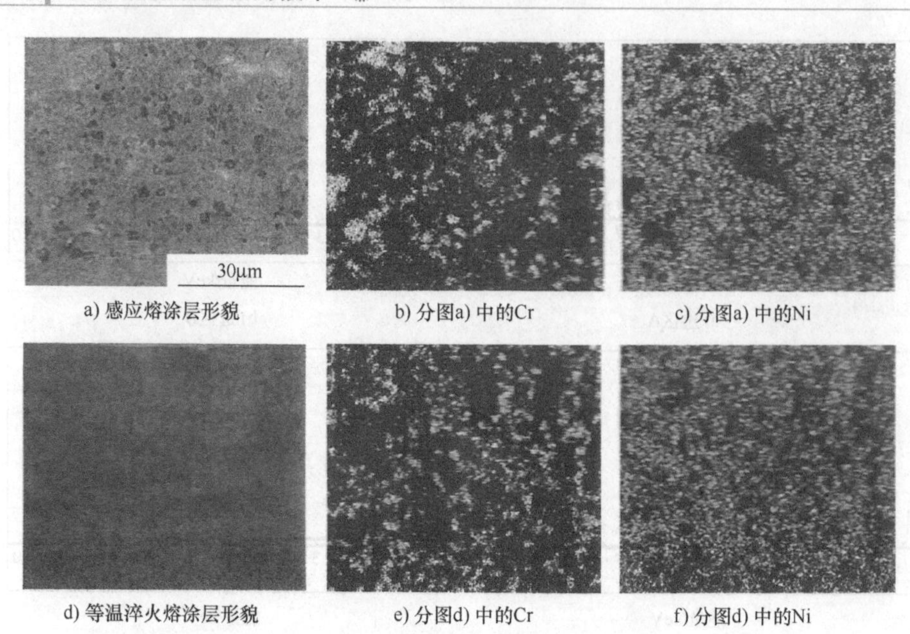

a) 感应熔涂层形貌　b) 分图a) 中的Cr　c) 分图a) 中的Ni

d) 等温淬火熔涂层形貌　e) 分图d) 中的Cr　f) 分图d) 中的Ni

图 4-250　两种熔涂层区域面能谱分析

（4）涂层的显微硬度及分布特征　图 4-251 所示为三种涂层试样的显微硬度分布。由图 4-251a 可知，涂层硬度均高于基体的硬度，涂层界面附近各点的硬度分布不均匀，呈现阶梯状分布特征。高能火焰喷涂层与基体在界面处显微硬度小于 150HV0.5，低的显微硬度值表明了界面的机械结合特性。结合图 4-245a 和图 4-248a 可以看出，高能火焰喷涂层含有大量的气孔、杂质、未溶颗粒等缺陷，使得涂层本身和界面的显微硬度值低。感应熔涂层靠近界面的基体硬度、界面及近界面涂层一侧、涂层本身的硬度明显高于高能火焰喷涂层。

分析认为：在感应重熔过程中，由于熔涂组织的再结晶和元素的再分配，涂层的微观组织结构发生了明显地改变，感应重熔消除了高能火焰喷涂层中大量的气孔、夹杂、裂纹及未熔颗粒，生成了大量的碳化钨和硼化物硬质相，促成了界面冶金反应，形成了涂层与基体元素相互融合的扩散转移带（Diffusion Transfer Band，DTB）。感应熔涂层经等温淬火后，其基体硬度远大于高能火焰喷涂层和感应熔涂层，熔涂层、界面得到明显提升，在 DTB 硬度下降的斜率明显小于前两者。

由图 4-251b 可以看出，感应熔涂层、等温淬火熔涂层和淬火后 GCr15 钢试样的平均显微硬度分别是：818.5HV0.5、860.3HV0.5 和 750.1HV0.5。再结合金相图谱、SEM 形貌及 XRD 分析，等温淬火熔涂层的致密度、晶粒细化和硬质相的相对均质弥散分布，是其具有更高的平均显微硬度和更小的离散性的根本原因。

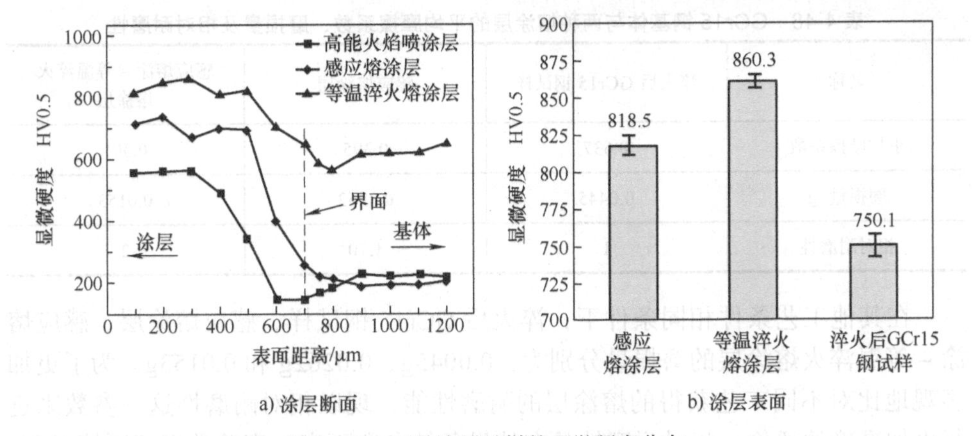

图 4-251 三种涂层试样的显微硬度分布

（5）熔涂层的摩擦学行为

1）摩擦系数及相对耐磨性。GCr15 钢基体与两种熔涂层试样的摩擦曲线如图 4-252 所示。稳定阶段的平均摩擦系数、磨损量及相对耐磨性见表 4-48。相对于淬火后 GCr15 钢试样，感应熔涂层及感应熔涂－等温淬火熔涂层在稳定摩擦阶段，具有更低的摩擦系数和更小的离散特性，分别比前者小了 38.0% 和 52.7%。

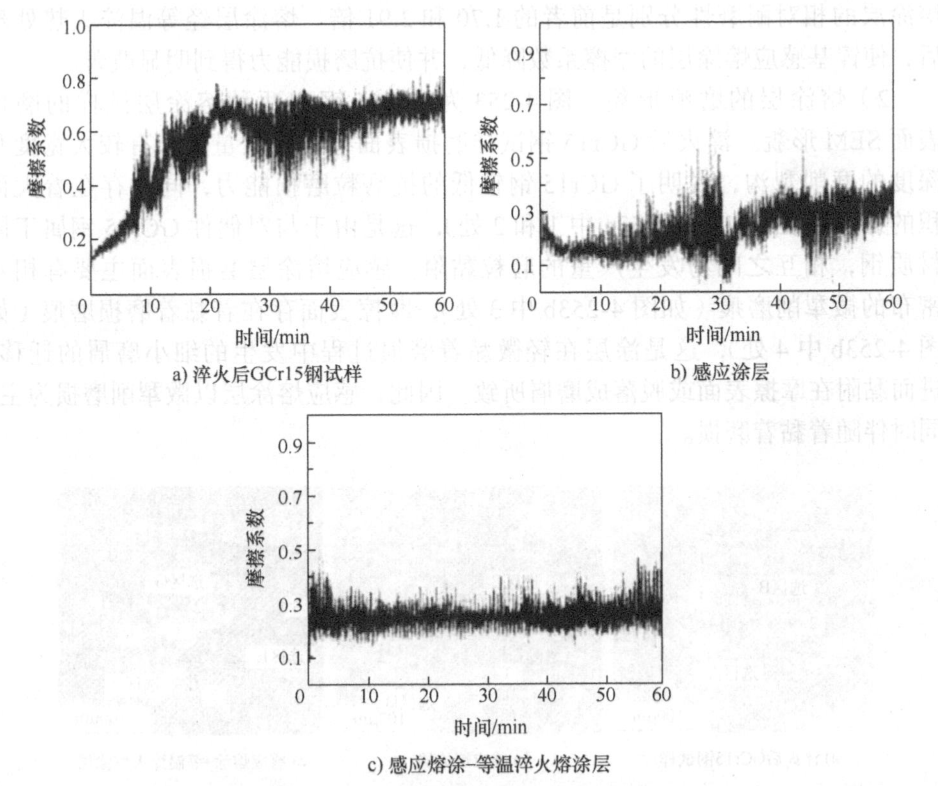

图 4-252 GCr15 钢基体与两种熔涂层的摩擦曲线

表 4-48　GCr15 钢基体与两种熔涂层的平均摩擦系数、磨损量及相对耐磨性

名称	淬火后 GCr15 钢试样	感应熔涂层	感应熔涂－等温淬火熔涂层
平均摩擦系数	0.637	0.395	0.301
磨损量 /g	0.0445	0.0262	0.0153
相对耐磨性	1	1.70	2

在其他工艺条件相同条件下，淬火后 GCr15 钢试样、感应熔涂层、感应熔涂－等温淬火熔涂层的磨损量分别为：0.0045g、0.0262g 和 0.0153g。为了更加客观地比对不同工艺获得的熔涂层的耐磨性能，现以相对耐磨性这一参数来进行更加准确的评价。相对耐磨性是在外界条件参数不变，实验数据相同情况下，试样材料的磨损量与标准试样的磨损量的比值，被称为相对耐磨性。其计算公式如下：

$$\varepsilon_{相对}=G_{标准}/G_{待测}$$

式中，$\varepsilon_{相对}$为相对耐磨性；$G_{标准}$为标准试样的磨损量；$G_{待测}$为试样材料的磨损量。

将淬火后 GCr15 钢试样作为标准试样，感应熔涂层、感应熔涂－等温淬火熔涂层的相对耐磨性分别是前者的 1.70 和 2.91 倍。熔涂层经等温淬火热处理后，使镍基感应熔涂层的摩擦系数降低，并使抗磨损能力得到明显改善。

2）熔涂层的磨痕形貌。图 4-253 为 GCr15 钢和两种熔涂层试样的磨损表面 SEM 形貌。淬火后 GCr15 钢试样磨损表面存在着大量的、有较大宽度和深度的磨削犁沟，说明了 GCr15 钢较低的抗磨粒磨损能力，同时存在着大面积的黏着颗粒（如图 4-253a 中 1 和 2 处），这是由于与对偶件 GCr15 钢属于同材质钢，相互之间易发生严重的磨粒黏附。感应熔涂层磨损表面主要有相对密布的微犁削磨痕（如图 4-253b 中 3 处），摩擦表面存在着黏着磨损磨痕（如图 4-253b 中 4 处），这是涂层在轻微黏着磨损过程中发生的细小磨屑的迁移，进而黏附在摩擦表面或脱落成磨屑所致。因此，感应熔涂层以微犁削磨损为主，同时伴随着黏着磨损。

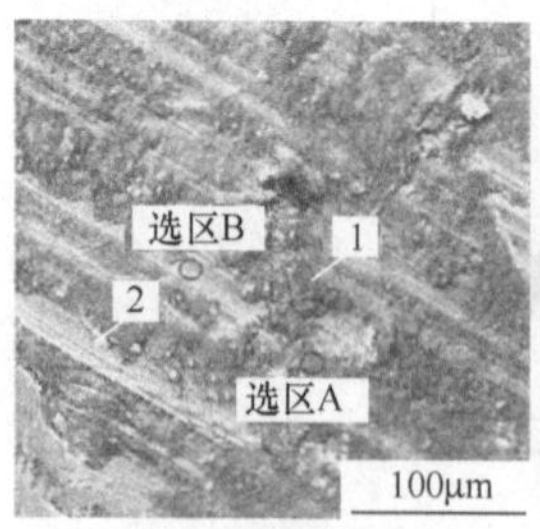

a) 淬火后GCr15钢试样

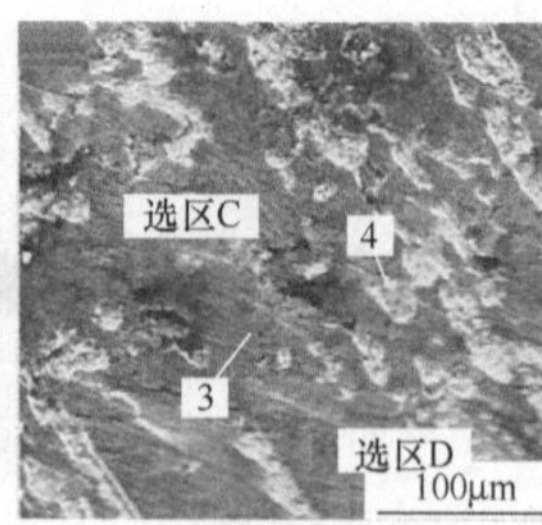

b) 感应熔涂层

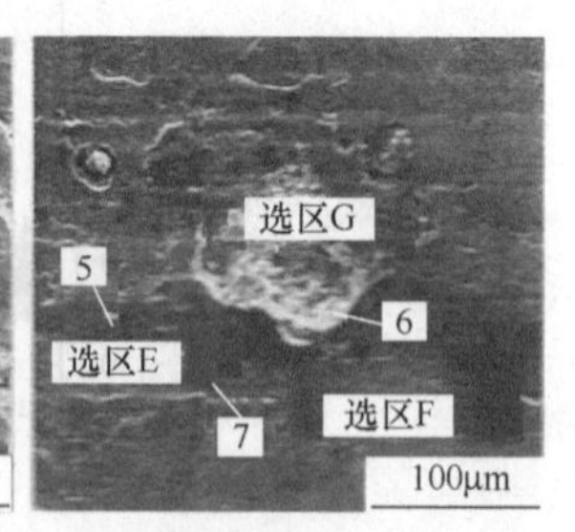

c) 感应熔涂–等温淬火熔涂层

图 4-253　GCr15 钢和两种熔涂层试样的磨损表面 SEM 形貌

感应熔涂－等温淬火涂层的磨损表面仅有微量的微犁削磨痕（如图 4-253c 中 5 处）和少量的黏着磨痕面（如图 4-253c 中 6 处）和黏着磨损磨削（如图 4-253b 中 7 处）。为了进步分析摩擦表面状态，对三种磨损表面的主要元素进行了 EDS 微区扫描，其结果如图 4-254 和表 4-49 所示。

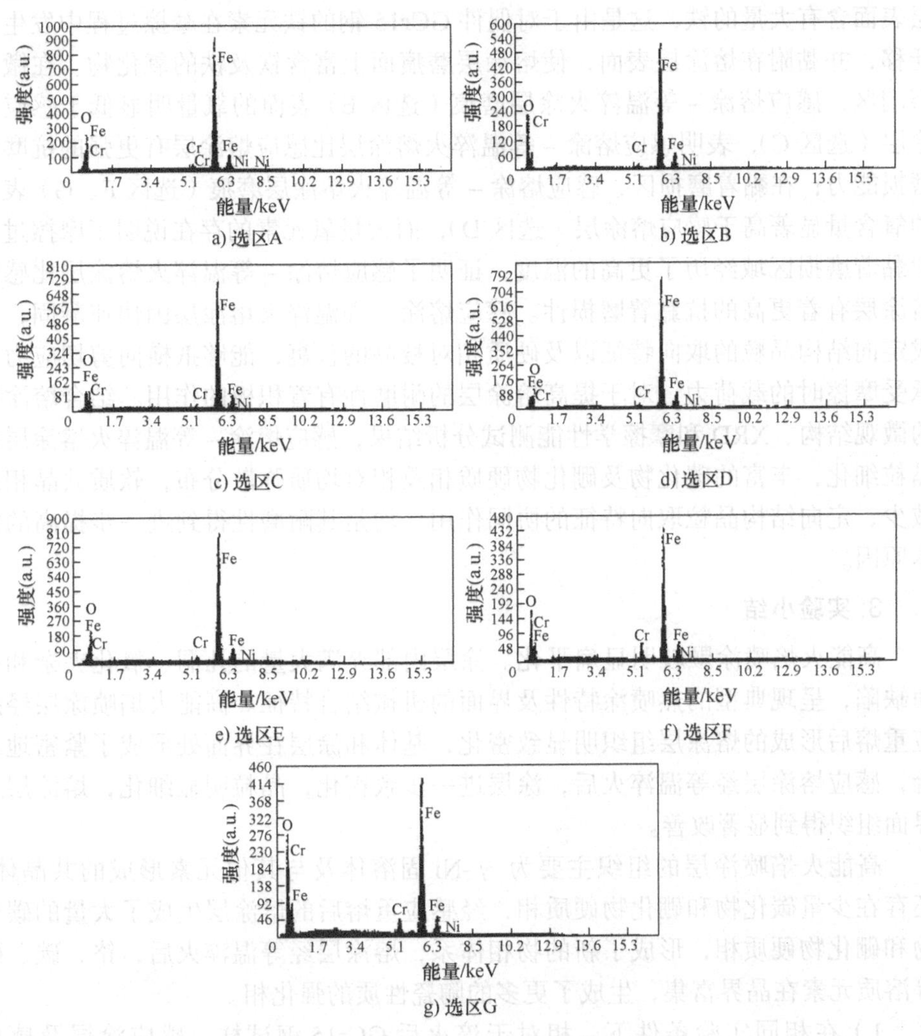

图 4-254 对图 4-253 进行微区的能谱分析

表 4-49 对图 4-253 中微区的能谱分析结果 （质量分数，%）

元素	选区						
	A	B	C	D	E	F	G
O K	1.44	24.55	13.26	5.66	2.5	20.03	30.2
Cr K	1.84	1.23	1.27	1.56	1.7	4.75	3.16
Fe K	96.23	73.86	85.09	92.16	95.33	74.51	66.16
Ni K	0.49	0.36	0.36	0.62	0.47	0.71	0.48

淬火后 GCr15 钢试样磨削犁沟磨损面的氧含量较低（选区 A），而在黏着磨损面有着较高的含氧量（选区 B），进一步证明了 GCr15 钢的早期磨粒磨损和同质材料的强力黏附。感应熔涂层表面氧化元素含量较多，铬含量高于镍含量，表明熔涂层中铬元素比镍元素的亲氧能力强，因此发生了铬的氧化；熔涂层表面含有大量的铁，这是由于对偶件 GCr15 钢的铁元素在摩擦过程中发生了迁移，并黏附在熔涂层表面，使熔涂层磨痕面上富含铁及铁的氧化物。在微犁磨削区，感应熔涂－等温淬火涂层磨痕（选区 E）表面的氧量明显低于感应熔涂层（选区 C），表明感应熔涂－等温淬火熔涂层比感应熔涂层有更强的抗磨粒磨损能力；在黏着磨损区，感应熔涂－等温淬火熔涂层磨痕（选区 F、G）表面的氧含量显著高于感应熔涂层（选区 D），而大量氧元素的存在说明了摩擦过程中黏着磨损区域经历了更高的温度，证明了感应熔涂－等温淬火熔涂层比感应熔涂层有着更高的抗黏着磨损性。感应熔涂－等温淬火熔涂层因快速凝固，形成定向结构晶粒的取向特征以及硬质相对枝晶的包裹，能够抵横向剪切应力和承受摩擦时的载荷力，对于提高熔涂层的耐磨性有着积极的作用。结合熔涂层的微观结构、XRD 和摩擦学性能测试分析结果，感应熔涂－等温淬火熔涂层的晶粒细化，丰富的碳化物及硼化物硬质相及相对均质弥散分布，软质共晶相地减少，定向结构晶粒取向特征的协同作用，均是其耐磨性得到进一步提高的根本原因。

3. 实验小结

高能火焰喷涂颗粒明显扁平化。涂层内部充满大量的孔洞、氧化夹杂和界面缺陷，呈现典型的热喷涂特性及界面的机械结合特征。高能火焰喷涂层经感应重熔后形成的熔涂层组织明显致密化，基体和涂层在界面处形成了紧密地结合，感应熔涂层经等温淬火后，涂层进一步致密化，晶粒明显细化，熔涂层及界面组织得到显著改善。

高能火焰喷涂层的组织主要为 γ-Ni 固溶体及与其他元素形成的共晶体，还存在少量碳化物和硼化物硬质相，经感应重熔后的熔涂层生成了大量的碳化物和硼化物硬质相，形成了新的物相体系，熔涂层经等温淬火后，铬、碳、硼等溶质元素在晶界富集，生成了更多的陶瓷性质的强化相。

1）在相同实验条件下，相对于淬火后 GCr15 钢试样，感应涂层及感应熔涂－等温淬火熔涂层，在稳定摩擦阶段具有更低的摩擦系数和更小的离散特性，分别比前者的小了 38.0% 和 52.7%，相对耐磨性分别是前者的 1.7 和 2.91 倍。

2）淬火 GCr15 钢有着更低的抗磨粒磨损和黏着磨损能力，而感应熔涂层以微粒磨削为主，黏着磨损并存，而经等温淬火后的熔涂层以磨粒磨损为主导，比前两者具有更优异的抵抗磨粒磨损和黏着磨损的能力。

参考文献

[1] 清水信善，福田省夫 . 热处理 [A]. 薛经仙译 . 洛阳：洛阳轴承研究所，1975，15(6):22–27.

[2] 左永平，牛文明，丁林 . 2016 年亚洲热处理会议论文集 [C]. 北京：全国热处理学会，2016.

[3] 刘云旭 . 低碳合金钢中带状组织的成因、危害和消除 [J]. 金属热处理，2000(12):1–3.

[4] 轧制技术及连轧自动化国家重点实验室 . 轴承钢超快速冷却技术研究与开发 [M]. 北京：冶金工业出版社，2015.

[5] 马占福 . 控制轧制和轧后控冷对钢材组织及性能影响 [D]. 西安建筑科技大学，2004.

[6] 黄理统，李大勋，杨季伟，等 . 轧机轴承强韧化工艺的试验研究 [J]. 金属热处理，1987(3):30–38.

[7] 葛宰林，吴树财，杨年申，等 . 轴承套圈零件锻碾过程智能控冷工艺及设备 [J]. 大连交通大学学报，2011，32(3):102–104.

[8] 刘云旭 . 金属热处理原理 [M]. 北京：机械工业出版社，1981.

[9] 刘云旭 . 钢的等温热处理 [M]. 北京：机械工业出版社，1964.

[10] 景国荣，范崇惠 . 国外轴承热处理 [G]. 洛阳：洛阳轴承研究所，1980.

[11] 许茂德 . 轴承钢马氏体等温淬火的研究 [J]. 金属热处理，1979(1):27–37.

[12] 蔡安源 . 1963 年全国第一届热处理年会论文 [C]. 北京：中国机械工程学会热处理学会，1963.

[13] 中国机械工程学会热处理学会 . 热处理手册：第 1 卷　工艺基础 [M]. 4 版 . 北京：机械工业出版社，2013.

[14] 米振莉，张小垒，李志超，等 . 热处理工艺对高碳铬轴承钢组织和性能的影响 [J]. 材料热处理学报，2015，36(7):119–214.

[15] 王锡樵 . 应用氨分解气的振底式自动淬火炉 [J]. 机械工人 (热加工)，1978(08):2–6.

[16] 邹磊，侯奎，王锡樵 . 影响高碳铬轴承钢轴承热处理质量的因素 [J]. 金属加工 (热加工)，2017(09):7–11.

[17] 王锡樵 . 第十一届中国热处理活动周 [C] 北京：全国热处理学会，2016.

[18] 王秋成，张召明，王露，等 . GCr15 钢深冷条件下的组织转变 [J]. 低温工程，2008，12(6):24–27.

[19] 亨金，洛克申 . 精密机械制造与仪器制造中金属与合金的尺寸稳定性 [M]. 蔡安源，杜树芳，译 . 北京：科学出版社，1981.

[20] 张红，顾开选，王俊杰，等 . 深冷处理对 GCr15 钢尺寸稳定性的影响 [J]. 金属热处理，2015，40(07):138–141.

[21] 孙清汝，邹磊，王锡樵．等细长杆件的感应穿透加热淬火和自动矫直生产线 [J]. 金属加工 (热加工)，2016(01):12-15.
[22] 王锡樵．GCr15 纺机锭杆的相变超塑变处理 [J]. 金属加工 (热加工)，2012(增刊 2):175-177.
[23] 王锡樵．1995 年全国第六届热处理大会论文集 [C]. 北京：中国机械工程学会热处理分会，1995.
[24] 张金东，田红卫．第十一届中国热处理活动周论文集 [C]. 北京：全国热处理学会，2016.
[25] 庄又青．利用巴克豪森效应综合评价材料表面质量 [J]. 无损检测．1994，16(2):41-43.
[26] 中国机械工程学会热处理学会．热处理手册：第 4 卷　热处理质量控制和检验 [M]. 4 版．北京：机械工业出版社，2013.
[27] 甘宅平．高铬铸铁残余奥氏体测定的探讨 [J]. 理化检验 (物理分册)，2007，6:19-23.
[28] 肖柯则，乐茂康，马庆国．磁性法与 X 光衍射分析等淬贝氏体球墨铸铁中残余奥氏体 [J]. 现代铸铁，1989(3):38-42.
[29] 刘红樱，王海华，王程．基于单片机的残余奥氏体磁性测量法 [J]. 中国仪器仪表，2007(12):35-37.
[30] 范崇惠，刘耀中，张增岐．2003 年热处理学会成立四十周年专辑 [C]. 北京：全国热处理学会，2003.
[31] WILFRIED G，闫满刚．模压式感应淬火和回火技术 [J]. 金属热处理，2010(3):13-15.
[32] 陈贺．感应淬火技术 [J]．金属加工 (热加工)，2017(12):12-15.
[33] 中国机械工程学会热处理学会．热处理手册：第 2 卷　典型零件热处理 [M]. 4 版．北京：机械工业出版社，2013.
[34] SCARPELLINI L，CESANO M，程震武，等．大型中碳钢回转支承的无软带感应淬火 [J]. 金属加工 (热加工)，2020.(5):25-31
[35] EGAWA K. 重复淬 - 回火对 JIS SUJ 2 轴承钢球状碳化物区域的影响 [J]. 国外轴承技术，2020(2):31-35
[36] 屠恒悦，张宏康．真空热处理技术 [G]. 上海：中国真空网，2011.
[37] 胡长贵．精密轴承的真空热处理 [J]. 金属加工 (热加工)，2012(8):15-18.
[38] 朱培瑜．常见制件热处理变形与控制 [M]. 北京：机械工业出版社 1990.
[39] 许大维，冯志军，徐慧之．细长零件热处理 [M]. 北京：机械工业出版社，1990.
[40] 刘耀中，侯万果，王玉良，等．滚动轴承材料及热处理进展与展望 [J]. 轴承，2020，(2):54-61.
[41] 张蓓．汽车用轴承钢的研发方向　B14 特钢不锈 [N]. 世界金属导报，

2018，(12):8-15.

[42] 李昭昆，雷建中，徐海峰，等 . 国内外轴承钢的现状与发展趋势 [J]. 钢铁研究学报，2016，28(3):1-11.

[43] 张玲 . 龚建勋，刘汇河，等 .GCr15 钢制轴承气体碳氮共渗组织及性能的变化 [J]. 热处理技术与装备，2017，38(5):40-43.

[44] 刘耀中，范崇惠 . 高碳铬轴承钢滚动轴承零件热处理技术发展与展望 [J]. 金属热处理，2014，39(1):53-57.

[45] 王滨生，常晓智 . GCr15 钢的渗氮淬火复合热处理 [J]. 金属热处理，1992(12):23-26.

[46] 王浩，叶健熠，薛文方，等 . 渗氮预处理对 GCr15 轴承钢性能的影响 [J]. 轴承，2016(7):37-38；43.

[47] 郑世安，于宗汉 . GCr15 钢油嘴高浓度碳氮共渗 [J]. 热加工工艺，1988(1):28-33.

[48] 门香兰，刘新 . GCr15 钢淬火件中黑色组织的分析和研究 [J]. 现代车用动力，2017(3):42-44.

[49] 王晓强，刘佳，卜敏，等 . 滚动轴承表面强化技术发展趋势 [J]. 轴承，2017(5):49-53.

[50] 黄志强，涂小芳，王晓凤，等 . 高速牙轮钻头轴承表面强化技术实验研究 [J]. 西南石油大学学报 (自然科学报)，2009，31(2):143-145；191.

[51] 刘洪喜，蒋业华，周荣，等 . 等离子体浸没离子注入与沉积合成 TiN 薄膜的滚动接触疲劳寿命和机械性能 [J]. 金属学报，2008，44(3):325-330.

[52] 张涛，侯君达 . MEVVA 源金属离子注入和金属等离子体浸没注入 [J]. 中国表面工程，2000，13(3):8-12.

[53] 刘耀中 . 表面工程技术在轴承上的应用 [J]. 金属热处理，2005.30(增刊 1):45-48.

[54] 王松，岳文，王成彪，等 . 渗氮 GCr15 钢在含氮硼酸酯添加剂润滑油作用下的摩擦学性能 [J]. 中国机械工程学报，2012.48(19):128-133.

[55] 刘传铭，杨建虹，雷建中，等 . 不同处理状态的 GCr15 钢球应力分布分析 [J]. 轴承，2015(6):24-26.

[56] 肖大志，樊泽兴，杨成林 . 薄壁环形制件滚压成形研究 [J]. 中国表面工程学报，2000(3):8-12；1.

[57] 鲁连涛，盐泽和章，姜燕 . 深层滚压加工对高碳铬轴承钢超长寿命疲劳行为的影响 [J]. 金属学报，2006，42(5):515-520.

[58] 翟长生，王迎春，解芳，等 . GCr15 基体表面感应重熔 - 等温淬火镍基涂层的制备及摩擦学为 [J]. 材料热处理学报，2019，40(11):166-176.

[59] 任颂赞，张静江，陈质如，等 . 钢铁金相图谱 [M]. 上海：上海科学技术文献出版社，2003.

[60] 清水信善，田村今南，邵会孟 . 钢的淬火逆硬化现象及其防止措施 [J]. 金属热处理，1978(02):57–61.
[61] 汤峰 . GCr15 轴承钢连续变温形变复相淬火工艺 [J]. 轴承，2003(9):14–17.
[62] 王锡樵，刘美冬 . GCr15 轴承套圈热处理探讨与分析 [J]. 金属加工 (热加工)，2013(S1):32–37.
[63] 王锡樵 . 全封闭型三氯乙烯清洗液回收装置 [J]. 新技术新工艺，1985(03):28–29.

Chapter 5

第5章　轴承钢的淬火冷却介质应用及淬火槽的设计思路

钢在淬火后会产生较大的残余应力和组织应力，从而导致畸变或开裂。若要求制件在热处理后完全达到不畸变和开裂，这对淬火冷却介质来说是一个极难完成的工作，世界上还没有一种淬火冷却介质能够达到不产生畸变的要求，但是可以通过对淬火钢组织性能的改变，在马氏体转变区采用不同的冷却速度，获得不同的组织性能，来减少拉应力引起的畸变或开裂。多数情况下，最理想的办法是控制钢在加热保温后的冷却时的冷却速度：在高温时中速冷却，在 A_1 和 *Ms* 点之间快速冷却，在马氏体转变区内缓慢冷却。这样就可以得到微小畸变及没有开裂的工件。

根据钢的性能、组织特点、工件的形状和尺寸要求，淬火时工件的冷却可以使用物理性质彼此相差很大的淬火冷却介质：空气、金属板、熔融的金属、熔盐、熔碱、水、水溶剂及油等。

这些介质之间的区别不仅限于它们在淬火时可以使工件冷却得快些或慢些，还有它们本身的特性。淬火时所用介质极其重要的特性是：一些介质在冷却过程之初便很快地吸热，一些介质在冷却中期吸热，还有一些介质在冷却过程末期才吸热。

对淬火冷却介质的冷却性能影响最大的是：介质的物态在冷却期内改变与否。

第一种是熔盐、熔金属类：在淬火冷却时，沸腾温度一般都大大超过被冷却工件的温度，这类介质在冷却过程中不会沸腾，不会改变其物态，所以冷却曲线上没有表明冷却过程大大加速或减缓地急剧转折，即不改变介质物态的冷却。

第二种是水、水溶性和油：它们在淬火冷却时被冷却的工件温度低很多的温度下便沸腾，在淬火过程中，这类淬火冷却介质在接触到灼热的工件时就沸腾了并改变了其物态，即改变介质物态的冷却。

对淬火冷却介质的评定方法有若干种，如硬度法、冷却曲线法、720℃时的冷却速度法、珠光体和马氏体温度区间内的冷却速度法、扩散系数与冷却表面的关系法等方法。目前使用较多的是冷却特性曲线法。

5.1 钢的奥氏体等温转变图与理想的冷却曲线

钢的奥氏体等温转变图和连续冷却转变图，分别反映奥氏体化后的钢在等温冷却和连续冷却条件下的相变规律，是制定热处理工艺的重要依据之一，也是选择钢材、研发新钢种和分析生产中发生问题的重要参考资料。由于奥氏体等温转变图比连续冷却转变图容易测定，故实际生产中多数都是用奥氏体等温转变图来分析连续冷却转变的问题。

淬火是将钢加热到相变温度以上，经保温后快速冷却，使钢获得马氏体组织的操作。在淬火过程中，为避免奥氏体在 A_1 点以下较高温度时发生分解，在过冷奥氏体的低稳定区，淬火冷却速度必须大于临界冷却速度 v_k（即获得全部马氏体组织所需的最低冷却速度）。临界冷却速度可以近似地根据奥氏体等温转变图估计出来，如图 5-1 所示。由于临界冷却速度的大小与奥氏体等温转变图有密切关系，因此，凡影响奥氏体等温转变图的形状和位置的因素，都将改变 v_k 值。研究表明，影响奥氏体等温转变图的因素很多，但奥氏体的化学成分对它的影响最大。加入钢中的合金元素（除钴外），若加热时融入奥氏体中，则会推迟过冷奥氏体的分解，使奥氏体等温转变图右移，降低钢的临界冷却速度 v_k。如单一淬火（图 5-1 中 a）由于冷却剧烈，使制件的内应力过大，易造成畸变或开裂。对于形状复杂的钢种，采用高温预冷或双液淬火（图 5-1 中的 b）、奥氏体等温淬火（图 5-1 中的 c）、马氏体等温淬火（图 5-1 中的 d）和分级淬火（图 5-1 中的 e）方法，使淬火时的冷却速度尽可能缓和一些。这样既保证得到较高的硬度和理想的金相组织，又避免了畸变和开裂的危险。这些都要通过奥氏体等温转变图与制件材质的形状及性能来确定。

由奥氏体等温转变图可知，制件在淬火时需要得到预期的马氏体组织，并不需要整个冷却过程都很快，只要在奥氏体等温转变图的“鼻部”附近快速冷却（奥氏体最不稳定区，一般在 650 ～ 400℃的范围）。在 650℃以上的高温区和 400℃以下的低温区都不需要快速冷却，尤其是在 300 ～ 200℃以下的马氏体转变区应尽可能地缓慢冷却，以减少急冷而产生的热应力和由马氏体转变的组织应力。理想的淬火冷却曲线如图 5-2 所示。

在实际生产中，高温区的缓慢冷却是靠制件达到奥氏体化出炉后，在空气中的“预冷”适当时间，然后进入淬火冷却介质中快速冷却，其冷却速度取决于淬火冷却介质的性能；而低温区的缓慢冷却则通过双液淬火、分级淬火或者等温淬火来达到。

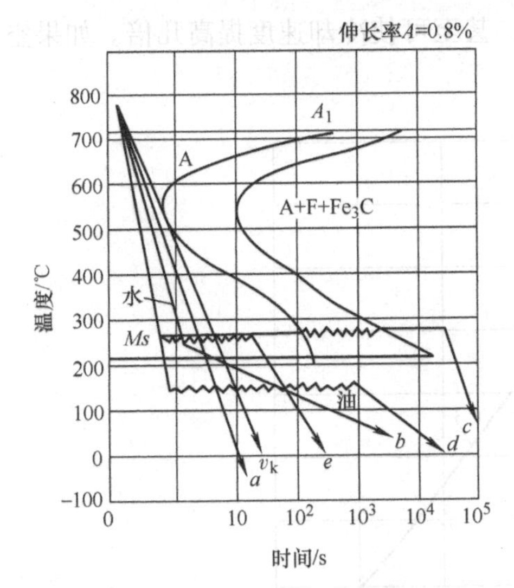

图 5-1　奥氏体等温转变图和淬火操作示意图

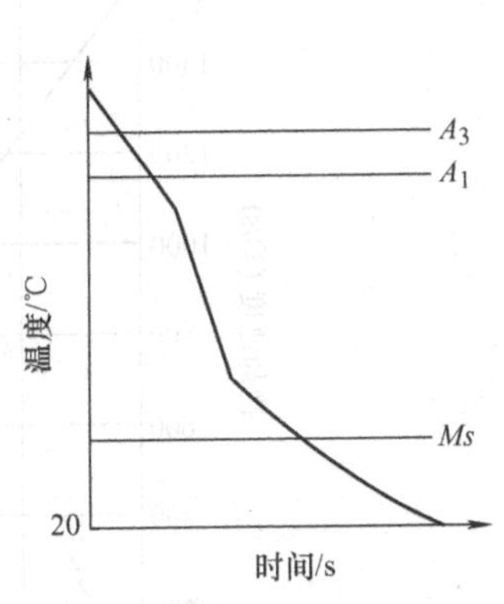

图 5-2　理想的淬火冷却曲线

5.2　淬火冷却过程中介质的变化

工件在淬火冷却过程中，淬火冷却介质是否发生物态变化，可把介质分为有物态变化和无物态变化两种。对于水、无机物水溶液、有机聚合物水溶液和各种淬火油等淬火冷却介质，在淬火时要发生物态变化。而气体、熔融金属、熔盐、熔碱和金属板等淬火冷却介质，其沸腾温度一般都大大超过被冷却工件的温度，冷却过程不会沸腾，因而淬火时不改变物态。因此这类介质在冷却曲线上没有表明冷却速度加快或减慢的转折。

不改变物态的淬火冷却介质，其冷却过程可用牛顿公式计算：

$$\Omega=\alpha A\ (t_f-t_\omega)$$

式中，t_f-t_ω 为被冷却工件表面温度和淬火冷却介质温度的温度差（℃）；A 为工件表面积（m^2）；α 为散热系数 [kg・K/（m^2・h・℃）]，α 可取冷却温度区间的平均数。

冷却过程还可以用冷却曲线来表示。图 5-3 的曲线 1、2，为 ϕ4mm 的镍铬合金圆球分别在铁板和铜板上的冷却情况。热传导是散热的主要形式，尽管铜板的热导率几乎是铁板的 9 倍，但其冷却速度仅比铁板大 1 倍，这主要是由于金属板与试样之间具有较高的导热性所致。为提高冷却速度，可通过加大工件在板上的压力、增加板的体积和在板内通冷却水等方法来达到。

图 5-3 的曲线 3 为试样在熔融金属中的冷却情况。尽管热导率较低，但由于接触良好以及对流热交换，冷却速度几乎比在金属板上大 9 倍。在低温时，由于温差降低，冷却速度比较低。工件在空气中的冷却情况如图 5-3 中的曲线 4 所示。在高温时，辐射散热是主要方式；在低温时，对流和传导是主要方式。

当空气流动时，特别是采用压缩空气时，甚至可使冷却速度提高几倍。如果空气流动速度不变，曲线性质也不变。

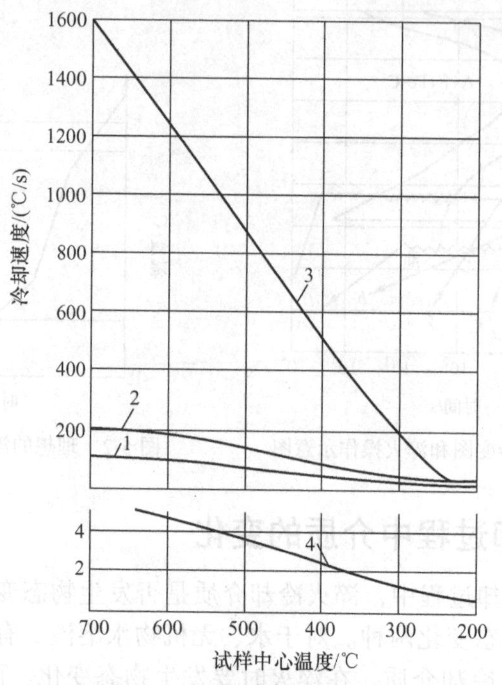

图 5-3 球形试样的冷却速度

1—4mm 的镍铬合金试样在铁板上 2—相同试样在铜板上 3—相同试样在 180℃的熔融金属（70%Cd+30%Sn）中 4—20mm 的银质试样在静止空气中

金属、熔融金属、空气的导热速度，在全部过程中是平缓降低的。熔盐和熔碱及其他不改变物态的淬火冷却介质，尽管热交换形式不同，但都具有相同的冷却性能。

水、盐、碱以及酸的水溶液和油，具有与上述淬火冷却介质绝然不同冷却性能，其沸点低于被冷却工件的温度，因而会沸腾。这类淬火冷却介质的冷却过程如图 5-4 所示。

当炽热的工件在具有物态变化的淬火冷却介质中淬火冷却时，冷却过程一般由三个阶段组成。在三个阶段之间的 A 和 B，分别称第一沸腾转变期和第二沸腾转变期。冷却过程由下列组成：膜状（蒸汽膜）沸腾阶段（1）、第一沸腾转变期（A）、泡状（核）沸腾阶段（2）、第二沸腾转变期（B）、对流热交换阶段（3）。

（1）膜状沸腾阶段　炽热的工件与液体接触时，瞬时间工件四周的液体达到沸点而汽化，但蒸汽又很快被邻近液体所冷凝，使工件表面形成了被已加热的液体的薄膜所包围的蒸汽膜。这层膜很稳定，即使强烈搅拌也不易破裂。这层蒸汽-液体膜，将炽热的工件表面与大量的液体隔开，使液膜内表面上的温度较沸点高，加上蒸汽膜的蒸汽是热的不良导体，而此阶段的冷却仅由辐射和蒸汽的导热来实现，因此严重地妨碍了热传导，使冷却速度缓慢。热传导的强弱与蒸汽膜的厚薄有关。

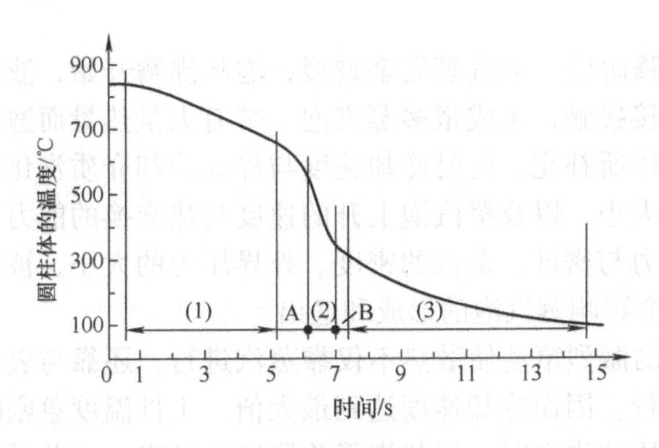

图 5-4 圆柱体试样 ϕ6.4mm×50mm（95%Ni+5%Si）在 58℃水中的冷却过程

膜内高的压力，是膜内蒸汽过热至液体沸点以上的温度的条件。增大外压力，可以减少蒸汽膜的厚度，而使导热加速。膜内蒸汽压力 p 等于大气压力 p_1、液柱压力 p_2 和水膜的表面张力所造成的压力 p_3 之和，即

$$p=p_1+p_2+p_3$$

当工件在液体中冷却时，其下部承受压力较大，因而在膜状沸腾阶段，下部的冷却能力要比上部快些。但是提高压力并非是工件下部较强烈冷却的唯一原因，还由于工件下部常常接触的是较冷的液体，而上部接触的则是从下面上升的被加热了的液体。当工件在淬火冷却介质中窜动时，蒸汽膜变薄或破裂，加快了冷却速度。在其他条件相同的情况下，蒸汽膜的厚度仅与蒸汽形成的速度与冷凝速度之比有关。提高蒸汽膜的形成速度同时降低冷凝速度，可使蒸汽膜的厚度及其稳定性增加。而炽热的工件在冷的液体中冷却时则相反。当冷却液从蒸汽膜吸收的热量大于工件放出的热量时，蒸汽膜的厚度则减少，最后因不稳定而消失。当液体与加热了的工件表面发生直接接触时，便开始了泡状沸腾。

（2）第一沸腾转变期　第一沸腾转变期是指膜状沸腾结束和泡状沸腾开始。当被冷却的工件表面过热至液体的沸点温度以上，到达每种液体恒定的临界值时，一种沸腾状态便转变为另一种沸腾状态。

第一沸腾转变期的产生，一般是由于温差降低、蒸汽的形成速度与冷凝速度接近、氢的爆炸作用、热力学和机械作用以及盐的爆炸等所致。提高冷却液的温度或工件的温度时，皆可形成稳定性高的薄膜。因此不仅可增加汽化速度，而且可降低蒸汽的冷凝速度。

膜状沸腾向泡状沸腾移动的温度称为特性温度，一般在 500 ～ 700℃之间。此温度越高，就可更快进入泡状沸腾阶段。特性温度与淬火温度及工件大小无

关，蒸汽压低、汽化热大、界面张力小、润湿性大、黏度小等均可提高特性温度。另外，工件表面粗糙氧化物的形成或涂砥石粉也可以提高特性温度。到达特性温度的时间称为特温秒，特性温度和特温秒是衡量淬火冷却介质的重要参数。

（3）泡状沸腾阶段　蒸汽膜完全破裂，泡状沸腾开始，液体立即润湿金属表面，并与之直接接触，生成很多蒸汽泡，带有大量热量而逸出，原来气泡的位置，被新的液体所补充。此时冷却速度与淬火冷却介质汽化热的大小、蒸汽泡形成的数量和大小，以及蒸汽泡上升的速度与热交换的能力有关。而淬火冷却介质的表面张力与密度、蒸汽的密度、外界压力的大小、被冷却的工件表面温度和性能等均会影响蒸汽泡的形成和逸出。

工件淬火时的激烈窜动使散热不仅靠蒸汽进行，还靠与表面直接接触的部分过热液体来进行。因而冷却速度达到最大值，工件温度急剧降低。当温度降低到淬火冷却介质的沸点时，泡状沸腾阶段即告结束。由此可见，特性温度越高，泡状沸腾越从高温开始；而淬火冷却介质的沸点越低，此阶段就越能扩展到低温。淬火冷却介质沸点和特性温度之间的温差越大，冷却就越激烈。显然，泡状沸腾阶段的热交换（即蒸发和冷凝），受到淬火冷却介质的物理性质的影响，特别是受沸点和汽化热的强烈影响。

（4）第二沸腾转变期　第二沸腾转变期是指泡状沸腾结束和对流热交换开始。此时的温度称为对流阶段开始温度，它取决于淬火冷却介质的沸点。对流阶段开始温度与特性温度都是考核淬火冷却介质冷却能力的重要参数。对流阶段开始温度的降低，将增加淬火翘曲和裂纹等缺陷。为提高此温度，通常添加降低溶液蒸汽活力的添加物，如盐、碱等。

（5）对流热交换阶段　被冷却工件表面的温度降低至淬火冷却介质沸点温度以下时，对流热交换阶段开始。工件周围温度较高的液体与离工件较远处温度较低的液体，因温度差自然对流，带走工件的热量，其数量与淬火冷却介质的比热容、黏度和热导率及工件表面和淬火冷却介质之间的温差有关，同时淬火冷却介质与工件周围液体的相对流动速度对此也有很大影响。

工件在淬火冷却时的换热过程、工件中心温度的计算、淬火冷却时间的计算等都是有公式的，但是由于工件的几何尺寸不同，材料性能不同，没有办法进行精确计算，只能将它们简化成圆柱体、板状、球状、立方体等简单形状后再进行计算，还要经生产实践多次验证，才能作为准确的工艺参数。

5.3 淬火冷却介质冷却能力的评定

由于淬火冷却介质的种类很多，冷却过程也比较复杂，因此评定淬火冷却介质冷却能力的方法很多。根据评定方法，可随时掌握淬火冷却介质的使用情况和确定淬火冷却介质的使用期限，从而保证工件的热处理质量；并可在实验室，用各种方法对不同淬火冷却介质进行比较，为选择和应用现有淬火冷却介质提供数据，为研究新的淬火冷却介质提供测试方法。最常用的评定方法是硬度法和冷却特性曲线法。

1. 硬度法

最简单的淬火冷却介质冷却能力的评定方法是硬度法，它是沿工件表面的纵向或横截面的径向深度测定硬度。该方法除与淬火冷却介质冷却性能有关外，还与钢的淬硬性和淬透性有关。因此在比较两种或两种以上淬火冷却介质的冷却能力时，必须采用同一材料、同一规格的试样。由于淬火冷却介质的冷却曲线是评定淬火冷却介质的主要指标，因此硬度法常被作为评定淬火冷却介质的补充方法。

有时将选定的钢材制成锥形试样，淬火后从纵向剖开，可以用硬度法或显微蚀刻法，测量自锥顶起至完全硬化点之距离，以此确定冷却速度的差别。

2. 冷却特性曲线法

目前工业上普遍采用的冷却特性曲线法可通过IVF冷却特性测试仪实现。该测试仪依照ISO 9950：1995《淬火油冷却特性测定方法》制造，标准探头是ϕ12.5mm×60mm的镍基合金热电偶探头，放在圆柱体中心的K型热电偶中。按照ISO 9950：1995的规定，给出某个淬火冷却介质的冷却性能的测试结果应由三部分组成：冷却曲线（包括温度－时间曲线和温度－冷却速度曲线）、冷却时间和冷却速度。ISO参考油冷却时间和冷却速度的要求见表5-1。ISO参考油及相近油的指标见表5-2。其中，ISO参考油是指没有添加剂的石蜡型基础油。

表5-1　ISO参考油冷却时间和冷却速度的要求

冷却时间	冷却速度
850～600℃，精确到0.5s	最大冷却速度精确到0.5℃/s
850～400℃，精确到0.5s	最大冷速精确到0.5℃/s
850～200℃，精确到0.5s	300℃的冷速精确到0.5℃/s

表5-2　ISO参考油及相近油的指标

名　称	ISO标准油	100SN	L-AN22	L-AN32	150SN
40℃的运动黏度/(mm^2/s)	21±2	19±1	22±2.2	28.8±3.2	30±2
黏度指数	100±5	>98	—	—	>98
闪点/℃	200±10（闭口）	>185（开口）	>170（开口）	>170（开口）	>200（开口）

注：开口闪点比闭口闪点高20～30℃。

目前国内外大多数用冷却速度来评价淬火冷却介质的冷却能力，其要点如下：

1）当某一介质冷却速度（最大冷却速度、最大冷却速度的温度、300℃的冷却速度）低于水或高于油，则该介质的冷却能力就低于水或高于油。

2）最大冷却速度的温度越高，工件冷却越容易避开等温转变曲线的鼻子而进入马氏体转变。

3）最大冷却速度越大，表明在沸腾阶段介质从探头表面逸出热量越多。

4）300℃时的冷却速度是评定介质低温区冷却能力的主要方法。在300℃的冷却速度为50℃/s时，原则上认为该水剂淬火液不宜用来代替油淬，否则会引起畸变开裂。淬火油在300℃的最大冷却速度一般为6～30℃/s，有的会更低。

近年来我国南京科润工业介质股份有限公司通过精心的、新颖的设计，精细的制造，开发了完全达到ISO 9950：1995质量要求的第三代智能型淬火冷却介质冷却特性测试仪——KR智能型淬火冷却介质冷却特性测试仪。该测试仪用于检测和评估淬火冷却介质的冷却特性，为科研院所、热处理生产单位等分析评估淬火冷却系统提供基本的参考依据。该仪器是淬火冷却介质研发、质量检测和热处理工艺控制的必要工具。同时在生产现场可以直接测定淬火槽不同部位和不同搅拌状态的冷却特性，既可为热处理工艺人员制定工艺提供参考，也可为淬火槽设计人员提供技术参考。

第三代智能型淬火冷却介质冷却特性测试仪较传统的冷却特性测量仪有重大的改进，运用了近年来先进的计算机技术，采用液晶显示屏、人机交互界面便捷直观，能够实时显示检测结果，测量数据采集及处理方式更为先进，能够保证检测结果的准确性。该仪器按照ISO 9950：1995设计制造，主要由测试主机、手柄、探头组件及PC端软件四部分组成。

1）主机测量系统摒弃了传统的电子微分器技术，而采用先进的计算机技术，采样频率达到2000次/s。优点：主机小，便于携带，具有方便的人机交互界面，采用了7in（1in=0.0254m）大屏幕液晶显示器，操作界面直观便捷；测量结果的测试曲线及数据可以直接显示，便于现场工程师进行实时分析对比；选用更为科学的数据运算方法，可减小环境噪声信号对测试结果的影响，复核重现性更好，曲线平滑干净，能更真实反映待测介质的基本特性；具有大容量的数据存储能力，自身内可存储6000次的测量数据，用户也可根据需要增加扩展卡；检测过程或待机时，支持热插拔，可避免误操作导致仪器损坏。

2）手柄、探头组件和加热炉组件按照ISO 9950：1995执行。

5.4 常用淬火冷却介质及防止老化的措施

轴承钢是一个高碳低合金钢，它具有很好的淬硬性，在淬火加热时，使马氏体中的碳含量（质量分数）达到0.4%～0.5%时，即可得到高的接触疲劳寿命，这取决于加热温度和保温时间，对于淬火冷却介质，一般可以根据工件的外形尺寸、技术要求来选择水、水溶性淬火冷却介质、油性淬火冷却介质还有熔盐等温（分级）淬火冷却介质。总的原则是应该保证获得淬火畸变小、硬度和金相组织符合技术要求、表面清洁光亮、价格友好的环保型淬火冷却介质。

（1）清水　清水是一种环境友好型、价格低廉的淬火冷却介质，化学稳定性好，不会变质，水的冷却能力很强。但是，清水在500～600℃（等曲转变曲线的鼻子部分）膜状沸腾阶段长，影响工件表面淬火硬度的均匀性；在马氏体温度转变区（300～100℃），因沸腾阶段冷却较快，淬火时热应力和组织应力较大，会导致工件畸变或开裂。

在淬火时，水需要搅拌、循环流动。当水温<40℃时，流动的水能将蒸汽膜提前破裂，使工件表面润湿度饱满，淬火硬度就高。水应该使用自来水，不应该用河、湖、井水，因为这些水源含有矿物质和杂质，对淬火质量不利。

轴承钢制造的弹力丝假捻器芯轴、水泵轴、滚珠丝杠等都是在感应加热时喷清水淬火的，近年来为减少热应力和组织应力，使用水剂淬火冷却介质也很多。淬火时在一定压力范围内喷水压力越大，冷却效果越好，硬度就越高，但是偶尔会出现软点，其原因是淬火剂的喷水压力太高。

对于轴承钢制造的、直径较大的工件用清水直接淬火，存在太大的淬裂或者畸变风险。因为轴承钢是高碳低合钢，直接用清水淬火，会产生很大的淬火应力。平时对于一些直径在ϕ100～ϕ150mm、长度为850mm的GCr15钢或者9SiCr钢轴淬火是凭经验进行预冷，即在水剂介质中淬火，轴做上下运动，在水中停留时间5min左右，出水槽后立即进入油浴回火炉中回火。这种做法的淬火质量不是很稳定。为此，可以采用上海交通大学研究的水-空交替淬火方法，通过计算机控制加热温度、保温时间、水淬时间和水、空循环次数及出水温度，使淬火质量稳定在技术要求范围内。淬火冷却过程的计算模拟，是对冷却过程中工件内部发生的温度场、组织场和应力场变化的模拟。相变取决于冷却速度，而相变潜力又反过来影响冷却速度、温度和组织的变化，引起应力与应变。应力对相变动力学有一定的影响，它们之间相互作用，需要经过反复迭代才能得到温度场、相变和应力场的计算结果。

（2）高分子聚合物　高分子聚合物水溶液内含有防腐剂和防锈剂，根据需要可以用水稀释成各种浓度的水剂淬火液，它们的冷却速度可以根据需要进行调整，得到介于水、油之间的冷却速度，有的甚至可以比油还要慢。它们不燃烧，没有烟雾，没有气味。在淬火时工件表面会形成一层很薄的薄膜，从而改变了冷却特性。在配制时，聚合物的浓度越高，膜的厚度越厚，则冷却速度越慢。其介质的浓度可以通过折光仪、黏度仪、冷却介质特性测量仪（IVF）等来测定，生产现场使用折光仪是简易、快速、准确的方法之一，在对淬火冷却介质进行校对时用冷却介质特性仪是最准确的操作。有学者认为高分子聚合物淬火冷却介质将来会有替代淬火油的趋势。高分子聚合物有以下几种：

1）聚烷撑乙二醇（PAG）。早在20世纪60年代美国联合碳化物公司，已在热处理生产中使用PAG水剂淬火冷却介质了。这是一种使用面很广泛的水剂淬火冷却介质，具有独特的逆溶性，即在水中的溶解度随着温度升高而降低。一定浓度的PAG被加热到一定温度后即出现PAG与水分离的现象，该温度称为“浊点”。在淬火过程中，利用PAG的逆溶性可以在工件表面形成热阻层，从而减小工件的冷却速度，通过改变PAG水溶液的浓度、温度、搅拌速度就可以改变它的冷却能力，如图5-5所示。PAG水溶液的pH值对浊点的影响如图5-6所示。PAG水溶液pH值对冷却性能的影响如图5-7所示。

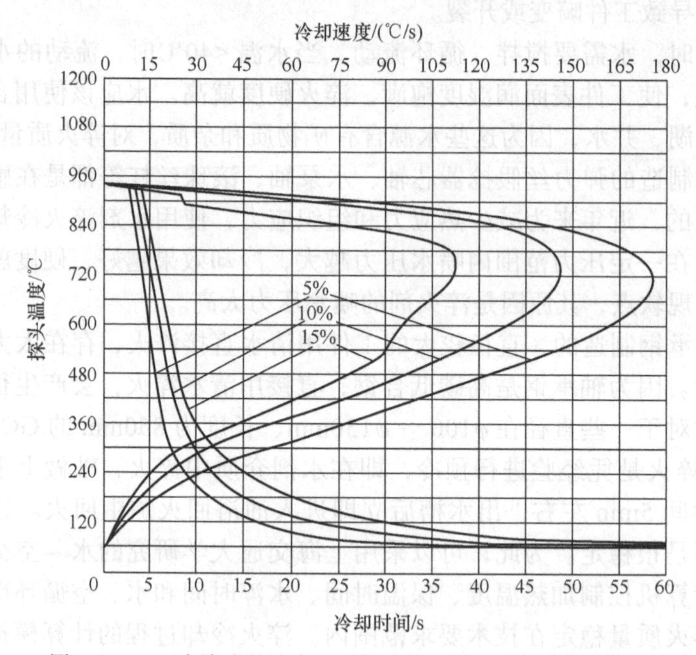

图5-5　PAG水溶液的浓度（质量分数）对其冷却性能的影响

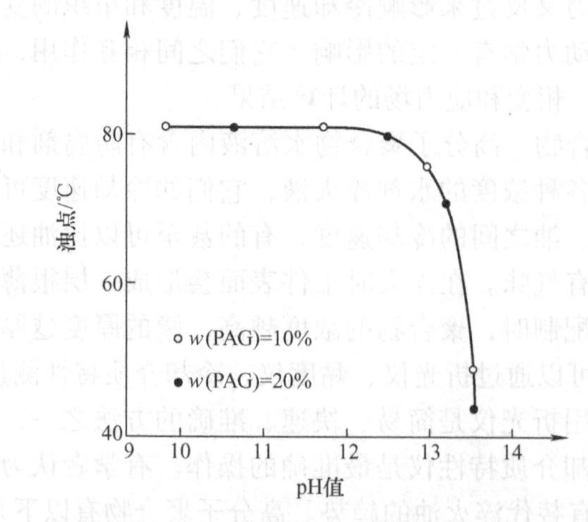

图5-6　PAG水溶液的pH值对浊点的影响

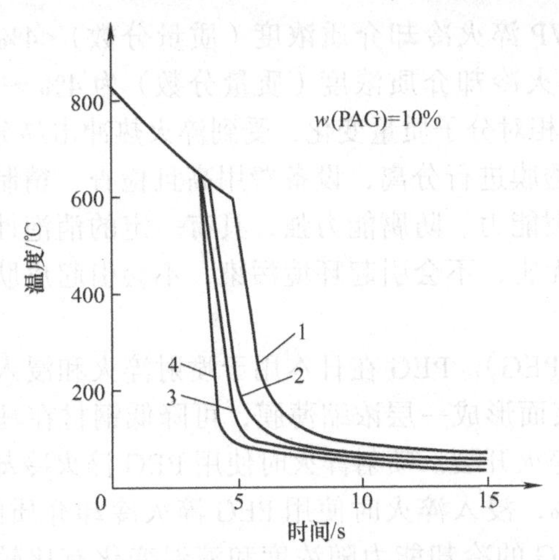

图 5-7 PAG 水溶液的 pH 值对冷却曲线的影响

1—pH=9.8 2—pH=12.0 3—pH=13.0 4—pH=13.5

PAG 淬火冷却介质按其分子结构和聚合链长短或分为五种牌号，其冷却速度的范围见表 5-3。PAG 淬火冷却介质系列的冷却能力覆盖了水与油之间全部领域，它可以通过调整浓度和搅拌力度，达到一定的淬火冷却速度，保持长期使用质量稳定。平时不使用时，只要将淬火冷却介质的循环泵一直开启，保持淬火液始终在流动，循环时由于空气的进入，槽内没有厌氧细菌生存的条件，所以液体不会变臭、发黑及变质。另外，也可以加杀菌剂来调整。

表 5-3 五种牌号的 PAG 的冷却速度范围

牌 号	冷却速度范围
PAG-C	在盐水与水之间
PAG-A	在水与快速油之间
PAG-HT	在快速油与中速油之间
PAG-RL	中速油
PAG-E	在中速油与普通油之间

2）聚乙烯基吡咯烷酮（PVP）。PVP 淬火冷却介质具有很强的防止淬裂的能力，可以在较低浓度下使用，有一定的消泡、防锈性能。使用中分子链容易断裂，使相对分子质量降低，从而影响淬火质量，故没有被广泛使用。

淬火冷却介质构成：PVP 由 N- 乙烯基与吡咯烷酮聚合而成，相对分子质量为 5 万～36 万（最佳为 10 万～20 万），根据相对分子质量的不同分为 4 个牌号，通常还加入质量分数 <15% 的防锈剂（亚硝酸钠，硼砂）和质量分数 <3% 的防腐剂。

PVP 是白色粉末，主要用于锻造余热淬火、火焰淬火和感应淬火等。中碳钢淬火使用的 PVP 淬火冷却介质浓度（质量分数）<4%，高碳钢、合金钢淬火使用的 PVP 淬火冷却介质浓度（质量分数）为 4% ～ 10%。使用温度为 25 ～ 35℃。使用中相对分子质量变化，受到淬火热冲击易分解，分解后的低分子聚合物要采用渗透膜进行分离，设备费用高且检查、精制程度有困难。但它的使用浓度低，防裂能力、防腐能力强，具有一定的消泡性、防锈性且容易管理等优点，对人体无害，不会引起环境污染，不会引起皮肤过敏反应。浓度用折光仪测量。

3）聚乙二醇（PEG）。PEG 在日本用于喷射淬火和浸入淬火。当工件冷却到 350℃左右时，表面形成一层浓缩薄膜，可降低钢材在马氏体转变阶段的冷却速度，有效防止淬火开裂。喷射淬火时使用 PEG 淬火冷却介质的浓度（质量分数）为 5% ～ 10%，浸入淬火时使用 PEG 淬火冷却介质的浓度（质量分数）为 15% ～ 25%。PEG 的冷却能力随浓度和液温变化有比较明显的改变。PEG 的特点：防锈性能好，泡沫少，耐蚀性好，工件表面的薄膜能溶解于水，搅拌力度不大时不影响冷却能力，对皮肤没有刺激。浓度用折光仪测量。

4）聚异丁烯顺烯二酸钠（PMI）。PMI 在日本用于喷淬或浸淬。喷淬时其浓度（质量分数）为 4% ～ 10%，使用温度为 25 ～ 35℃。PMI 的特点：受热会分解；水中的各种离子影响黏度，使浓度控制困难；聚合物相对分子质量 >6 万，在 <500℃生成薄膜时能防止工件淬裂；防锈性能强，泡沫少；工件带出量少；耐蚀性强；工件上的薄膜可溶解于水；废液处理方便，加碱凝集处理后，化学耗氧量低于 350×10^{-6}mg/L。

5）聚酰胺（PAM）。PAM 是一种黄色液态高分子聚合物，可用于锻件淬火。其浓度（质量分数）为 15% ～ 20%，喷射淬火时的使用浓度（质量分数）在 5% ～ 8%。工作温度为 25 ～ 40℃。用折光仪或黏度计测量浓度。化学耗氧量低于 40×10^{-6}mg/L。排放要求严格控制。

6）聚丙烯酸钠（PAS）。PAS 是阳离子型聚合物淬火液。PAS 的特点：加热时不分解；在工件表面不生成聚合物薄膜；由于相对分子质量及黏度原因，其冷却速度比其他几种聚合物要慢。调整 PAS 水溶液浓度及温度，淬火工件可以得到贝氏体等非马氏体组织。因为 PAS 是具有钠离子的有机盐，当水中有钙、镁等碱土金属离子及铁离子时，黏度会发生变化，给质量控制造成困难。质量分数为 30% ～ 40% 的高浓度 PAS 水溶液可作为锻后余热淬火的冷却剂。

7）聚乙基噁唑啉（PEO）。PEO 是具有逆溶性的高分子聚合物。其逆溶点在 63℃以上，使用浓度（质量分数）可以在 1% ～ 25% 范围内调整，冷却性能覆盖水与油之间很大范围。因为其黏度低，工件带出量少，易被生物分解，环保条件好，所以会有很大的发展前途。

8）高分子聚合物的使用情况。我国生产高分子聚合物的企业非常多，有相当多的外企直接在内地开办公司，应用国外先进的技术和管理水平，生产高品质的淬火冷却介质，供应我国市场。我国的淬火冷却介质生产企业像雨后春笋般茁壮成长，在品质上基本能达到国外同等规格、型号产品质量水平的企业也不少，如图 5-8 所示。在众多的水剂淬火冷却介质中，应用最多的是 PAG 型。各个淬火冷却介质生产企业都有自己的牌号，但是各项指标的控制都是按先进的标准制定的，同时满足客户具体的技术要求。

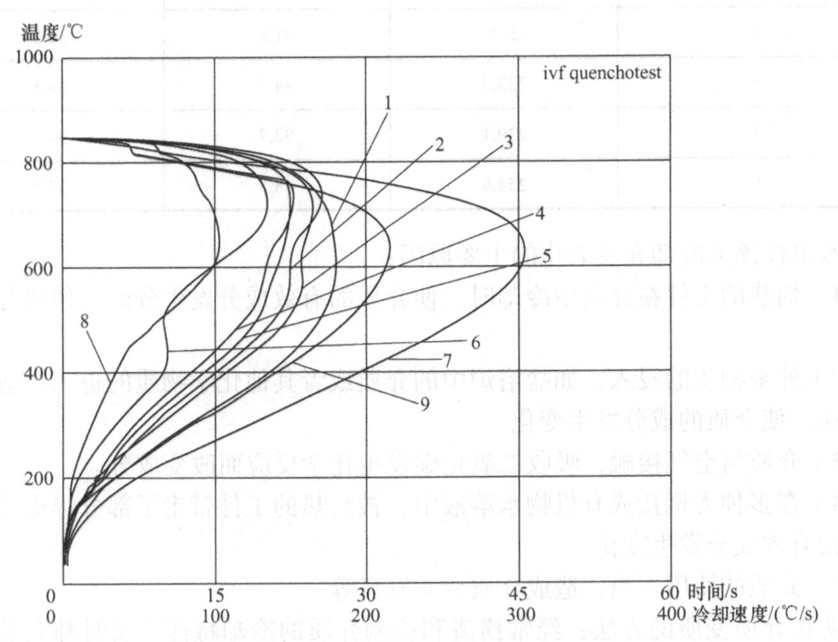

图 5-8　同一浓度下不同水溶性淬火剂与水的冷却特性曲线对比

1—KR6180　2—KR6280　3—KR6380　4—KR6480
5—KR6580　6—KR6680　7—KR7280
8—KR9988　9—自来水

（3）混合盐淬火冷却介质　将多种无机盐混合在一起成为一种没有浊点的混合盐淬火冷却介质，其浓度（质量分数）为 2% ～ 5%，使用温度为 20 ～ 45℃时，可以提高冷却速度，在高温区有较大的冷却速度，低温区冷却速度能保持在一定的温度范围，从而使工件表面获得较高的硬度，畸变较小，不开裂，具有一定的防锈能力，特别是对于淬透性较差的钢，它可以达到工件的技术要求。它的浓度影响和 PAG 淬火冷却介质不一样，KR7280 混合盐的浓度在一定范围（质量分数为 1% ～ 10%）内，浓度越高，冷却速度越快，见表 5-4。而 PAG 淬火冷却介质的浓度越高，冷却速度则越慢，PAG 淬火冷却介质是有浊点的。

（4）水溶性淬火冷却介质的老化与防止　水溶性淬火冷却介质在长期使用过程中，会进行各种物理化学反应而造成变质，直至不能继续使用，即为老化。

表 5-4 KR7280 混合盐浓度与冷却速度的关系

浓度（质量分数，%）	冷却速度 /（℃/s）		
	600℃	300℃	200℃
1	216.3	91.3	30.5
2	216	91.8	30.3
3	233.7	84.7	33.3
4	239.1	92.7	34.7
5	254.9	88.3	37.5

水溶性淬火冷却介质老化的主要原因：

1）灼热的工件在介质中冷却时，使介质的有效成分发生分解，使成分发生变化。

2）外来物质的浸入，如盐浴炉中的介质或者其他化学物质的进入，造成化学反应，使介质的成分发生变化。

3）介质与空气接触，吸收二氧化碳发生化学反应而改变成分。

4）在多种无机盐或有机物水溶液中，被灼热的工件带走了部分淬火冷却介质，使有效成分发生变化。

5）介质的使用不当，造成介质变质发臭等

防止介质变质的方法：经常捞渣和检测介质的冷却特性，及时补充新的介质成分；对于 PAG 类型的水溶性介质在环境温度较高或较长时间停止不用的情况下，建议每天开动搅拌泵若干小时，让介质翻动起来，不让细菌生存就不会变臭；杜绝其他化学物品的进入，并加强生产管理水平。

（5）淬火油　尽管淬火油存在着成本高、油污染、易燃、抗氧化稳定性差等缺点，但是由于它的汽化热、比热、热传导小和黏度较大等原因，使它的冷却能力较低，它的冷却曲线接近于理想的淬火冷却介质曲线。对于合金钢及小截面的碳钢工件的淬火，淬火油能够得到满意的淬透性和淬硬性，又可以防止畸变和开裂，所以仍然得到广泛地使用，仅次于水和水溶性淬火剂而居第二位。

1）植物油和动物油。在 20 世纪前，淬火冷却介质基本都是植物油和动物油，植物油如菜油、葵花子油、花生油、豆油和棉籽油等，动物油如猪油、牛油等。植物油和动物油主要是由脂肪酸和甘油组成。它们的各个种类之间的区别决定于它们所含有酸值和量的成分。大多数植物油和动物油在 20℃时的密度为 0.91 ～ 0.92g/cm³，而 50℃时的运动黏度通常是 2.8 ～ 3.5mm²/s。它们中大多数的闪点和重矿物油的相同，通常为 220 ～ 300℃。大部分的植物油和动物油在加热到 240 ～ 250℃时沸腾，并分解析出气体和蒸汽。因为分解过程进行得相当快，所以它们的稳定性在多次加热的条件下显得比矿物油低，况且经多次淬火后的工件上会沉积较多的油垢，应用成本也比较高。植物油与某种矿物油的冷却能力对比如图 5-9 所示。植物油和动物油的使用寿命比较低，唯一优点是能够降解，不污染环境，但是生产成本会很高，对于一些特殊工件的热处理能够承受外，一般都用矿物油作为主要生产物资。

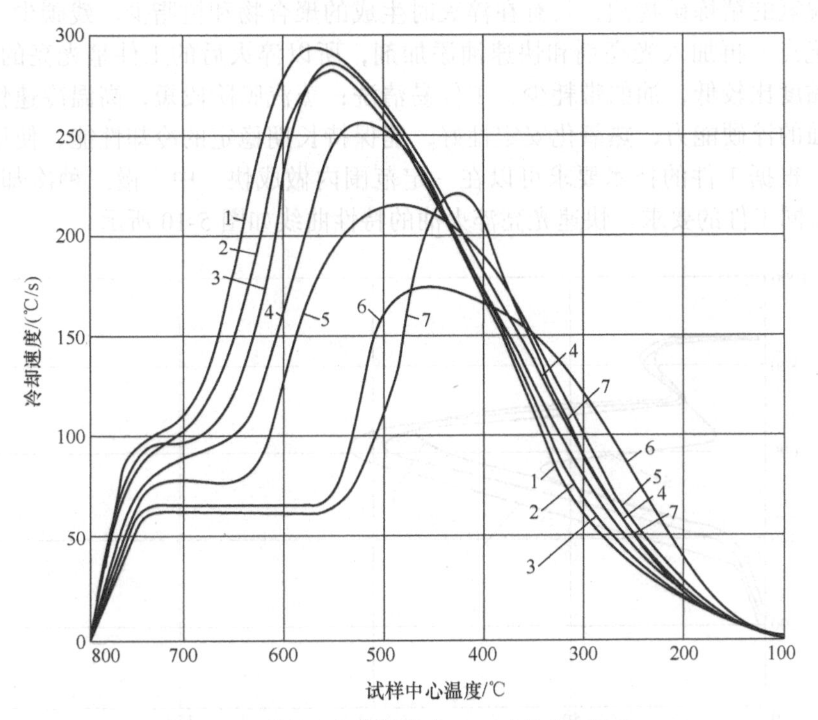

图 5-9 植物油与矿物油在 50℃时的冷却能力

1—亚麻油 2—葵花子油 3—大豆油 4—菜籽油 5—棉籽油 6—马利筋油
7—L-AN22 全损耗系统用油（3 号锭子油）

2）普通淬火油。普通淬火油是在全损耗系统用油的基础上，加入催冷剂、抗氧化剂、表面活化剂等添加剂，来改变全损耗系统用油在淬火时的冷却性能。它们存在着容易被氧化及使用寿命较低的问题，所以需要经常补充添加剂。在添加剂的加入过程中，需要以一定的力度、运动速度和时间对油进行充分的搅拌，使添加剂和淬火油混合均匀，达到设计的冷却性能，并不是将添加剂和淬火油用搅拌泵在淬火油槽中循环一定时间就能达到均匀的目的，因为淬火油槽四周的油运动不起来，有死角。这种做法对于产品的淬火质量不能保证达到很稳定，因为添加剂的加入没有得到充分均匀的搅拌。

根据用途要求可以制成高黏度的油，黏度越大，闪点就越高，特性温度和对流阶段的温度也越高。黏度大的油可以使工件的淬火应力减少，从而工件的淬火畸变就小，同时工件带出的油耗也大一些，但是可以通过提高淬火油槽的油温，使出油槽工件带出的油耗尽量减少一些。

根据需要还可以将普通淬火油配置成快速淬火油、光亮淬火油、等温分级淬火油等。由于其基础油不是很好，所以稳定性不高，使用寿命不长，价格也比较低廉，基本能满足一般普通热处理件的要求。

3）光亮快速淬火油。光亮快速淬火油属于专用淬火油，它的基础油是经过三次脱氢的精炼矿物油，具有在淬火时生成的聚合物和树脂少、残碳少、硫分少等优点。再加入光亮剂和快速油添加剂，所以淬火后的工件呈光亮的表面。它的黏度比较低，油的带耗少，工件易清洗；蒸汽膜阶段短，高温冷速快，具有较强的淬硬能力；热氧化安定性好，能保持长期稳定的冷却性能、使用寿命长等。根据工件的技术要求可以在一定范围内做成快、中、慢三种冷却速度，满足不同工件的要求。快速光亮淬火油的特性曲线如图 5-10 所示。

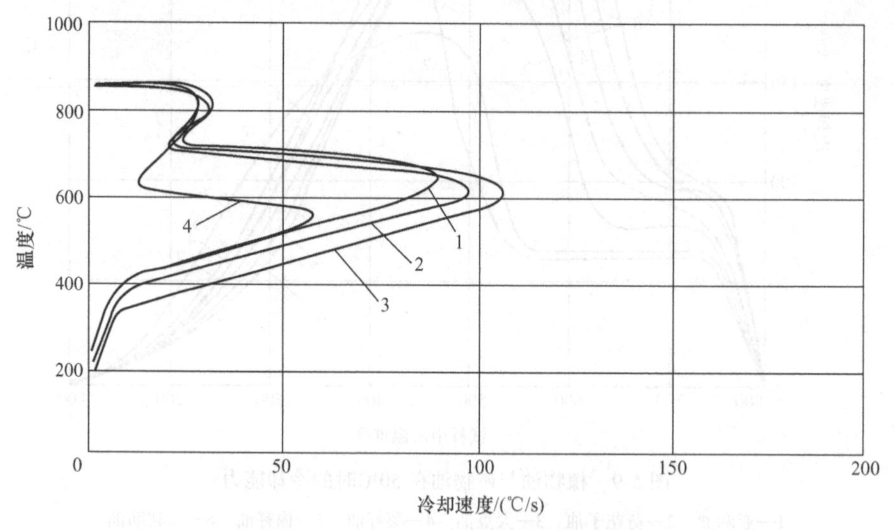

图 5-10 快速光亮淬火油的特性曲线

1—KR138 2—KR128 3—KR118 4—N32

光亮快淬火油针对壁厚在 10 ～ 15mm 的轴承套圈淬火，它能在高温区及时将轴承套圈淬硬，在低温区又能做到使冷却速度缓慢，防止产生较大的畸变，达到产品淬火技术要求。厚壁的轴承套圈要达到光亮的目的是有一定难度的，因为轴承钢中的铬元素在气氛中容易被氧化，形成氧化色。但是可以通过工艺手段来提高它的光亮性：首先轴承套圈必须清洗干净并烘干，连续炉的炉门不能开得太高，一般比轴承套圈高出 10mm 左右，防止空气进入炉膛内，可控气氛的气源质量要达到技术要求，它们的纯度：一级品甲醇含水量≤0.15%，液氮≥99.99%，丙烷≥95%，炉内碳势为 0.9%。网带上不能有炭黑，油幕帘和抽气泵应开得大一些，油温取上限温度，油搅拌力度适度调大就可以得到较光亮表面质量，但是达不到薄壁轴承套圈的白色表面质量，光亮度稍微暗一些，但是仍然是均匀的灰白色。为了保持轴承钢制件表面颜色均匀一致，平时要保证淬火油的清洁度，应配备一台离心式净油机以清洁淬火油的炭黑和污物，离心式净油机不会改变淬火油的化学稳定性，它仅起到将炭黑和污物过滤的作用，打开离心筒就可以看到杂质被甩到离心筒的壁上，取出即可。采用离心式净油机还可以延长淬火油的使用寿命。离心式净油机具有以下优点：纳污能力强，功耗低；净化分离精度高，分离精度可以达到 μm 级；固体颗粒和油品老化降解产物均可分离；可连续运行和离线安装，对生产操作无任何影响；方便维护，操作简单，无耗材，方便清理；不损伤油品的理化特性。KR Ⅲ离心式净油机净化效果如图 5-11 所示。

图 5-11　KR Ⅲ离心式净油机净化效果

4）等温分级淬火油。对于那些低临界冷却速度的钢，以及希望将淬火畸变减少到最小并无开裂时，往往采用等温分级淬火油作为淬火冷却介质。等温分级淬火实际上是在 *Ms* 点附近的温度进行淬火，其温度一般在 90 ～ 250℃范围内，在采用等温分级淬火油时，使用方便简单，工件不会生锈，它的闪点和燃点高，这样可以实现马氏体分级淬火，并能很好地控制制件的淬火畸变，它还具有良好的光亮性，油的带耗少，能显著降低生产成本。冷却速度设计合理，在高温蒸汽膜阶段，能迅速将轴承套圈淬硬，即可以使制件获得足够的淬火硬度和硬化层深度；低温阶段冷却速度又比较小，可以有效地控制淬火畸变，达到微变形目的。此外，它还具有优良的高温抗老化性能，热氧化安定性好，能获得长期稳定的淬火质量。等温分级淬火油的特性曲线如图 5-12 所示。

薄壁制件的淬火畸变是个复杂的技术问题，薛剑鸣等专家认为需要综合考虑发生畸变的原因，如原材料、设备、冷热加工工艺和介质之间的关系综合分析。在解决薄壁轴承套圈的淬火畸变过程中，某企业对于轴承套圈的质量控制很严格，淬火畸变控制比国家标准还要提高一些，轴承套圈表面要求清洁光亮，基本保持金属本色，金相组织达到 2 级。为此通过对原材料的质量控制，必须达到 2 级球化；车加工中限制车削量和进刀量，以小的车削量、多次进给方式减少残余应力的产生；热处理设备和可控气氛的调整中，加热温度采用低温阶梯加热、落料口的油幕帘和油循环泵调整到合适位置；炉内可控气氛调整碳势到 0.9%，火焰呈橘黄色，网带上没有炭黑；采用 KR 薄壁专用分级淬火油；调整工艺参数和操作方法等手段，在试验中，找到了解决办法，最后成功地达到技术要求，如表 5-5 和图 5-13 所示。

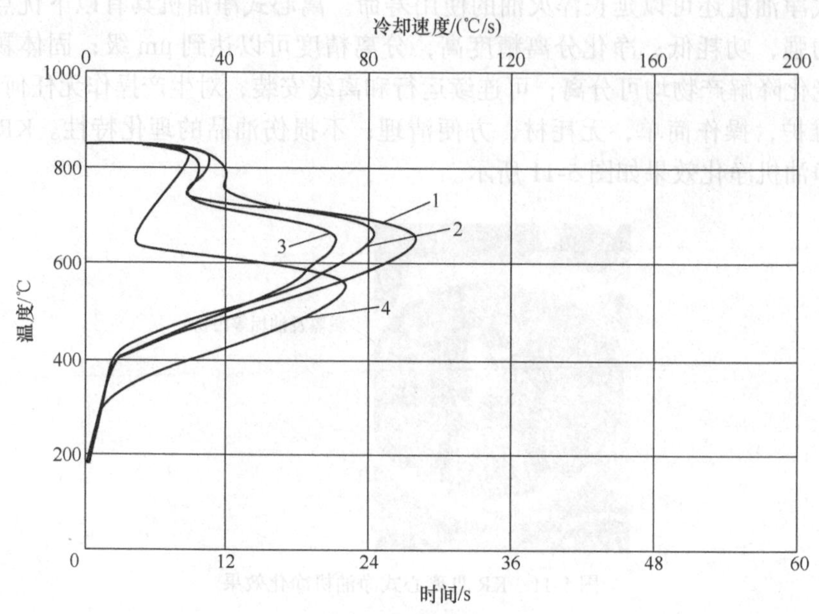

图 5-12　等温分级淬火油的特性曲线

1—KR468　2—KR498　3—KR4488　4—N32

在淬火油槽温度 >200℃的情况下，一般的淬火油是没有办法达到的，只有用气缸油才能达到要求，如 72 号气缸油，其闪点（开口，不低于）为 340℃，运动黏度 >60mm²/s。因其黏度太大，工件清洗较困难，所以实际上使用的单位并不是太多。在淬火油槽温度 >200℃的情况下，一般都是使用硝酸盐进行等温、分级淬火来替代淬火油。

表 5-5　薄壁轴承套圈的热处理畸变量

轴承套圈型号	圆度技术要求 /mm	专用淬火油圆度效果		原用分级淬火油圆度效果	
		合格率	最大值 /mm	合格率	最大值 /mm
6810/01	≤0.15	95%	0.22	53%	0.32
		93%	0.19	62%	0.36
		96%	0.20	58%	0.33
6806/01	≤0.10	98%	0.12	86%	0.20
		99%	0.13	85%	0.21
		99%	0.11	83%	0.19

图 5-13　薄壁轴承套圈的热处理

5）真空淬火油。真空热处理可使工件得到清洁光亮的表面，即没有氧化和脱（增）碳层，淬火件硬度均匀、畸变小，能提高耐磨性，没有环境污染，以及可以实现机械化、自动化生产线等特点，所以使用面比较广泛。真空热处理有很多种方法，真空油淬就是真空热处理的一部分，它所需要的油为真空淬火油，真空淬火油与真空炉有密切的关系。真空热处理的特点是：工件在真空度达到 10^{-1} ～ 10^{-4}Pa 的条件下加热和冷却。压力对冷却特性有很大的影响，如图 5-14 所示。随着压力降低，膜沸腾期增加，特性温度降低，一般从 800℃冷却到 400℃的时间增加。真空淬火油的特性曲线如图 5-15 所示。

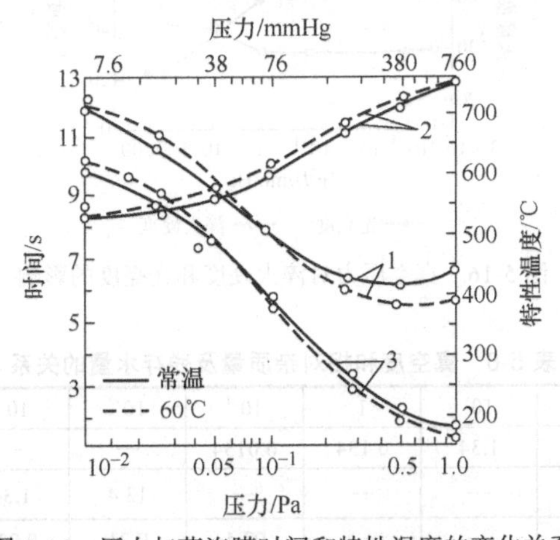

图 5-14　压力与蒸汽膜时间和特性温度的变化关系

1—从 800℃冷却到 400℃的时间　2—特性温度　3—蒸汽膜时间

在（10^{-4}～200）×133 Pa 的压力下，工件按 800℃×10 min 的规范加热后，于光亮淬火油中冷却。真空压力对淬火硬度和光亮度的影响如图 5-16 所示。设抛光的标准试样的光亮度为 100%，由图 5-16 可知，在 3×133^{-4}Pa 的低压下加热淬火时，光亮度为 86.3%；但是随着压力的增加，光亮度逐渐变差；压力达到 133Pa 时表面已经形成氧化皮，光亮度急剧降低至于 51.3%；压力为 200×133 Pa 时，氧化皮已经相当严重了，光亮度减为 22.8%。这是因为压力增加使真空度减小，使气氛中杂质含量增加，见表 5-6。

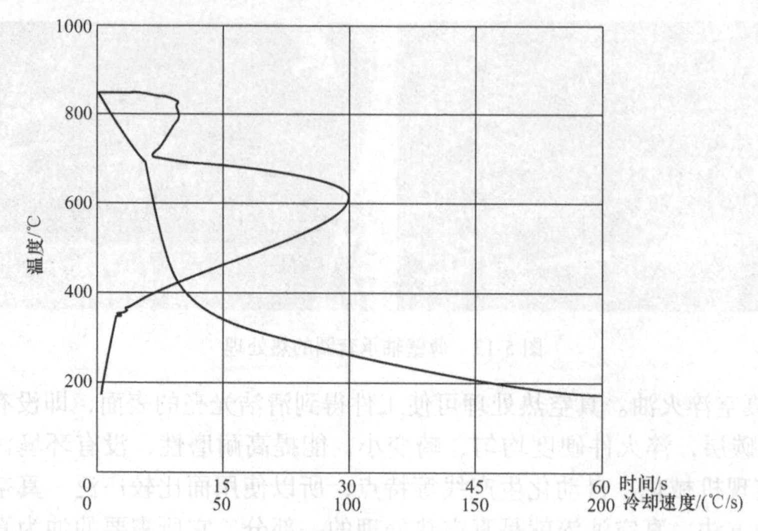

图 5-15 真空淬火油的特性曲线

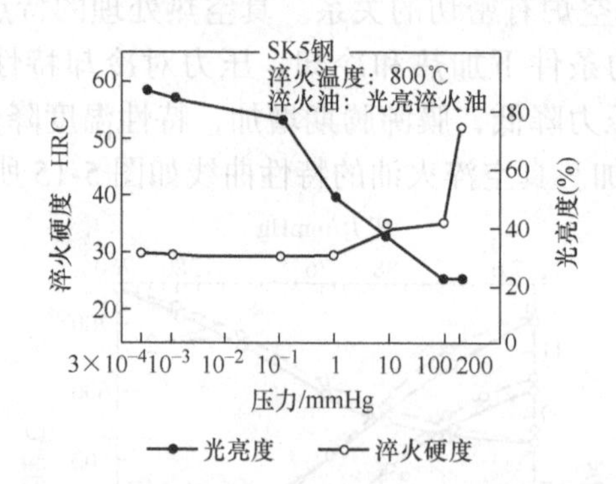

图 5-16 真空压力对淬火硬度和光亮度的影响

表 5-6 真空度和相对杂质量及残存水量的关系

真空度 /Pa	10^2	10^1	1	10^{-1}	10^{-2}	10^{-3}	10^{-4}	10^{-5}
相对杂质量（%）	13.4	1.34	0.134	0.0134	—	—	—	—
相对杂质量（%）	—	—	—	—	13.4	1.34	0.134	0.0134
残存水量（%）	—	—	—	92.1	9.21	0.921	0.0921	—

压力对淬火硬度的影响如下：

当压力从（3×133）$\times10^{-4}$Pa增加到100×133Pa时为不完全淬火，压力至200×133 Pa时淬火硬度才增加。这说明压力越低，淬火油越接近沸腾状态，使淬冷烈度减小，淬透性降低，因此为得到高硬度，必须采用在低压下加热后，到临淬火前提高压力的措施。但送入空气，会使工件的光亮度变差，故需要使用高纯度的惰性气体。

从淬火硬度和金相组织看，淬火前的压力对光亮度影响不大，所以普通淬火油满足不了真空热处理的需要，而真空淬火油在临淬火前压力在较宽的范围内变动时，仍可得到高的淬硬性和淬透性。能得到和大气压相同淬火硬度的最低压力称为临界压力。真空油的临界压力为10^5Pa，饱和蒸气压力≤6.7×10^{-3}Pa，真空淬火油必须达到：低的饱和蒸气压，冷却性能好，有较宽的压力范围，有较高的冷却能力，光亮性和热安定性好，残碳等杂质少。

综上所述的普通淬火油、快速淬火油、等温分级淬火油等，可以满足一般热处理件所需要的淬火冷却介质。对于成批生产的制件，可以配置专用的淬火冷却介质，如齿轮专用淬火油、轴承专用淬火油、紧固件专用淬火油或水剂、耐磨钢球专用淬火油、回火油、真空淬火油和轴承套圈专用等温分级淬火硝酸盐等。采用专用淬火冷却介质的特点是针对性更强，可以量身定做，使用户的生产成本显著得到降低。在20余年的生产实践证明，根据每类产品的加工状态，需要有相应的专用介质配合，产品质量才能保持稳定。

（6）淬火油的老化　各类淬火油在长期使用中会变质，一般会使黏度增加、闪点升高、油的残渣增多、冷却能力减慢，导致淬硬性和淬透性减弱，制件出现畸变、软点、裂纹等现象，称为淬火油老化。

当灼热的制件与油接触，发生热分解和氧化聚合作用，它们由四个阶段组成：

第一阶段：不饱和烃、不稳定的石蜡和短链的环烷族烃的强烈分解。

第二阶段：烃的继续热分解。不稳定的生成物与氧作用，或生成CO_2和H_2O，或生成过氧化物AO_2。

第三阶段：过氧化物的分解和聚合，反应方程式如下：

$$M+AO_2 \rightarrow AO+MO$$

$$MO+2HA \rightarrow MA_2+H_2O$$

式中，M为金属；AO_2为过氧化物；HA为有机酸；AO为酮。

温度越高，此阶段进行越激烈。氧化皮可以促进氧化和聚合。

第四阶段：烃的聚合。

上述四个阶段由热分解和氧化聚合两个过程所组成。实际生产中，因使用条件不同，起主导作用的过程也不同。油都在200℃左右使用，而在≤80℃淬火时，以热分解为主。一般而言，淬火油槽中，热分解和氧化聚合均以适当的比例同时产生。

淬火油的老化过程是氧化聚合和热分解过程，它们以不同方式影响着淬火油的闪点。氧化聚合使闪点提高，而热分解使闪点降低，同时淬火油的挥发也会使闪点降低。

长期使用的淬火油会形成酸性或中性反应产物，其中一部分溶解于油中，而不溶解部分形成沉淀物——油渣，使淬火油逐渐失去透明性，而变得黏稠，并易起泡沫。因此，使用过的淬火油，起初由于氧化，生成可溶性的树脂或酸，有助于提高润化性，使蒸汽膜容易破裂，对流阶段开始温度提高，通常能加快冷却速度。

对于加入添加剂的高速淬火油来说，这种现象的发生，有助于抵消添加剂的损失，但是在生产中不能采用氧化的办法来改进油的冷却性能。氧化和裂化了的碳氢化合物，虽能提高冷却速度，但是极不稳定，易发生聚合，并生成油渣，因为氧化物量和冷却能力的最大值的时间位置是一致的。

在特性温度随着老化升高时，到达特性温度的时间缩短；在淬火油进一步老化，特性温度下降时，到达特性温度的时间增加。酸值、黏度、油渣随老化时间增加而上升，但酸值达到一定程度后就不再上升，而黏度和油渣以指数关系上升。实际生产中黏度显著上升的油，油渣产生的量反而比较少；油渣多的油，黏度上升少。油渣影响制件的表面粗糙度，还会堵塞管路和过滤器等。

淬火油在长期使用过程中，由于各种原因往往会有杂质进入，它们会影响淬火冷却速度。例如，皂类、有机酸、防锈脂等都会影响淬火冷却速度，这些会提高沉积炭黑的倾向，使制件带有烟垢或沉积物。

因冷凝、冷却器漏水或渗透等，导致油中含水量超过标准，使特性温度下降，膜状沸腾期加长，高温下淬火冷却速度减慢，对流阶段开始温度降低，低温下淬火冷却速度加快，从而造成制件的淬火硬度不均匀，制件的翘曲和开裂倾向加大，淬火油泡沫增加。若水分很多，则会造成泡沫体积瞬间膨胀千倍，使油溢出淬火油槽，酿成事故。

油老化后必须进行更换，还可以通过 KR Ⅲ高速离心净化机再生，然后加入一定量的新油，使其冷却能力达到技术要求后即可使用。平时需要及时补充新油和定期检测冷却性能，这样可以使淬火油的使用寿命≥10 年。

5.5 淬火冷却介质的循环冷却装置

淬火冷却介质的循环冷却装置（又称热交换器）到现在为止已经发展了三代：第一代为多管或者单管水冷式、室内（外）水池循环冷却式、淋浴式、室外冷却塔风冷式等热交换器；第二代为板式清水冷凝器；第三代为空气冷却器等。从长期的生产实践中得知，凡是通过水来置换热量的装置，不论第一代的管式冷凝器，还是第二代的板式冷凝器，它们会出现堵死或者锈蚀现象，还有一个共同的缺点，即管壁处都会通过毛细管渗出冷凝水来，这些冷凝水浸入到淬火油中，导致淬火油槽中油的含水量超出标准范围，使冷却速度加快，造成轴承套圈淬火畸变增大，并有淬裂的风险，还会使淬火油的老化程度加快。如果淬火油中的水分超标，只能将油温加热到大于 100℃来烘干水分。为此建议采用工业空气冷却器的办法来解决，在长期使用空气冷却器的淬火油槽内基本没有水分超标的现象，杭州金州科技生产的网带炉生产线，从 2005 年至今，就是使用立式空气冷却器，效果很好。立式工业空气冷却器的原理是：将需要冷却的热油通过液压泵抽出热油，输送到室外在有翅片的蛇形管中流动，蛇形管上装有密集的翅片，翅片通过二台离心风扇，将蛇形散发出来的热量吹走，一直将油槽温度降低到设定温度就自动停止运转；当油温再次升高时，液压泵会再次自动启动，将热油继续抽到室外的立式工业空气冷却器中进行冷却，这样反复循环运转，达到油槽内的油温均匀一致为止。

5.6 淬火槽中介质流速的测量及流场的模拟

我国对于淬火槽中的淬火冷却介质循环流动的设计是一个比较薄弱的环节，特别是多用炉、连续炉和真空炉等方面，大多数是凭经验制造的，没有精确的理论数据，这样对减少淬火畸变及淬火硬度的均匀性非常不利。陈乃录教授等通过对淬火槽中介质流速的测量及流场的模拟和动态淬火冷却介质冷却特性及换热系数的研究，从设计上找根据，结合实践设计制造出了理想的淬火冷却介质循环槽。

影响淬火冷却均匀性的重要因素之一是工件淬火冷却处的流场均匀程度，流场均匀与否取决于淬火槽搅拌及均流结构的设计是否合理，恰当的介质搅拌及均流结构可以显著改善制件淬火冷却时的均匀性；相反，在介质静态下或不均匀流场下，淬火往往会造成冷却不均匀。因此，测量淬火槽中介质流速和研究其流场，对于改进淬火槽的搅拌及均流结构设计具有重要意义。由于淬火槽中介质流动呈湍流态，测量淬火槽中介质的流速和模拟其流场难度很大。D. R. Ganwood 等采用激光多普勒风速仪对试验用淬火槽介质进行了测量，并建立了模拟流场分布的 CFD（Computional Fluid Dynamic）模型。这些 CFD 模型由于流场流向的复杂性以及 CFD 软件包容量的限制，仍处于定性估测阶段。但上海交通大学阮冬等人在气体渗碳炉中进行了流场动力学计算机模拟试验并取得了成功，而液体流场动力学计算机模拟方面尚未见相关研究成果。

为了研究淬火槽获得最佳流场的搅拌及均流结构，选用超声波多普勒测速仪对螺旋桨搅拌状态下的介质流速进行了测量，用有限体积法对流场进行了模拟，并根据流场模拟结果对均流片的设置进行了改进。

5.6.1 介质流速测量及流场模拟的方法

1. 介质流速的测量

介质流速的测量通常采用皮托管测速仪、涡轮式测整流仪、纹影照相测速仪和多普勒测速仪。目前已有采用激光多普勒测速仪测量小型透明容器的介质流速的实例。

为了对工业淬火槽的介质流速进行测量，研究人员设计了超声波多普勒测速仪系统，如图 5-17 所示。测速仪精度为 2.0 级，重复性误差≤0.7%。

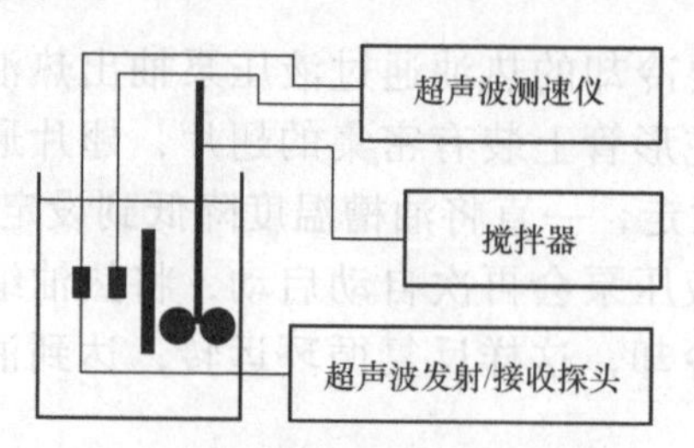

图 5-17 超声波多普勒测速仪系统

淬火槽的容积为 1000mL，采用顶插式搅拌器，内有介质导流及均流装置，介质为自来水，如图 5-18 所示。介质流速测量值见表 5-7，表中数值是在搅拌器螺旋桨转速为 371r/min，层面 Z=0.3m 和 Z=0.6m 截面上有、无均流片情况下介质流速的测量值。

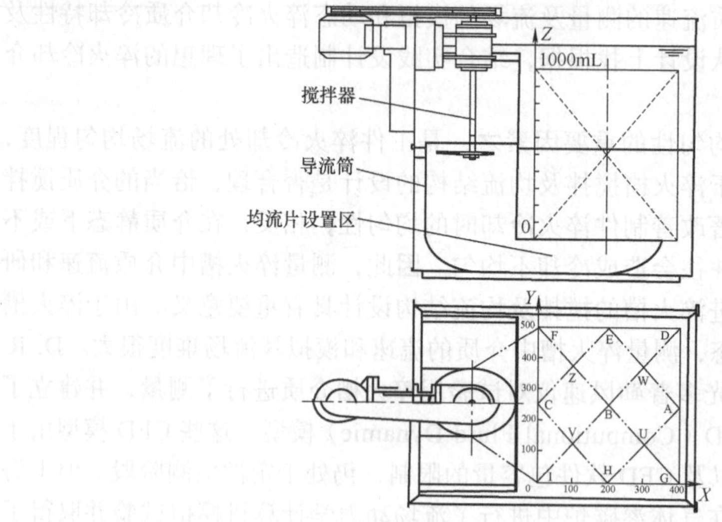

图 5-18 淬火槽结构简图及流场坐标系

表 5-7 介质流速的测量值

均流情况	层面 Z/m	流速 / (m/s)								
		A	B	C	D	E	F	G	H	I
无	0.3	0.53	0.56	0.42	0.59	0.45	0.47	0.54	0.51	0.44
无	0.6	0.30	0.37	0.35	0.25	0.34	0.27	0.48	0.37	0.33
有	0.3	0.21	0.43	0.41	0.19	0.45	0.32	0.25	0.41	0.37
有	0.6	0.20	0.36	0.32	0.18	0.33	0.30	0.16	0.33	0.32

注：A、B、C、D、E、F、G、H、I 为图 5-18 中淬火槽淬火区域水平截面的坐标点。

2. 流场的模拟

（1）模拟的条件假设　仅考虑螺旋桨向前的推力，忽略其旋转力，螺旋桨的效率按 100% 计算；淬火槽顶部压强为一个标准大气压，水的黏度系数等物性参数按常数处理。

（2）有限元计算方法　采用大型有限元软件对三维淬火槽内部流场进行计算，步骤如下：在三维实体造型软件中建立几何模型，并转换为 IGES 文件格式，再传入有限元软件；在有限元软件中进行拓扑结构和几何结构修改，完成几何建模；最后划分网络，加载并给出边界条件进行计算。由于模拟对象尺寸较大、导流及均流结构复杂，因此建模难度大。为了获得良好的网格形状，先采用自由网格划分，然后进行网格局部细化，网格采用四面体单元，设定单元尺寸为 0.025m 进行自由网格划分，划分的总体单元数目约为 19 万个，节点总数约为 3.6 万个，网格划分后如图 5-19 所示。

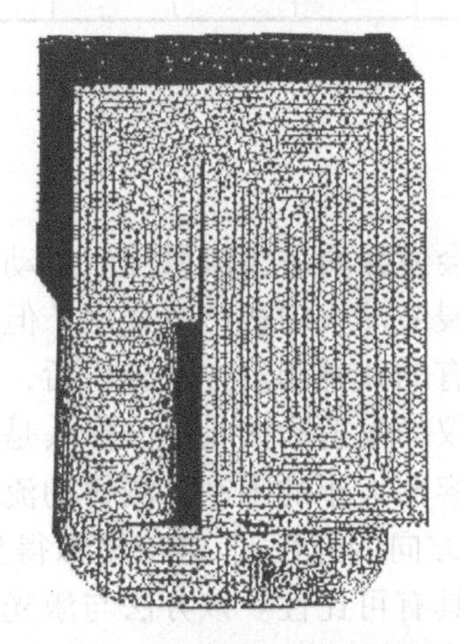

图 5-19　淬火槽的有限元网格图

（3）流场的模拟结果　横截面流速模拟值见表 5-8，表中数值为搅拌器螺旋桨在 371r/min 转速下，Z=0.3m、0.6m 截面上有、无流片情况下介质流速的值。

表 5-8　介质流速的模拟值

均流情况	层面 Z/m	流速 / (m/s)								
		A	B	C	D	E	F	G	H	I
无	0.3	0.75	0.30	0.21	0.67	0.13	0.26	0.69	0.20	0.24
无	0.6	0.46	0.33	0.25	0.44	0.28	0.28	0.44	0.28	0.29
有	0.3	0.16	0.52	0.38	0.20	0.51	0.18	0.16	0.58	0.16
有	0.6	0.15	0.31	0.33	0.11	0.40	0.23	0.15	0.43	0.22

5.6.2　均匀流场的建立

为了获得均匀流场的均流片结构，模拟了均流片位置不同的流场，从中选出可使流场较均匀的均流结构，并依次对淬火槽的均流片位置进行调整和流速测量，结果见表5-9，表中是均流片改进后搅拌器螺旋桨在371r/min转速，Z=0.3m和Z=0.6m下的测量值。

表5-9　横截面流速模拟与实测

层面 Z/m	流速 / (m/s)								
	A	B	C	D	E	F	G	H	I
0.3（模拟）	0.33	0.37	0.34	0.20	0.33	0.15	0.19	0.33	0.17
0.6（模拟）	0.21	0.24	0.31	0.20	0.25	0.31	0.21	0.24	0.30
0.3（实测）	0.26	0.41	0.36	0.25	0.38	0.36	0.27	0.40	0.30
0.6（实测）	0.22	0.35	0.30	0.21	0.33	0.30	0.19	0.32	0.28

5.6.3　分析讨论

1. 流速测量

由于螺旋桨搅拌方式会使介质呈大流量湍流运动，有利于将淬火件周围的热量均匀地带走，因而在浸液淬火中被广泛采用。但是介质呈湍流运动时流速的测量难度大，通过对现有的几种测量方法分析后，决定采用超声波多普勒测速仪。超声波多普勒测速仪的发射和接收声波探头是浸入介质之中的，所以不受介质及容器的透明度和容器大小的限制，测得的流速是探头之间表象点的速率（而不仅仅是测量Y轴方向的速度），这与模拟得到的由X、Y、Z方向速度分量所求得的合速度量值具有可比性。该方法与激光多普勒测速法相比更适合测量工业淬火槽中介质的流速。

2. 螺旋桨旋向的影响

介质是在螺旋桨的旋转力推动下旋转向前的运动，会造成Z层面沿X轴和Y轴的流速不均匀（表5-7和表5-8），这种不均匀性会随着流体的向上运动逐渐减弱。

3. 均流的作用

介质在螺旋桨旋转力的作用下做旋转向前运动，除旋向造成流体运动不均匀外，还有一个向前运动的冲力起作用，这个冲力会造成流体在Z层面沿X轴和Y轴的流速不均匀，沿X轴尤为严重。通过均流片的合理设计，会有效改善流场的均匀性（表5-9）。

4. 流场的均匀性

从测量和模拟结果得出流速的均匀性由底部向上逐渐提高，在淬火槽中存在一个流速相对稳定的流场均匀区域，这个区域的尺寸会随着均流效果的提高而增大，工件在这个区域淬火有利于提高冷却均匀性。

5. 流场的模拟误差

在有均流片设置时，对流速的模拟值和测量值进行对比，如图 5-20、图 5-21 所示。虽然模拟值和测量值相比有一定的误差，但是模拟结果基本可以反映出实际流场的趋势。产生误差的原因之一是模拟忽略了螺旋桨的旋转力作用，模拟结果中不能体现出螺旋桨旋向对均匀性的影响；产生误差的原因之二是模拟是在假设螺旋桨的效率为 100% 的前提下进行的。

6. 流场模拟的应用

通过流场模拟可以得到较直观的流场分布，推演出均匀性的影响，进而为均流片的设计提供参考依据。利用该试验结果（表 5-9）对试验用淬火槽进行改进取得了良好的效果。

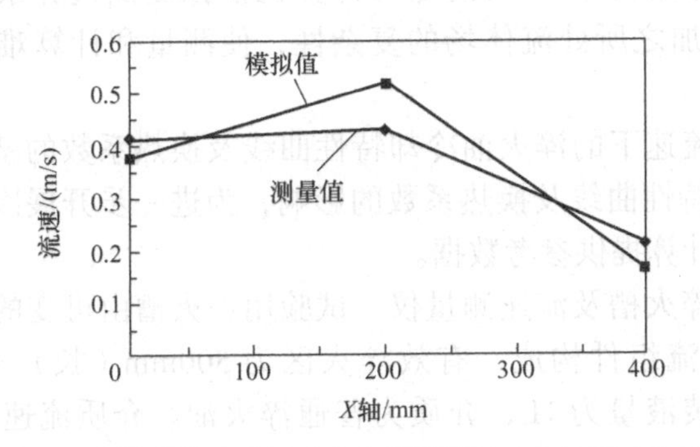

图 5-20　螺旋桨转速为 371r/min、层面 Z=0.3m、Y=0.25m、沿 X 轴模拟与实测的流速分布

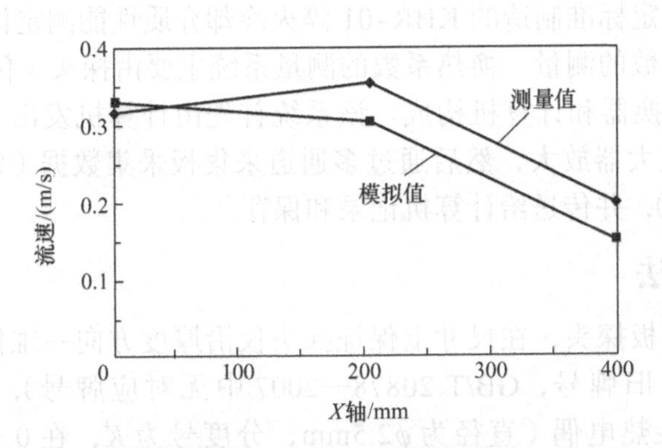

图 5-21　螺旋桨转速为 371r/min、层面 Z=0.6m、Y=0.25m、沿 X 轴模拟与实测的流速分布

5.7　动态淬火冷却介质冷却特性及换热系数的研究

在工业生产条件下，研究淬火油在不同流速下的冷却特性曲线和换热系数。用超声波多普勒测速仪测定了淬火油槽的流速，按 ISO 9950：1995 测

定冷却特性曲线，用 120mm×120mm×20mm 平板状试样和反传热法测定与计算了换热系数。结果表明，随着介质流速的增加，冷却特性曲线的冷速最大值及换热系数的最大值均呈增加趋势。在搅拌时介质会产生气泡，使介质的冷却能力明显降低。同时换热系数曲线能更好地反映表面热量传递的真实情况。

按 ISO 9950：1995 测定淬火冷却介质冷却特性曲线均是在静止状态下进行的，而实际淬火冷却过程中几乎所有的淬火冷却介质都是在搅拌状态下工作的，因此测量搅拌状态下介质的冷却能力具有工程意义。对此，国际热处理联合会（IFHT）淬火冷却技术委员会（TC）和金属学会 - 热处理学会（ASM-HTS）淬火冷却委员会开展了针对搅拌状态下冷却曲线测定研究工作。测量冷却过程的换热系数，目的是为计算机模拟提供边界条件。由于冷却是在瞬间完成的，加之所处流体场的复杂性，使测量和计算难度很大，至今数据仍十分稀缺。

在测量不同流速下的淬火油冷却特性曲线及换热系数的基础上，研究流速对淬火油的冷却特性曲线及换热系数的影响，为进一步开展冷却机理的研究和冷却过程的模拟计算提供参考数据。

（1）试验用淬火槽及流速测量仪　试验用淬火槽由可变的顶插式螺旋桨搅拌组件、导流均流组件构成，有效淬火区为 500mm（长）×400mm（宽）×1000mm（高），装液量为 1L，介质为普通淬火油。介质流速采用国产 LDZ-2 型超声波多普勒测速仪测量，仪器出厂精度为 2.0 级，重复性标示为 0.7%。

（2）淬火冷却介质冷却性能测定仪　试验采用依据 ISO 9950：1955 工业淬火油冷却特性测定标准制造的 KHR-01 淬火冷却介质性能测定仪。

（3）换热系数的测量　换热系数的测量系统主要由探头（传感器）、数据采集板、模 / 数转换器和计算机构成。该系统首先由计算机发出采样指令，探头的热电势通过放大器放大，然后通过多通道采集板采集数据（每个通道的采样速率为 10^3 次 /s），并传送给计算机记录和保存。

5.7.1 试验方法

试验采用方板探头，在尺寸上保证探头仅沿厚度方向一维传热，探头材料为 1Cr18Ni9Ti（旧牌号，GB/T 20878—2007 中无对应牌号），在探头上外钻三个孔，并安装热电偶（直径为 ϕ2.5mm，分度号为 K，在 0 ～ 850℃的误差为 ±6℃），探头尺寸和热电偶位置如图 5-22 所示。换热系数的测量方法是将镶嵌好热电偶的探头在加热炉中加热、保温到三个热电偶均为 850℃后，迅速淬入设定流速的淬火油槽（油温为 22℃）或装有 30kg 的 20℃静态水或 L-AN32 油中，计算机将自动采集和记录三个位置热电偶的温度随时间变化值，再经反传热法计算即可得出换热系数曲线。

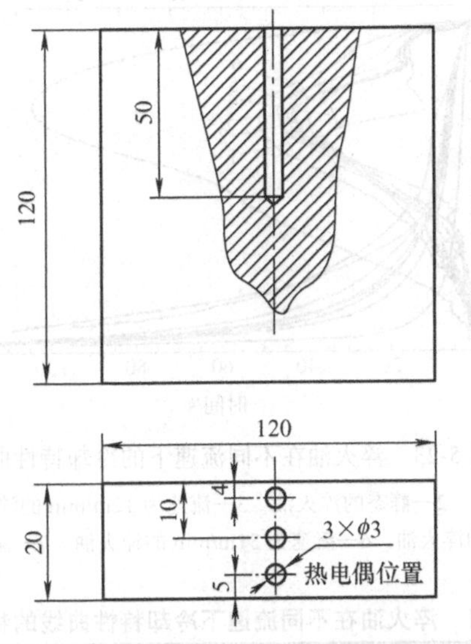

图 5-22　探头尺寸和热电偶位置

5.7.2　试验结果与分析

1. 介质流速测量结果与分析

为了控制介质流速，测定了螺旋桨转速与介质流速的对应关系，见表 5-10。

表 5-10　螺旋桨转速与介质流速的关系

螺旋桨转速 /（r/min）	0	371	495	566	679	755
介质流速 /（m/min）	0	12	19	26	31	36

研究采用的试验用淬火槽，由于螺旋桨埋入槽液的深度受到限制，当螺旋桨转速为 755r/min 时，在介质中有气泡产生。因为气泡的导热性很差，气泡与工件表面接触，就会使局部散热速度降低而产生软点。为了避免气泡的产生，应限制螺旋桨的转速。

2. 冷却特性曲线的测量结果与分析

根据表 5-10 调整螺旋桨转速，实现预定的介质流速，加热探头（按 ISO 9950：1995 制造）到 850℃，然后淬入预定流速的介质中，即可获得相应流速下的冷却特性曲线和数据。图 5-23 所示为淬火油在不同流速下的冷却特性曲线，表 5-11 为其相应的特征数据。

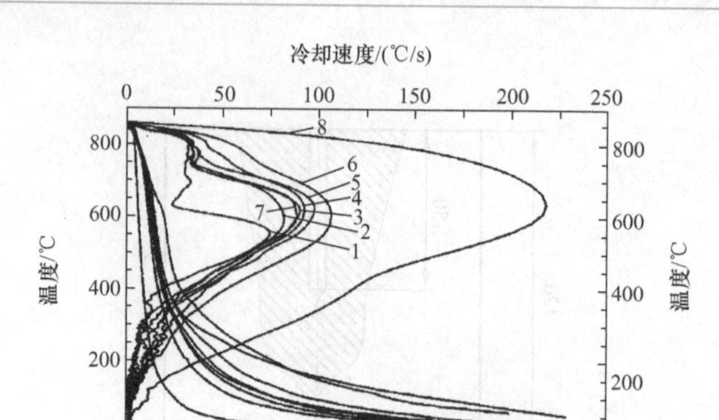

图 5-23 淬火油在不同流速下的冷却特性曲线

1—L-AN32 全损耗系统用油 2—静态的淬火油 3—流速为 12m/min 的淬火油 4—流速为 19m/min 的淬火油 5—流速为 26m/min 的淬火油 6—流速为 31m/min 的淬火油 7—流速为 36m/min 的淬火油 8—水

表 5-11 淬火油在不同流速下冷却特性曲线的特征数据

序号	介质	流速 /（m²/min）	v_{max}/（℃/s）	T_{max}/℃	v_{300}/（℃/s）	t_{600}/s	t_{400}/s	t_{200}/s	$A_{300\sim800}$/mm²
1	L-AN32 全损耗系统用油	0	74	554	10	9.2	13.5	37.5	18247
2	淬火油	0	82	596	6	6.8	10.4	36.0	25285
3	淬火油	12	90	619	13	6.5	10	25.3	26603
4	淬火油	19	94	620	16	5.9	9.2	21.0	30008
5	淬火油	26	98	610	20	5.7	8.9	19.8	30644
6	淬火油	31	107	602	29	5.3	7.8	15.5	37948
7	淬火油	36	89	597	23	6.4	9.6	19.0	28571
8	水	0	220	642	81	2.80	4.1	6.8	83036

注：v_{max} 为最大冷却速度，T_{max} 为最大冷却温度，v_{300} 为在 300℃的冷却速度，t_{600} 为温度达到 600℃所需要的时间，t_{400} 为温度达到 400℃所需要的时间，t_{200} 为温度达到 200℃所需要的时间，$A_{300\sim800}$ 为 800 ～ 300℃的冷却面积。

从图 5-23 及表 5-11 的数据分析可以看出，介质流速在 12 ～ 31m/min 范围内，随着介质流速的增加冷却特性曲线上蒸汽膜持续时间缩短，最高冷却速度提高，最高冷却速度发生的区域加宽，起始温度提高，在高温区淬火油的冷却特性曲线形状向趋同于水的形状发展，在低温区同对流阶段的冷却速度略有增加。而在介质流速为 36m/min，即螺旋桨的速率为 755r/min 时，最高冷速反而下降，这可能是由于介质中有气泡产生的结果。

3. 换热系数的测量及计算

目前淬火冷却介质换热系数计算普遍采用反传热法，具体反传热法模型为：

$$X_{\mathrm{M}}=\frac{\partial T(x,t)}{\partial q_{\mathrm{M}}} \tag{5-1}$$

式中，X_{M} 为敏感系数；T 为温度；q_{M} 为热流密度。

通过定义敏感系数将传热控制方程、边界条件和初始条件转化为敏感系数的控制方程、边界条件和初始条件。

控制方程：

$$\rho C_{\mathrm{p}}\frac{\partial x_{\mathrm{M}}}{\partial t}=\frac{\partial}{\partial x}\left[\lambda\frac{\partial x_{\mathrm{M}}}{\partial x}\right] \tag{5-2}$$

式中，C_{p} 为定压比热容；λ 为材料的热导率。

外边界：

$$-\lambda\frac{\partial X_{\mathrm{M}}}{\partial x}\bigg|_{x=0}=\begin{cases}1 & t_{\mathrm{M}-1}<t<t_{\mathrm{M}}\\0 & t>t_{\mathrm{M}}\end{cases} \tag{5-3a}$$

内边界（平板中心）：

$$\frac{\partial x_{\mathrm{M}}}{\partial x}\bigg|_{x=L}=0 \tag{5-3b}$$

初始条件：

$$X_{\mathrm{M}(x,t=0)}=0 \tag{5-4}$$

求解上述偏微分方程即可求得在测量点 k 处 t_{M} 时间的敏感系数 $X_{\mathrm{K}}^{\mathrm{M}}$。在任意热流密度 q' 进行泰勒级数展开可得：

$$q_{\mathrm{M}}=q'+\frac{Y_{\mathrm{K}}^{\mathrm{M}}-T_{\mathrm{K}}^{\mathrm{M}}}{X_{\mathrm{K}}^{\mathrm{M}}} \tag{5-5}$$

式中，$T_{\mathrm{K}}^{\mathrm{M}}$ 为测量点 K 在 t_{M} 时刻的温度，$Y_{\mathrm{K}}^{\mathrm{M}}$ 是在 $t_{\mathrm{M}-1}$ 时刻温度场已知的情况下，根据 q' 求解的 K 点在 t_{M} 时刻的温度，对（5-5）式反复迭代即求得 q_{M}。

应用牛顿冷却定律计算出该步长的换热系数，这样反复下去计算出不同时刻的换热系数。采用该计算方法，通过计算由计算机采集和记录的三个位置热电偶的温度、随时间变化数据，即可得到图 5-24 所示的淬火油在不同流速下的换热系数曲线。表 5-12 为其相应的数据。

由图 5-24 和表 5-12 可以看出，在介质流速 12 ～ 31（m/min）范围内，淬火油换热系数最大值随着介质流速的增加而升高，其最大值的温度在 500 ～ 550℃之间，这个温度比冷却特性曲线达到最高冷速的特性温度（表 5-11）低 50 ～ 100℃。当介质流速增加到 36m/min 时，淬火油的换热系数最大值反而呈现下降趋势，这个趋势与图 5-24 是一致的。静态水的最大换热系数 [21725W/（m^2・℃）] 是油的 5 ～ 6 倍，达到最大值的温度为 338℃，这个温度比冷却特性曲线的最高冷却特性温度 642℃（表 5-11）低 304℃。这表明冷却特性曲线测定最高冷却速度的温度是反映探头心部的温度情况，换热系数是反映探头表面的温度变化，两条曲线相比，换热系数曲线更能反映介质冷却的真实情况。对比表 5-11 及

表 5-12 的淬火油流速与冷却特性曲线的最大冷速 v_{max} 及最大换热系数 H_{max}，可以看到两条曲线的变化趋势是相近的（图 5-25），这说明流速对淬火油的冷却特性曲线及换热系数的影响是一致的。

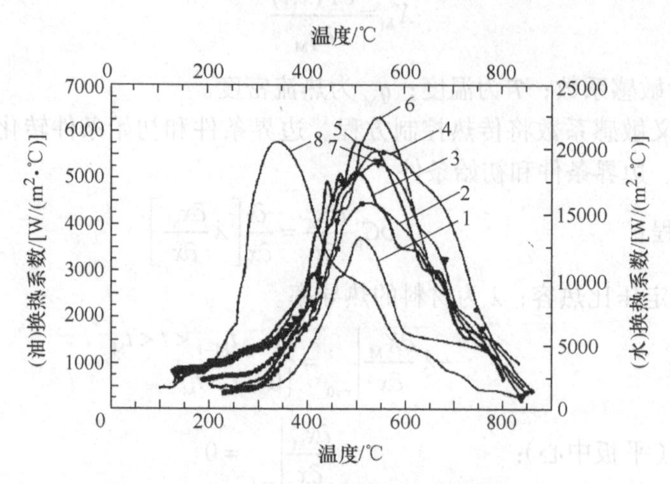

图 5-24 淬火油在不同流速下的换热系数曲线

1—L-AN32 全损耗系统用油 2—静态的淬火油 3—流速为 12m/min 的淬火油 4—流速为 19m/min 的淬火油 5—流速为 26m/min 的淬火油 6—流速为 31m/min 的淬火油 7—流速为 36m/min 的淬火油 8—水

表 5-12 不同流速下的换热系数

序号	介质	流量 /（m/min）	H_{max}/[W/（m^2·℃）]	T_{vmax}/℃	H_{mean}/[W/（m^2·℃）]
1	L-AN32 全损耗系统用油	0	3768	508	1736
2	淬火油	0	4463	527	2581
3	淬火油	12	5225	500	2833
4	淬火油	19	5610	545	3412
5	淬火油	26	5920	502	3224
6	淬火油	31	6315	553	3233
7	淬火油	36	5335	548	3197
8	水	0	21725	338	8304

注：H_{max} 最大换热系数，T_{vmax} 为达到最大换热系数的温度，H_{mean} 为 300 ～ 800℃温度之间的平均换热系数。

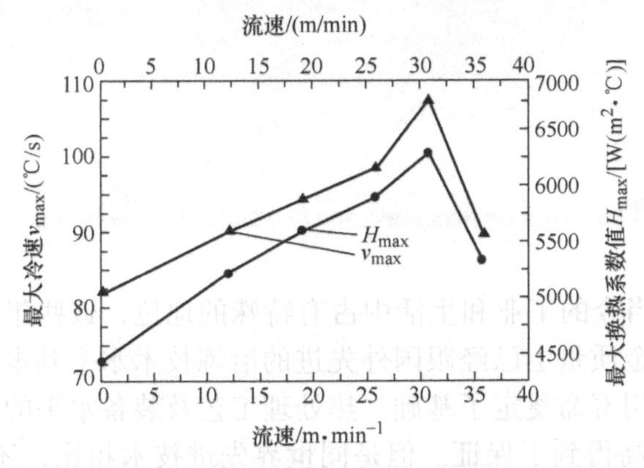

图 5-25　流速与最大冷速和最大换热系数值的对应关系曲线

参考文献

[1] 彼特拉什 Л В. 淬火冷却介质 [M]. 白云昭，译 . 北京：中国工业出版社，1964.

[2] 王运迪 . 淬火冷却介质 [M]. 上海：上海科学技术出版社，1981.

[3] 李书常 . 热处理实用淬火介质精选 [M]. 北京：化学工业出版社，2009.

[4] 中国机械工程学会热处理分会 . 2019 年第十二次全国热处理大会论文集 [C]. 北京：中国机械工程学会热处理分会，2019.

[5] 中国机械工程学会热处理学会 . 热处理手册：第 1 卷　工艺基础 [M]. 4 版 . 北京：机械工业出版社，2013.

[6] 陈乃录，李强，廖波，等 . 淬火槽中介质流速的测量及流速场的模拟 [J]. 金属热处理学报 . 2002(2):33–36；82–83.

[7] 陈乃录，高长银，单进，等 . 动态淬火介质冷却特性及换热系数的研究 [J]. 金属热处理学报 . 2001(3):41–44.

后记

GCr15钢在当今的工业和生活中占有特殊的地位，近些年来我国轴承钢专业生产企业在冶金质量上已经跟国外先进的冶炼技术水平基本接轨了，为提高轴承钢制件的使用寿命奠定了基础。热处理工艺及装备水平的提高，也使轴承钢疲劳寿命的提高得到了保证。但是同世界先进技术相比，还有一定的差距，随着金属和热处理基础理论的深入研究，对一些相的精细结构、显微组织及形成动力学有了新的认识。通过采用精细化热处理技术措施，充分挖掘轴承钢的潜力，以提高其疲劳寿命，使我国成为世界轴承强国为目的，我们还需要不断地努力。

（1）在热处理基础理论研究方面　加强对珠光体相变、贝氏体相变、马氏体相变及钢中马氏体的组织形态及相成分、残留奥氏体在钢中的行为，以及奥氏体晶粒度、碳化物形态、数量和分布对轴承疲劳寿命的影响等方面的基础理论的研究；加强轴承钢在2～5GPa超高疲劳应力作用下的组织演化行为、材料加工硬化行为及疲劳破坏机制等基础理论的研究，以及寻找控制轴承钢疲劳破坏的主要和次要原因及其解决措施，为轴承钢的改进和新型轴承钢材料的创新研发奠定理论基础。

（2）GCr15钢表面改性技术机理的研究和开发　对轴承钢表面进行渗氮、碳氮共渗工艺，可以提高其抗接触疲劳寿命和耐磨性，但还需要对它们的机理进行更深入细致的研究。

近年来，国内外有关学者在轴承钢的表面强化技术方面做了许多试验研究工作，取得了一定的成果。在表面改性上对轴承钢制表面进行气相沉积、离子注入、喷涂、熔涂、堆焊、激光表面强化等工艺，以提高轴承钢的使用寿命。

但是气相沉积等工艺的温度对于GCr15钢来说其心部强度可能会显著降低，对于高速运转的轴承，其稳定性能持续多久应进一步研究。另外，从经济角度分析其投入产出比，也值得讨论。是否可以寻找另外一种材料，从综合性能上达到GCr15钢的性能，使它能多、快、好、省地应用于生产实践中？

（3）感应热处理工件的疲劳寿命比常规热处理的疲劳寿命要高　对于整体感应穿透加热+自动矫直工艺，特别是纺机锭杆和中小型薄壁轴承套圈的淬火，采用带保护气氛的模压淬火是一个很有前途工艺。该工艺它能保证锭杆淬火畸变≤0.15mm，轴承套圈淬火畸变 <0.08mm，合格率基本达到100%。德国、瑞典、日本等在某些轴承套圈的感应淬火上解决了淬火畸变的质量问题，

畸变量小则磨削余量就少，轴承套圈表面的残余压应力就多，最后体现在轴承的疲劳寿命得到提高。

带保护气氛的轴承套圈感应加热、模压淬火技术应用于生产实践，还需要做很多工作，特别是相关设备的价格是一般企业较难接受的。若能精密设计、降低设备成本，通过薄利多销的方式来扩大使用面，则可以从根本上解决轴承套圈的淬火畸变问题，从而减少磨削余量，提高疲劳寿命，节约钢材消耗，提高生产率。

常规轴承套圈的热处理工艺早已采用连续式炉型，但是对于滚动体的淬火还是停留在一般的小型滚筒炉上，使淬火件硬度不均匀而影响使用寿命。在可控气氛、淬火装置及淬火冷却介质方面还需要做更精细化的工作，使轴承套圈及短轴类制件的淬火畸变更小、硬度更均匀，使其表面颜色清洁而光亮；在气氛炉中应该用的是可控气氛，而不是保护气氛。氮、甲醇、丙烷是最好的可控气氛组合，加入氨气还能进行渗氮或碳氮共渗处理，液氨必须进行气化处理后效果才会更好。对于大型轴承套圈的无软带淬火技术，在设备、工艺及操作上已经取得一定的成功，并已应用于生产，但是还需要进一步提高技术措施，确保每件产品的优质率。

（4）在工艺装备的改造上要做的工作还很多　如改造可控气氛等温球化退火炉、精密控制节能型网带炉、大型滚筒炉生产线、碳化硅炉膛网带炉、轴承钢制件的专用感应穿透加热淬火生产线、真空热处理生产线等。

（5）冷却技术和冷却介质方面的研究　如何解决淬火畸变和硬化层的质量问题，需要从淬火槽的结构和功能上进行新的构思，使冷却介质在淬火槽内的流速均匀、柔和，淬火畸变小。冷却介质的性能应该使制件的淬火畸变量变小且以不开裂为目的，最后开发出适应各种合金钢类型的、以水代油为最终目的淬火冷却介质，以减少对环境的污染和对矿物油的依赖。

淬火槽内为保证冷却介质流动的均匀性需要有稳定的机械或液压搅拌装置。应杜绝使用压缩空气搅拌，因为空气的进入会使工件表面产生软点及增加畸变量。

（6）热处理企业中的技术人员和熟练的操作人员的培养　随着工艺装备的智能化，需要热处理工作者能开发和应用新的技术项目，应加强对热处理技术人员和操作人员的培养，使他们不断提高专业知识和操作技能，从而使他们在提高产品质量和使用寿命上做出更多的贡献。

（7）有关网带炉炉尾的“积料”问题　当前我国生产的各种类型的网带炉均有一个炉尾极少量“积料”问题，平时发现不了，隐蔽性极强，到目前为止，仍然没有彻底得到解决。出现积料的主要原因是炉尾结构问题、网带结构问题和网带日常维护工作做得不好等。其中，炉尾结构问题是指网带回程时耐火砖的收缩位置（尺寸）不够多；网带结构应是“之”字形、凹凸片状挡边和活络抽条；在网带的平时维护工作中，要求及时观察网带是否平整，当网带在出现孔洞或翘曲时必须及时更换损坏的部分网带，损坏和变形的网带都会导致极少量工件在落料时，带入回程网带上而掉落在炉尾的耐火砖上，平时发现不了，偶尔在磨削时、设备维修时或者产品出厂后的用户投诉时才会被发现，这是一个很棘手的问题。进口设备在网带落料尾部增加了一个防积料的 20° 三角形挡板，效果不错。

（8）网带炉的形式　推荐使用寿命大于 20 年免维修的、节能型的碳化硅炉膛，以及炉尾窥视孔能 360° 旋转的检修门等形式。因为热处理车间的电网是稳定的，所以没有必要在设备上另外加装变压器，导致设备成本的增加。

（9）窥视孔　输送带式炉的下落通道两侧，都需要配制一个 $\phi180\times12$mm 厚的耐热钢化玻璃板，它安装在窥视孔上，该玻璃板随时可以装拆及清洗油垢，两侧的窥视孔可以随时观察到制件的落料及油幕帘的运转情况，平时还可以清除油帘口上的油垢等杂物。

王锡樵